ENCYCLOPÉDIE

DES

TRAVAUX PUBLICS

Fondée par M.-C. LECHALAS, Insp^r gén^al des Ponts et Chaussées

HYDRAULIQUE AGRICOLE

AMÉNAGEMENT DES EAUX.
IRRIGATION DES TERRES LABOURABLES,
DES CULTURES MARAICHÈRES, DES JARDINS, DES PRAIRIES, ETC.
CRÉATION ET ENTRETIEN DES PRAIRIES.
DESSÈCHEMENTS, DESSALAGE, LIMONAGE ET COLMATAGE,
CURAGES, IRRIGATION ET DRAINAGE COMBINÉS.
RENSEIGNEMENTS COMPLÉMENTAIRES, TECHNIQUES
ET ADMINISTRATIFS

PAR

J. CHARPENTIER DE COSSIGNY

ANCIEN ÉLÈVE DE L'ÉCOLE POLYTECHNIQUE
LAURÉAT DE LA SOCIÉTÉ DES AGRICULTEURS DE FRANCE
INGÉNIEUR CIVIL

DEUXIÈME ÉDITION, REVUE ET AUGMENTÉE.

PARIS
LIBRAIRIE POLYTECHNIQUE
BAUDRY ET Cie, LIBRAIRES-ÉDITEURS
15, RUE DES SAINTS-PÈRES
MÊME MAISON A LIÈGE

1889

ENCYCLOPÉDIE DES TRAVAUX PUBLICS

HYDRAULIQUE AGRICOLE

La première édition de cet ouvrage — développement d'un mémoire couronné par la Société des agriculteurs de France — a été publiée en 1874 par cette Société. Nous avons ajouté pour la seconde édition, divers développements sur le drainage, le curage des ruisseaux et des rivières non navigables ni flottables, les syndicats, etc.

ENCYCLOPÉDIE
DES
TRAVAUX PUBLICS
Fondée par M.-C. LECHALAS, Inspr génl des Ponts et Chaussées

HYDRAULIQUE AGRICOLE

AMÉNAGEMENT DES EAUX.
IRRIGATION DES TERRES LABOURABLES,
DES CULTURES MARAICHÈRES, DES JARDINS, DES PRAIRIES, ETC.
CRÉATION ET ENTRETIEN DES PRAIRIES.
DESSÈCHEMENTS, DESSALAGE, LIMONAGE ET COLMATAGE,
DRAINAGE, CURAGES. — IRRIGATION ET DRAINAGE COMBINÉS.
RENSEIGNEMENTS COMPLÉMENTAIRES, TECHNIQUES
ET ADMINISTRATIFS

PAR

J. CHARPENTIER DE COSSIGNY

ANCIEN ÉLÈVE DE L'ÉCOLE POLYTECHNIQUE
LAURÉAT DE LA SOCIÉTÉ DES AGRICULTEURS DE FRANCE
INGÉNIEUR CIVIL

DEUXIÈME ÉDITION, REVUE ET AUGMENTÉE.

PARIS
LIBRAIRIE POLYTECHNIQUE
BAUDRY ET Cie, LIBRAIRES-ÉDITEURS
15, RUE DES SAINTS-PÈRES
MÊME MAISON A LIÈGE

1889

TABLE DES MATIÈRES

CHAPITRE III
DE L'EAU D'IRRIGATION

CHAPITRE VIII

CRÉATION ET ENTRETIEN DES PRAIRIES

§ 1. Terrassements

§ 2. Rigoles

§ 3. Planches en ados

§ 4. Ensemencement des prairies

§ 5. Entretien des prairies irriguées

§ 6. Amendements et engrais

CHAPITRE IX

DESSÈCHEMENTS, COLMATAGE, DRAINAGE, CURAGES, ETC.

§ 1. Dessèchements

§ 2. Dessalage

§ 3. Limonage et colmatage

ERRATA

Page 108, ligne 20, au lieu de : n° 91, lisez : n° 90.
— — au lieu de : **88**, lisez : **88** *bis*.

SOCIÉTÉ DES AGRICULTEURS DE FRANCE

Rapport présenté, dans la session générale de 1873, au nom de la Commission du concours relatif aux irrigations, par M. GUIBAL.

« La Société, dans sa séance du 23 janvier 1872, a décidé qu'un prix de 2.000 fr. et une médaille seraient donnés au meilleur ouvrage ou mémoire ayant pour objet d'établir, au point de vue de la production agricole, les principes théoriques et pratiques de l'irrigation propres aux différentes contrées de la France, et qu'un encouragement pourrait être accordé au mémoire ayant obtenu le second rang.

« Dix concurrents nous ont envoyé des mémoires destinés à ce concours.

« Dès les premières pages de son mémoire, M. Charpentier de Cossigny s'exprime ainsi en parlant de l'irrigation :

« A côté des ouvrages qui ont déjà traité ce sujet, quel-
« ques-uns d'une manière par trop incomplète, d'autres
« d'une manière trop scientifique ou trop étendue pour
« beaucoup de lecteurs, *il reste encore une place pour qui sau-*
« *rait réunir dans un cadre unique les différentes faces de la*
« *question*, et résumer les notions les plus indispensables à
« l'irrigateur ; c'est ce que j'ai voulu tenter dans le présent
« opuscule. »

« Le coup d'œil sûr et exercé qui a fait apercevoir cette place à M. de Cossigny, place inaperçue ou niée par quelques-uns de ses concurrents, n'a pas cessé de guider dans son remarquable travail l'auteur du mémoire dont nous venons vous entretenir. C'est, de tous les mémoires qui nous ont été adressés, non seulement celui qui s'approche le plus des exigences difficiles de votre programme, mais encore celui qui traite avec le plus de supériorité les questions diverses qui s'y rattachent.

« Il ressort en effet de ce programme que l'intention de la Société des agriculteurs de France était de voir réunis dans un même traité, et les principes théoriques de l'irrigation envisagée comme science agricole, et les indications de la pratique, appuyées sur les faits acquis et les enseignements de l'expérience.

« La Commission a trouvé ces conditions réunies dans le mémoire de M. C. de Cossigny : le côté scientifique s'y trouve développé avec cette simplicité et cette clarté qui ont été de tout temps la langue parlée par les véritables vulgarisateurs, et le côté pratique s'y trouve démontré avec cette sûreté et cette précision que le praticien seul peut acquérir. Des figures et des plans, disséminés à propos dans le texte, complètent l'intelligence des descriptions.

« En conséquence, la Commission vous propose d'attribuer dès aujourd'hui à M. Charpentier de Cossigny une médaille d'or et 2.000 fr., qui, suivant les termes du programme de votre concours, doivent être donnés au meilleur mémoire sur les irrigations.

« Elle vous propose en outre de décider que ce mémoire sera imprimé *in extenso* aux frais de la Société [1].

. . . .

Après une appréciation aussi flatteuse, il ne nous reste qu'à réclamer du lecteur, trop prévenu peut-être en notre faveur, quelque indulgence pour les parties imparfaites de cet ouvrage. Nous accueillerons avec reconnaissance les observations qui pourraient nous être adressées.

Plusieurs paragraphes ont été ajoutés au texte primitif, qui ne concernait que les irrigations.

1. Des médailles d'argent ont été décernées à MM. Bastie et F. Vidalin, dont les mémoires sur les irrigations ont obtenu le second rang dans le concours.

CHAPITRE PREMIER

GÉNÉRALITÉS SUR LES IRRIGATIONS

---

§ 1er.

NOTIONS PRÉLIMINAIRES

1. Définitions. — Arroser un terrain, c'est l'humecter en répandant de l'eau à sa surface, de manière à produire artificiellement un effet analogue à celui de la pluie. L'emploi de l'arrosoir exige une main-d'œuvre énorme, non seulement pour la dispersion de l'eau, mais surtout pour son transport depuis le réservoir quelconque qui la fournit jusqu'au lieu de son emploi. Aussi cherche-t-on aujourd'hui, même dans les jardins, à substituer autant que possible à ce moyen des procédés plus économiques. Pour la grande culture, il n'y aurait pas même à songer à l'arrosage exécuté exclusivement à bras d'homme. Heureusement, la plus grande partie de la main-d'œuvre peut être évitée au moyen d'un système approprié de rigoles. Celles-ci, par leur pente convenablement calculée, conduisent l'eau, en vertu de son propre poids, depuis la *prise d'eau* jusqu'au terrain à arroser. Ce procédé économique constitue l'*irrigation*. Dans tous les cas, une quantité d'eau limitée, répandue à un moment donné sur une certaine portion du sol cultivé, constitue pour cette portion ce qu'on appelle un *arrosage*.

2. Historique. — L'art de l'irrigation, originaire des contrées méridionales de l'Asie, y était connu dès la plus haute antiquité. Les Chinois, les populations primitives de l'Inde et de la Perse, celles qui habitaient au temps de Babylone et de Ninive les pays compris entre le Tigre et l'Euphrate, enfin les Égyptiens paraissent avoir appliqué les irrigations sur une vaste échelle. Les Romains les empruntèrent à l'Orient et les transportèrent dans l'Italie et dans le midi de la France. Les Arabes enfin, venus aussi de l'Orient, les introduisirent en Espagne. Depuis lors, néanmoins, l'art d'irriguer est resté presque stationnaire, et malgré l'essor inouï de la civilisation moderne, malgré les progrès incontestables réalisés depuis peu par l'agriculture, l'irrigation n'a conquis que peu de terrain. Chez nous, aujourd'hui même, il s'en faut de beaucoup qu'elle soit appliquée à toutes les régions et à toutes les terres qui seraient susceptibles de recevoir ses bienfaits.

3. Importance des irrigations. — On a évalué, en France, à 3 millions d'hectares l'étendue des terrains non irrigués et qui seraient susceptibles de l'être, et il est probable que cette évaluation est au-dessous de la réalité. Or, il est reconnu d'autre part, dans les pays où l'irrigation est généralement usitée, qu'elle augmente au moins la valeur des terres de moitié en sus de leur valeur primitive, que plus souvent elle triple ou quadruple cette valeur, que parfois même elle la décuple. Quelle source inépuisable de richesses, quel accroissement de la fortune publique, si l'on arrivait à tirer tout le parti possible de ce merveilleux moyen de production !

La lenteur avec laquelle s'accomplit chez nous le progrès dont il s'agit tient à des causes multiples : l'état de notre législation, la division de la propriété, les droits acquis par des usines à la jouissance des cours d'eau. Mais, en ceci comme en toutes choses, le plus grand obstacle au progrès a toujours été l'ignorance. Lorsque tous les cultivateurs et les propriétaires ruraux, qui forment, somme toute, la partie la plus nombreuse de la population, seront définitivement convaincus des avantages importants qu'eux-mêmes et le pays pourraient retirer des irrigations, toutes les petites difficultés actuelles devront céder à une pression irrésistible. D'autre part, les nouvelles pratiques agricoles ne peuvent gagner du terrain que par l'exemple de quelques hommes d'élite qui se chargent de fournir à la foule des preuves matérielles et palpables ; or, ces hommes à esprit d'initiative éprouvent souvent eux-mêmes le besoin de s'éclairer sur des questions encore neuves. Vulgariser la connaissance des irrigations serait donc une œuvre d'actualité essentiellement utile. Or, à côté des ouvrages qui ont déjà traité ce sujet, quelques-uns d'une manière par trop incomplète, d'autres d'une manière trop scientifique ou trop étendue pour beaucoup de lecteurs, il reste encore une place pour qui saurait réunir dans un cadre unique les différentes faces de la question, et résumer les notions les plus indispensables à l'irrigateur. C'est ce que j'ai voulu tenter dans le présent ouvrage.

4. L'eau agent indispensable de la végétation. — L'eau, on le sait, est indispensable à la culture et à la végétation. Une terre qui en serait complètement privée, ou se réduirait en une poussière incapable de prêter aux racines des plantes l'appui dont elles ont besoin, ou bien formerait une masse difficilement attaquable par les instruments de culture et, dans tous les cas, complètement impénétrable aux jeunes prolongements des racines. D'ailleurs c'est l'eau, secondée par les gaz atmosphériques dont la terre est ordinairement imprégnée, qui attaque les minéraux constituants du sol, et leur enlève par voie de dissolution les principes utiles que les plantes s'approprieront bientôt. C'est l'eau qui sert de véhicule à toutes les parties actives des engrais; c'est elle, en un mot, qui constitue la masse principale de la sève.

La sève, absorbée par les spongioles ou suçoirs du chevelu des racines, s'élève jusqu'aux parties vertes des plantes et notamment aux feuilles. Là elle s'élabore, assimile le carbone qu'elle emprunte à l'acide carbonique de l'atmosphère, se concentre par une évaporation d'eau considérable, puis enfin redescend pour se distribuer dans la plante, en donnant lieu à l'accroissement de ses divers organes. On sait que cette transpiration, par laquelle les plantes perdent une partie de l'eau qu'elles contiennent, a lieu surtout pendant la chaleur du jour, et qu'elle est d'autant plus considérable que l'atmosphère est plus sèche et le sol plus saturé d'eau. Toutefois, cette évaporation ne peut jamais diminuer, pour chaque espèce de plantes, au-delà d'une certaine limite. Elle devient au contraire énorme sous l'action combinée des vents secs et du soleil. Les physiologistes évaluent, en général, d'une manière approximative, l'évaporation journalière à la moitié du poids des plantes. C'est en partant d'une donnée de ce genre que Hales a supposé qu'un hectare de choux peut perdre, par transpiration, 20 000 kilogrammes d'eau pendant douze heures par jour. On comprend immédiatement que l'activité générale des fonctions végétales est proportionnelle à l'abondance de cette transpiration, mais à la condition toutefois que le sol pourra suffire à l'entretien de l'afflux de sève déterminé par cette incessante consommation d'eau. Dès que l'humidité de la terre devient insuffisante, le courant se ralentit et la plante reste dans un état stationnaire. Il est vrai que la transpiration a diminué aussi, mais elle ne peut pas s'annuler complèment, en sorte que si la quantité d'eau restituée par le sol continue à diminuer, la plante se flétrit, se dessèche, et enfin meurt.

5. Insuffisance fréquente des pluies. — La pluie se répartit entre les jours de l'année de la manière la plus inégale et la plus capricieuse. Si dans certains moments l'eau est tellement abondante dans les champs que le cultivateur doit s'occuper de lui donner un écoulement, il y a par contre de fréquentes périodes sans pluie, pendant lesquelles la végétation reste languissante et comme suspendue. D'ailleurs, dans les contrées méridionales, la pluie fût-elle régulièrement répartie qu'elle serait bien loin de suffire, du moins pour les terres perméables et les cultures à racines peu profondes, à l'entretien d'une végétation toujours active et vigoureuse. C'est alors que l'irrigation intervient de la manière la plus heureuse ; et l'on conçoit sans peine que c'est surtout dans les climats où la chaleur et la lumière surexcitent au plus haut point le pouvoir d'assimilation dans les organes des plantes, dans les climats où une évaporation foliacée considérable appelle un courant proportionnel de sève ascendante, que l'eau produit des merveilles. Qui ne sait, d'ailleurs, que même sous les climats les plus tempérés, l'abondance et la beauté des produits obtenus dans l'horticulture tiennent en grande partie à ce que les arrosages y sont pratiqués sans épargne, autant de fois que le besoin s'en fait sentir ? Quel est, d'un autre côté, l'agriculteur qui n'a vu maintes fois, en dépit de tous ses soins et de tous ses sacrifices, les espérances de sa récolte compromises par une sécheresse un peu trop prolongée ? Qui n'a remarqué que les années d'abondance tiennent surtout à une heureuse répartition des pluies survenues en temps opportun ? De l'eau toujours disponible, tel est évidemment le seul moyen d'avoir une végétation vraiment vigoureuse, et des récoltes à la fois régulières et abondantes.

§ 2.

SUBSTANCES CONTENUES DANS L'EAU

6. Matières minérales en dissolution dans l'eau. — L'eau n'existe pas dans la nature à l'état de pureté : en coulant, soit à la surface du sol, soit dans l'épaisseur des couches de terrain les plus perméables, soit dans des fissures profondes d'où elle ressort en donnant lieu à des sources, elle s'est chargée, par voie de dissolution, des nombreuses matières minérales composant les roches avec lesquelles elle s'est trouvée en contact. Les substances les plus communes et les plus abondantes dans les eaux sont la chaux, la magnésie, l'alumine, l'oxyde de fer, unis généralement à la silice, à l'acide carbonique, et à quelques autres acides. La plupart de ces substances sont aussi celles qui font nécessairement partie des tissus des végétaux, et qui se retrouvent dans leurs cendres. On possède de très nombreuses analyses des matières minérales contenues dans les eaux de sources et de rivières[1] ; je transcris simplement ici, à titre d'exemple, le tableau suivant des analyses de quelques eaux de rivières, par Sainte-Claire Deville, que je copie textuellement dans les leçons de chimie agricole de Bobierre :

1. Voir Boussingault, *Économie rurale*, t. II, p. 251. — Voir aussi Hervé Mangon, *Expériences sur les eaux d'irrigation*. 2e édition, pp. 76, 80, 93, 98, 100, 117, 188, 191.

Matières minérales dans 100 litres d'eau.

	Garonne	Seine	Rhin	Loire	Rhône	Doubs
	gr.	gr.	gr.	gr.	gr.	gr.
Silice	4,01	2,44	4,88	4,06	2,38	1,59
Alumine	»	0,05	0,25	0,71	0,39	0,21
Oxyde de fer	0,31	0,25	0,58	0,55	»	0,30
Carbonate de chaux	6,45	16,55	13,56	4,81	7,89	19,10
— de magnésie	0,34	0,27	0,50	0,61	0,49	0,23
Sulfate de chaux	»	2,69	1,47	»	4,66	»
— de magnésie	»	»	»	»	0,63	»
Chlorure de magnésium	»	»	»	»	»	0,05
— de sodium	0,32	1,23	0,20	0,48	0,17	0,23
Carbonate de soude	0,65	»	»	1,46	»	»
Sulfate de soude	0,53	»	1,35	0,34	0,74	0,51
— de potasse	0,76	0,50	»	»	»	»
Nitrate de potasse	»	»	0,38	»	0,40	0,41
— de soude	»	0,94	»	»	0,45	0,39
— de magnésie	»	0,52	»	»	»	»
Silicate de potasse	»	»	»	0,44	»	»
	13,37	25,44	23,17	13,46	18,20	23,02

Un premier fait, qui ressort d'une manière évidente de la présence de ces matières dissoutes, c'est que chaque fois que vous donnerez un arrosage à une terre, indépendamment de l'effet que l'eau pourra produire par elle-même, ainsi que nous l'avons vu précédemment, cette eau introduira dans votre terrain les substances qu'elle tient en dissolution et qui, grâce à cet état, seront dans les conditions d'assimilation les plus favorables pour les plantes. Ces matières minérales apportées par l'eau auront surtout une grande importance lorsqu'elles seront de celles qui faisaient presque complétement défaut dans le sol irrigué, et ce cas peut se présenter assez fréquemment. Ainsi, M. Paul de Gasparin a trouvé que les eaux sourdant de terrains réputés exclusivement calcaires tenaient en dissolution des quantités importantes de silice[1]. Par contre, j'ai eu plusieurs fois l'occasion de constater, dans les localités situées sur le périmètre de la Sologne, où la terre cultivable est presque complètement dépourvue

1. *Journal de l'Agriculture*, 1872, t. IV, p. 169.

de chaux, que l'eau des sources était très-chargée de sels calcaires, fait qui, du reste, s'explique tout naturellement, dans ce cas, par l'existence de puissantes couches marneuses dans les régions souterraines traversées par ces eaux. De telles eaux employées en arrosages, non seulement fourniraient à la récolte un aliment indispensable, mais encore pourraient, à la longue, modifier la nature du sol, et produire l'effet d'un véritable amendement. Hervé Mangon, qui a fait sur les eaux d'irrigation des expériences remarquables et du plus haut intérêt, a trouvé, dans plusieurs cas qu'il a eu l'occasion d'étudier, que l'apport en substances minérales était supérieur à la consommation des récoltes.

Parmi les substances minérales, il en est deux qui sont précieuses entre toutes, en raison du besoin qu'en ont les plantes et de la parcimonie avec laquelle la nature les a départies aux sols cultivables : ce sont la potasse et l'acide phosphorique. La potasse ne figure pas dans beaucoup d'analyses d'eaux, surtout parmi celles qui sont un peu anciennes ; et quant à l'acide phosphorique, il n'y a peut-être pas une seule des analyses faites jusqu'à ce jour qui en fasse mention. Nous ne devons pourtant pas conclure de là que les substances dont il s'agit font absolument défaut dans la plupart des eaux naturelles. Il faut nous rappeler qu'il n'y a pas encore très longtemps que l'on apprécie convenablement l'importance de ces corps, au point de vue agricole, et tenir compte aussi de la difficulté que présente le dosage de très-petites quantités de potasse ou d'acide phosphorique. Ce sont là en effet des opérations qui exigent l'emploi des procédés les plus récents et les plus délicats de la chimie, ainsi que toute l'habileté d'un analyste exercé.

Quoi qu'il en soit, nous voyons que les eaux de rivières dont j'ai rapporté ci-dessus les analyses contiennent toutes de la potasse. Payen en a trouvé des quantités assez considérables dans l'eau du puits artésien de Grenelle, à Paris. Cent litres renferment, d'après son analyse, indépendamment d'autres substances :

Bicarbonate de potasse..........	2,06 g.
Sulfate de potasse...............	1,20
Chlorure de potassium..........	1,09

d'où l'on peut conclure par des calculs des plus simples que, si un champ d'un hectare était arrosé avec cette eau pendant six mois, avec la quantité d'eau la plus usitée dans le midi de la France[1], ce champ recevrait autant de potasse que par une application de 87 000 kil. de fumier d'étable[2]. On a d'ailleurs constaté à diverses reprises que les eaux pluviales dissolvent peu à peu la potasse des terrains granitiques. Il n'est pas moins certain que ces mêmes eaux attaquent les phosphates, disséminés dans beaucoup de terrains, mais surtout très-abondants dans les roches d'origine volcanique. On ne saurait donc douter de l'existence de petites quantités d'acide phosphorique dans l'eau de presque toutes les sources et de presque toutes les rivières.

Je dirai, pour me résumer, que toutes les eaux dont on peut généralement disposer pour l'irrigation contiennent, dans des proportions très-variables, tous les éléments minéraux qui sont nécessaires à la formation des organes des plantes, sans en excepter le potassium et le phosphore[3]; que ces éléments, lors même qu'ils n'existent dans l'eau qu'en proportions infinitésimales, ne laissent pas, en raison d'un apport sans cesse renouvelé, de constituer une valeur agricole très appréciable et très-réelle, dont il est juste de tenir compte ; que selon la nature des eaux et celle des terrains que l'on arrose, telle ou telle substance minérale peut être introduite dans le sol en quantité supérieure aux besoins des récoltes; qu'elle peut même parfois, dans ce cas, procurer à ce sol un accroissement permanent de fertilité ; qu'il peut arriver au contraire que certains éléments minéraux soient apportés par l'eau en quantités insuffisantes pour la production de récoltes abondantes, auquel cas il convient, pour tirer de l'irrigation elle-même tout le fruit possible, de combler ce déficit partiel par l'apport intelligent de quelques amendements convenablement choisis.

7. Azote de l'ammoniaque et de l'acide azotique dans l'eau d'irrigation. — En nous reportant au tableau de la page 6, nous remarquerons que plusieurs corps sont à l'état de nitrates dans les eaux analysées. Ces eaux, sauf celles de la Garonne

1. C'est-à-dire avec la quantité d'eau que produit un écoulement continu et régulier de 1 litre par seconde. Cette quantité est de 15 552 mètres cubes en six mois.

2. Le fumier, généralement considéré comme fumier normal, renferme à peu près, d'après les analyses connues de Boussingault, 5 kil. de potasse par 1 000 kil. de fumier.

3. La potasse est une combinaison du potassium avec l'oxygène, l'acide phosphorique une combinaison du phosphore avec l'oxygène.

et de la Loire, contiennent donc de l'azote, sous la forme d'acide azotique[1]. Or, on sait que l'azote a une telle influence sur la végétation, une importance agricole tellement considérable, que l'on admet souvent que la teneur en azote d'une matière fertilisante suffit, à elle seule, pour donner une mesure approximative de sa valeur agricole. La pratique agricole journalière confirme d'ailleurs la grande efficacité, soit des matières ammoniacales, soit des nitrates employés comme engrais. Nous avons donc, dans les eaux, de l'azote à l'état le plus assimilable possible, et nous devons tenir compte à l'irrigation de la puissance fécondante de cet élément qui vient s'ajouter à celle des matières minérales que nous avons étudiées d'abord. Si nous supposons, par exemple, un hectare arrosé avec de l'eau de la Seine, toujours à la dose usitée dans le Midi, de 15 552 mètres cubes pour une saison, nous trouvons que l'eau employée contient :

Par mètre cube	Azotate de soude....	9,40 *g.*	contenant azote	1,55 *g.*
	Azotate de magnésie.	5,20	—	0,98
			Total azote........	2,53
et pour 15 552 mètres cubes	....			39 *kg*, 340 *g.*

ce qui équivaut, sous le rapport de l'azote, à 9 000 à 10 000 kilog. de fumier de ferme.

Dans les exemples dont se compose le tableau de la page 6, l'azote ne s'est rencontré que sous la forme d'azotates. Mais on sait que, dans certaines eaux, il peut se trouver aussi uni à l'hydrogène sous forme d'ammoniaque, et qu'il n'est pas moins assimilable sous cette seconde forme. Les eaux qui contiennent des matières animales en putréfaction, celles notamment de toutes les rivières après la traversée des cités populeuses, sont très-notablement ammonicales[2]. L'eau de pluie elle-même, quoique la plus

1. On appelle indifféremment acide *nitrique* ou acide *azotique* un acide résultant d'une certaine combinaison de l'azote avec l'oxygène. Cet azote, en s'unissant à son tour avec les bases, telles que chaux, potasse, soude, etc., donne lieu aux sels appelés *nitrates* ou *azotates*.

2. Voir à ce sujet le tableau intéressant donné par Bobierre, p. 61 de ses *Leçons de chimie agricole*. Je ferai remarquer que ce tableau nous indique certaines quantités d'ammoniaque dans les eaux de la Seine et de la Loire, tandis que le tableau de la page 6 donnait des analyses de ces mêmes eaux dans lesquelles ne figure pas l'ammoniaque. Il faut appliquer, en effet, à l'ammoniaque ce que j'ai dit déjà à propos de la potasse et de l'acide phosphorique : la recherche de substances en quantités aussi minimes ne peut avoir lieu que dans une étude dirigée tout spécialement vers cet objet. Mais aussi, il faut bien le recon

pure de toutes, contient à Paris, d'après Barral[1], de 1 à 3 millig. d'ammoniaque, et à peu près autant d'acide azotique par litre. Les eaux qui proviennent du drainage des terres cultivées sont bien plus riches en azote que celles des sources et des rivières, ainsi que Barral l'a fait remarquer le premier. En prenant la moyenne de dix-huit analyses d'eaux de drainage rapportées par ce chimiste agronome[2], nous aurions :

Moyenne par mètre cube d'eau	Ammoniaque....	2 g.	contenant azote.	1,64 g.
	Acide azotique...	67	—	17,37
			Total, azote......	19,01

ce qui donnerait pour une saison d'irrigation sur 1 hectare (toujours à la dose déjà supposée) 295 kilog. d'azote, soit autant que 73 000 kilog. de fumier d'étable.

J'espère avoir déjà établi clairement, par tout ce qui précède, que l'eau des irrigations, en pénétrant dans le sol, peut y déposer tous les éléments utiles qui entrent dans l'organisme des plantes et font la valeur des amendements et des engrais. Je n'ai pourtant point encore complètement fini de passer en revue tout ce qui se trouve dans l'eau ; et malgré l'aridité de ces longs détails, je suis forcé, à cause de l'importance du sujet, de demander encore au lecteur quelques instants d'attention.

8. Gaz dissous dans l'eau. — Toutes les eaux, mais surtout les eaux courantes, dans leur contact prolongé avec l'atmosphère, absorbent de l'air. On le constate facilement en soumettant l'eau à l'ébullition. Les gaz, primitivement dissous, se dégagent alors en même temps que la vapeur ; et à l'aide de quelques dispositions assez simples, on peut les recueillir et les analyser[3]. Tout le

naître, les analyses d'eau qui n'ont pas été faites dans un but agricole, et qui ne donnent que les matières minérales les plus abondantes parmi celles qui sont en dissolution dans l'eau, ne sont propres à jeter que bien peu de jour sur les questions qui nous occupent en ce moment.

1. Barral, *Recherches analytiques sur les eaux pluviales.*

2. Barral, *Drainage, irrigations, engrais liquides*, 2e édition, t. IV, pp. 677 et 680.

3. Le plus souvent, autrefois, lorsqu'on voulait se rendre compte des qualités d'une eau, on en faisait évaporer une certaine quantité dans un vase à feu nu et jusqu'à siccité. Dans cette opération, les gaz dissous étaient d'abord expulsés dans l'atmosphère. Les sels ammoniacaux et les azotates, si importants lorsqu'il s'agit de la végétation, étaient décomposés et laissaient dégager l'ammoniaque et l'acide azotique. Les matières organiques elles-mêmes, généralement azotées,

monde sait que l'air atmosphérique est un mélange (et non une combinaison) de deux gaz principaux, l'oxygène et l'azote, dans la proportion approximative de 21 d'oxygène et 79 d'azote en volume. L'air contient en outre de 4 à 6 dix-millièmes de gaz acide carbonique. Le volume total des gaz qui se trouvent condensés et dissous dans les eaux courantes est variable. Mais ce qu'il est utile de remarquer, c'est que l'oxygène et l'azote n'étant pas combinés ainsi que je viens de le dire, se comportent chacun comme s'il était seul, et agissent respectivement sur l'eau suivant leurs affinités réciproques avec ce liquide, en sorte que celui-ci se trouve toujours avoir absorbé, relativement aux proportions de l'atmosphère, plus d'oxygène que d'azote. Voici, comme exemples, les quantités d'oxygène et d'azote (en centimètres cubes) trouvées par M. Hervé Mangon, dans des eaux de trois provenances différentes :

		Oxygène	Azote
Gaz dissous par litre d'eau	du canal de Carpentras.......	4,5 cm^3.	12,5 cm^3.
	de la Sorgue.................	5,7	13,3
	de la Meurthe...............	7,3	15,3

Voyons donc quel sera le rôle de ces gaz, introduits par l'eau dans le sol cultivable. L'oxygène ne doit pas tant être considéré comme un aliment pour les plantes que comme un des agents principaux de ces phénomènes complexes par lesquels la sève est préparée au sein du sol. Il brûle lentement les matières organiques d'origine végétale, ou même animale, qui se trouvent mélangées à la terre ; il transforme ainsi, peu à peu, les matières organiques insolubles en humus soluble et assimilable. En outre, l'oxygène maintient et ramène au besoin le soufre à l'état de sulfates, sels inoffensifs, à l'exclusion des sulfures et notamment de l'hydrogène sulfuré, produits fréquents des décompositions putrides et qui sont des poisons pour les plantes. Enfin ce même gaz, agent de vie par excellence, en présence des matières calcaires et alcalines, fait passer peu à peu à l'état d'azotates l'azote contenu dans le sol ; et ces azotes, on le sait, sont les aliments les plus riches et les plus essentiels pour tous les végétaux cultivés. Quant à l'azote, qui s'introduit aussi dans le sol à la

étaient profondément altérées. C'est seulement sur le résidu ainsi obtenu que portait l'analyse proprement dite. On voit combien les résultats d'un telle analyse étaient incomplets, du moins en ce qui touche à la physiologie végétale.

faveur de l'eau, nous ne possédons jusqu'ici aucune expérience propre à établir d'une manière bien péremptoire quel est son rôle vis-à-vis des récoltes, et nous ne pouvons guère baser nos présomptions que sur le raisonnement. Cet azote doit-il se dégager ultérieurement dans l'atmosphère? C'est ce qui paraît assez vraisemblable pour la portion correspondant à l'eau qui sera évaporée à la surface du sol sous l'action combinée du soleil et des vents. Mais ce n'est là qu'une faible partie de l'eau des arrosages ; et indépendamment de celle qui, parfois, pénètre dans le terrain à de grandes profondeurs, nous avons vu qu'il y en a une autre partie, très importante, qui est rendue à l'atmosphère par la transpiration des plantes, après avoir traversé leurs organes avec le courant de la sève. Mais les végétaux, on le sait, n'exhalent point d'azote ; il y a donc tout lieu de croire que celui qui se trouvait dissous dans la portion d'eau dont il s'agit a dû être fixé, soit par le sol un peu avant que l'eau ne pénétrât dans la plante par ses racines, soit dans la plante elle-même pendant que l'eau la traversait. Dans le premier cas, rien d'impossible à ce que, sous l'action de l'oxygène et des substances alcalines qui se trouvaient aussi dans l'eau, il y ait eu nitrification de l'azote avant son absorption par les plantes. Cela serait d'autant plus vraisemblable qu'un gaz dissous dans l'eau est dans un véritable état de liquéfaction, et que ses molécules sont infiniment plus condensées que dans l'état gazeux, ce qui augmente singulièrement l'énergie des forces physiques. Qui n'a remarqué, par exemple, que l'oxygène de l'air, qui est complètement sans action à l'état sec sur le fer et la plupart des métaux, les oxyde immédiatement dès qu'il y a intervention de l'eau ? N'est-il pas admissible que, par un effet du même genre, l'azote, ordinairement inerte, devienne beaucoup plus apte à réagir chimiquement lorsqu'il est en dissolution ?

Les raisonnements qui précèdent deviendront peut-être plus clairs en les appliquant à un exemple. Je prends la première des remarquables expériences de Hervé Mangon sur les eaux d'irrigation. Il a suivi pendant toute une saison l'irrigation d'une prairie. Lors de chaque arrosage, il a mesuré exactement la quantité d'eau introduite sur la prairie, ainsi que celle qui en est sortie sans avoir été absorbée. Il s'est rendu un compte exact, au moyen de nombreuses analyses, de la composition de l'eau entrée et sortie. Il a pesé et analysé les engrais donnés à la prairie. Il a également pesé et analysé le fourrage récolté. Le résultat de ces longues et patientes recherches se résume, en ce qui concerne l'azote, dans le tableau suivant, où tous les chiffres sont ramenés à une superficie de 1 hectare :

Azote apportée par l'eau d'irrigation à l'état d'ammoniaque ou d'acide azotique	23,442 *kg*.
Azote de la fumure	121,884
	145,326
Azote du foin	184,345 *kg*.
	145,326
Différence	39,109 *kg*.

Je ferai d'abord remarquer que l'apport d'azote par la fumure ne peut être connu que d'une manière approchée. En effet, une fumure ne se consomme pas pendant le temps précis qu'une récolte met à se former. En prenant le chiffre ci-dessus pour l'azote fourni au foin par la fumure, il faut supposer implicitement qu'il y a compensation exacte entre ce qui restait des fumures antérieures et ce qui reste non employé sur la nouvelle fumure au moment de l'enlèvement de la récolte, ce qui n'a sans doute pas toujours lieu. Quoi qu'il en soit, le chiffre ci-dessus (121,884 kg) doit être un maximum, car la fumure a certainement perdu, soit par entraînement dans le sous-sol, soit par dégagement dans l'atmosphère, une notable quantité d'azote qui n'a pu profiter à la culture. La récolte contient donc environ 39 kg d'azote, probablement même davantage, qui ne provient ni des fumures, ni des matières salines azotées apportées par l'eau. Ce fait, des plus remarquables, se rattache à une loi générale connue des agronomes. Toutes les fois, en effet, que l'on établit comme ci-dessus la balance entre l'azote fourni au sol par des causes connues et celui enlevé par les récoltes, on trouve un excès de ce dernier ; généralement toutefois dans une proportion bien moindre que dans notre exemple. D'où peut provenir cet excès d'azote des récoltes ? Ce ne peut être que de l'atmosphère. Mais par quelles voies, sous quelles influences, à l'aide de quelles réactions chimiques pénètre-t-il dans les plantes ? M. Georges Ville a prétendu que l'azote était directement absorbé par les feuilles ; mais c'est là une hypothèse dont la réalité n'a pas été démontrée, et on croit généralement aujourd'hui que c'est par l'intermédiaire du sol et par les racines que la matière azotée passe dans l'organisme des végétaux. S'il en est ainsi, n'est-il pas vraisemblable que l'azote dissous qui se trouve accumulé dans le sol avec l'eau d'irrigation (il n'y en a pas moins de 200 kg dans le cas qui nous occupe) fournit la matière des réactions à la suite desquelles l'assimilation a lieu. Le grand excès d'azote contenu dans le foin de la prairie irriguée qui nous sert d'exemple vient à l'appui de cette manière de voir. Ainsi, sans qu'il soit possible d'assigner une valeur précise à l'azote dissous dans l'eau, il n'en convient pas moins d'en tenir compte quand il s'agit de supputer la valeur de l'eau d'irrigation.

Notons enfin, avant de quitter ce sujet, que Hervé Mangon a répété le même genre d'expériences sur plusieurs pièces de terre contenant des récoltes de diverse natures, et que les résultats tendent tous exactement aux mêmes conclusions.

Mais l'eau ne tient pas seulement en dissolution de l'oxygène et de l'azote ; elle contient également de l'acide carbonique en proportions variables. Voici, en centimètres cubes, les quantités d'acide carbonique qui ont été trouvées dans plusieurs eaux d'irrigation :

Acide carbonique par litre d'eau	de la Meurthe, analysée par M. Mangon..	1 à 2,6 cm^3.
	du canal de Carpentras, anal. par le même.	2 à 7
	de la Sorgue, analysée par le même.....	10 à 17
	de la Seine, analysée par M. Péligot.....	20 à 30

Il faut bien reconnaître que les quelques millièmes d'acide carbonique qui sont disséminés dans l'atmosphère suffiraient difficilement à expliquer la présence dans les eaux d'aussi grandes quantités de ce gaz. Mais d'autres causes, dont quelques-unes encore imparfaitement connues, tendent à en augmenter la proportion. Ainsi des sources, plus ou moins chargées d'acide carbonique, mêlent leurs eaux à celles des rivières [1].

1. En réalité, l'acide carbonique émane, pour ainsi dire, de toutes parts des profondeurs de la terre ; c'est le produit le plus constant et le plus abondant des volcans : il se dégage de la plupart des excavations très profondes. C'est donc dans sa circulation à travers certaines fissures du sol que l'eau pluviale se charge plus particulièrement du gaz dont il s'agit. Les canaux souterrains dans lesquels a lieu cette circulation affectent parfois une disposition comparable à celle d'un siphon renversé : l'eau s'introduisant par la plus longue branche, ressort par la plus courte. Si la partie qui correspond à la courbure du siphon se trouve à une grande profondeur, la pression exercée dans cette région par la colonne d'eau favorise singulièrement la dissolution du gaz, et l'eau peut alors arriver au jour

D'autre part Hervé Mangon, en analysant l'eau d'irrigation qui avait ruisselé en couche mince à la surface d'un pré, l'a trouvée constamment plus chargée d'acide carbonique qu'avant son passage sur ce pré[1]. Ne serait-ce pas par suite d'un phénomène analogue, qui se produirait pendant les grandes pluies à la surface de chaque champ, que l'eau des rivières est beaucoup plus chargée d'acide carbonique au moment des crues qu'en temps de sécheresse[2] ?

En tout cas, l'acide carbonique de l'eau joue un rôle important et tout spécial dans les phénomènes qui intéressent la végétation. C'est à sa faveur que l'eau attaque les roches solides, les sables, les argiles, et qu'elle tire de ces matériaux inertes du sol des principes assimilables par les plantes. L'eau chargée d'acide carbonique, en pénétrant dans la terre, apporte donc avec elle l'instrument qui doit en dégager celles des substances rares, telles que la potasse et l'acide phosphorique, qui ne seraient peut-être, sans cela, en quantité suffisante ni dans l'eau elle-même, ni dans les engrais.

On a objecté que l'acide carbonique se forme en quantité suffisante dans le sol même, en vertu de cette combustion lente des matières organiques par l'oxygène dont j'ai parlé précédemment. L'objection, qui pourrait être fondée à l'égard des sols très-riches en humus, tombe d'elle-même s'il s'agit de ces sols maigres qui ne contiennent presque point de matières organiques; et je regarde comme probable que l'acide carbonique apporté par les eaux d'arrosage est utile dans la plupart des cas.

9. Matières solides en suspension dans l'eau. — Il nous reste à examiner les eaux sous un dernier point de vue, celui des corps solides, très-divisés, qu'elles tiennent en suspension et entraînent dans leur cours. La quantité des matières ainsi charriées est extrêmement variable. Dans les torrents impétueux qui descendent des montagnes, leur proportion peut devenir énorme, et n'a pour ainsi dire pas de limite[3]. Mais les galets, les graviers, les

tenant condensé en elle-même plusieurs fois son volume d'acide carbonique. Ce dernier tend à se dégager en partie, dès qu'il n'a plus à supporter que la pression de l'atmosphère, et l'on a dans ce cas une source d'eau gazeuse.

1. Hervé Mangon, *Expériences sur l'emploi des eaux dans les irrigations*, p. 81. Voir aussi les tableaux des pp. 78, 88, 100, 108, 118.

2. Voir Bobierre, *Leçons de chimie agricole*, p. 56.

3. Les torrents des parties élevées des Alpes délaient parfois des terres ébouleuses, au point de ne plus former qu'une boue; et l'on a vu des exemples de

sables, se déposent successivement à mesure que la vitesse du courant diminue ; et dans les rivières plus calmes, qui parcourent les vallées inférieures, il n'y a plus que des matières impalpables qui troublent plus ou moins la transparence de l'eau. C'est seulement de ces troubles, qui se déposeront à l'état de limon sur le sol irrigué, que nous avons à nous occuper ici. Pour une même rivière et en un point donné, la quantité des troubles varie sans cesse ; elle augmente pendant les crues, et diminue au contraire en temps de basses eaux. Le tableau suivant nous donne, pour quelques rivières : 1° le poids moyen approximatif des matières en suspension dans un mètre cube d'eau, pendant les six mois les plus secs, durant lesquels les irrigations sont surtout pratiquées dans le Midi ; 2° les mêmes renseignements pour les six autres mois de l'année ; 3° le poids des limons par mètre cube d'eau pendant les grandes crues, trouvés par quelques observateurs[1] :

NOMS des RIVIÈRES	NOMS des OBSERVATEURS	DATES des OBSERVATIONS	KILOGRAMMES DE LIMON contenus en moyenne DANS UN MÈTRE CUBE D'EAU			
			du 1er avril au 30 septembre	du 1er octobre au 31 mars	en moyenne pour l'année	pendant les crues
			kil. gr.	kil. gr.	kil. gr	kil. gr.
Seine	H. Mangon	1863-66	0,200	0,400	»	2,740
Marne	Id	1863-64	0,014	0,082	»	0,515
Loire (à Tours).	Id	1860	»	»	»	0,407
Vienne.	Id	1858	»	»	»	0,495
Rhin	Horner	1833	»	»	0,064	»
Rhône (à Lyon).	Fournet	1844	0,078	0,073	»	»
Id	Dupasquier	1839	»	»	»	0,980
Id	Lartet	1844	»	»	»	1,250
Saône (à Lyon).	Fournet	1844	0,022	0,074	»	»
Durance	H. Mangon	1859-60	1,460	0,780	»	3,632
Var	Id	1864-65	2,820	1,609	»	36,617
Elbe	Hubbe	1854-55	»	»	0,032	0,400
Gange	Everest	»	»	»	»	2,340
Mississipi	Forshey	1851 52	»	»	0,553	1,718

courants en apparence fluides, qui contenaient en réalité moins d'eau que de substances terreuses.

1. Les deux séries de chiffres indiquant les moyennes semestrielles sont calculées en prenant la moyenne entre les nombres mensuels relatifs à chacun des

Il est à remarquer que les rivières alpines, telles que le Var et la Durance, sont en moyenne plus chargées de limon pendant la belle saison que pendant l'hiver, ce qui tient à l'époque de la fonte des neiges dans les parties élevées de leurs cours, tandis que les rivières qui, comme la Seine et la Saône, ne parcourent que des pays de plaines ou de montagnes très peu élevées, sont au contraire plus chargées de troubles pendant l'hiver que pendant la saison d'été.

Quant à leur composition, les limons déposés par les rivières sont des mélanges de sables impalpables, d'argile, de carbonate de chaux, de divers autres minéraux amenés au dernier état de division, enfin de matières organiques presque toujours azotées. Les proportions exactes de ces diverses matières sont tellement variables d'un cours d'eau à un autre, et même d'un jour à l'autre pour la même rivière, que les exemples d'analyses que je pourrais transcrire ici seraient, je crois, de peu d'utilité pour les irrigateurs. Ce qu'il y a de constant, c'est que ces limons sont analogues aux terres les plus fertiles, et renferment à peu près tous les éléments minéraux ou autres qui peuvent être utiles à la végétation.

10. Azote contenu dans les limons. — Le limon tenu en suspension dans les eaux d'irrigation et déposé par elles à la surface du sol après chaque arrosage ne peut donc, dans tous les cas, qu'accroître la fécondité de la terre. Un élément toutefois, entre tous les autres, mérite de fixer particulièrement notre attention : c'est l'azote. Voici pour quelques rivières, étudiées par Hervé Mangon, les quantités d'azote contenues dans une partie, en poids, de limon.

six mois considérés. Le poids de limon ainsi obtenu me paraît donner, le mieux possible, une idée de l'état ordinaire de la rivière; il représenterait la teneur moyenne, par mètre cube, dans une dérivation de la rivière dont le débit serait constant.

Il y a une autre manière de concevoir la moyenne du limon par mètre cube. Elle consiste à diviser le poids total du limon charrié pendant une période donnée par le nombre total de mètres cubes d'eau qui passent dans la rivière pendant le même temps. Cette dernière méthode donne un chiffre très-notablement plus élevé que la précédente. Cela tient à ce que la rivière est très-chargée de troubles pendant les crues, alors qu'elle débite un volume d'eau énorme, tandis qu'elle ne devient presque limpide que lorsque son volume d'eau devient relativement insignifiant.

Proportion d'azote contenue dans les limons	de la Durance	0,00071 à 0,00128
	du Var	0,00090 à 0,00470
	de la Loire	0,00210 à 0,00610
	de la Marne	0,00410 à 0,00980
	de la Seine	0,00420 à 0,00950

Ces chiffres sont très significatifs. Si nous nous rappelons, en effet, que le fumier considéré comme type contient 0,004 de son poids d'azote, nous verrons qu'il y a des rivières, telles que la Seine et la Marne, dont les limons les plus pauvres sont aussi riches en azote que le fumier et doivent être considérés comme de véritables engrais. Les limons des rivières alpines sont moins riches en azote que ceux des autres rivières que je viens de citer; et pourtant les quantités totales d'azote que l'irrigation procure au terrain, par l'apport réitéré de ces limons, sont encore importantes, même pour ces rivières, et viennent évidemment, dans tous les cas, s'ajouter à l'azote que nous avons trouvé précédemment dans les matières contenues dans l'eau à l'état de dissolution.

Prenons, par exemple, une irrigation pratiquée sur un champ d'un hectare, avec de l'eau prise à la Durance, à la dose que j'ai déjà supposée précédemment, soit de 15 552 mètres cubes d'eau pour les six mois d'été. Le tableau de la page 16 nous montre que l'eau contiendra, en moyenne, 1 kilog. 46 de matières en suspension par mètre cube, ce qui donnera pour le poids total du limon déposé dans le champ 23 706 kilog., contenant de 16 à 29 kilog. d'azote, soit l'équivalent de 4 000 à 7 000 kilog. de fumier.

11. Utilisation spéciale des limons. — Les limons déposés successivement par des eaux troubles qu'on amène à plusieurs reprises sur la même portion de terrain peuvent acquérir assez promptement une épaisseur très notable, surtout si l'eau est employée largement. On peut obtenir ainsi une couche de limon fertile, qui servira d'amendement à un sol trop peu productif par lui-même, tel par exemple qu'un sol complètement sablonneux. On peut aller plus loin encore : submerger un terrain avec l'eau trouble détournée d'une rivière, laisser écouler cette eau après qu'elle aura déposé son limon, puis répéter un grand nombre de fois la même opération. On créera, dans ce cas, de toutes pièces, un véritable sol cultivable de la plus grande richesse, tout en exhaussant un terrain trop bas, et transformant ainsi définitivement un marécage ou un espace fréquemment inondé par les crues en un terrain infiniment mieux disposé pour la culture. Ce genre d'opération est désigné sous le nom de *colmatage*[1]. Il en sera parlé avec plus de détails dans le dixième chapitre.

§ 3

DISTINCTION A FAIRE SELON LES CLIMATS

12. Avantages de l'irrigation des terres cultivées dans le Midi. — C'est seulement, jusqu'à présent du moins, dans les contrées méridionales que l'irrigation est appliquée à tous les genres de culture. Dans cette splendide région méditerranéenne dont la végétation toute spéciale est plus particulièrement caractérisée par l'olivier, région qui comprend notamment l'Italie, l'Espagne, l'Algérie, et qui occupe en France une dizaine de départements, la fréquence et la longueur des sécheresses, la persistance de la chaleur, l'énorme évaporation qui en est la conséquence, font de l'irrigation un besoin impérieux pour la culture. Quelques végétaux arborescents, parmi lesquels la vigne occupe un rang à part, ont seuls, dans une certaine mesure et en vertu de la vigueur et de l'étendue de leurs racines, le privilège d'aller puiser eux-mêmes, à une grande distance de la surface, la quantité d'eau qui leur est indispensable. Hors de ces cultures arborescentes, et dans les localités où l'on ne peut point arroser, on ne rencontre le plus souvent sous ces climats brûlants que des terres arides que couvrent à peine de maigres récoltes. Mais l'eau est-elle donnée largement à ces mêmes terres, le soleil se charge du reste, et le spectacle change comme par enchantement. On peut être sûr alors qu'une végétation luxuriante viendra rémunérer largement et les capitaux employés pour disposer le sol à l'irrigation, et le surcroît annuel de main-d'œuvre résultant de son application.

1. Ce procédé pour exhausser les terrains bas était usité en Italie avant de l'être chez nous. Il y a bien longtemps qu'il est mis en pratique sur une grande échelle sur les rives du Pô, de l'Arno et d'autres rivières. Les Italiens appellent cette opération *una colmata*, ce qui veut dire *un comblement*. M. Nadault de Buffon a tiré de là un mot nouveau, le *colmatage*, qui est passé dans la langue française.

13. Dans le Nord, l'irrigation est surtout appliquée aux prairies. — En dehors de la région de l'olivier, les dépenses inhérentes à l'irrigation resteraient les mêmes, tandis que les avantages de cette dernière, considérée comme moyen de suppléer aux pluies, iraient en diminuant rapidement à mesure qu'on s'avancerait vers le Nord. Dans le Midi, en effet, on arrose régulièrement chaque année pendant six mois environ. Ailleurs, le besoin des arrosages ne se ferait généralement sentir que pendant de beaucoup plus courtes périodes et à des intervalles irréguliers ; et il se rencontre même des années où toute quantité d'eau donnée à une terre labourable, en sus de celle des pluies, serait beaucoup plus nuisible qu'utile. Aussi, dans les pays tels que le centre et le nord de la France, l'Angleterre, la Belgique, l'Allemagne, on a borné l'irrigation à une application toute spéciale, celle qui en est faite aux prairies. La végétation purement herbacée qu'on demande à ces dernières s'accommode mieux que toute autre d'une humidité presque continuelle ; et l'eau, lorsqu'elle n'y est pas nécessaire pour humecter le sol, sert à le fertiliser par les matières étrangères qu'elle contient. La plupart des terrains qui, soumis à la culture ordinaire, sont presque improductifs, peuvent, ainsi que nous le verrons plus loin, être convertis en prairies, pourvu qu'on puisse y porter de l'eau en quantité suffisante. Les contrées plutôt froides que chaudes trouvent donc, dans l'irrigation appliquée aux prairies, une opération aussi sûre et aussi productive que l'est, pour le Midi, l'application des mêmes moyens aux récoltes de toute nature.

14. Les irrigations autres que celles des prés peuvent-elles être étendues au-delà des contrées méridionales? — Les procédés d'irrigation du Midi pourraient-ils être étendus, dans certains cas, à des régions plus septentrionales? Une telle opération ne présente pas, pour le moment du moins, un caractère d'urgence. Il reste, en effet, dans toute la France notamment, une quantité considérable de médiocres prés secs et de pacages faciles à améliorer par l'irrigation ; de terrains trop inclinés, trop humides ou trop maigres pour être cultivés avantageusement à la charrue ; de vallées submersibles dont les récoltes sont périodiquement ravagées par les rivières. Ce sont tous ces terrains, auxquels la prairie convient d'une manière spéciale, qu'il faudrait d'abord soumettre à un système convenable d'irrigation ; et il n'est que trop probable qu'il y aura encore à faire pendant longtemps dans cette voie. Néanmoins, partout où il resterait de l'eau disponible en sus de celle nécessaire aux prairies, ainsi que dans les endroits où des circonstances particulières rendraient l'établissement de ces dernières peu profitable, l'irrigation pourrait être appliquée avec plus ou moins d'avantages à d'autres genres de cultures. Il ne me paraît pas douteux que si des canaux dérivés des rivières existaient dans toute la France, comme il en existe aujourd'hui dans la Provence, le Languedoc et le Roussillon, les procédés usités dans ces provinces ne fussent susceptibles d'être appliqués partout dans une certaine mesure. La solution économique de la question posée dépend non seulement du climat, mais de la nature du sol, de sa configuration, des débouchés commerciaux, de l'ensemble du régime agricole et industriel établi dans chaque localité. Quant à la réussite matérielle de l'irrigation, elle ne saurait être douteuse pour un grand nombre de cas. L'exemple de la culture maraîchère n'est-il pas là pour nous montrer que, même sous le climat de Paris, des arrosages abondants sont un moyen de tirer du sol une somme considérable de produits bruts, à laquelle il serait tout à fait impossible d'atteindre sans le secours de l'eau ? Peut-on douter que les luzernes, les trèfles, les betteraves, et une foule de plantes industrielles, donneraient des récoltes infiniment plus régulières et plus abondantes s'ils pouvaient être mis par l'irrigation à l'abri des sécheresses ? Pourquoi la Belgique, la Flandre, la Normandie, même les côtes de la Bretagne, ont-elles, toutes choses égales d'ailleurs, une fertilité que l'on ne rencontre à un aussi haut degré dans l'ensemble d'aucune des régions centrales de la France ? Cela évidemment ne tient pas à la seule nature du sol. Les terrains crétacés et de transition de la Flandre et de la Normandie se retrouvent dans bien d'autres parties de la France. Cette couche superficielle elle-même de limon ancien appelé *læss*, qui recouvre une partie de nos départements du Nord, n'est pas d'une qualité supérieure à certains dépôts d'alluvions qui se rencontrent dans une foule de localités ; ce qui fait la différence des récoltes, c'est en grande partie le climat. Dans presque tous les départements, on peut rencontrer quelques terres qui paraîtraient, par leur nature et leur profondeur, parfaitement aptes à produire la betterave. Il s'en faut pourtant de beaucoup, si je ne me trompe, que l'on obtienne nulle part, dans la moitié sud de la France, des produits égaux à ceux du nord, en tant que moyenne d'un assez grand nombre d'années. C'est que d'un côté on a une humidité toujours égale, qui permet à la betterave de végéter pendant les mois les plus chauds de l'été, tandis que de l'autre côté on a des périodes d'humidité parfois excessive, suivies de plus longues périodes de sécheresse, l'eau et la chaleur ne s'y trouvant réunies qu'exceptionnellement. La culture du lin, qui donne aussi dans le Nord de très remarquables produits, est d'une introduction difficile dans la France centrale. C'est toujours cette *humidité constante des climats maritimes du Nord* qui entretient sans cesse une vigoureuse végétation herbacée, tandis que sous les climats à sécheresses intermittentes, le lin subit des temps d'arrêt dans sa croissance ; il se flétrit alors, sa tige jaunit, et l'on obtient finalement non seulement un produit moins abondant, mais encore le plus souvent un lin dit échaudé, dont la filasse est de qualité inférieure.

Si dans l'intérieur de la France on pouvait irriguer pendant les temps secs et chauds, cela équivaudrait à une certaine modification du climat, et nul doute que certaines cultures, aujourd'hui *impossibles au point de vue économique*, y deviendraient rémunératrices. Notons encore en passant que les températures qui règnent dans nos provinces méditerranéennes, où l'irrigation est pratiquée avec tant de succès, ne diffèrent pas autant qu'on pourrait être disposé à le croire des températures de nos autres provinces. Ce qui distingue surtout, dans les limites de la France, par exemple, le climat du Nord de celui du Midi, c'est que d'un côté l'hiver est long et l'été court, tandis que le contraire a lieu de l'autre côté. Mais c'est surtout dans l'été que les plantes prennent leur plus grand développement et mûrissent leurs fruits. Or, la température moyenne de l'été étant de 21°8 à Orange, par exemple, est encore de 19°3 à Châlons-sur-Marne, et de près de 18° à Paris[1]. Si ces températures se soutiennent moins longtemps dans ces dernières localités, il n'en serait que plus important de pouvoir les mettre complètement à profit en secondant leur action par l'effet puissant de l'eau.

Il ne faut pas se faire illusion pourtant, et la possibilité d'arroser ne remédierait évidemment ni à la trop grande abondance

1. Voir Arago, *Notice sur l'état thermométrique du globe terrestre*, tome VIII des Œuvres.

des pluies en certaines saisons, ni à un autre fléau de l'agriculture dans les pays de plaines de certaines contrées éloignées de la mer : je veux parler des vents secs et froids du printemps, qui arrêtent toute végétation, en refroidissant le sol par l'évaporation qu'ils y provoquent, et qui est d'autant plus considérable que celui-ci est plus gorgé d'eau.

En résumé, en dehors de la région méditerranéenne, la prairie, que l'irrigation permettrait d'établir presque partout où l'on pourrait porter de l'eau, donne généralement, dans l'état actuel des choses, des bénefices nets plus élevés que tout autre emploi du sol. Mais il est probable que, dans beaucoup de localités qui ne sont pas naturellement bien disposées pour une grande extension des prairies, des terres labourables, faciles à arroser au besoin et soumises à une culture appropriée, donneraient des produits égaux et même supérieurs à celui des prairies, auxquelles, bien entendu, devrait toujours être réservée une large part.

§ 4.

INTERMITTENCE DE L'IRRIGATION. COLATURE

15. L'irrigation doit être intermittente. — Si l'eau est indispensable à la végétation, l'introduction de l'air atmosphérique dans les interstices de la terre végétale n'est pas moins nécessaire à presque toutes les plantes cultivées. L'oxygène contenu dans l'air paraît être, en effet, un des agents essentiels des réactions par lesquelles s'élaborent au sein du sol les principes nourriciers des végétaux. Un sol constamment saturé d'eau est un marécage et ne produit que des plantes telles que les prèles, les joncs, les laîches et autres spéciales aux terres humides ou noyées. Quant aux plantes qui sont l'objet des soins ordinaires du cultivateur, elles languissent, s'altèrent et enfin meurent si le sol qui les porte reste trop longtemps privé du contact intime de l'atmosphère. Il suit de là que les arrosages ne doivent durer que le temps strictement nécessaire à une humectation suffisante de la terre végétale[1] ; après quoi, l'arrivée de nouvelle eau étant suspendue, celle qu'a reçu le terrain disparaîtra peu à peu, par des causes diverses. Ce ne sera que quand l'humidité restante sera devenue par trop minime qu'il conviendra d'arroser de nouveau.

Si la quantité d'eau dont on dispose est un peu trop faible par rapport à l'étendue totale à irriguer, on se trouvera obligé de distancer en conséquence les arrosages ; dans le cas contraire on les rapprochera davantage et cela d'autant plus que le climat sera plus chaud et plus sec, et le sol plus perméable. Les besoins spéciaux de chaque plante devront aussi être pris en considération. Un intervalle de quinze jours est long ; on arrose, en moyenne, en Provence, tous les six ou huit jours ; en Algérie, en Espagne, on arrose souvent deux fois par semaine.

16. Organisation de l'irrigation intermittente. — Lorsqu'un seul propriétaire a la disposition complète d'un ruisseau ou canal propre à irriguer son domaine, il divise ce dernier en un certain nombre de champs ou de parcelles, et il établit un réseau de rigoles disposé de telle sorte que l'eau puisse être conduite à volonté sur chacune de ces parcelles qu'il peut dès lors arroser séparément et successivement, en dirigeant l'eau, tour à tour, sur les points où le besoin s'en fait plus particulièrement sentir.

Dans le cas fréquent où un même cours d'eau dessert un grand nombre de propriétés, il importe qu'il y ait une association ou syndicat des intéressés. Un règlement détermine alors les jours et heures auxquels chacun a droit à l'eau. Un garde-champêtre, ou plus souvent un employé spécial, est chargé de veiller à l'exécution du règlement et même de manœuvrer en temps opportun les vannes de distribution.

Dans la plaine de Blidah, par exemple, il y a plusieurs canaux de distribution d'un développement total d'une trentaine de kilomètres. Sur le parcours de chacun de ces canaux sont placés, en tête de chaque propriété particulière, une vanne latérale de prise d'eau, et une autre vanne permettant de barrer le canal immédiatement en aval de la première. Les arrosages sont donnés en deux rotations par semaine, un tour de jour et un tour de nuit. Chaque propriété a droit à l'eau pendant un nombre d'heures et de mi-

1. Sauf dans certaines irrigations de prairies pendant l'hiver, cas qui sera traité dans le chapitre relatif à l'irrigation des prairies.

nutes déterminé d'après sa superficie. L'eau partant d'un réservoir d'amont, qui la répartit entre les divers canaux, parcourt toute la longueur de chaque canal jusqu'à son extrémité inférieure ; le temps qu'elle met à arriver est déduit du temps d'arrosage. C'est la propriété la plus éloignée du point de départ qui commence à arroser ; quand le temps auquel elle a droit est terminé, la propriété au-dessus coupe l'eau au moyen de sa vanne et arrose à son tour. Il est procédé de cette manière, en remontant jusqu'à l'origine du canal, pour recommencer de même au tour suivant[1].

17. Évacuation des eaux superflues. — Lorsqu'on cesse un arrosage il convient que l'eau superficielle s'égoutte promptement, et que celle entrée dans le sol, en pénétrant plus profondément, opère le plus tôt possible cette sorte de succion qui fait pénétrer l'air à sa suite dans la région des racines. S'il existe des endroits où l'eau puisse stagner, ces points deviendront marécageux et les plantes cultivées y souffriront inévitablement. Aussi l'irrigation ne doit-elle pas consister seulement à porter et répandre de l'eau sur une certaine superficie, mais encore à *assainir* ce même espace, c'est-à-dire à procurer un écoulement prompt et facile aux eaux superflues quand l'arrosage n'est pas nécessaire. On y parvient à l'aide de rigoles dites *d'assainissement*, *d'égouttage* ou *d'évacuation*, ayant pour fonction soit de reporter l'eau en un point inférieur du canal même qui l'a amenée, soit dans un canal spécial ou dans tout autre lieu où elle puisse trouver un libre écoulement. Souvent une régularisation préalable du sol est indispensable. Ce n'est que dans des cas exceptionnels où le sol est d'une excessive perméabilité, ou bien lorsque l'eau des arrosages est tellement ménagée qu'elle est entièrement absorbée avant d'avoir atteint les limites extrêmes du terrain à irriguer, qu'il peut être permis de négliger le complément de l'irrigation dont il s'agit. C'est par suite de l'ignorance de ce principe fondamental qu'on a vu des personnes n'arriver qu'à faire pousser du jonc, alors qu'elles avaient cru améliorer une terre ou un pré en y amenant de l'eau.

18. Influence de la perméabilité du sol. — En général,

1. Renseignements tirés d'une notice sur la culture de l'oranger en Algérie, par M. Ch. Joly.

que l'on ait recours ou non à l'irrigation, les terrains les plus fertiles sont ceux qui sont perméables jusqu'à une certaine profondeur, 0,50 à 1 mètre par exemple[1], et plus ou moins rétentifs à des profondeurs plus grandes. Cette condition devient plus sensible encore dans le cas de l'irrigation. Si le sous-sol n'est constitué, jusqu'à une profondeur de plusieurs mètres, que par du gros sable, du gravier ou d'autres matériaux qui laissent passer l'eau comme un crible, la sécheresse est à redouter ; il faut d'ailleurs des quantités d'eau énormes pour arroser convenablement de tels terrains. Si, au contraire, immédiatement au-dessous de la couche superficielle,gazonnée ou cultivée, il ne se trouve qu'un sous-sol à peu près imperméable, l'espace disponible pour les racines devient trop étroit, l'égouttage s'opère imparfaitement, la quantité d'eau emmagasinée à la suite d'une pluie ou d'un arrosage est trop réduite, la terre végétale passe trop rapidement de l'état noyé à l'extrême sècheresse. D'ailleurs le dessèchement s'opère alors, dans une forte proportion, par voie d'évaporation, ce qui a pour conséquence un refroidissement du sol défavorable à la végétation. Si au lieu de cela la couche meuble est plus profonde, la réserve d'eau qu'on peut y introduire par un arrosage est plus considérable ; puis, l'arrivée de l'eau étant interrompue, le plan d'eau s'abaisse bientôt, et l'action bienfaisante de l'air atmosphérique ne tarde pas à se faire sentir dans l'espace occupé par les racines ; l'eau n'est pourtant point épuisée pour cela ; à mesure qu'elle tend à disparaître vers la surface, celle du sous-sol remonte par capillarité et maintient une humidité suffisante pendant assez longtemps.

19. Défoncement préalable des terrains à irriguer. — Les considérations qui précèdent expliquent ce fait, maintes fois vérifié et sur lequel nous reviendrons : qu'un défoncement, jusqu'à une profondeur de 40 à 80 centimètres. du terrain qu'on se propose d'irriguer est généralement une opération rémunératrice, qu'il s'agisse d'établir des champs, des jardins ou des prairies.

1. Bien entendu, la perméabilité, telle que je la conçois ici, n'est pas exclusive d'une certaine proportion d'argile ; les terres, même très argileuses, pouvant devenir perméables lorsqu'elles ont été convenablement divisées par l'action des outils. Une terre suffisamment mélangée d'argile se desséchera moins vite que celle qui ne serait constituée que par du sable ou de la craie pure,et sera beaucoup plus fertile, même étant irriguée.

§ 5.

RÉSUMÉ DU PREMIER CHAPITRE.

20. Richesses emportées par les fleuves. — Je ne saurais clore ce chapitre sans insister de nouveau sur l'importance que pourraient acquérir les irrigations proprement dites et les colmatages, si ces pratiques étaient généralisées et appliquées sur une grande échelle. Comment ne pas rappeler, quelque rebattu que soit ce thème, que la vallée du Nil, en Égypte, ne doit depuis tant de siècles son inépuisable fertilité qu'aux débordements périodiques de son fleuve chargé de limon, dont, au surplus, les bienfaits avaient été jadis considérablement étendus, à l'aide d'un vaste système de canaux et de réservoirs construits de main d'homme. Citerai-je l'ingénieuse comparaison d'un illustre géologue anglais, Lyell, qui, en se basant sur les expériences d'Everest sur l'eau du Gange, a calculé que ce fleuve porte annuellement à la mer des Indes une quantité de limon d'une fertilité extraordinaire, dont le poids serait égal à soixante fois celui de la plus grande pyramide d'Égypte [1]. Sans chercher aussi loin de nous d'autres exemples, je terminerai par la citation de quelques éloquents passages que j'extrais textuellement du beau travail de Hervé Mangon, que j'ai déjà cité, et que j'aurai encore à citer plus d'une fois :

« Les limons que les fleuves transportent à la mer sont enlevés aux terres en culture, ou bien aux surfaces dénudées du territoire. Dans le premier cas, l'agriculture, en ne les arrêtant pas, abandonne une partie de son capital le plus précieux, laisse échapper une partie de son domaine ; dans le second cas, elle réalise un manque à gagner, elle renonce à une conquête que la nature met si généreusement à sa disposition.

« La Durance transporte chaque année 11 000 000 de mètres cubes de limons, contenant autant d'azote assimilable que 100 000 tonnes d'excellent guano, autant de carbone que pourrait en four-

1. La grande pyramide a 146 mètres de hauteur ; c'est 4 mètres de plus que la flèche de Strasbourg ; c'est plus de trois fois la hauteur de la colonne de la place Vendôme.

nir par an une forêt de 49.000 hectares d'étendue. La Durance est de toutes nos rivières celle dont les eaux sont le mieux utilisées, et cependant l'agriculture profite seulement d'un dixième de ses limons.

« Le poids des limons charriés par le Var pendant une année formerait un volume de 12 222 000 mètres cubes, qui suffirait à colmater plus de 6 000 hectares sur une épaisseur de 20 centimètres.

« Un petit canal de dérivation d'eau du Var portant seulement 1 mètre cube d'eau par seconde, et convenablement tracé, pourrait colmater par an, sur une épaisseur moyenne de 50 à 60 centimètres, une dizaine d'hectares de terrains stériles, et créer par conséquent chaque année une valeur de 30 000 à 40 000 fr.

« Le Var entraîne à la mer chaque année 22 000 à 23 000 tonnes d'azote.

« Si l'on ajoute le poids des limons charriés au poids des matières solubles......... on reconnaîtra que la Seine, à Paris, entraîne sous nos yeux chaque année, et sans qu'on le remarque pour ainsi dire, 2 117 984 tonnes de matière solide, poids à peu près égal à celui de la totalité des marchandises transportées sur le fleuve à Paris.

« Chaque 200 000 mètres cubes d'eau complètement employée à l'irrigation, dit ailleurs le même auteur, produirait en substances alimentaires l'équivalent d'un bœuf de boucherie. Ainsi les eaux de la Seine, en se perdant sans avoir servi aux arrosages, jettent à la mer une tête de gros bétail de deux en deux minutes, soit 720 têtes de gros bétail en vingt-quatre heures, ou 262 800 têtes de bétail dans l'année. »

21. Richesses créées par l'irrigation. — Nous venons de voir l'énorme valeur intrinsèque des matières contenues dans les cours d'eau que l'irrigation peut mettre en grande partie à la disposition de l'agriculture, aussi bien dans le cas des irrigations d'hiver appliquées aux prairies que dans celui des irrigations d'été appliquées à d'autres cultures. Mais il ne faut pas perdre de vue que, dans ce dernier cas et dans le Midi surtout, cette valeur des matières fertilisantes contenues dans l'eau n'est qu'un faible accessoire des bienfaits de l'irrigation, qui résident principalement dans les effets merveilleux de l'action judicieusement combinée de l'eau et de la chaleur. L'eau considérée uniquement comme engrais serait tout à fait insuffisante pour expliquer les prodigieux rendements de certaines cultures irriguées; l'expérience démontre en effet que loin que l'irrigation doive dispenser des fumures, ce n'est qu'en y joignant l'emploi d'engrais à fortes doses que l'on obtient, non seulement les plus grands produits bruts, mais encore les meilleurs résultats économiques. L'irrigation assure l'efficacité des fumures, de telle sorte qu'une dépense d'engrais qui, souvent, ne serait pas couverte par l'augmentation des produits dans un sol non irrigué, constitue un placement à gros intérêt dès que l'irrigation intervient[1].

De tout temps et sous diverses latitudes on a reconnu que l'irrigation a pour conséquence un accroissement rapide de la population rurale, la disparition de la misère et une augmentation du bien-être. Le cultivateur, sentant que son travail, sans être excessif, est pour lui et pour sa famille une source d'aisance, s'attache davantage à la terre, et la moralité même de la population s'en trouve améliorée[2]. Même en Belgique, dans la Campine, où l'irrigation n'est guère appliquée qu'aux prairies, elle a complètement transformé la contrée et a fait de la plus misérable province du royaume une des plus prospères. Les conséquences indirectes de tels états de choses s'étendent au delà des limites des terrains irrigués, elles influent sur le commerce national et jusque sur les revenus des États.

22. L'irrigation n'est point insalubre. — Elle contribue même à assainir les régions incultes. Dans les contrées convenablement irriguées, l'état sanitaire ne laisse rien à désirer. Partout où règnent les fièvres paludéennes, il est facile de reconnaître, en regardant les choses d'un peu près, qu'il reste à côté des terres irriguées de grandes étendues de terrains incultes ou marécageux, voire même de véritables marais.

1. On trouve notamment une foule d'exemples propres à démontrer cette proposition dans les rapports de Barral sur les irrigations du département des Bouches-du-Rhône en 1875 et 1876, publiés par le ministère de l'agriculture, *Imp. nationale*.

2. Ces faits, signalés par Arthur Young dès le siècle dernier, et remarqués depuis par de nombreux observateurs, ont été, en quelque sorte, scientifiquement démontrés, pour le département des Bouches-du-Rhône, par Barral, à l'aide des statistiques officielles et de tableaux du mouvement de la population, tant pour les communes irriguées que pour celles qui ne le sont pas, d'après les relevés des registres de l'état civil. — Rapport sur les irrigations dans les Bouches-du-Rhône en 1876.

CHAPITRE II

AMÉNAGEMENT AGRICOLE DES EAUX

§ 1. *Eaux superficielles et souterraines.* — § 2. *Réservoirs d'irrigation.* — § 3. *Cours d'eau naturels.* — § 4. *Canaux d'irrigation.* — § 5. *Elévation mécanique des eaux.*

§ 1er

EAUX SUPERFICIELLES ET SOUTERRAINES

23. Emploi des eaux pluviales. — L'agriculteur devrait généralement se préoccuper de rassembler et de conduire sur les points les plus convenables l'eau des pluies qui, lorsque le sol n'est pas par trop sec ou trop perméable, ruissèle à sa surface ou s'écoule dans des fossés ou rigoles. A moins que cette eau ne soit emmagasinée dans un réservoir, elle ne pourrait évidemment servir à l'irrigation des terres labourables qui n'ont besoin d'être arrosées que lorsque la pluie fait défaut. Mais les prairies permanentes profitent, en tout temps et quel que soit le climat, des arrosages les plus faibles comme des plus abondants. On peut donc, dans une infinité de cas, créer un pré, au bas d'une propriété ou dans quelque pli de terrain, grâce au simple aménagement des eaux pluviales.

La nature du terrain de la contrée n'est pas indifférente. Le sol est-il profondément perméable, l'absorption peut être telle que les égouts qu'on pourrait recueillir seraient tout à fait insignifiants. Le sol est-il au contraire très imperméable, l'eau coule à la surface des champs, les lave et les *dégraisse*, mais devient par cela même très fertilisante ; ses effets sont d'ailleurs intermittents comme la pluie elle-même. Enfin si l'on a affaire à un sol perméable reposant sur un fond qui l'est moins, les premières pluies qui succèdent à une sécheresse sont entièrement absorbées. Mais bientôt, si le temps continue à être pluvieux, tout le terrain perméable se trouve saturé et, à partir de ce moment, il laisse peu à peu écouler son eau partout où elle rencontre une moindre résistance. Qu'on creuse un fossé dans un tel sol et, à la suite de chaque période pluvieuse, les parois du fossé deviendront le siège d'un suintement qui donnera lieu, pendant plus ou moins de temps, à un petit cours d'eau au fond du fossé. Il y a telle localité où, dans ces conditions et dans les années ordinaires, on peut obtenir un écoulement, sinon régulier du moins continu, pendant cinq à six mois.

Les fossés qui bordent les chemins et qui enclosent les champs sont, en général, utilisés pour recevoir et conduire l'eau. Mais il conviendra, quand on sera maître du terrain, et afin de réunir le plus d'eau possible, de tracer au bas de la circonscription dont on veut recueillir l'eau un fossé s'éloignant peu de la ligne de niveau tracée sur le sol, tout en conservant une pente suffisante pour que l'eau y coule très franchement (3 et même 5 millimètres par mètre, si c'est possible). Ce fossé se composera souvent de deux branches inclinées en sens contraire, partant de deux points opposés et venant se réunir par leurs extrémités inférieures pour former la prise d'eau du terrain à irriguer. Ce sera dans cette espèce de fossé de ceinture que l'on fera aboutir les autres fossés ou rigoles existant dans l'étendue du bassin de réception des eaux pluviales, ou ceux qu'on jugera utile d'y tracer pour compléter le système.

24. Emploi des eaux de drainage. — Ainsi que nous l'avons vu dans le chapitre premier (§ 2), l'eau provenant du drainage des terres cultivées est riche en nitrates et éminemment fertilisante. Quand on appliquera, sur une échelle un peu large, le procédé d'utilisation des eaux pluviales qui vient d'être exposé, les eaux des terrains drainés, compris dans le périmètre du versant dont on recueillera l'eau, seront naturellement mêlées aux autres. Mais, en dehors de ces conditions, les eaux de drainage devraient être beaucoup plus utilisées qu'elles ne le sont. Quand on draine une propriété, on se contente trop souvent d'envoyer l'eau qui sort des bouches de drainage dans le cours d'eau, ravin ou fossé le plus voisin. On devrait, au lieu de cela, lorsqu'on fait l'étude d'un drainage, chercher d'abord s'il ne serait pas possible, en disposant convenablement les drains collecteurs et en les prolongeant au besoin, de concentrer toutes les eaux sur quelque point inférieur de la propriété. Toutes les fois que la configuration du sol se prête à une combinaison de ce genre, on peut, soit faire servir les eaux aux arrosages d'un jardin en les recueillant dans un réservoir, soit, plus simplement, l'utiliser pour la création et l'entretien d'un pré permanent dont l'étendue pourra être, suivant le sol et le climat, de 3 à 5 pour cent de celle des terrains drainés. C'est peu, mais non pourtant à dédaigner.

25. Emploi des sources. — Les sources sont souvent utilisées pour l'irrigation. Celles qui sont abondantes, et donnent lieu en toute saison à un cours d'eau plus ou moins important, peuvent être utilisées pour les arrosages, qui se donnent pendant l'été à toutes espèces de cultures, soit qu'on dirige l'eau successivement sur diverses pièces de terre, soit qu'on l'accumule d'abord dans un réservoir pour la lâcher en temps opportun. Les eaux de plusieurs sources, chacune trop faible isolément pour fournir un courant suffisant, peuvent parfois être utilisées après avoir été réunies. Quant aux sources les plus faibles, c'est surtout à l'irrigation des prairies qu'elles sont applicables, et on peut toujours avoir en aval de leur point d'émergence une étendue de pré proportionnée à leur débit.

26. Captage des sources. — Le débit des sources peut souvent être augmenté par quelques travaux. Il arrive même qu'on peut découvrir une véritable source dans un endroit où il n'existait qu'un terrain toujours humide, où croissaient des joncs, des saules et autres plantes propres aux marécages, ou bien dans un point indiqué seulement par quelques suintements, ou encore à la place d'une mare ne tarissant pas, mais privée d'écoulement.

Les travaux qui constituent le *captage* d'une source consistent, en principe, à débarrasser les conduits naturels qui amènent l'eau des sables, vases, éboulis ou autres obstacles qui les obstruent ; à élargir parfois quelque peu ces conduits lorsqu'ils consistent en crevasses dans des roches solides que l'eau ne peut ronger ; à oblitérer, avec de l'argile corroyée, du béton ou du ciment les vides, crevasses ou parois perméables qui absorbent une partie de l'eau fournie par la source ; enfin à réunir, s'il y a lieu, les divers filets d'eau qui sourdent en des points voisins. Mais la nature du sol, la disposition des couches de terrain et des masses minérales, la configuration des lieux et la position de la source pouvant varier à l'infini, il est impossible de donner pour les captages des règles précises et générales. Ordinairement on tâche de donner à l'eau un écoulement provisoire ou de l'épuiser par un moyen quelconque, afin de pouvoir travailler plus librement ; on déblaye avec précaution en cherchant à reconnaître la direction d'où vient l'eau ; on dirige la fouille de manière à la suivre en quelque sorte pas à pas en remontant le courant. Mais ce sont, en somme, l'intelligence et la sagacité du chef du chantier qui décident du succès dans chaque cas particulier.

Quand un suintement existe au pied ou sur la pente d'un coteau, plus particulièrement dans un petit vallon en forme de cirque, c'est généralement par une tranchée ayant une moindre pente que la surface du sol, et dirigée comme si l'on voulait pénétrer dans le coteau, que l'on met la source à découvert. On est même amené souvent, quand la tranchée devient trop profonde, à entrer en galerie dans la montagne. Dans les roches faciles à attaquer, et en même temps se soutenant bien sans que des éboulements soient à craindre, comme la craie, par exemple, le percement d'une galerie est peu dispendieux. On donne ordinairement aux galeries de 0,80 à 1 mètre de largeur et de 1,80 à 2 mètres de hauteur, afin que l'ouvrier puisse y travailler sans trop de gêne. Quand le terrain est ébouleux et doit être soutenu au fur et à mesure de l'avancement, ou bien quand la roche est dure et ne peut être abattue qu'à l'aide de la poudre, l'opération devient un véritable travail de mineur qui incombe à des hommes spéciaux et, tant au point de vue technique qu'au point de vue financier, elle n'est plus guère à la portée des simples agriculteurs. Des travaux de ce genre sont plus souvent entrepris chez nous pour capter des sources minérales réputées pour leurs vertus thérapeutiques, ou celles qu'on destine à l'alimentation des grandes villes, qu'en vue des irrigations ; on cite, néanmoins, en divers pays, des exemples de galeries creusées pour la recherche des eaux d'irrigation ; les Maures en Espagne, les anciens persans ont ainsi créé de petits cours d'eau encore utilisés de nos jours.

Dans un terrain à peu près plat, ou, pour parler d'une manière plus générale, dans les cas où l'eau ne peut arriver au jour qu'en remontant verticalement, on enlève d'abord la terre végétale et les matériaux meubles sur toute l'étendue dans laquelle se manifestent des suintements. On abaisse autant que possible le niveau d'eau dans la fouille, par des épuisements ou à l'aide d'une tranchée. Cela fait, on attend qu'un repos suffisant ait permis à l'eau de s'éclaircir et on observe les points du fond d'où elle surgit avec un bouillonnement caractéristique, rendu plus évident par le mouvement des grains de sable ; à défaut de ce dernier, on répand quelquefois dans l'eau des corps légers tels que de la sciure de bois pour rendre les mouvements de l'eau plus sensibles. La position d'un *bouillon* étant reconnue on établit, au-dessus, un petit puisard dont un tonneau défoncé par les deux bouts pourrait servir à former les parois. Mais un tonneau ordinaire n'étant pas très solide, on réservait autrefois pour cet usage des tronçons de gros arbres creux ; il est préférable de faire faire des cuveaux sans fond, à douves épaisses, en bois d'aulne ou de chêne, solidement cerclés en fer ; on leur donne une forme légèrement tronconique qui facilite le serrage des cercles. Aujourd'hui on pourrait employer avec avantage, pour le même objet, ces gros tronçons de tuyaux en béton comprimé, fabriqués en vue de la confection des aqueducs et ponceaux dont il est question au numéro 78. Dans tous les cas, le cuveau étant posé verticalement au-dessus de la source, on l'enfonce dans le sol jusqu'à ce que sa partie supérieure dépasse peu le niveau où doit se faire l'écoulement définitif. On opère l'enfoncement en creusant, par voie de dragage à l'intérieur du cylindre et jusque sous ses parois, tout en frappant de temps à autre avec un maillet à la partie supérieure ou en le chargeant de poids. Une casserole de fer dont, au besoin, on allonge le manche en le liant solidement au bout d'un bâton, est assez commode pour le dragage dont il s'agit. Le cuveau étant définitivement en place, l'intérieur curé le mieux possible, on fait au haut du cylindre une échancrure pour l'écoulement de l'eau et on pilonne de la terre argileuse tout à l'entour du puisard. Si plusieurs bouillons ont été reconnus à peu de distance les uns des autres, on répète pour chacun d'eux les mêmes opérations, et on prend des mesures convenables pour réunir dans une même rigole l'eau qui s'écoule des divers puisards. Un petit bassin en maçonnerie ou simplement garni de planches sera le récipient commun d'où partira la rigole ; le reste de la fouille sera recomblé. Telle est la méthode fréquemment suivie en Piémont, en Lombardie et dans quelques régions du centre de la France. Dans d'autres contrées, au lieu d'employer des cuveaux qu'on peut enfoncer tout d'une pièce, on n'a recours qu'à la maçonnerie, ce qui est un peu moins commode quand il s'agit de travailler dans l'eau. Il est toujours utile de couvrir les puisards des sources avec des dalles, tant pour les garantir de la chute des feuilles et autres objets que pour empêcher la croissance des plantes aquatiques, lesquelles ne viennent guère dans l'obscurité. On peut élever un édicule qui renferme la source et ses dépendances dans une chambre close et couverte ; mais c'est là un luxe dont on se dispense ordinairement quand il ne s'agit que d'irrigations[1].

Il peut arriver, lorsqu'une source se trouve sur le penchant d'un coteau, qu'on puisse la capter à un niveau un peu supérieur à celui où elle tend à se faire jour primitivement, et obtenir ainsi de grandes facilités pour conduire l'eau sur les points voulus, si ce n'est même la possibilité d'irriguer des portions de terrain qui n'auraient pu l'être sans cette amélioration. Mais il faut se garder de surélever notablement une source en maintenant l'eau entre des parois artificielles. En augmentant ainsi la pression, on ne peut que diminuer le débit et l'on risque fort que, l'eau se frayant une nouvelle voie souterraine, la source ne vienne à tarir pour ne plus reparaître.

27. Emploi de conduites souterraines pour l'eau de source. — Pour rassembler les eaux d'un certain nombre de sources ou de suintements, et en conduire le produit jusqu'à la rigole d'irrigation la plus proche, on fait usage de diverses sortes de canalisations, presque toujours souterraines. Le mieux pour rassembler, vers leur origine, plusieurs filets d'eau, con-

1. On trouvera des indications sommaires relatives aux captages, et quelques exemples de constructions élevées sur l'emplacement des sources, dans l'*Encyclopédie des travaux publics, Distributions d'eau, par Bechmann*, n° 154.

siste à établir de petits canaux maçonnés, d'une section suffisante pour que l'écoulement ait lieu sans les remplir ; c'est ce qu'on appelle des conduites libres. On recouvre ces canaux, soit seulement par des dalles, soit en outre par un remblai de terre. Quelquefois il pourra suffire de réunir les divers canaux dans un petit bassin d'où l'eau s'écoulera directement dans une rigole, comme il est dit ci-dessus (26). Mais plus souvent les sources étant à une certaine distance des terrains à irriguer, il serait à craindre qu'il y eût dans un simple fossé trop de pertes par évaporation, et surtout par infiltration, sans compter les dégradations du fossé. Dans ce cas, on fera aboutir les divers canaux dont il vient d'être question dans un *regard*, sorte de puisard en maçonnerie cimentée, recouvert d'une dalle amovible. Du regard partira une conduite en tuyaux, dont l'origine sera à un niveau un peu inférieur aux points d'arrivée de l'eau, car, cette conduite devant couler le plus souvent à plein tuyau, il faut qu'il y ait une légère charge au-dessus de l'orifice.

Les tuyaux en poterie ont été et sont encore très employés ; il faut que les joints en soient cimentés avec beaucoup de soin ; leur pose, sans être difficile, n'est généralement bien faite que par des ouvriers ayant l'habitude de ce genre de travail. Quelque bien établie que soit d'ailleurs une telle conduite, elle a l'inconvénient de manquer d'élasticité, et les moindres tassements du sol peuvent amener des ruptures. Or la plus imperceptible fêlure suffit pour livrer passage à une radicelle de végétal ; un chevelu abondant se développe dès lors d'une manière extraordinaire à l'intérieur de la conduite et ne tarde pas à l'obstruer complètement. Aussi, les engorgements et les réparations ne sont-ils pas rares dans les conduites en poterie et le plus sûr, lorsque des motifs d'économie ne s'y opposent pas, est-il d'avoir recours à la fonte. Les fabricants de ciment de la Porte-de-France, près Grenoble, entreprennent l'exécution de conduites en ciment, qui se fabriquent en place dans la tranchée et forment un tuyau monolithe. Ces conduites, sauf pour les très petits diamètres, sont plus économiques que celles de fonte ; leur défaut est le manque de flexibilité : à part cela elles sont plus inaltérables que la fonte, qui s'oxyde à la longue, et plus résistantes que la poterie dont les parois sont beaucoup plus minces. Somme toute, on en a obtenu dans diverses applications de très bons résultats.

28. Puits ordinaires ou forés. — Il n'est guère de localités où, en creusant un puits, on ne puisse atteindre un ou plusieurs niveaux d'eau ; mais c'est surtout quand l'eau se rencontre à peu de profondeur, 4 ou 5 mètres par exemple, qu'on peut avantageusement en tirer parti pour l'irrigation. Ce cas se rencontre notamment dans toutes les plaines qui forment le fond des vallées des grandes rivières ; là, sous une épaisseur variable de terre végétale et de limons, plus rarement de tourbe (alluvions modernes), on rencontre constamment un dépôt de graviers (alluvion ancienne) à la base duquel est une nappe d'eau, généralement abondante, qui provient des hauteurs voisines et se rend à la rivière. Dans ces conditions il y a très souvent profit à creuser des puits et à en extraire l'eau ; mais c'est surtout pour les jardins, les potagers, les plantes industrielles et la petite culture que les puits sont utilisés.

Quant aux puits forés dits *artésiens*, leur usage agricole est beaucoup moins répandu. Cela tient d'une part à ce que ces forages coûtent fort cher, et, d'autre part, à ce que leur réussite est fort aléatoire, sauf dans les régions où ils ont été déjà expérimentés et où l'existence d'une nappe artésienne a été mise hors de doute. On sait quels services les puits forés ont rendus en Algérie dans la région du Sahara.

Les résultats des forages sont particulièrement favorables quand l'eau jaillit et s'écoule d'elle-même par l'orifice du trou de sonde. Mais il arrive aussi que l'eau ne remonte d'elle-même que jusqu'à un certain niveau au-dessous de la surface du sol ; si ce niveau n'est pas très profond, on peut encore, à l'aide d'une pompe, utiliser les travaux faits.

Pour l'*élévation mécanique des eaux*, voir § .

§ 2.

RÉSERVOIRS D'IRRIGATION

29. Utilité des réservoirs. — Soit qu'on se procure l'eau par l'une ou l'autre des méthodes indiquées jusqu'ici (nos 23 à

27), soit qu'on veuille mettre à profit un simple ruisseau, ou encore un de ces cours d'eau torrentiels qui souvent sont à sec une partie de l'année, l'établissement d'un réservoir sera toujours une opération utile qui améliorera beaucoup les conditions dans lesquelles on pourra irriguer :

1° Quand on a affaire à de très faibles écoulements, alors même qu'ils sont continus, l'irrigation n'est matériellement possible qu'autant que l'eau a été rassemblée préalablement dans un réservoir. On vide celui-ci dans un temps beaucoup plus court que celui qu'il a mis à se remplir, et c'est par cet artifice qu'on obtient un courant assez fort pour faire parvenir l'eau jusqu'aux points extrêmes des terrains à arroser ;

2° Toutes les fois que le moyen employé pour se procurer l'eau est soumis aux vicissitudes des saisons et des circonstances météorologiques, l'irrigateur ne peut être complètement maître de ses opérations qu'autant que les eaux sont emmagasinées dans un réservoir, où il peut puiser en tout temps ;

3° Dans les contrées éloignées des rivières, les réservoirs permettent de recueillir l'eau des averses et des orages, en même temps qu'ils préviennent les dégâts que peuvent exercer parfois les pluies torrentielles ;

4° Indépendamment de l'objet spécial en vue duquel les divers réservoirs sont construits, ils pourraient s'ils étaient très vastes ou très multipliés dans une contrée, exercer une influence salutaire sur le régime des cours d'eau de la région. Ce serait là un des moyens d'amoindrir la dénudation des montagnes, le creusement des ravins, l'exhaussement du lit des torrents dans les plaines, peut-être même les inondations.

Les réservoirs destinés aux irrigations sont d'une contenance variable, depuis une dizaine jusqu'à plusieurs millions de mètres cubes.

30. Réservoirs établis au-dessus du sol. — Quand le terrain à irriguer est à peu près plat, et si d'ailleurs l'eau, tirée par exemple d'un puits ou d'une rivière, doit être élevée par une pompe ou autre engin analogue, on établit le réservoir au-dessus du sol, afin qu'il puisse être vidé entièrement par un orifice inférieur. Ce cas se présente particulièrement dans les jardins publics ou particuliers, potagers, pépinières, etc. Dans ces conditions, on peut aujourd'hui substituer avec avantage la tôle à la maçonnerie dans les réservoirs. Lorsqu'on dispose de bonne chaux hydraulique et que le sable et le gravier, bien exempts de terre, sont sur place, il peut être économique d'exécuter les parois du réservoir en béton. Les murs s'élèvent alors par couches et par parties successives, en pilonnant le béton dans un encaissement mobile en planches, comme on le fait pour le pisé. On donne dans ce cas au réservoir une forme carrée, la plus facile à construire, bien que la forme circulaire exige moins de périmètre d'enceinte pour une même capacité. Dans ces constructions en béton on est dans l'usage de donner aux murs du réservoir une très forte épaisseur que l'on diminue, à mesure qu'on s'élève, par des retraites successives; cette solution exempte des difficultés qu'on éprouve à construire dans ce système des murs à parois inclinés et surtout à parois courbes. Mais il a été reconnu que le meilleur profil en travers, pour les murs de réservoirs, est celui de la figure ci-contre, parce que ce profil est calculé de manière que la maçonnerie y travaille aussi également que possible à toutes les hauteurs[1]. C'est le profil qui doit être adopté pour tous les réservoirs en maçonnerie d'une certaine importance, et dont on devra se rapprocher le plus possible dans tous les cas. Quel que soit le mode de construction des murs, le fond du réservoir doit parfois être formé d'une couche de béton de 15 centimètres d'épaisseur même sur les terrains les plus solides, et plus épaisse sur un terrain moins bon. Toutes les parois intérieures doivent être revêtues d'un enduit en ciment.

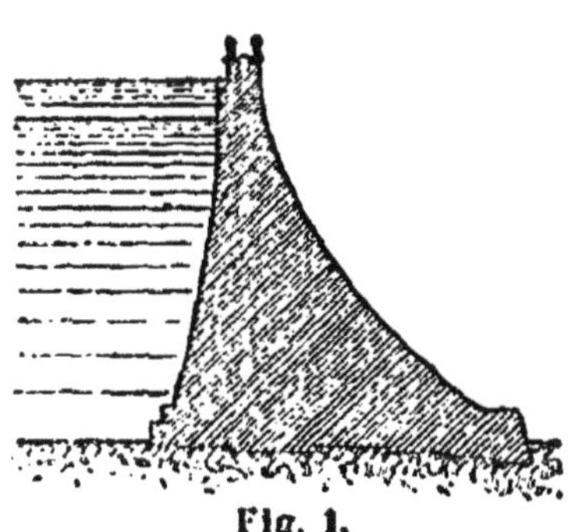
Fig. 1.

31. Réservoirs d'irrigation creusés dans le sol. — La grande majorité des réservoirs d'irrigation est en terre. Exceptionnellement ils peuvent être fermés d'un côté par une digue

1. La théorie et les calculs d'après lesquels on détermine la forme et les dimensions exactes de ces sortes de murs ne pourraient être exposés sans sortir complètement du cadre de cet ouvrage. Mais pour les travaux les plus courants qui ne réclament pas le concours d'un ingénieur spécial, on obtiendra une solidité suffisante en faisant en sorte que l'épaisseur du mur au milieu de sa hauteur soit égale au tiers de la hauteur d'eau qu'il s'agit de contenir.

en maçonnerie. L'eau, n'étant que très rarement élevée par des machines, doit généralement arriver dans le réservoir à une de ses extrémités, en vertu de la pente ; tandis qu'une bonde de fond placée à l'extrémité opposée permet de vider le réservoir en déversant l'eau dans une rigole en aval. Il résulte de là que les réservoirs en terre ne peuvent être établis que sur des terrains offrant une pente assez prononcée.

Il est bien rare toutefois qu'un terrain de quelque étendue soit absolument de niveau et ne présente aucune ondulation. Si donc, en s'aidant du niveau, on peut trouver deux points, même quelque peu distants l'un de l'autre, dont la différence d'altitude soit égale à la profondeur qu'on veut donner au réservoir, celui-ci sera exécutable. Vers le premier point, le réservoir aura la forme d'un canal entièrement creusé dans le sol ; à l'extrémité opposée, il sera entièrement au-dessus et maintenu entre des digues.

22. Petits réservoirs pour l'irrigation des prairies dans les montagues. — Dans les pays de montagnes où se trouvent des prairies irriguées, comme la Suisse, les Cévennes, on rencontre des réservoirs de quelques mètres cubes seulement de capacité, établis par de simples paysans et placés dans quelque pli de terrain. Ils consistent en une excavation pratiquée dans le sol ; la terre des déblais ayant été reportée en remblai du côté le plus bas, de manière à compléter l'enceinte par une sorte de digue souvent consolidée par un revêtement en pierres sèches. C'est, en général, une raison d'économie qui engage à établir les réservoirs sur de faibles dimensions ; il est vrai de dire, néanmoins, que la disposition des lieux qui se prête le mieux à l'établissement d'un bassin de très-petite étendue ne permettrait, quelquefois, qu'au prix d'énormes travaux la construction d'un ouvrage plus spacieux. Il faut remarquer d'ailleurs que ces réservoirs, destinés à des prairies auxquelles les arrosages peuvent être donnés en tout temps, ont principalement pour but de rendre utilisables les plus minces filets d'eau ; et qu'il suffit à la rigueur qu'ils puissent concentrer un volume suffisant pour que, lâchée en un court espace de temps, l'eau recouvre momentanément la prairie. Bien qu'en général une surveillance journalière soit inséparable de toute irrigation bien conduite, on conçoit que la manœuvre de la bonde des plus petits réservoirs, qui s'emplissent en peu d'heures, deviendrait une sujétion trop gênante. Aussi a-t-on imaginé des appareils automatiques qui rendent de véritables services. Le plus simple paraît être un siphon s'amorçant de lui-même quand l'eau arrive au niveau de la partie horizontale qui réunit les deux branches, et se désamorçant dès que le réservoir est vide et que l'air rentre par l'extrémité précédemment immergée. Un tel siphon peut être composé avec des tuyaux de fonte ou établi en fer galvanisé, voire même en zinc fort ; il doit être parfaitement exempt de toute fissure.

Fig. 2.

Fig. 3.

Sans un artifice particulier, un siphon d'un certain calibre s'amorcerait difficilement, l'air pouvant rentrer sans cesse par l'extrémité ouverte inférieure et ayant pour effet de diviser la colonne liquide. Dans ce cas, l'air qui remplit la branche horizontale n'est pas expulsé ; l'eau s'écoule par le siphon, mais lentement, celui-ci ne coulant pas *à gueule bée* et remplissant l'office d'un simple *trop plein*, sans pouvoir vider le réservoir. Il suffit, pour éviter cette difficulté, de disposer, comme l'indique la figure 3, sous l'extrémité verticale du siphon, un vase en forme de godet dont le bord supérieur soit à quelques centimètres au-dessus de l'extrémité du tuyau descendant. L'eau dont ce vase est toujours rempli s'oppose à la rentrée de l'air extérieur. Quand l'eau, dans le réservoir, arrive au niveau de la branche horizontale du siphon, elle s'écoule d'abord lentement ; mais celle qui tombe en cascade dans la branche verticale a pour effet d'entraîner l'air compris dans cette branche et de le refouler à la partie inférieure. L'air s'échappe en bulles à travers l'eau du petit vase, et se trouve au contraire raréfié dans la partie supérieure du siphon ; au bout de quelques instants, l'amorçage est opéré ; l'eau s'écoule en débordant à flots par dessus les bords du petit vase.

33. Étangs servant de réservoirs d'irrigation. — Dans les régions non montagneuses, mais à sol légèrement ondulé, on profite des plis de terrain en forme de vallons plus ou moins prononcés, ayant une pente générale suivant leur longueur et un profil concave dans la direction transversale. On barre un de ces vallons par une digue, et on obtient ainsi un bassin dont toutes les parois, sauf du côté de la digue, sont formées par le sol dans son état naturel. C'est là l'étang typique. De tels réservoirs sont généralement caractérisés par une grande surface et une profondeur relativement très faible. On en voit qui s'étendent sur 50 hectares et même davantage. Mais leur profondeur, dépasse bien rarement 5 ou 6 mètres à l'endroit le plus creux, et l'on rencontre dans les pays plats des étangs dont la profondeur moyenne n'est guère que de 50 centimètres. Quand on n'a en vue que de créer une réserve d'eau, on doit chercher au contraire à donner aux étangs beaucoup de profondeur et peu de surface ; la

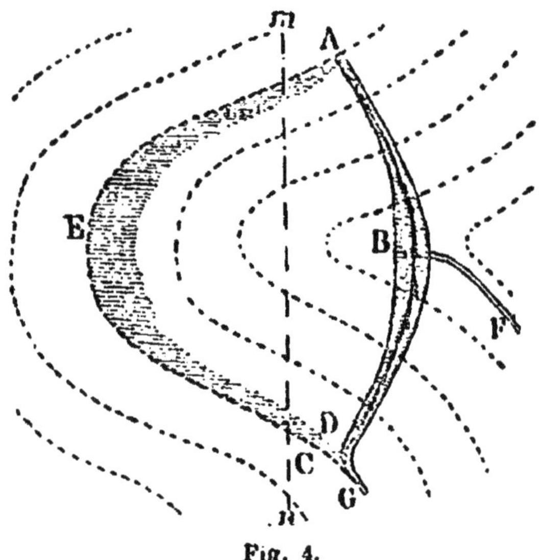

Fig. 4.

figure 4 est un plan d'ensemble donnant une idée du genre de réservoir dont il s'agit. Les traits pointillés indiquent les courbes de niveau du terrain ; la digue en terre part des points A et C pris sur une même ligne de niveau. On aurait pu joindre ces deux points en ligne droite, et cela se fait dans certains cas ; mais il est évident que par le tracé courbe de la digue la capacité du réservoir est notablement augmentée, d'autant plus que l'espace gagné en superficie se trouve avoir une grande profondeur relative. Le sommet de la digue se trouvant dans le même plan horizontal que la courbe de niveau choisie, et même un peu au-dessus, l'eau pourra occuper tout l'espace compris entre la digue et cette courbe AEC. La digue se termine supérieurement par une partie plate pouvant servir de sentier; elle est limitée latéralement par des talus. Ceux-ci se prolongeant d'autant plus que la digue est plus haute, il s'ensuit que cette dernière a une très large base vers le milieu de sa longueur, tandis qu'elle devient de plus en plus étroite, tout en devenant moins haute, en se rapprochant de l'une et l'autre extrémité où elle finit à rien.

En B on ménage à l'intérieur de la digue et au niveau du fond du réservoir un conduit muni d'un moyen de fermeture et destiné à la vidange. L'eau, quand on la laisse écouler, suivra le canal ou rigole F, qui le plus souvent devra suivre, avec une faible pente, une direction peu différente de celle des courbes horizontales du terrain ; c'est là, en effet, le moyen de porter l'eau le plus haut possible, et d'irriguer la plus grande étendue de terrain. Il convient, pour que le vent ne puisse faire jaillir l'eau hors du réservoir, que le sommet de la digue dépasse de 50 centimètres à 1 mètre le niveau auquel l'eau doit s'élever. Mais à ce niveau précis doit se trouver un déversoir de quelques mètres de largeur par lequel l'eau s'écoulera, s'il continue d'en arriver dans le réservoir lorsqu'il est déjà plein. Ce déversoir, qui n'est pas nettement figuré sur le dessin, doit être placé en D, à une extrémité de la digue ; de plus, il est possible de tracer, en partant de ce point, un canal de trop plein G, qui, suivant à peu près les horizontales du terrain, pourra au besoin fournir, en temps de crue, de l'eau d'irrigation à un niveau supérieur à celui des terrains irrigués par la bonde de l'étang.

Le plus souvent, pour construire la digue, on fait un emprunt de terre en dehors des limites de l'étang. Cette manière d'opérer pouvait avoir sa raison d'être pour les étangs d'autrefois, qui

Fig. 5.

étaient alternativement en eau et en culture. Mais quand il s'agit de créer un réservoir d'irrigation, on doit, toutes les fois que le terrain sur lequel repose ce réservoir est propre à la construction de la digue, prendre la terre dans son intérieur, dont on augmente ainsi la capacité. La figure 5 est un profil dans le sens perpendiculaire au milieu de la digue. La surface primitive du terrain naturel correspondait à la ligne ponctuée ; on voit combien la capacité se trouve augmentée si on peut approfondir jusqu'en GH, ainsi que l'indique la figure. Si on se reporte à la figure 4 ci-dessus et qu'on fasse une coupe suivant *mn*, on ob-

Fig. 6.

tiendra le profil donné par la figure 6, dans laquelle la ligne ponctuée indique encore le profil primitif du sol naturel.

24. Construction des digues d'étangs. — La largeur de la digue au sommet sera de un mètre et demi environ, quelles que soient les autres dimensions de la digue ; il n'y aurait lieu d'adopter une largeur plus grande que si la digue devrait servir d'assiette à un chemin.

L'inclinaison du talus extérieur devrait dépendre, à la rigueur, de la terre employée ; mais on peut en pratique adopter une inclinaison de 1 1/2 de base pour 1 de hauteur. Quant au talus intérieur, celui qui doit être recouvert par l'eau, il ne peut se maintenir que sur une très faible inclinaison, qui correspond à

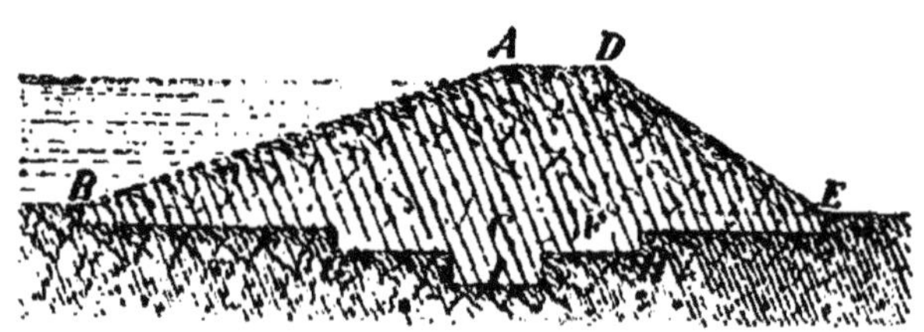

Fig. 7.

très peu près à 3 de base pour 1 de hauteur. Ainsi, dans la figure 7, AD étant le sommet de la digue, BE étant une horizontale, on abaisse sur cette dernière ligne les perpendiculaires AC, DF ; à partir de F, on porte FE égal à une fois et demie la hauteur DF ; on porte, d'autre part, CB égal à trois fois la hauteur ; enfin, joignant A à B, D à E, on a le profil de la digue.

Avant de commencer le remblai d'une digue, on enlève le gazon et la terre végétale. En général pour couper plus sûrement les veines de terrain perméable et tout ce qui pourrait donner passage aux infiltrations, on creuse une sorte de fondation à ressauts, comme on le voit sur la figure en GIH. Il faut avoir soin de ne rien introduire dans le remblai qui puisse en détruire l'homogénéité, comme gazons, bois, grosses pierres, etc. ; il faut briser avec soin toutes les mottes, faire passer le plus possible les brouettes et les voitures sur le remblai, enfin pilonner fortement les parties qui ne peuvent être autrement comprimées. Exécutée dans ces conditions, la digue éprouve des tassements et donne lieu à quelques infiltrations, surtout pendant la première année, mais on répare les dégradations et les terres finissent par s'asseoir définitivement. En cas de fuite grave survenant dans les premiers temps de la mise en eau, il suffit souvent de vider en partie le réservoir et d'attendre quelque temps avant de le remplir de nouveau ; la terre, détrempée une première fois, se tasse ensuite d'autant mieux en se ressuyant, et devient ainsi imperméable.

On fera bien, lors de la construction, de tenir la digue un peu plus élevée qu'elle ne doit l'être définitivement, à cause du tassement qui s'opère toujours et qu'on évalue à 1/20 environ de la hauteur en chaque point.

On augmentera l'imperméabilité d'une terre médiocre en la pilonnant fortement par couches de 10 à 15 centimètres, avec un pilon dont l'extrémité inférieure, au lieu d'être tronquée carrément, soit taillée en coin à arête un peu arrondie, forme qui en augmente beaucoup l'énergie. Ce qu'il y a encore de plus simple, quand on a affaire à un terrain qui ne peut pas retenir l'eau, c'est de revêtir la paroi de la digue du côté de l'eau, et même les autres parties du réservoir, d'une épaisseur de 40 centimètres environ d'une terre argileuse ou argilo-sableuse qu'on pilonnera avec grand soin comme il est dit ci-dessus [1]. On pourrait encore avoir recours à un revêtement en béton.

35. Dispositions générales des prises d'eau dans les réservoirs. — Soit pour vider complètement les étangs et

1. Presque toutes les terres, à l'exclusion des gros sables et graviers, même le sable fin presque pur, sont propres à former des digues. Si des suintements se manifestent d'abord, ils diminueront en général avec le temps (voir 64).

grands réservoirs, soit pour y prendre de l'eau à mesure des besoins, le seul moyen qui soit généralement adopté consiste dans une boule ou soupape qu'on peut ouvrir ou fermer à volonté, et dans un conduit qui, partant du point le plus bas du réservoir, aboutit à l'extérieur en traversant la digue dans sa plus grande épaisseur. L'orifice de la bonde doit avoir des dimensions en rapport avec la quantité d'eau qu'il s'agit d'évacuer dans un temps donné. Pour les plus petits réservoirs, décrits n° 32, une bonde ou un siphon d'une douzaine de centimètres suffit ordinairement. Les bondes des anciens étangs avaient presque toujours de 22 à 33 centimètres. Mais quand il s'agit d'organiser une irrigation, il convient de se rendre compte, au moins par à peu près, des dimensions que doit avoir l'orifice de la prise d'eau. Quelques indications sur ce sujet seront données au chapitre XI.

39. Bondes des étangs français. — Les dispositions relatives tant à la bonde qu'au conduit d'évacuation sont représentées par les figures 8 et 9. La première de ces figures comprend

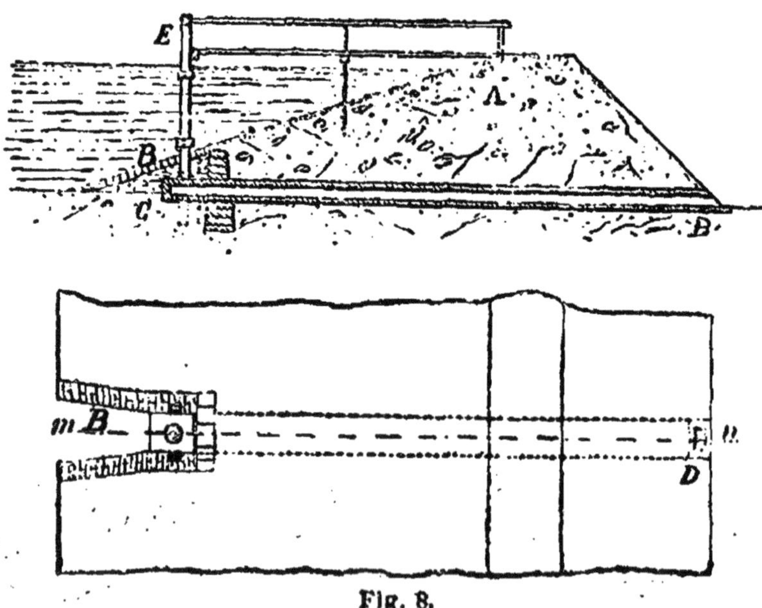

Fig. 8.

un plan de la partie de la digue où est situé l'appareil de fermeture, et une coupe verticale suivant la ligne *mn* du plan. La figure 9 est une élévation du bâtis en charpente qui maintient la bonde proprement dite et sa tige verticale. La bonde se trouve à peu près au pied de la digue, du côté de l'étang, au fond d'un réduit B entouré d'un petit mur de soutènement. Le conduit d'évacuation ou *buse* CD traverse d'une seule venue toute la digue A. La bonde en bois est taillée, avec la tige carrée qui la surmonte et sert à la soulever, dans une forte pièce de bois. La buse est confectionnée avec le tronc d'un gros chêne qu'on a refendu à la scie suivant sa longueur, et dont on a rajusté avec soin et réuni les deux moitiés après les avoir creusées en forme d'auge. Une très forte charpente en bois de chêne est destinée à soutenir et à guider la tige de la bonde ; elle se compose d'une semelle engagée dans le sol, de deux montants verticaux encastrés par le bas dans la maçonnerie des petits murs de soutènement qui environnent la bonde, d'un chapeau et de moises ; c'est dans des entailles pratiquées dans les moises que glisse librement la tige mobile. Le plus souvent la tige de la bonde se prolonge au-dessus de la traverse supérieure ou chapeau, et peut être maintenue à la hauteur voulue à l'aide de chevilles passées dans des trous dont cette tige est percée. On a supposé, dans la figure 9, que la partie supérieure de la tige en bois a été remplacée par une tige ronde en fer filetée, que l'on peut faire monter ou descendre par la manœuvre de deux écrous. Quand un étang sert aux irrigations, un petit pont légèrement construit, représenté dans le profil figure 8, permet d'accéder, du dessus de la digue, à l'endroit où s'opère la manœuvre de la bonde.

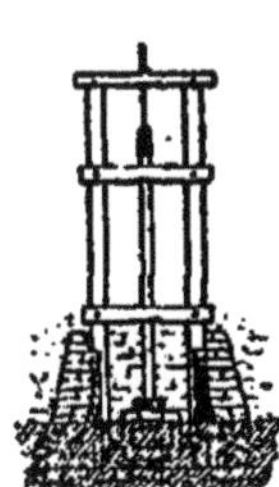

Fig. 9.

37. Modification du dispositif précédent. — Aujourd'hui il y a tout avantage, pour les prises d'eau des réservoirs, comme pour tant d'autres choses, à substituer le fer au bois. Les figures ci-jointes se rapportent à une bonde d'irrigation, construite depuis plus de 12 ans, et qui fonctionne parfaitement depuis lors.

La figure 10 représente une coupe transversale de la digue à l'endroit de la prise d'eau et la figure 11 une élévation de l'appareil de levage de la bonde à une échelle double. Les mêmes lettres indiquent les mêmes objets dans les deux figures.

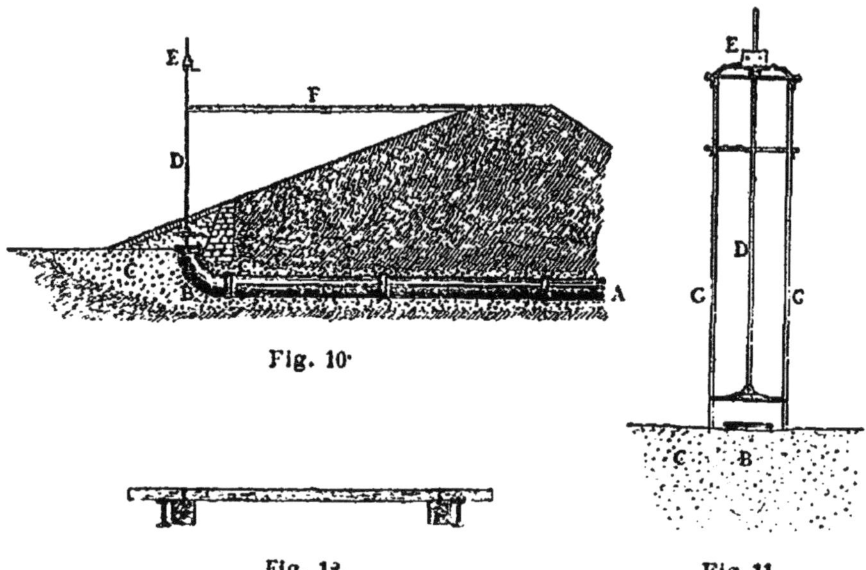

Fig. 10.

Fig. 12.

Fig. 11.

A. Tuyaux de fonte (type des distributions d'eau de Paris) de 35 centimètres de diamètre intérieur[1] ;

B. Coude (même type) en quart de cercle. Le bord supérieur est dressé ;

C. Massif de béton dans lequel sont noyés les tuyaux ;

D. Tige en fer à laquelle est attachée la soupape qui remplace les anciennes bandes. Elle se termine supérieurement en crémaillère ;

E. Cric à double engrenage pour élever ou abaisser la tige D ;

F. Passerelle composée d'un tablier en bois reposant sur deux barres de fer laminé en I de 8 centimètres de hauteur et 5 à 6*kg* au mètre courant. Ces barres sont boulonnées d'une part aux montants G ; les extrémités opposées, recourbées, sont scellées dans un petit massif de béton ;

G. Supports verticaux formés de 2 barres de fer laminé en T, de 6 à 7*kg* au mètre courant. Leurs extrémités inférieures, recourbées horizontalement, sont noyées dans le massif de béton. Ces tiges servent de guide à l'obturateur, en même temps que de support à la passerelle et à la traverse portant le cric.

Le tablier de la passerelle est formé de planches courtes posées transversalement. Ces planches sont clouées sur deux barres longitudinales qui les rend solidaires. Cet ensemble est simplement posé sur les longerons en fer. La figure 12 est une coupe qui indique ces dispositions.

1. On pourrait, toutes les fois qu'on y trouverait économie, n'employer la fonte que pour le coude B et tout au plus le bout de tuyau suivant, le reste du canal qui traverse la digue pouvant être en maçonnerie ou en tuyaux de ciment : Voir n° 78. On trouvera les dimensions, poids, etc., des tuyaux employés par la ville de Paris dans l'*Encyclopédie des travaux publics*, volume intitulé : *Distributions d'eau*, par Bechmann.

La soupape est représentée en coupe verticale et en plan dans la figure 13. C'est un disque en fonte portant, en dessus et au centre, deux oreilles saillantes formant un enfourchement dans lequel la tige verticale est maintenue par un boulon. Cet assemblage doit avoir un peu de jeu pour que, malgré les imperfections dans la pose ou les dérangements survenus, le disque puisse s'appliquer exactement et sans effort sur l'orifice du tuyau. Deux saillies latérales sont munies d'encoches dans lesquelles glissent les côtés saillants des supports verticaux. Une forte plaque de caoutchouc recouvre la face inférieure du disque. Le caoutchouc se trouve pincé, sur tout son pourtour, entre la fonte et un cercle léger en fer plat, indiqué en ponctuation sur le plan. De petits boulons légers, de ceux qu'on trouve à bas prix dans le commerce, traversent le cercle, le caoutchouc et le disque en fonte dans des trous qui se correspondent. Les écrous sont en dessus. Le disque déborde assez largement le tuyau d'évacuation de l'eau pour que les saillies du cercle et des têtes de boulons ne puissent nuire en rien à la fermeture. Il y aurait lieu peut-être de simplifier ces détails d'exécution. Si le caoutchouc était moulé *spécialement pour cet objet*, il pourrait être annulaire, avoir sa section en forme de queue-d'aronde, et s'encastrer dans une cavité circulaire correspondante du disque en fonte : c'est un essai à faire.

Pour opérer l'ouverture, l'effort à exercer est assez considérable dans le cas de larges soupapes ; car il se compose, outre le

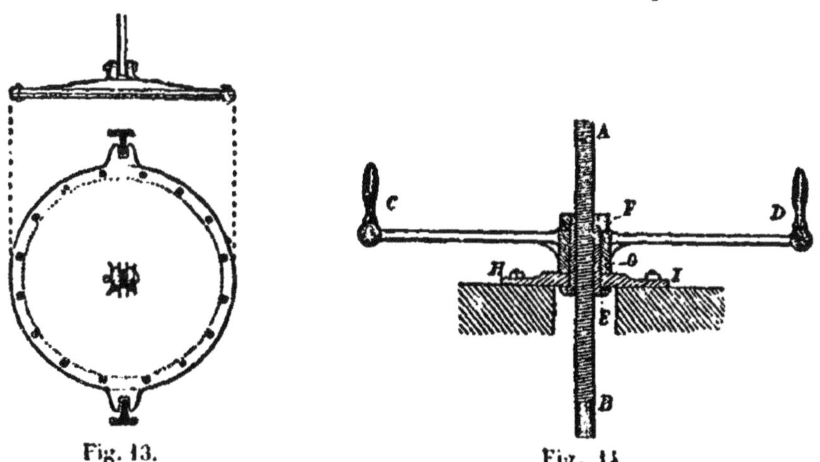

Fig. 13. Fig. 14.

poids de la soupape, de celui de la colonne d'eau qui la surmonte. Un appareil analogue à celui qui est représenté figure 14 pourrait être substitué au cric ; il est au moins aussi simple de construction. La partie supérieure AB de la tige verticale est filetée. L'écrou forme le moyeu d'une roue en fonte en forme de volant, munie de quatre manettes telles que CD. Il faut que cet écrou ne puisse pas se soulever lorsqu'on appuie la soupape sur son siège ; cette condition est obtenue au moyen d'une pièce en bronze, filetée intérieurement, qui est l'écrou proprement dit et qui est munie inférieurement de l'embase circulaire E, pièce qui est invariablement unie au moyeu G de la roue en fonte par un clavetage et un autre écrou F.

38. Disposition usitée en Italie pour les prises d'eau des réservoirs. — Au lieu de placer la bonde ou soupape de prise d'eau au pied du talus intérieur de la digue, on place cet appareil au fond d'un puits maçonné dont l'orifice supérieur est au sommet de la digue, et qui est en communication constante avec le réservoir. On évite ainsi d'avoir à établir une passerelle qui était indispensable avec les dispositifs décrits ci-dessus. La

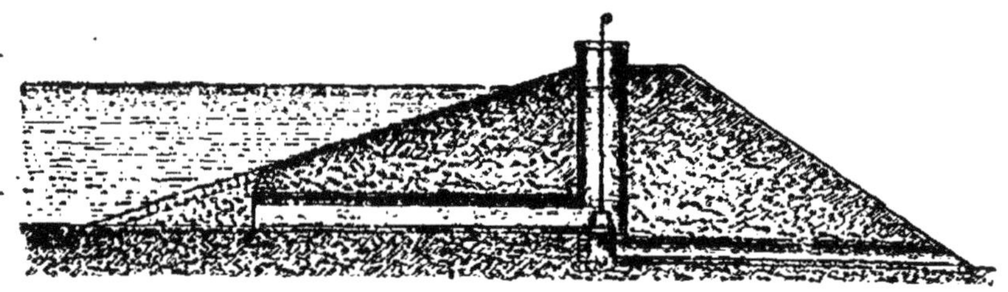

Fig. 15.

figure 15 indique suffisamment le principe de cette disposition. Le puits, qui se construit en même temps que la digue, n'a besoin, s'il est en briques et ciment, que d'une épaisseur de parois de 10 à 12 centimètres (largeur de la brique). La soupape et le conduit d'évacuation peuvent être établis conformément au n° 37.

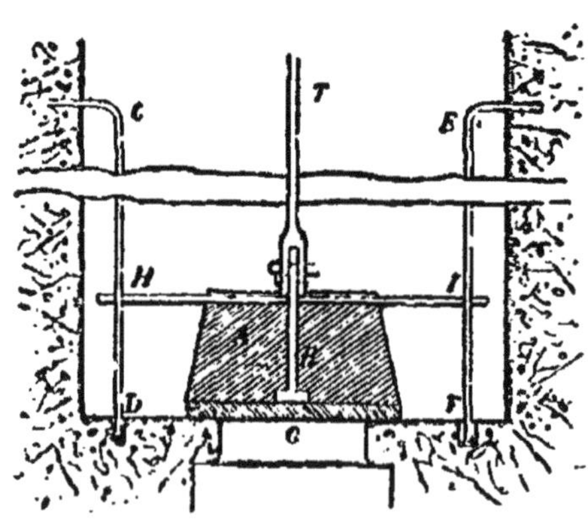

Fig. 16. — Coupe du puits et de la soupape.

En Lombardie, l'orifice du conduit, qui doit être fermé par la soupape, est percé dans une dalle de pierre bien dressée et polie. La soupape consiste en un plateau en bois garni d'un cuir qui couvre sa face inférieure et dont les bords, relevés tout autour, sont cloués sur la tranche de ce plateau. Ce dernier est lui-même fixé à une pierre de taille pesante A, qui le surmonte[1]. Le guidage est obtenu au moyen de deux tringles verticales CD, EF, figure 16, fixées par scellements aux parois du puits, et d'une barre de fer à fourchettes HI, figures 16, 17 et 18, fixée à la soupape.

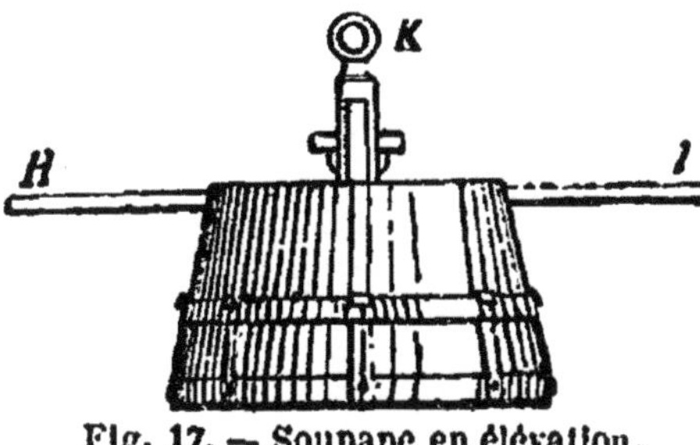

Fig. 17. — Soupape en élévation.

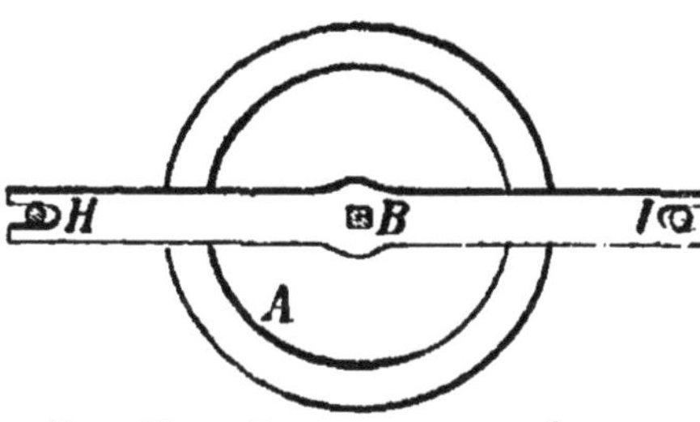

Fig. 18. — Soupape vue en dessus.

Comme cette soupape est assez lourde pour se fermer d'elle-même, les Italiens la suspendent, non comme nous à une tige rigide à crémaillère, mais à une simple chaîne ; celle-ci s'enroule sur un treuil qui sert à la soulever. Ce système a un avantage, c'est que l'on peut, sans mettre le réservoir à sec, extraire momentanément, mais complètement la soupape, la visiter, y faire au besoin quelque réparation, changer par exemple le cuir ou le caoutchouc ; cela ne serait pas possible avec nos systèmes à crics ou autres, tels du moins qu'on les a disposés jusqu'ici.

39. Réservoirs dans les gorges de montagnes. — Dans les pays très accidentés et dans les montagnes, il y a des ravins en grand nombre, des vallées encaissées se rétrécissant parfois en certains points et bordées, au moins en partie, de rochers presque verticaux. C'est en barrant par une digue, en un point convenablement choisi, un de ces espaces resserrés, qu'on crée un bassin de retenue en amont de la digue. En principe, ces ré-

1. La ferrure un peu compliquée, indiquée figure 16, dont une partie a pour but de fixer la planche garnie de cuir, peut être simplifiée. Un boulon, à tête formant anneau, traverserait de haut en bas la barre HI, la pierre, la planche et son cuir, et enfin une rondelle en fer. Une clavette, passée à travers l'extrémité inférieure saillante du boulon, fixerait le tout. Ces saillies ne pourraient nuire, portant dans le vide. Si on voulait remplacer la clavette par un écrou, il faudrait faire le boulon en cuivre, les écrous en fer s'oxydant dans l'eau et se dévissant ensuite difficilement. C'est à tort que, sur le dessin, on a donné au plateau la forme circulaire. Une forme polygonale se prête mieux au redressement du cuir sur les côtés.

servoirs ne diffèrent pas des étangs, mais ils s'en distinguent par leur superficie relativement restreinte, leur plus grande profondeur d'eau et leurs bords abrupts.

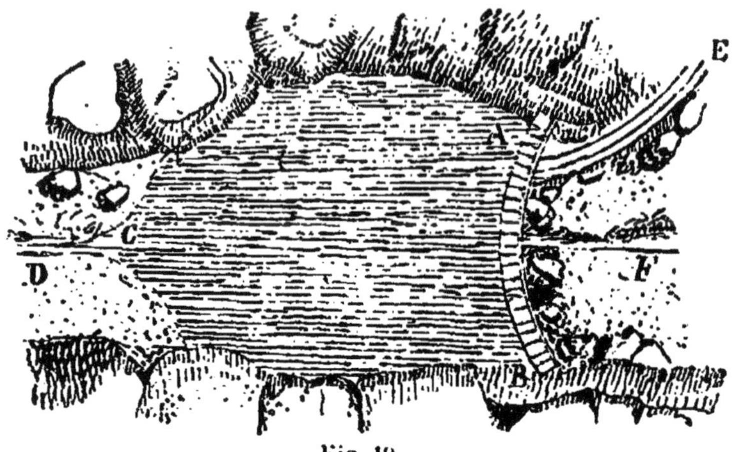

Fig. 19.

La figure 19 représente, en plan, un réservoir de ce genre. En C D est le ruisseau qui alimente le réservoir et qui, avant son établissement, continuait en F. Un petit canal de dérivation E, en communication avec une bonde non représentée sur la figure, conduit l'eau sur le terrain à irriguer. On a ménagé en B le déversoir de trop plein, par dessus lequel l'eau, dans les moments de crues, tombe en cascade sur des enrochements existant au-dessous de ce point. La hauteur de la digue devant être, le plus souvent, plus considérable que dans le cas d'un étang ordinaire, une digue en terre dont le profil serait analogue à celui de la figure 7 (n° 34), conduirait à une très grande largeur de base et restreindrait la capacité du réservoir. Ce sera donc généralement le cas d'avoir recours à une digue en maçonnerie (voir n° 30). Dans tous les cas il sera nécessaire de déblayer les parois latérales du ravin dans les parties où doit s'appuyer la digue, jusqu'au terrain solide, de manière à bien enraciner cette dernière.

Il peut arriver qu'on puisse choisir pour y placer le barrage un point où la gorge se trouve encaissée entre deux rochers solides. On a des exemples de cas semblables, où l'on a eu recours à un artifice particulier pour diminuer l'épaisseur de la digue en maçonnerie. On a donné au mur la forme d'une voûte ayant sa partie convexe dirigée du côté de l'eau, et s'appuyant, comme sur deux culées, sur les rochers opposés. C'est ce cas qu'on a supposé dans la figure 19.

40. Grands réservoirs d'irrigation. — C'est parmi les réservoirs du type précédent (n° 39), que se trouvent ceux qui, par leurs dimensions grandioses, constituent des travaux d'art de premier ordre, et qui sont destinés aux irrigations d'une grande étendue de territoire. On en cite d'importants en Espagne, mais c'est dans la haute Italie qu'on les rencontre en plus grand nombre. Il y en a plusieurs en Algérie, entre-autres celui de l'Oued-Fergoug construit par une compagnie à 38 kilomètres de Mascara et qui peut contenir, dit-on, 30 millions de mètres cubes d'eau. En France, nous n'avons que trois ou quatre grands réservoirs d'irrigation : celui de Caromb, situé entre les collines qui s'étagent au sud-ouest du mont Ventoux, dans le comtat d'Avignon, peut contenir 400 000 mètres cubes d'eau. Celui de Ternay, situé tout près d'Annonay, entre deux contreforts du mont Pilat, est des plus remarquables, mais il n'a pas été construit en vue de l'irrigation. Sa digue, en maçonnerie, a une quarantaine de mètres de hauteur au-dessus du point le plus bas, et sa contenance est de 3 000 000 de mètres cubes d'eau. Des ouvrages aussi grandioses sont évidemment au-dessus des forces des particuliers, et ne peuvent être entrepris que par l'Etat, de grandes compagnies ou les administrations locales. De vastes bassins, comme ceux que je viens de citer, peuvent à la fois faire face aux besoins variés des populations voisines, assurer à diverses industries de l'eau et de la force motrice dans les conditions de régularité qu'elles réclament, et rendre enfin de grands services à l'agriculture par la création de nouvelles circonscriptions irriguées.

41. Insalubrité des étangs. — Quels que soient les services incontestables que peuvent rendre les étangs employés comme réservoirs d'irrigation, je ne saurais recommander, surtout au point de vue de la salubrité, ceux qui ont une grande étendue et une faible profondeur. L'insalubrité des étangs peut tenir à deux causes : 1° lorsque le niveau de l'eau vient à baisser, une étendue notable de terrain, précédemment submergée, se trouve mise à sec ; 2° lorsque le terrain couvert d'eau a une faible inclinaison, ainsi qu'il arrive presque toujours dans les étangs, sauf du côté de la digue, la profondeur de l'eau est très-peu considérable jusqu'à une assez grande distance des rives. Or, l'eau étant d'ailleurs à peu près immobile, il arrive, pendant les plus fortes chaleurs de l'été, que le fond, dans toutes les parties les moins profondes, s'échauffe sous l'eau aux rayons du soleil. Dans l'un et l'autre cas, une partie des plantes aquatiques périssent; tous les petits êtres végétaux ou animaux, la plupart microscopiques, qui peuplent la superficie du fond et l'intérieur de la couche de vase subissent le même sort. De là une fermentation putride qui est considérée comme la cause des fièvres paludéennes. Si cette explication est exacte, il faudrait renoncer à établir les étangs sur de vastes surfaces à peine concaves, et ne les placer que dans les localités où il se trouve des plis de terrain prononcés, dans lesquels il serait possible, à l'aide d'une digue élevée, de concentrer un grand volume d'eau sur un petit espace. On pourrait souvent, d'ailleurs, prendre la terre destinée à la confection de la digue dans la partie opposée du réservoir, de manière à y augmenter la profondeur tout en rendant les bords plus abrupts. On recommande généralement de planter les bords de ces réservoirs. D'une part, l'ombre des arbres, en maintenant l'humidité du sol et une température modérée, doit prévenir en partie la destruction périodique des êtres organisés, signalée comme une cause d'infection. D'autre part, les rideaux d'arbres paraissent jouir, jusqu'à un certain point, de la faculté d'arrêter les miasmes répandus dans l'atmosphère et d'empêcher leur dispersion à distance.

Sans préjudice des conseils qui précèdent, il faut remarquer que l'on a généralement exagéré l'insalubrité propre aux étangs. S'il est un fait qui paraisse aujourd'hui hors de doute, c'est que, dans toutes les contrées situées sur les terrains imperméables et où il se trouve des terres incultes, où d'ailleurs l'écoulement des eaux est imparfaitement assuré, les fièvres paludéennes règnent plus ou moins, soit qu'il y ait ou non des étangs. Or ces derniers sont toujours établis sur le sol imperméable, et c'est de préférence dans les régions pauvres ou peu fertiles, où l'on savait le moins tirer un autre parti du sol, qu'on les a créés en grand nombre; ces étangs pourraient donc avoir augmenté quelque peu l'insalubrité du pays, mais celle-ci existait certainement avant eux, et ils n'en sont pas entièrement responsables. Toute irrigation bien entendue suppose un sol susceptible d'être parfaitement égoutté. D'ailleurs, dans les méthodes d'irrigation les plus usitées, les arrosages ont lieu à eau courante ; bien loin d'engendrer aucune décomposition putride, ils impriment à la végétation une nouvelle vigueur. Il s'en suit que si, dans les pays d'étangs, on ne conservait, comme réservoirs, que les plus encaissés et les mieux situés, afin de convertir en prairies les vallons où ils se trouvent ; que si des rigoles de dessèchement étaient creusées en même temps, soit par l'administration, soit par des syndicats, partout où elles seraient nécessaires, il y aurait à la fois création d'une richesse agricole et amélioration notable dans les conditions hygiéniques.

49. Données relatives aux dimensions des réservoirs. — Très souvent dans la pratique on détermine les dimensions des réservoirs uniquement d'après des considérations économiques, et d'après le plus ou moins de facilités de construction qu'on rencontre dans l'emplacement choisi. On ne saurait blâmer d'une manière absolue ce mode de procéder, attendu qu'un réservoir d'irrigation un peu trop petit, s'il ne procure pas tous les avantages qu'on aurait retirés d'un plus grand, n'en rendra pas moins certains services et ne constituera jamais une dépense absolument en pure perte. Il est néanmoins toujours préférable et quelquefois important de se rendre compte, d'avance, de ce qu'il convient de faire dans chaque cas, et de résoudre pour cela l'un des problèmes suivants : 1° Déterminer les dimensions du réservoir d'après la quantité d'eau qui doit affluer et celle qui doit en être soutirée pendant un temps donné ; 2° le réservoir étant donné, chercher quelle étendue de terrain il pourra servir à irriguer. Voici les principaux éléments de la question.

Quelle que soit la forme plus ou moins régulière du réservoir, on calculera le nombre approximatif de mètres carrés compris dans la superficie submergée. On évaluera, d'autre part, en mètres, la profondeur moyenne, c'est-à-dire celle que devrait avoir un réservoir à fond horizontal, de même superficie et de même contenance. Multipliant l'un par l'autre les deux nombres obtenus, on aura la capacité exprimée en mètres cubes.

Si le réservoir reçoit l'eau d'une source, on pourra jauger celle-ci par des procédés connus[1]; on aura ainsi le nombre de

1. Pour les procédés de jaugeage, voir *Chapitre XI*.

litres qu'elle fournit soit par seconde, soit par minute, et on déduira facilement la quantité de mètres cubes correspondant à un temps donné. Il en sera de même si le réservoir reçoit l'eau d'un ruisseau. Seulement il sera nécessaire, le plus souvent, de répéter le jaugeage à différentes époques de l'année, pour pouvoir évaluer le débit moyen relatif à la période que l'on considère.

Si le réservoir doit concentrer les eaux pluviales recueillies sur une certaine étendue de territoire, soit qu'elles coulent à la surface du sol, soit qu'elles aient été en partie recueillies dans des fossés ou dans des drains ; il y aura lieu de reconnaître d'abord, soit au moyen d'un nivellement, soit à l'aide d'une carte indiquant le relief du sol, les limites approximatives des terrains formant le bassin d'alimentation du réservoir. On calculera la surface de ce bassin ; celle-ci, évaluée en mètres carrés puis multipliée par la hauteur de la couche d'eau équivalant à la quantité de pluie tombée pendant un certain temps donnera, en mètres cubes, le volume d'eau reçu par le bassin d'alimentation pendant le même temps.

La quantité de pluie qui tombe sur une même étendue peut varier, en un même lieu, d'un cinquième environ d'une année à l'autre, et la répartition de la pluie selon les saisons est encore plus variable. Si on s'en tient aux moyennes générales d'un certain nombre d'années, on trouve que celles-ci diffèrent quelquefois notablement d'une localité à l'autre. Ainsi, il y a des lieux en France où il ne tombe, année moyenne, qu'une quantité de pluie capable de recouvrir le sol d'une couche de 55 centimètres d'eau, tandis qu'ailleurs la pluie annuelle est de 1^{m}05. Malgré ces divergences, si nous laissons de côté quelques localités et quelques saisons exceptionnelles, nous pourrons fixer approximativement, pour la France et à défaut de données météorologiques locales, à 70 ou 75 centimètres la hauteur de la couche d'eau annuelle fournie par la pluie, et supposer que cette eau se répartit d'une manière uniforme dans les différents mois de l'année, ce qui tient à ce que s'il pleut plus rarement en été qu'en hiver, plus rarement dans le midi que dans le nord, l'abondance par averse suit une loi inverse et fait à peu près compensation [1].

1. Ceci ne donne toutefois qu'une première approximation ; l'on trouvera dans presque tous les départements une commission météorologique qui s'empressera de fournir les renseignements qui lui seront demandés sur l'importance et sur la répartition des pluies.

Mais toute l'eau qui tombe sur le bassin de réception ne parvient pas au réservoir. Il y a, d'une part, une perte par évaporation qui est essentiellement variable selon le climat, la saison et l'état de la surface du sol, perte dont la valeur est très imparfaitement connue. Il y a, d'autre part, une portion d'eau qui pénètre dans les couches profondes du terrain, et ne reparaît au jour que sous forme de sources, situées parfois à de très grandes distances de la localité dont on s'occupe. Cette dernière partie de l'eau, qui dépend tout à fait de la structure intérieure du terrain et de la nature plus ou moins perméable de ses couches, ne saurait être en aucune façon déterminée *a priori* ; insignifiante dans le cas des sous-sols très imperméables comme les argiles compactes ou les granits non fissurés, elle est très considérable dans d'autres conditions. Sans entrer ici dans une plus longue discussion sur un problème qui ne peut conduire, en définitive, qu'à une assez grossière évaluation, je dirai qu'un certain nombre d'observations faites avec soin [1] ont donné, pour le rapport de l'eau pouvant être recueillie à l'eau tombée, des nombres variant entre la moitié et le quart et dont la moyenne est très sensiblement un tiers. Quelques auteurs ont donné, pour le même rapport, un sixième seulement. Les premiers chiffres se rapportent à des terrains au moins en partie imperméables, le dernier doit évidemment résulter d'observations faites dans des régions de terrains perméables, régions d'ailleurs peu favorables à l'établissement des réservoirs. Nous ne nous occupons pas ici de ceux qui sont destinés à des distributions d'eau, que l'on établit en maçonnerie et sont admissibles partout où l'on peut recueillir des eaux de sources, etc.

Ayant calculé la quantité d'eau que recevra le réservoir pendant un temps donné, il faudra encore tenir compte de l'évaporation à la surface de l'eau dans le réservoir lui-même, évaporation qui peut abaisser le niveau de 1 mètre au moins en un an et même beaucoup plus, proportionnellement, en été : environ 20 centimètres par mois lors des plus grandes chaleurs [2].

1. Expériences faites par des ingénieurs des ponts et chaussées sur des réservoirs destinés à alimenter des canaux de navigation.

2. Il est évident que, sur l'ensemble du globe terrestre, l'évaporation et la pluie se compensent à peu près exactement. Mais il s'en faut de beaucoup que l'évaporation soit uniformément répartie. Sur un sol non couvert d'eau, l'évaporation n'est qu'une fraction de la quantité d'eau tombée sur le même espace. Sur les nappes d'eau, au contraire, l'évaporation annuelle l'emporte toujours un peu sur la pluie.

Ce qui précède nous permet d'évaluer la quantité d'eau qu'il est possible d'emmagasiner pendant un temps donné. On trouvera des indications sur les quantités d'eau qu'exigent les irrigations suivant les cultures et les saisons. Munis de ces divers renseignements, nous pourrons résoudre les problèmes relatifs à la capacité des réservoirs. Il faudra se souvenir, toutefois, que la capacité réelle devra toujours surpasser la capacité utile calculée. D'une part un réservoir ne doit jamais être rempli à plein bord ; pour que le vent ne puisse pas faire jaillir l'eau au dehors, il est d'usage de tenir les digues plus élevées que le niveau de l'eau d'au moins 70 centimètres. D'autre part, pour la salubrité ainsi que pour la conservation du poisson, s'il y en a, on ne doit pas vider entièrement le réservoir.

§ 3.

COURS D'EAU NATURELS

43. Emploi des ruisseaux, torrents et rivières. — Les cours d'eau permanents sont largement utilisés pour les irrigations dans certaines contrées, et fournissent la majeure partie de l'eau employée aux usages agricoles. L'eau des plus petits ruisseaux, pourvu qu'ils ne soient pas trop encaissés, est parfois déversée directement, soit sur des terres en culture, soit sur des prairies ; ou, ce qui est mieux encore, cette eau peut être emmagasinée dans des réservoirs, ainsi qu'il a été dit dans le § précédent.

Les torrents, dans quelques montagnes, sont mis à profit pour l'irrigation des prairies qui, indépendamment des avantages directs qu'elles procurent à leurs possesseurs, ont pour effets de fixer le sol par le gazonnement, de contribuer avec les reboisements à arrêter la dénudation des montagnes, et de prévenir une grande partie des dégats qu'occasionnent les eaux torrentielles quand elles sont abandonnées à elles-mêmes.

Quant aux rivières, elles sont susceptibles d'alimenter des dérivations plus ou moins importantes et même de grands canaux d'irrigation. Ce sont elles qui, dans certains pays, comme les Vosges par exemple, arrosent des prairies renommées ; ou qui, sous le ciel méridional, font prospérer la culture dans des localités où, sans le secours de l'eau, le sol serait resté stérile. Mais si de fort belles choses ont été faites sous ce rapport, il reste encore beaucoup à faire.

44. Les irrigations seraient souvent le meilleur mode d'emploi des rivières. — Autrefois, presque tous les moyens de transport faisant défaut, les rivières pouvaient avoir, sous ce rapport, une valeur qu'elles n'ont plus qu'exceptionnellement de nos jours ; celles même qui étaient impropres à toute espèce de navigation proprement dite étaient utilisées pour le transport, à bûches flottantes, du bois des forêts. Aujourd'hui tout cela est bien changé. A part quelques grands fleuves ou rivières qui peuvent porter en tout temps des bateaux de fort tonnage, on peut dire que tous les transports à grande distance se font par les chemins de fer ou sur des canaux, ou rivières canalisées, qui assurent à la batellerie une régularité qu'on ne rencontre guère sur les rivières laissées à l'état de courants libres. Les chutes d'eau ont également perdu beaucoup de leur importance ; la vapeur a sur elles l'avantage de pouvoir fournir, suivant les besoins, des forces motrices depuis les plus faibles jusqu'aux plus puissantes, et surtout de permettre aux industries de choisir, pour s'y installer, les localités les plus favorables à l'ensemble de leurs intérêts[1]. L'existence d'un certain nombre de chutes d'eau n'est d'ailleurs pas incompatible avec les irrigations. D'un autre côté l'agriculture, ayant désormais à compter avec la concurrence du monde entier, ne peut se soutenir qu'à la condition de retirer du sol tout ce qu'il est susceptible de produire, et l'extension des irrigations serait un des moyens les plus efficaces de lui venir en aide. Si on rapproche ces considérations de celles qui ont été développées aux numéros 20 et 21, chap. Ier, il sera difficile de ne pas conclure que lorsqu'un cours d'eau peut être employé aux irrigations, soit directement, soit à l'aide de canaux de dérivation, cet emploi produirait souvent une plus grande somme d'utilité publique que tout autre.

1. Quand le problème du transport de la force par l'électricité aura été sérieusement résolu, la question pourra changer de face ; mais en attendant il est bien rare que l'industrie puisse utiliser les grandes chutes des pays de montagnes.

45. Observations relatives aux rivières qui sortent fréquemment de leur lit. — Lorsque la rivière qui parcourt une vallée est sujette à de fréquents débordements il convient, en général, de mettre en prairie la bordure exposée aux inondations. Les crues périodiques, qui détruiraient toute autre espèce de culture, entretiennent au contraire la végétation des graminées, dans des conditions bien moins satisfaisantes il est vrai que si l'eau était disponible à volonté, ce qui permettrait l'application des méthodes perfectionnées d'irrigation. Ceci s'applique à des rivières qui, même dans leurs crues, ont une allure calme et une certaine régularité. Quant aux rivières de nature torrentielle qui, lors de leurs débordements, acquièrent une telle vitesse qu'elles bouleversent souvent les terrains qu'elles submergent, enlevant la terre sur certains points, amoncelant ailleurs des sables et des graviers, changeant même quelquefois de lit, leurs bords ne sont guère plus propres à l'établissement des prairies irriguées qu'ils ne le sont aux autres cultures. Il faut s'efforcer, par des plantations, de régulariser le lit et d'en faire exhausser les bords par la rivière elle-même (Voir Colmatages, Chapitre X).

46. Principes de la dérivation des cours d'eau. — Sauf quelques cas exceptionnels, les rivières occupant naturellement les thalwegs ou parties les plus basses des vallées, leurs eaux, non dérivées, ne pourraient arroser les terrains même les plus voisins de leurs bords qu'autant qu'on en élèverait les eaux artificiellement. Il s'agit de faire arriver l'eau jusqu'au faîte des terrains à irriguer, de manière qu'elle n'ait plus ensuite qu'à descendre par son propre poids. C'est à quoi l'on parvient en traçant le canal, à l'aide du niveau, de manière qu'il n'ait que le peu de pente strictement nécessaire pour que l'eau puisse y couler avec la vitesse voulue. La rivière continuant à suivre la pente de sa vallée, le canal au contraire cheminant suivant une ligne sensiblement de niveau, contournant les obstacles, passant en remblai ou en aqueduc par dessus les dépressions du terrain, on conçoit facilement que le cours du canal et celui de la rivière vont généralement en s'écartant de plus en plus l'un de l'autre, à partir de la prise d'eau qui est le point commun. Toute la zone comprise entre le canal et la rivière sera donc apte à être irriguée par le canal, tandis que la rivière se trouvera elle-même précisément en position de recevoir et emporter toutes les eaux en excès, provenant de la même zone, qui n'auront pas été absorbées par le sol pendant les arrosages. La figure 20 fera comprendre la disposition d'une prise d'eau faite à une rivière pour l'alimentation d'un canal de dérivation.

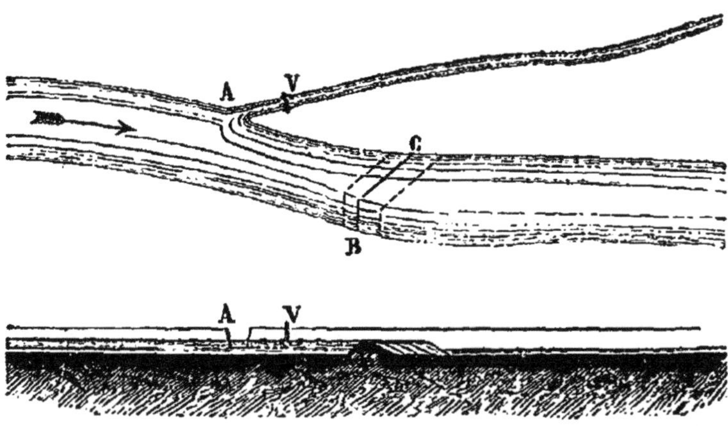

Fig. 20. — Plan d'une prise d'eau faite à une rivière, et profil suivant le milieu du lit de la rivière.

En V se trouve une vanne, divisée en plusieurs ventelles si la largeur du canal est un peu considérable. Cette vanne permet de régler à volonté l'admission de l'eau dans le canal, ou même de la suspendre complètement.

En BC on établit, lorsque les besoins de la navigation ou d'autres considérations ne s'y opposent pas, un barrage formant déversoir, par dessus lequel s'écoule, en cascade, toute la portion de l'eau de la rivière qui n'est pas enlevée par la prise. On évite par cet artifice d'avoir à creuser aussi profondément le canal à son origine, en même temps qu'en élevant le niveau de l'eau on augmente l'étendue des terrains qui peuvent être irrigués.

Quand, au lieu d'avoir à prélever sur la rivière une quantité d'eau déterminée, on est maître de la détourner en totalité, et si d'ailleurs on n'a pas à redouter des crues subites, on peut remplacer le barrage-déversoir par un barrage plus élevé, muni d'une ou plusieurs vannes. On peut ainsi faire écouler dans le lit inférieur de la rivière exactement le volume qu'on a de trop, et régler par conséquent le débit du canal de dérivation ; la vanne V de la figure ne serait pas alors indispensable.

Qu'il s'agisse du moindre ruisseau, d'une principale rigole d'irrigation ou d'un grand cours d'eau, le principe est toujours le même ; l'importance des travaux de premier établissement et les détails d'ordre secondaire varient seuls dans chaque cas.

47. Confection des petits barrages. — Quand il ne s'agit que de barrer un simple ruisseau, l'opération est des plus simples. Des piquets, un ou deux fagots, quelques mottes de gazon peuvent souvent suffire.

Dans les pays de montagnes, on a souvent à prendre l'eau à de petits cours d'eau rapides, plus ou moins torrentiels. Les travaux ne sont guère plus compliqués que dans le cas précédent, les pierres de divers volumes et les graviers abondant alors presque toujours. On choisira autant que possible un point où le lit se resserre. Des blocs amoncelés pourront former le corps du barrage; de petits pieux, plantés au maillet et enfoncés le plus possible, selon la nature du terrain, contribueront à maintenir les pierres et à les empêcher de rouler lors des grandes eaux. On a recours aussi à des clayonnages qui rendent les piquets solidaires. De petits matériaux remplissent les interstices des gros, et enfin quelques terres rapportées rendent le barrage à peu près étanche. S'il ne se manifeste que quelques infiltrations, elles diminueront presque toujours peu à peu par le simple effet des troubles qui seront retenus par cette espèce de filtre. Chacun, au surplus, adoptera les moyens qui lui seront suggérés par la disposition des lieux et les matériaux qu'il aura sous la main.

Il faudra toujours se rappeler que l'eau qui tombe par dessus un barrage tend à produire un affouillement, pouvant lui-même entraîner des éboulements. Il est donc utile de préserver, soit par un radier en bois ou en maçonnerie, soit par des enrochements et des piquets, la partie en aval d'un barrage qui se trouve exposé lors des crues à des ravinements.

48. Observations générales sur les barrages des rivières. — Les difficultés sont plus grandes quand il s'agit de barrer une rivière. Dans la figure 20, qui donne en plan et en profil une portion de rivière et la prise d'eau d'un canal de dérivation, le barrage est établi en BC. Il importe moins de placer le barrage immédiatement au-dessous de la prise d'eau que de l'établir en un point où il puisse être construit facilement. On choisira donc, autant que possible, un endroit où la rivière ne soit pas trop large, où le terrain soit solide, où les berges soient défendues en aval par des plantations. Quand le barrage est rectiligne, le mieux est de lui donner une direction perpendiculaire à celle du courant; mais souvent on lui donne une forme de chevron plus ou moins régulier, ce qui est le cas de la figure. Cette disposition ne peut être que favorable à la résistance du barrage à la poussée de l'eau ; mais elle a surtout pour objet de diriger vers le milieu de la rivière la chute d'eau qui s'établit par dessus le barrage, et d'éviter que cette eau en tombant ne dégrade les rives. On peut supposer que vers B la rive droite est formée par des roches dures prêtant au barrage un solide appui ; on a pu alors faire arriver la digue presque perpendiculairement à la berge. Mais sur la rive gauche, à terrain supposé ébouleux, on a fait en sorte de se préserver du courant et des remous résultant de la chute. A moins que les berges de la rivière ne soient formées par des rochers solides, la digue doit toujours pénétrer de plusieurs mètres dans l'une et dans l'autre rive, pour empêcher l'eau de se frayer un chemin aux extrémités.

La partie supérieure du barrage, par dessus laquelle se déverse toute l'eau qui n'est pas absorbée par la dérivation, doit être exactement horizontale. Dans les barrages dont l'ossature est en charpente, cette crête est constituée par une ou plusieurs pièces de bois équarri. Dans les barrages en maçonnerie, c'est souvent un véritable seuil en pierres de taille.

Il y a des rivières torrentielles où il ne reste, à certaines époques de l'année, qu'une hauteur d'eau presque insignifiante ; il va sans dire qu'on profitera de cette époque pour exécuter les travaux de barrage.

Ces mêmes rivières torrentielles sont quelquefois sujettes à des crues si violentes que peu de constructions peuvent leur résister. Dans ces conditions, plutôt que d'entreprendre des travaux extrêmement dispendieux, on préfère généralement, surtout quand il n'y a en jeu que des intérêts agricoles, employer les procédés les plus sommaires et les plus économiques, sauf à recommencer quand le barrage est enlevé. Une ligne de pieux reliés entre eux par des clayonnages, du gravier extrait le plus souvent dans le lit même de la rivière et amoncelé en talus du côté d'amont, contre le clayonnage, constituent tout l'ouvrage.

Pour une construction qui doit durer, un des meilleurs profils à donner au barrage est un profil triangulaire analogue à celui qu'on peut distinguer en B dans le profil de la figure 20 (n° 46). L'eau glissant sur le plan modérément incliné d'aval, n'offre pas au point de vue des affouillements les dangers qu'elle présenterait en tombant presque verticalement de toute la hauteur du barrage. Du côté d'amont on forme un autre talus, mais beaucoup plus roide, en appuyant simplement contre le barrage des pierres, du gravier ou de la terre argileuse, selon les circonstances locales.

49. Barrages à chevalets. — Dans nos provinces méridionales on rencontre assez fréquemment des barrages exécutés presque entièrement en bois. Les figures 21 et 22 expliquent leur disposition. Un pieu incliné A, soutenu par deux autres pieux

Fig. 21.

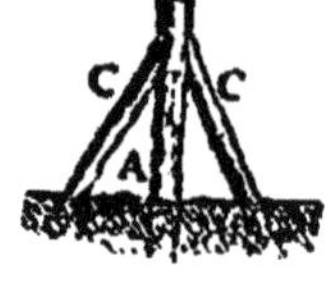

Fig. 22.

formant contrefiches, constitue un chevalet vu de profil dans la figure 21, et de face figure 22. Une ligne de chevalets semblables traverse la rivière. Sur ces chevalets est cloué un platelage en madriers. Des fascines et du gravier renforcent ce barrage du côté d'amont. Du côté d'aval on le garantit autant que possible des affouillements par quelques enrochements, consolidés au moyen de piquets.

50. Barrages en charpente et pierres. — Un barrage devant être construit suivant le profil indiqué à la fin du n° 48, on bat en travers de la rivière plusieurs files de pieux. Les pieux de la première file sont arasés au niveau que doit avoir le seuil; ceux des files suivantes en allant vers l'aval sont arasés à des niveaux de plus en plus bas, suivant la pente qu'on veut donner à la partie inclinée du déversoir. On relie les pieux les uns aux autres par des moises, dans les sens longitudinal et transversal. Entre les pieux de chaque file, on enfonce des palplanches dont la partie supérieure est maintenue par les moises. On remplit de cailloux et de pierres brutes l'intervalle compris entre les deux parois de charpente, et l'on jette du gravier, du sable et de la terre pour remplir le mieux possible les interstices des pierres. Quant à la partie supérieure de la digue, on la revêt soit avec un plancher en charpente, soit avec des moellons ayant une forte queue et qui forment comme un pavage entre les moises. Enfin pour consolider ce travail, on jette en amont une nouvelle quantité de pierres, de manière à former le talus de ce côté.

51. Emploi du béton dans les barrages. — Par les procédés précédemment indiqués, on dépense beaucoup de bois. Lorsqu'au bout d'un certain temps la charpente vient à péricliter, les pierres sans liaison sont bientôt emportées. Depuis qu'on peut se procurer presque partout de bonne chaux hydraulique, l'emploi du béton est à recommander; il fait prise dans l'eau, y est inaltérable et forme des masses monolithes douées d'une grande stabilité. On procède d'abord comme au n° 50, mais en employant des charpentes plus faibles, des bois moins durables; puis à l'aide d'un conduit en planches surmonté d'une trémie, on coule du béton entre les lignes de palplanches. Si des courants, qu'on n'a pu suffisamment maîtriser, risquent de délayer le béton et d'entraîner la chaux, on a recours au moyen suivant: on remplit incomplètement de béton des sacs en toile, par exemple des sacs ayant contenu des engrais; on descend ces sacs contre les parois formées de palplanches ou de clayonnages: on les superpose dans l'ordre où on empile dans une cave des bouteilles couchées. Les sacs se moulent les uns sur les autres: le béton qu'ils renferment fait prise et on obtient ainsi une sorte de muraille. On remplit finalement de béton, à la manière ordinaire, les enceintes complétées à l'aide de ce procédé. Le béton, surtout quand il n'a pas encore acquis toute sa dureté, peut être dégradé par l'eau courant à sa surface supérieure; on terminera donc ordinairement le travail en revêtant cette surface d'un pavage posé à bain de mortier hydraulique. Des dalles à peu près brutes, des moëllons, des briques posées sur champ peuvent être employées. Pour cette dernière partie du travail, si on ne peut profiter d'un moment où la rivière soit suffisamment basse, on procèdera par parties et en établissant de petits batardeaux provisoires, de manière à détourner momentanément l'eau du chantier occupé par les maçons.

§ 4.

CANAUX D'IRRIGATION

52. Canaux de dérivation exécutés par des particuliers. — Les dérivations empruntant l'eau à de simples ruisseaux, pour l'irrigation d'une seule propriété voisine, ne sont à proprement parler que des rigoles qui ne méritent guère le nom de canaux. Il arrive cependant que des particuliers obtiennent l'autorisation de dériver d'une rivière un certain volume d'eau et exécutent eux-mêmes un canal d'une importance relative. Plus souvent les travaux de ce genre sont entrepris par des syndicats de propriétaires intéressés.

Les particuliers ou les syndicats ont souvent aussi à exécuter non plus des canaux de dérivation directe, mais des canaux secondaires devant amener l'eau d'une prise faite sur un grand canal, ainsi qu'on le verra plus loin.

53. Grands canaux d'irrigation. — Les plus importants des canaux d'irrigation sont ordinairement exécutés par les gouvernements ou par des compagnies. Ces canaux sont presque toujours des dérivations d'une grande rivière (46); c'est ainsi que la Durance, la rivière de France la mieux utilisée, alimente un réseau de canaux, dont les débits varient en général de 5 à 10 mètres cubes par seconde, et qui parcourent presque toute la Provence. Les canaux de la haute Italie sont encore bien plus nombreux et plus importants, et leur nombre ne cesse de s'accroître. Plusieurs de ces canaux débitent des quantités d'eau supérieures à 50 mètres cubes par seconde. Le canal Cavour, construit depuis peu d'années, est formé par la réunion de deux dérivations, l'une du Pô, l'autre de la Dora-Baltea, et débite plus de 110 mètres cubes.

Les canaux d'irrigation doivent être établis de telle façon que le niveau de leur fond diffère peu de celui des terrains qu'ils sont destinés à irriguer, et soit même en général quelque peu supérieur. Aussi, dans les plaines et vallées où il n'y a que de très faibles pentes, est-on obligé d'établir les canaux en remblai dans une grande partie de leur parcours. Quand au contraire le canal occupe le haut d'un talus naturel il peut être maintenu en déblai, sauf à approfondir, à leur origine, les canaux secondaires de prises d'eau, et à renoncer à arroser une bande de terre, d'une certaine largeur, immédiatement contigue au canal. Les bords des canaux d'irrigation sont en effet percés, de distance en distance, par des ouvertures maçonnées et munies de vannes [1], qui permettent d'alimenter des canaux secondaires ou rigoles principales. Ceux des canaux de ce réseau secondaire qui desservent un certain nombre de propriétés sont administrés soit par les détenteurs du canal principal, soit par des syndicats spéciaux, et soumis à une organisation analogue à celle qui a été donnée comme exemple dans le chapitre 1er (16).

Quant à la manière dont est réglé le débit des canaux et celui des prises d'eau particulières, voir chapitre XI.

54. Divers modes d'alimentation des canaux d'irrigation. — Bien que les grands canaux d'irrigation soient en général de simples dérivations des rivières (46), tous les moyens de se procurer de l'eau peuvent contribuer à leur alimentation. Les réservoirs établis dans les gorges des montagnes (39 et 40) sont assez souvent employés pour entretenir et régulariser leur débit. Les canaux du Piémont reçoivent aussi, fréquemment, l'eau des sources qui se trouvent à peu de distance de leur tracé (26). Le canal peut enfin recevoir sur son trajet les eaux de petites rivières, ou ruisseaux descendant des hauteurs voisines.

55. Canaux de navigation et d'irrigation. — Quand il est possible de faire servir un canal à la fois à la navigation et aux irrigations, on satisfait évidemment à cette double utilité d'une manière bien plus économique que si chaque service devait être créé séparément. Mais pour qu'un tel ouvrage soit véritablement utile il faut, d'une part, que le canal relie deux voies navigables ou deux centres industriels et commerciaux et, d'autre part, qu'il se trouve sur le trajet des terrains propres à être irri-

1. On trouvera dans le dictionnaire des Arts et Manufactures de M. Laboulaye, article *Agriculture* par H. Mangon, les dessins de plusieurs types de ces prises d'eau empruntés aux canaux de la Provence Au canal de la Meuse à l'Escault, les prises d'eau sont des aqueducs en briques et pierre de taille, plus larges que hauts, à voûte surbaissée, établis sous le chemin de halage qui est en remblai. La vanne se place toujours à la tête d'amont.

gués et convenablement situés pour recevoir l'eau du canal ; il faut enfin, dans le Midi surtout où l'on n'arrose qu'en été, que l'alimentation soit assez abondante pour qu'au moment des plus grandes sécheresses ni l'un ni l'autre service ne puisse rester en souffrance. C'est peut-être parce que ces diverses conditions se trouvent rarement réunies qu'il n'existe qu'un très petit nombre de canaux de navigation et d'irrigation ; il y en a cependant plusieurs en Lombardie. On peut citer aussi, et il rend de grands services, celui qui, en Belgique, relie la Meuse à l'Escaut tout en servant aux irrigations de la Campine.

Les canaux dont il s'agit, qu'ils soient ou non à point de partage, sont toujours munis d'écluses, car il convient pour la navigation que le courant n'y dépasse pas 30 centimètres environ par seconde. Mais comme il est nécessaire d'un autre côté, pour le service de l'irrigation, que le courant subisse peu de variations et ne puisse jamais être interrompu lors même que les écluses resteraient fermées, il est d'usage constant en Italie d'établir, latéralement à chaque écluse, un petit aqueduc, n'admettant qu'un volume d'eau limité, et mettant en communication permanente les biefs supérieur et inférieur. Cet aqueduc produit une chute qu'on peut utiliser comme force motrice industrielle.

56. Navigation sur les canaux d'irrigation. — Quand un canal d'irrigation, principal ou secondaire, est assez large et profond pour porter de petites barques, il en résulte un grand avantage pour les agriculteurs riverains. Ils peuvent alors, dans des conditions de grande économie, amener sur leurs terres ou prés les engrais et amendements et enlever leurs récoltes.

57. Avantages économiques des grands canaux d'irrigation. — Si l'on compare deux canaux ayant la même pente et des profils en travers de même forme mais de dimensions différentes, les débits seraient entre eux comme les carrés des dimensions homologues si on faisait abstraction de l'influence des parois. En réalité le débit du plus grand canal dépassera la proportion des carrés. Or les déblais et remblais à exécuter pour la construction des deux canaux seront à peu près dans le rapport des carrés ; mais les terrains à acquérir n'augmenteront que dans la simple proportion de la largeur du profil ; la plupart des travaux d'art seront, à peu de chose près, dans le même cas ; il y en aura même, comme les prises d'eau latérales et leurs vannages, qui seront sensiblement les mêmes de part et d'autre ; il en sera de même des frais d'étude, etc. On peut donc concevoir *a priori* que plus on augmentera les dimensions d'un canal, plus on abaissera le prix de revient du mètre cube d'eau dérivé par seconde. C'est ce que confirment les renseignements donnés par M. A. Dumont sur les canaux d'Italie, dans une communication faite en 1884 à l'Académie des sciences. Ainsi, par exemple, pour le canal Cavour, qui débite au moins 110 mètres cubes, le prix de revient du mètre cube dérivé est, en nombre rond, de 364 000 francs. Pour nos canaux français dont le débit n'atteint pas, en moyenne, le dixième du précédent, le même prix de revient est en général évalué à 4 millions environ.

Le coût kilométrique du canal Cavour serait, d'après les mêmes renseignements, de 500 000 fr. Celui du canal subsidiaire au canal Cavour, qui débite 70 mètres cubes à la seconde serait de 375 000 fr.

Au prix de 4 millions le mètre cube d'eau dérivée et d'après la quantité d'eau ordinairement employée (1 litre par hectare), il faudrait, pour compenser les frais d'établissement du canal, que les terres irriguées augmentent de valeur à raison de 4 000 fr. l'hectare. Ce chiffre de plus value est assurément réalisé dans bien des cas, dépassé même quelquefois ; mais il paraîtra bien élevé comme moyenne, et les propriétaires ne consentiraient probablement pas à payer, pour la jouissance de l'eau, l'intérêt à 5 0/0 d'une pareille somme. L'établissement des irrigations, dans une région qui en était privée, procure à l'État des avantages indirects. Il n'en est pas moins vrai que la question économique doit préoccuper sérieusement lorsqu'il s'agit d'étudier des canaux. La grande section des canaux principaux d'irrigation, la combinaison de la navigation avec les intérêts agricoles, la création et l'utilisation de chutes d'eau, sont les moyens qui se présentent dès à présent à l'esprit.

58. Dimensions ordinaires des canaux d'irrigation. — Les canaux navigables ont rarement plus de 1,5 à 2 mètres de tirant d'eau ; les canaux d'irrigation principaux, non navigables, plus de 1 *m*. à 1,8 *m* ; les canaux secondaires ou de prise d'eau plus de 0,50 à 1 *m*. ; les canaux de troisième ordre ou de répartition plus de 0,40 à 0,50 ; les ramifications de ces derniers canaux, qui ne sont à proprement parler que des rigoles, sont moins profondes encore. Quant aux largeurs, elles varient, selon le volume d'eau à débiter, dans des limites plus étendues que les profondeurs. On a, en effet, presque toujours intérêt, pour rendre les prises d'eau plus faciles, pour irriguer la plus grande superficie possible, pour avoir des berges moins sujettes aux dégradations, à ne pas creuser trop profondément les canaux.

Les indications ci-dessus ne sont au surplus que grossièrement approximatives; les dimensions les plus convenables au profil d'un canal ne peuvent résulter que d'un calcul, dans lequel il y a à tenir compte du volume d'eau à débiter par seconde, de la pente du canal et de son profil transversal (Voir le chapitre XI). Les canaux ne doivent presque jamais couler à pleins bords. Il va de soi que le calcul des dimensions, comme les indications ci-dessus, ne se rapportent qu'à la partie immergée; on fera toujours le profil réel un peu plus grand.

59. Canaux à parois en maçonnerie. — Quelquefois les canaux secondaires ont une section rectangulaire, les berges en terre étant alors remplacées par des murs en maçonnerie à parois verticales ou légèrement inclinées. Le fond est alors souvent constitué aussi par un radier en maçonnerie. Éviter les pertes par infiltration dans des terrains trop perméables ; réduire en outre, dans les longs trajets, les pertes par évaporation ; éviter la croissance des joncs et autres plantes adventices ; rendre les curages plus faciles ; réduire la superficie du terrain occupé par les canaux ; tels sont les motifs qui font adopter sur quelques points les dispositions dont il s'agit. C'est surtout dans la traversée des lieux habités et aux abords des villes qu'on rencontre des exemples de ces canaux revêtus en maçonnerie. Là, en effet, le terrain est plus précieux ; tout doit y être plus régulièrement tenu et les canaux y servent souvent de clôture à des propriétés publiques ou particulières.

60. Canaux à parois en terre. — Les talus des canaux à parois en terre doivent avoir des inclinaisons variables selon la nature du sol. Pour les plus grands canaux, ces inclinaisons sont le plus souvent comprises entre 1 sur 1 et 2 sur 1, [1] pour les ter-

1. Pour exprimer l'inclinaison d'un talus, on indique en général le rapport de

rains ordinaires. Dans les petits cnaux ou grandes rigoles, le talus de 1 sur 1 ou 45 degrés est le plus généralement adopté ; c'est celui qui convient aux terrains moyens. Si par exception le canal est creusé dans un terrain non susceptible d'être détrempé,

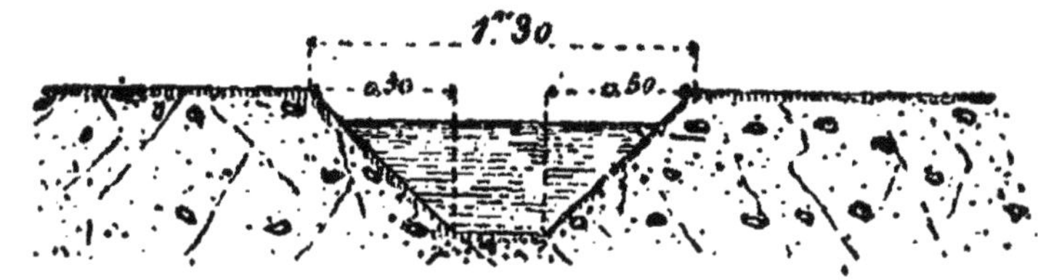

Fig. 23.

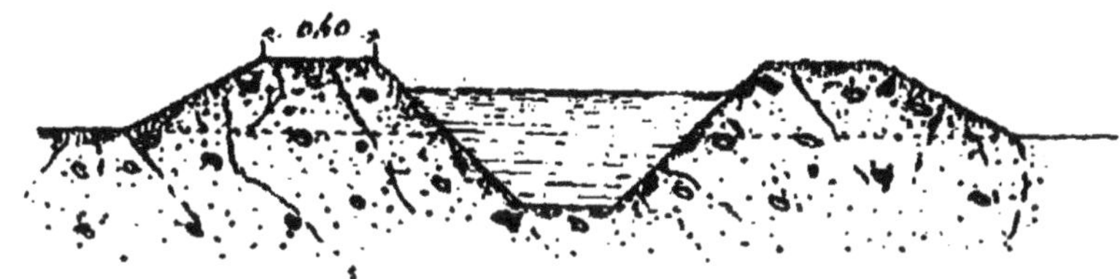

Fig. 24.

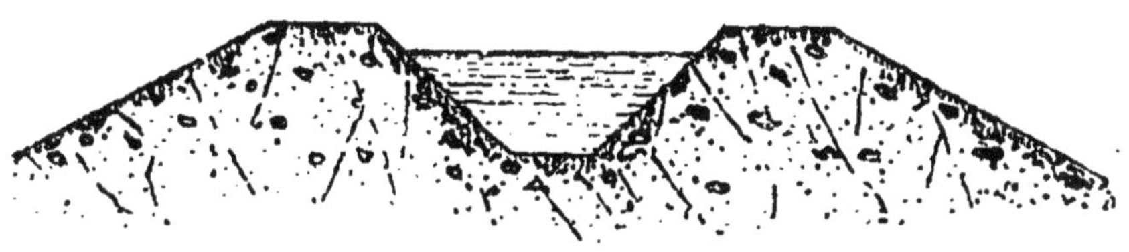

Fig. 25.

ou même dans une roche solide, on peut tenir les parois presque droites. Si au contraire on a à traverser des terrains ébouleux ou

sa base à sa hauteur. Ainsi, dans la figure A, la ligne pleine est l'hypothénuse d'un triangle rectangle dont la hauteur est égale à la base; si nous prenons la hauteur pour unité, nous trouvons la base égale aussi à l'unité, et nous disons que notre profil représente un talus de 1 sur 1 ; on sait que ce talus est celui d'un plan incliné de 45 degrés par rapport à l'horizon.

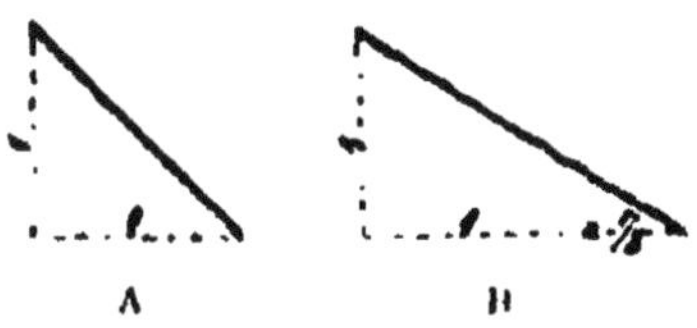

Dans la figure B, nous avons un autre profil : une horizontale et une verticale étant menées par les extrémités de la ligne pleine, nous avons encore un triangle rectangle ; mais si nous portons sur la base la hauteur prise pour unité, nous trouvons qu'elle y est contenue une fois et demie. Le talus est donc ici de 1 1/2 pour 1 de hauteur.

tourbeux, les talus ne se soutiennent que sous des pentes très-faibles, 6 sur 1 ou même 7 sur 1 ; comme de tels talus entraîneraient à des largeurs de canaux à peu près inadmissibles, on préfère ordinairement conserver le profil ordinaire et revêtir en ces endroits les talus, soit avec des clayonnages ou des fascines que maintiennent des pieux, soit avec une maçonnerie en pierres sèches. Lorsque les canaux sont en partie établis en remblais, on ne donne guère aux talus extérieurs qui terminent ces remblais moins de 1 1/2 sur 1, parce que les terres remuées, quelque bien pilonnées qu'elles soient, acquièrent rarement la solidité des bonnes terres naturelles.

La figure 23 est un exemple d'un petit canal creusé entièrement dans le terrain naturel. La figure 24 se rapporte au cas où le canal est en partie en déblai et en partie soutenu par des remblais. Si le canal doit être entièrement élevé sur remblai, on adopte le profil de la figure 25.

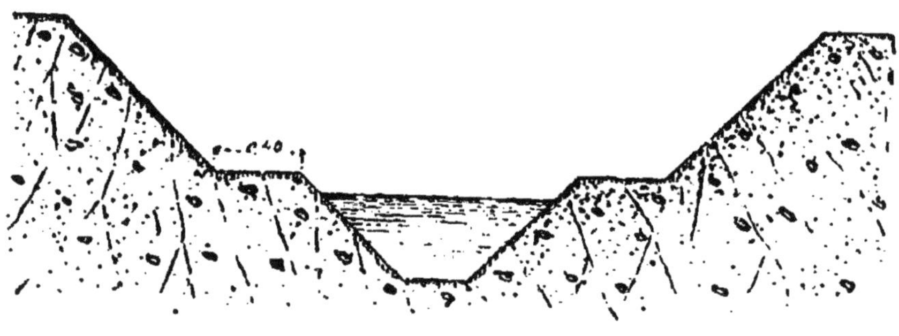

Fig. 26.

Enfin nous voyons, figure 26, ce que devient le canal lorsque, pour traverser une éminence, on est obligé de creuser une tranchée plus ou moins profonde. La petite banquette que l'on voit sur les deux côtés du canal facilite beaucoup l'entretien et les curages, en même temps qu'elle est une garantie contre les éboulements.

61. Rigoles principales de distribution. — Les dernières ramifications des canaux, qui sont plutôt dénommées rigoles principales, doivent quelquefois déverser l'eau par dessus l'un de leurs bords ; ou bien encore on doit pouvoir y faire, de distance en distance, des prises d'eau au moyen de simples saignées pratiquées latéralement, et ayant au maximum 15 à 20 centimètres de profondeur. Il convient, dans ces différents cas, que le bord où doivent avoir lieu les prises soit moins élevé que l'autre, et que l'eau coule

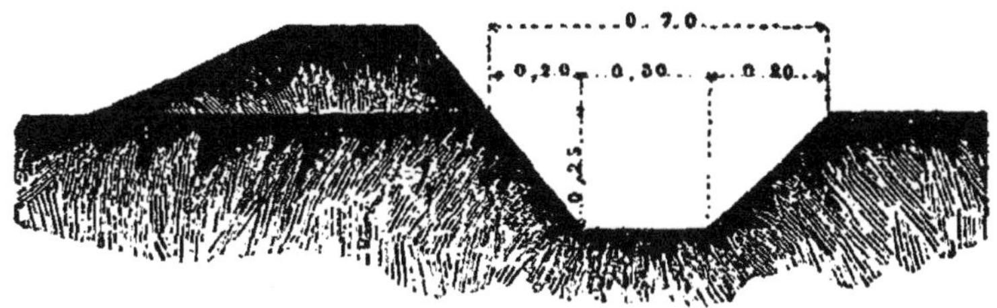

Fig. 27.

de ce côté sensiblement à fleur du sol. Ces conditions sont remplies par un profil tel que celui de la figure 27.

62. Canaux partagés en plusieurs biefs. — Indépendamment des canaux navigables, qui comportent toujours des écluses (55), les canaux de simple irrigation sont quelquefois composés de plusieurs biefs séparés par des ressauts. En effet si on leur donnait, sur toute leur longueur, une profondeur uniforme, on arriverait parfois à des pentes qui feraient prendre à l'eau de telles vitesses qu'elle dégraderait les rives et creuserait le lit (Voir chapitre XI). On évite cet inconvénient en divisant le canal en plusieurs parties, chacune n'ayant qu'une faible pente en rapport avec la nature plus ou moins solide du terrain ; les biefs successifs se raccordent par des chutes. Dans les canaux de quelque importance, on revêt en maçonnerie les parties du canal où doivent se trouver les chutes. Un seuil en pierre, formant déversoir, termine inférieurement le bief d'amont ; en tête du bief d'aval, un solide radier prévient les affouillements que pourrait produire la chute de l'eau.

S'il ne s'agit que d'un petit canal en terre, deux ou trois fagots fixés par des piquets remplaceront le seuil dont il est parlé ci-dessus ; et quelques pierres brutes ou un radier en bois seront disposés de manière à recevoir le choc de l'eau.

Dans le cas de la maçonnerie, la construction pourra avoir une certaine analogie avec celle que représentent les figures 42 et 43 (68).

Il sera toujours bon de profiter de cette partie murée pour y disposer des rainures propres à recevoir une vanne ou des madriers, pour les cas de réparations ou de curage.

63. Terrassements relatifs à la construction des canaux. — Dans tous les remblais qui doivent supporter des canaux, quelle que soit l'importance de ces derniers, la terre doit être pilonnée par couches; cette opération ne saurait être trop surveillée, ni exécutée avec trop de soins. Si on dispose d'une certaine quantité de mottes de gazon, on fera bien d'en revêtir les talus intérieurs des parties en remblai. Quand on lève des mottes, dans un terrain gazonné, dans l'intention d'en revêtir des parois inclinées, on sépare à la bêche les lignes de mottes, en donnant à la bêche la même inclinaison que doit avoir le talus du canal, et on donne à ces mottes la plus grande épaisseur possible dans le sens perpendiculaire à la surface gazonnée. On obtient ainsi des mottes qui, placées sur le talus le gazon tourné en dehors, présentent des joints horizontaux et se superposent ainsi par assises, en même temps que l'on élève le remblai, sans qu'il soit nécessaire de les fixer avec des piquets, comme dans le cas où le gazon, levé en plaques minces, est employé en placages.

Si on n'a pas recours aux précautions ci-dessus, il ne sera pas possible de faire immédiatement fonctionner les canaux sans qu'il y ait des fuites. On mettra l'eau avec précaution, puis on la retirera. La terre humectée se tassera; les alternatives de sécheresse et d'humidité la consolideront. On réparera alors les parties endommagées et on réglera définitivement les talus.

Dans tous les cas, ceux des talus qui ne sont pas garnis en gazon rapporté, même les talus extérieurs au canal, doivent être semés en graminées, avec mélange de légumineuses dont les racines plus pivotantes contribueront à fixer le terrain.

64. Moyens de combattre les infiltrations. — On a quelquefois affaire à des terrains extrêmement perméables et, dans les premiers temps après l'établissement d'une irrigation, il peut se faire que les canaux perdent beaucoup d'eau par infiltration. Généralement, cet inconvénient disparaît avec le temps, parce que le dépôt vaseux qui s'opère toujours plus ou moins dans les canaux et rigoles finit par obstruer les interstices du sol. Le meilleur moyen de remédier aux pertes d'eau dans les canaux neufs consiste à y diriger des eaux fortement troubles, ou à leur défaut, à troubler l'eau artificiellement avec des terres argileuses ou vaseuses que l'on brasse fortement. Ce n'est que dans le cas où le terrain sur lequel est établi le canal consiste uniquement en graviers ou cailloux sans liaison qu'il devient nécessaire de revêtir les parois intérieures d'une couche de terre présentant moins d'interstices. Pour le fond du canal, une couche de sable sera parfaitement suffisante; pour les parois latérales, la seule condition indispensable, c'est que la terre employée ait assez de cohésion pour se bien maintenir contre les talus. L'usage de l'eau trouble suffira ensuite pour rendre les parois complètement étanches.

65. Canaux et rigoles dans les terrains fortement inclinés. — Dans les terrains très-inclinés, tels qu'on en rencontre dans les coteaux et les montagnes, la confection des petits canaux d'irrigation et des rigoles principales présente souvent des difficultés particulières.

Soit, en profil, figure 28, ACDEB la surface naturelle primitive du sol d'un coteau. Si un canal d'amenée ou une rigole principale doit passer presque horizontalement en travers de cette pente, à la hauteur D, on lui donnera le profil transversal qu'indique la

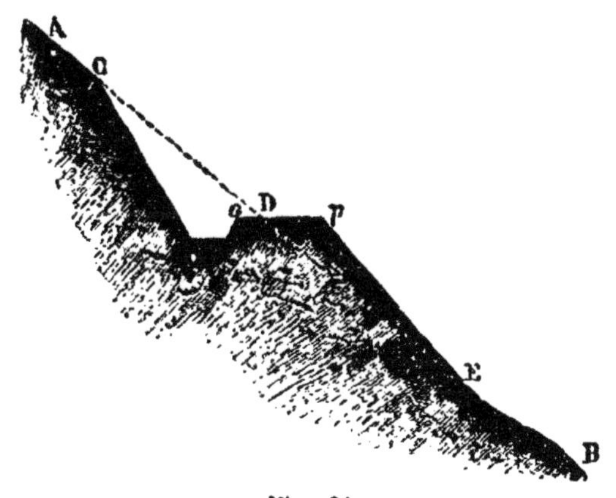

Fig. 28.

figure. Le talus situé du côté de la hauteur aura nécessairement une grande élévation. Si ce talus doit être en terre gazonnée, il importe, pour éviter les éboulements, de lui donner une pente assez douce ; mais on est souvent obligé, dans ce cas, de le prolonger énormément en hauteur. Quoi qu'il en soit, la terre provenant du déblai sera reportée, comme l'indique la figure, suivant le profil D p E. Ce remblai, aura pour double résultat d'épaissir la paroi du canal, de manière à lui donner plus de force de résistance contre la poussée de l'eau et les infiltrations, et de procurer une banquette ou surface plane *o p*, qui servira de sentier pour la surveillance et l'entretien.

Quand le terrain fournit des pierres en abondance, ce qui arrive souvent dans les montagnes, on peut les employer à revêtir d'un mur en pierres sèches le talus du côté du déblai. Ce talus peut alors se rapprocher beaucoup de la direction verticale ; on a moins de mouvements de terrains à opérer et surtout moins d'espace dénudé. Le profil devient alors celui de la figure 29 ci-dessus. Quand on peut facilement disposer de pierres volumineuses et de forme plate, on remplace quelquefois le mur de pierres sèches proprement dit par la disposition de la figure 30. Enfin, si le canal est, dans certains endroits, taillé dans le roc, la paroi d'amont est souvent verticale ou même en surplomb.

Fig. 29.

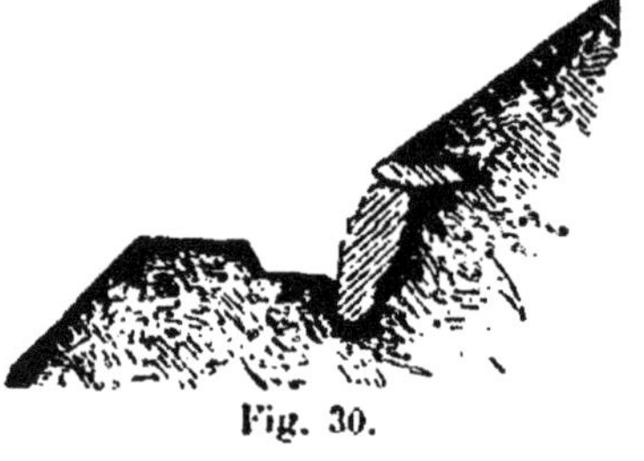

Fig. 30.

66. Canaux franchissant en siphon des dépressions ou des obstacles. — Souvent un petit canal d'irrigation devra traverser un ravin, un chemin creux, une route à peu près au niveau du sol qu'on ne peut modifier, ou même un autre canal. On fait alors passer le canal sous l'obstacle, dans un conduit en matériaux résistants, formant un siphon renversé.

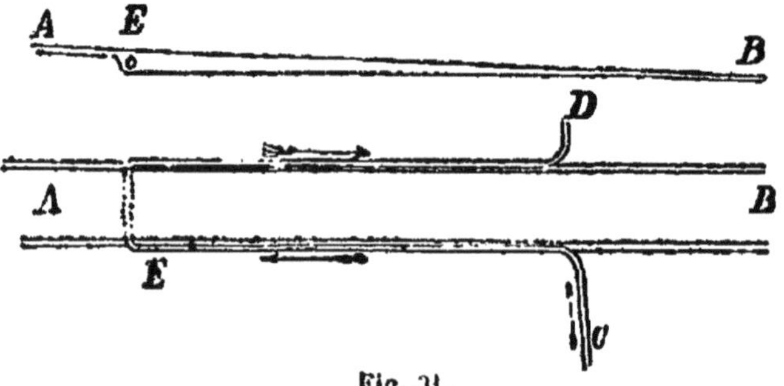

Fig. 31.

Quelquefois, il est vrai, on peut éluder la difficulté en détournant le canal. Soit AB, figure 31, une route bordée de fossés, représentée en plan dans la partie inférieure de la figure. Un canal, arrivant en C, devrait traverser la route dans la direction CD, ce qui exigerait un siphon, la route étant ainsi que le canal au niveau du sol. En examinant le profil, tracé dans la partie supérieure de la figure, nous reconnaissons que la route a une pente prononcée de A en B. Dès lors, en détournant le canal suivant CED du plan, nous pourrons lui faire traverser la route en E, sous un simple ponceau ordinaire.

Quand on devra établir un siphon, ce qu'il y a de plus simple consiste à le composer de tuyaux à section circulaire. Les tuyaux ou buses en ciment (Voir 76), dont on garnit les joints également en ciment, et qu'on noye pour plus de sûreté dans du béton, sont très convenables pour cet usage. Ce n'est que dans des travaux considérables et pour des siphons qui doivent descendre à plus de 5 ou 6 mètres qu'il sera nécessaire d'employer des tuyaux en fonte. Pour gagner au besoin de la hauteur et éviter les tuyaux

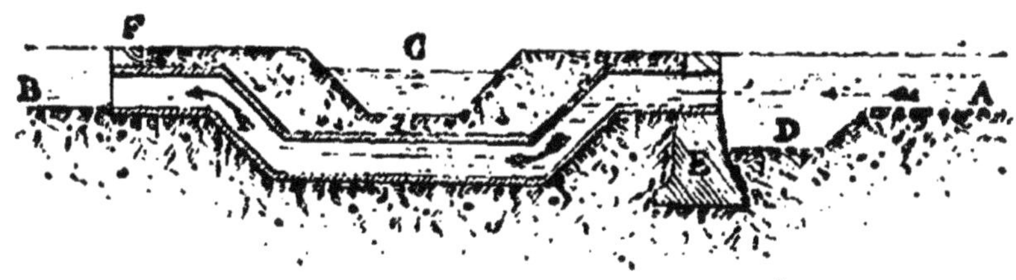

Fig. 32.

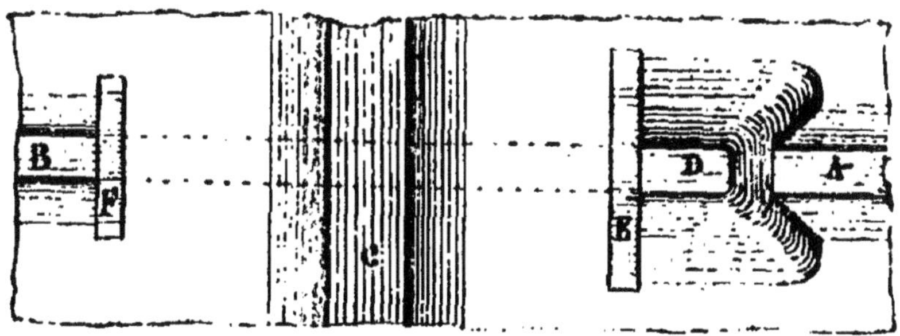

Fig. 33.

de très grand diamètre qui, à épaisseur égale, ont beaucoup moins de résistance, on accole fréquemment deux ou plusieurs tuyaux de diamètre modéré, entre lesquels l'eau se partagera.

La figure 32 représente, en coupe verticale, et la figure 33 en plan, un siphon pour le passage d'un canal AB sous un autre canal C. En avant de l'entrée du siphon, on a creusé un bassin D, pour éviter que des pierres ou graviers ne soient accidentellement introduits dans le siphon. L'aqueduc souterrain se termine de part et d'autre par deux petits murs de tête E et F.

Dans le cas où le conduit souterrain ne doit pas descendre plus profondément que dans la figure 32, on évite le plus souvent la complication qui résulte de l'emploi d'un tuyau plusieurs fois coudé. Pour cela on construit, en D et B, deux puisards ou bassins, de forme ordinairement rectangulaire, de profondeur atteignant le niveau le plus bas où attendrait un siphon coudé ; puis on fait communiquer les deux puisards par un conduit horizontal, rectiligne, simple ou double.

Dans le cas où le canal, au lieu de passer sous l'obstacle, doit passer par dessus un vallon ou un ravin, il y a lieu de faire un pont-aqueduc. Dans les grands canaux d'irrigation, ce cas donne lieu à d'importants travaux d'art, dont un des types les plus remarquables est l'aqueduc de Roquefavour sous le canal de Marseille. Mais dans les cas ordinaires, dont nous avons plus particulièrement à nous occuper ici, un coursier, sorte de grande auge en bois, suffit pour faire passer l'eau au-dessus de la dépression. C'est ce qui arrive très souvent dans les pays de montagnes. Un coursier en tôle, plus durable que celui en bois, ne reviendrait guère plus cher aujourd'hui. Pour les plus faibles cours d'eau, un tronc d'arbre creusé en gouttière suffit parfois [1].

67. Vannes propres aux canaux d'irrigation. — Les canaux d'irrigation doivent souvent être munis de vannes permettant soit de suspendre complètement le cours d'eau, soit d'en régler la quantité.

On trouve partout des modèles de vannes agricoles ; j'en donne ici un nouvel exemple. Les vannes et leurs châssis se font ordinairement en bois. Mais le bois demande de fréquents renouvellements. Or, aujourd'hui que les moyens de transport sont faciles, on peut se procurer dans beaucoup d'endroits de longues

1. Il peut se rencontrer des cas où, au lieu de passer au-dessus d'un vallon, on peut faire passer l'eau *au-dessous au moyen d'un siphon en fonte*, ce qui est plus économique. Il ne faut pas pour cela que le canal soit sujet à charrier des graviers ni des sables.

pierres parallélipipédiques que fournissent en abondance certaines carrières et qui, grossièrement taillées, sont d'un prix peu élevé. Dans la vanne représentée par la figure 34, le cadre contre lequel s'appuie la ventelle est formée de quatre pierres simplement dégrossies, sauf dans la feuillure où glisse la porte mobile ou ventelle[1]. La figure donne l'élévation de la vanne vue du côté d'amont, une coupe horizontale faite au dessus de la ventelle et une vue en dessus. Les mêmes lettres désignent les mêmes objets dans toutes les parties de la figure. Pour compléter celle-ci, il faudrait concevoir un radier en maçonnerie de pierres ou de béton, recevant le seuil C et le pied des montants A et B ; puis deux petits murs latéraux de soutènement ou bajoyers, s'élevant seulement jusqu'au niveau du sol et dans lesquels sont engagés de quelques centimètres les montants AB.

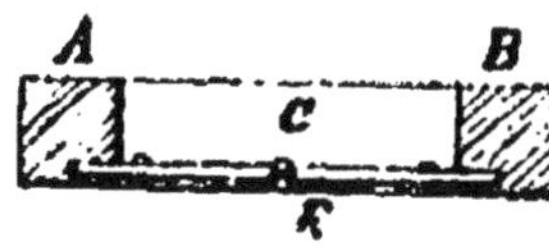

Fig. 34.

A, B, montants en pierre piquée.
C, seuil en pierre, devant être noyé dans le radier en maçonnerie.
D, chapeau en pierre.
E, ventelle en bois.
F, crémaillère.
G, manivelle du cric.

Les ventelles doivent avoir d'autant plus de force, pour résister à la poussée de l'eau, qu'elles ont une plus grande surface. La manœuvre des vannes présente aussi d'autant plus de difficulté que la ventelle est pressée plus fortement contre ses appuis ; aussi, pour peu que la largeur à fermer soit considérable, la partage-t-on ordinairement en plusieurs travées, avec un égal nombre de vannes. Si une vanne semblable à celle de la figure 34 était double, il faudrait un troisième montant au milieu de la largeur du canal ; pour lui donner plus de résistance contre la poussée de l'eau, on lui donnerait la disposition qu'indique la figure 35. Cette figure est une coupe verticale, faite dans le sens de la longueur

1. On remarquera qu'il n'est pas nécessaire de maintenir les ventelles en bois dans des rainures. Il est préférable, pour éviter sûrement tout serrage, de les faire glisser contre une face d'une large feuillure, où la pression de l'eau les appuiera suffisamment.

du canal ; une flèche indique le sens du courant. Le montant en pierre A est contre-buté par une autre pierre H ; l'une et l'autre pierre sont encastrées inférieurement dans la maçonnerie du radier ; la masse principale de celui-ci, K, est en béton. En I vient buter le seuil en pierre de l'ouverture ; d'autres pierres également en forme de seuil, L, M, terminent le radier, dont toute la surface est revêtue d'une maçonnerie de moellons qu'on pourrait remplacer avantageusement par des dalles. En D est le chapeau en pierre commun aux deux ouvertures.

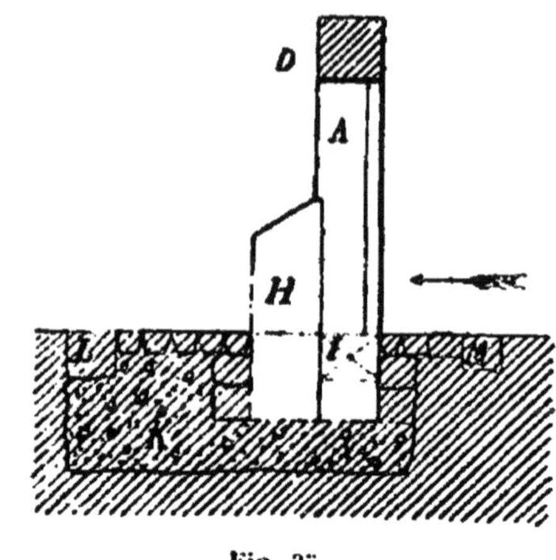

Fig. 35.

Les portes de vannes ou ventelles sont ordinairement en bois ; elles sont composées de fortes planches ou madriers simplement jointifs. Dans la figure 34, les pièces dont se compose la ventelle sont réunies par des bandelettes de fer et des boulons, ainsi que l'indique le détail, figure 36. Mais quand les madriers dont se compose la ventelle ont une certaine épaisseur, il est plus simple de les traverser tous ensemble, vers chacune de leurs extrémités, par un grand boulon vertical, ainsi que l'indique la figure 37. L'attache de la ventelle avec la tige à crémaillère est expliquée par la figure 38, dans laquelle la ventelle est supposée coupée transversalement.

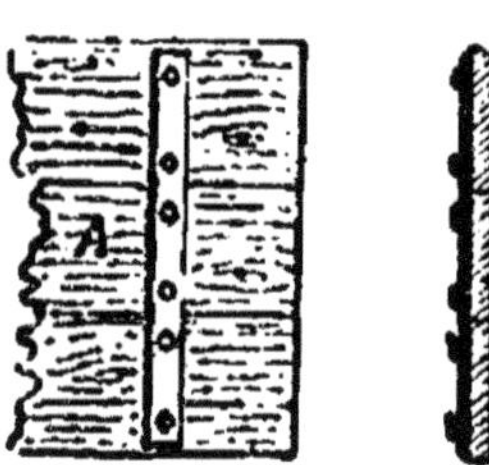

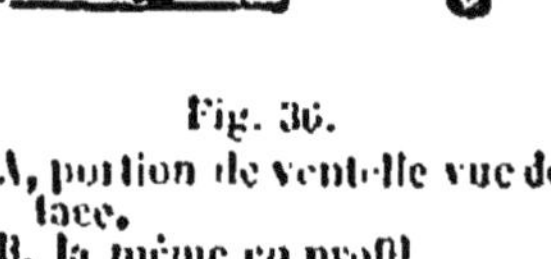

Fig. 36.
A, portion de ventelle vue de face.
B, la même en profil.

La tôle peut se substituer au bois dans la construction des ventelles ; les fig. 39, 40 et 41 donnent l'idée d'une ventelle en tôle de 3 millimètres d'épaisseur, renforcée par des nervures. Du côté d'amont, où elle reçoit la poussée de l'eau, la ventelle est renforcée par de solides nervures en tôle, raidies elles-mêmes par des cornières en fer avec lesquelles elles sont rivées.

Pour soulever les vannes, on peut substituer à la crémaillère l'appareil représenté figure 11 (37).

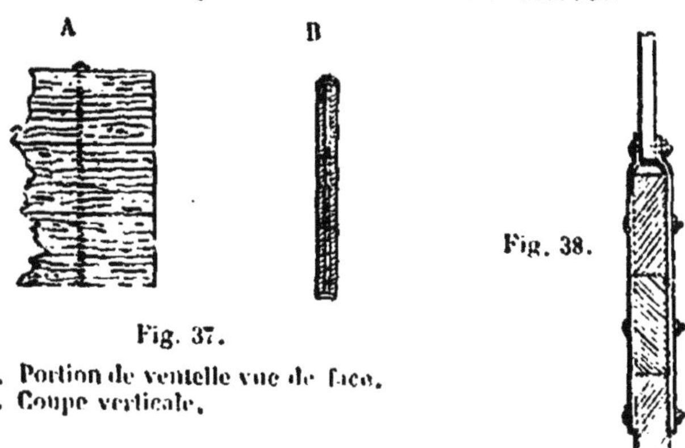

Fig. 37.

A. Portion de ventelle vue de face.
B. Coupe verticale.

Fig. 38.

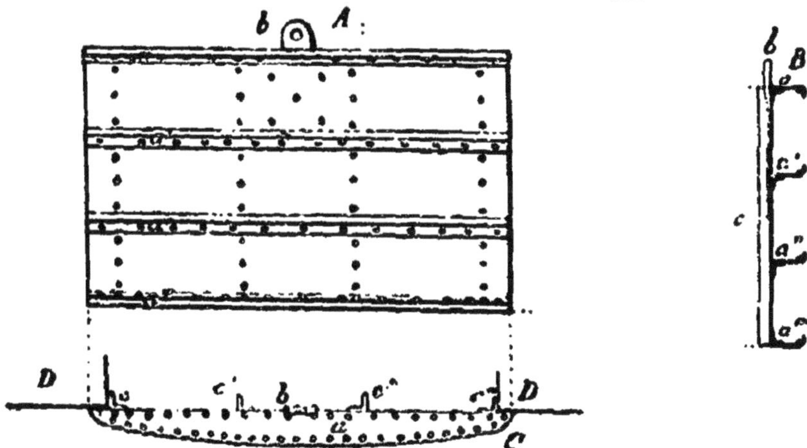

Fig. 39.

A, face d'amont.
B, coupe verticale.
C, plan en dessus.
D, D, montants de la vanne contre lesquels s'appuie la ventelle.
a, a', a'', a''', nervures renforçant la ventelle du côté d'amont.
b, pièce d'attache de la tige de la crémaillère.
c, c', c'', c''', cornières verticales fixées sur la face d'aval.

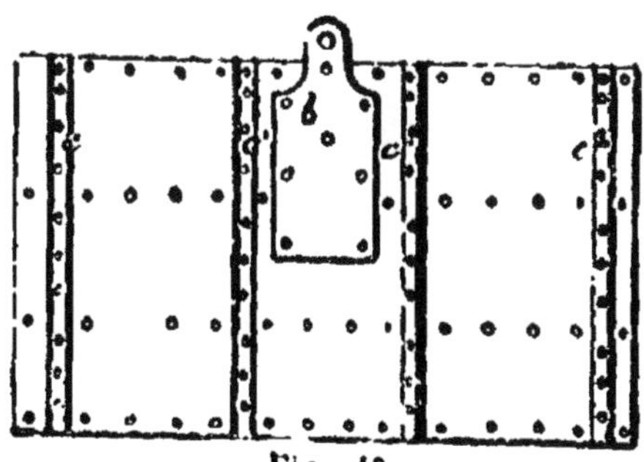

Fig. 40.
Face d'aval de la ventelle.
b, pièce où s'attache la tige du cric.
c, c', c'', c''', cornières.

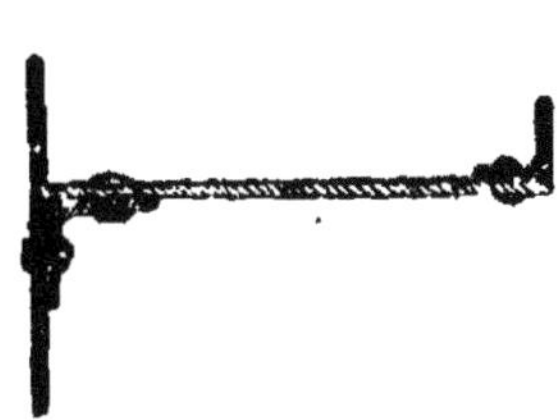

Fig 41.
Coupe, sur une plus grande échelle, d'une des nervures horizontales, par le milieu de sa longueur.

68. Vannages à poutrelles ou planches mobiles. — Indépendamment des vannes proprement dites, les canaux d'irrigation de quelque importance sont souvent munis en certains endroits de rainures verticales pratiquées à droite et à gauche, dans un endroit où les parois sont revêtues en maçonnerie. Il suffit de·

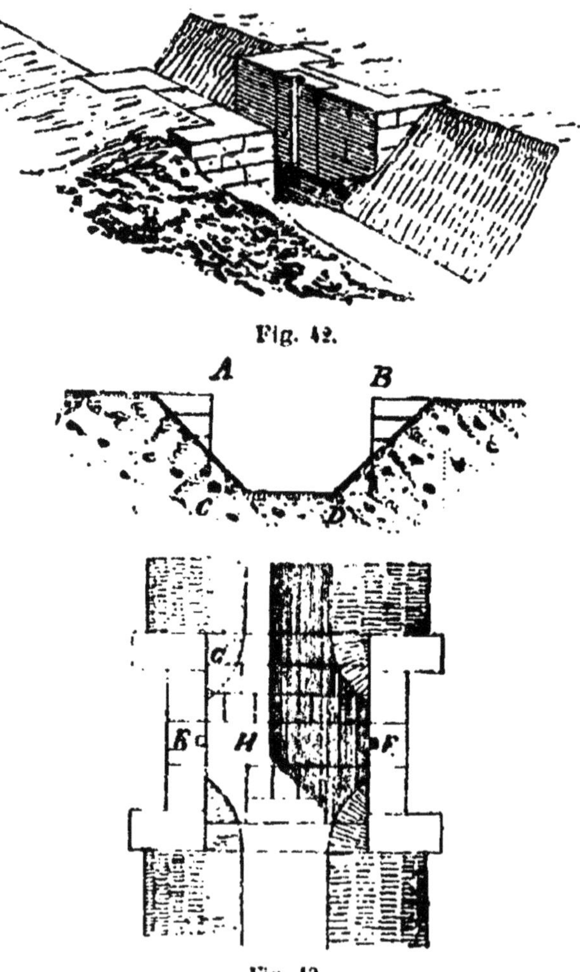

Fig. 42.

Fig. 43.

A B C D, profil du canal ou de la rigole.
E F, rainures verticales.
H, seuil en pierre faisant partie du radier.
G, raccordement des talus du canal avec la partie à profil rectangulaire.

descendre dans ces rainures des poutrelles superposées pour former rapidement un barrage. Les figures 42 et 43, font comprendre suffisamment le principe de ce système de barrage. Souvent, dans les canaux, les rainures sont doubles, ce qui permet de former deux murailles de bois distantes de 40 centimètres environ; dans l'intervalle on peut faire un corroi en terre grasse et rendre ainsi la fermeture presque étanche. De tels dispositifs sont très commodes, par exemple en cas de réparations à faire aux canaux et aux vannes; ils peuvent trouver des applications dans diverses circonstances.

La figure 42 montre, en perspective, un type assez recommandable dont la figure 43 donne le plan, accompagné d'une coupe faite perpendiculairement à l'axe du canal. Remarquons que si on se contente d'établir un simple cadre pour maintenir la vanne, il est assez difficile d'empêcher l'eau de se frayer un chemin entre ce cadre et les berges du canal; il y a aussi à craindre, pour le fond, des affouillements résultant des remous que produit le passage de l'eau par l'ouverture de la vanne. Ces inconvénients se trouvent évités par la construction que représentent les figures. Le chenal est entièrement en maçonnerie sur une longueur de 1m30. Cette portion du chenal est à section rectangulaire; elle comprend un radier, deux murs de soutènement ou bajoyers, et de petits retours en aile qui facilitent la liaison et le raccordement avec les talus inclinés du reste du canal. Au milieu du chenal de maçonnerie se trouve un seuil en pierre, H, bien dressé et noyé dans le radier; à l'aplomb de ce seuil se trouvent deux rainures E, F de 4 centimètres environ de largeur. Pour barrer le canal, on place dans les rainures des planches sur champ bien dressées et superposées que l'on enlève quand on n'en a plus besoin. Cette disposition est particulièrement commode dans les grandes rigoles de distribution ayant une pente assez prononcée et sur lesquelles s'embranchent des prises d'eau secondaires successives. Dans ce cas, au lieu de munir de vannes ces dernières prises d'eau, on place dans la rigole principale, et immédiatement en aval de chaque prise, une vanne à coulisses du genre de celles dont il s'agit. Veut-on introduire de l'eau dans une des rigoles de prises (qui sont moins profondes que le canal), on met une planche ou deux dans les rainures immédiatement inférieures; le niveau de l'eau s'élève alors en amont des planches, une portion de l'eau pénètre dans la rigole de prise; le reste se déverse par dessus les planches, et peut être repris plus loin par le même procédé.

69. Vannes pour les plus petits canaux. — Pour de très petits canaux ou rigoles, les vannes que j'ai décrites ci-dessus (67) (fig. 35 à 41), sont encore trop importantes et trop compliquées ; on fait souvent de très petites vannes très rustiques et tout en bois, ou bien on place dans le fond de la rigole une pierre plate formant seuil ou radier, et deux autres pierres dressées et pourvues chacune d'une rainure ; dans ces rainures on introduit, quand on veut interrompre le cours de l'eau, une plaque de bois ou de tôle que l'on enlève complètement pendant le reste du temps, la même ventelle pouvant servir successivement et selon les besoins à plusieurs vannes de mêmes dimensions.

70. Vannes amovibles, en tôle, pour les rigoles. — Pour les simples rigoles de distribution et d'irrigation, qui ont besoin pour la conduite des arrosages d'être fréquemment barrées, tantôt sur un point, tantôt sur un autre, rien n'est plus commode et plus économiques que les petites vannes mobiles, pelles ou vannettes, comme on voudra les appeler, dont nous re-

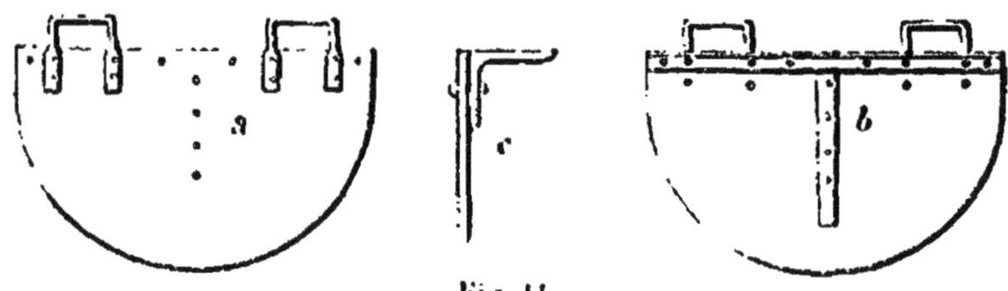

Fig. 44.

a, face où sont rivées les poignées.
b, face où sont rivées les pièces de renfort.
c, coupe grandie de la partie supérieure et de la cornière de renfort.

présentons un spécimen dans la figure 44, et qui sont formées d'une feuille de tôle assez mince, à bord arrondi tranchant. On conçoit qu'une de ces petites vannes étant placée en travers du fossé, on pourra la faire pénétrer, à la manière d'un instrument tranchant, dans le fond et dans les deux parois latérales, ce qui donnera une fermeture plus hermétique que celle d'une vanne en bois à coulisses. On donne à ces petites vannes des dimensions qui vont de 0,40 à 1 mètre de largeur ; quand elles sont un peu plus grandes on leur donne beaucoup de solidité et de raideur en y rivant, comme l'indique la figure, une tête en fer cornière et une bandelette amincie vers le bas.

Ces vannettes se transportent à volonté ; chacune d'elles peut tenir lieu d'un certain nombre de vannes fixes. S'il est un point particulier où, la vannette étant souvent enlevée puis remise, le terrain risque de se désagréger, deux petits pieux ou deux pierres brutes, fig. 45, placées à demeure dans les berges du fossé, fourniront les points d'appui nécessaires contre la poussée de l'eau.

Fig. 45.

71. Petits acqueducs et ponceaux. — Les petits canaux d'irrigation et les principales rigoles ont à chaque instant à traverser soit des chemins publics, soit des chemins d'exploitation. Des passages pour les voitures doivent être établis au-dessus de ces divers canaux pour faciliter l'accès des terres ou prairies irriguées ; il peut enfin se rencontrer des cas où l'on trouve plus d'avantage à traverser souterrainement une éminence quelconque qu'à la contourner, ou à conserver ouverte une tranchée d'une trop grande profondeur. Je vais indiquer quelques modes de construction économique pour les ponceaux et petits canaux souterrains, modes qui tous ont reçu la sanction de l'expérience et du temps.

72. Buses pour les plus faibles cours d'eau. — Pour le passage des filets d'eau les moins importants, on employe assez souvent de simples tuyaux de poterie de 15 à 20 centimètres de diamètre, ainsi que le montre la figure 46. Ce moyen est peu coûteux, les tuyaux en poterie pouvant quelquefois être obtenus pour 1 franc ou 1 fr. 50 le mètre courant. Mais, outre que ces tuyaux ne sont pas fort solides, l'emploi, pour le passage des eaux courantes, de conduits ayant moins de 25 centimètres de diamètre laisse toujours à désirer. L'eau charrie parfois

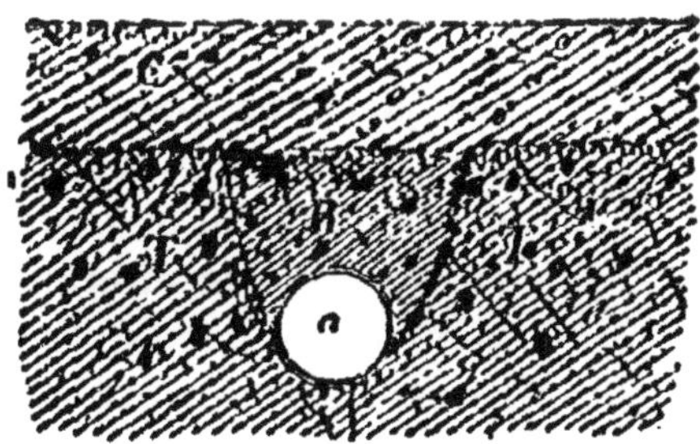

Fig. 46.
a, coupe transversale d'un tuyau traversant une route.
T, remblai de la route.
B, tranchée dont le fond a la forme du tuyau et qu'on a remblayée après la pose de celui-ci.
C, empierrement de la route.

des branchages, des pailles, des feuilles mortes, du sable; les objets les plus longs se placent les premiers en travers de l'entrée du conduit; ces matériaux, à leur tour, arrêtent au passage ceux d'un moindre volume, et la fermeture est bientôt complète.

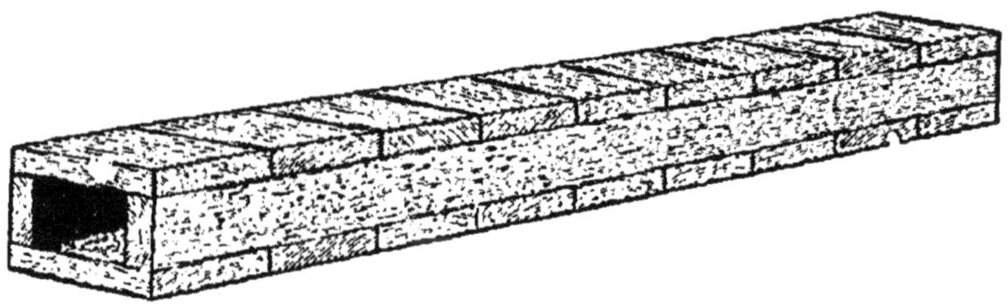

Fig. 47.

Un caniveau en bois, figure 47, est plus solide que le précédent, mais il est sujet à pourrir au bout de peu d'années. On remarquera que les faces supérieure et inférieure sont formées avec des bouts de planches ou madriers ayant le fil du bois dirigé transversalement au caniveau. Si le dessus était formé d'une planche entière mise en long, celle-ci se fendrait infailliblement dans sa longueur puis s'enfoncerait, sous l'action des roues des voitures chargées.

73. Ponceaux provisoires ou portatifs. — Pour établir, au-dessus d'une rigole ou d'un petit canal, un passage essentiellement provisoire, on peut employer, lorsqu'on a du bois à sa disposition, le système représenté dans la figure 48. On place en travers du fossé un certain nombre de morceaux de bois brut, en les croisant alternativement, comme l'indique la figure. Puis, sur les espèces de chevalets ainsi formés, on étend, dans le sens de la longueur du canal, quelques fagots, sur lesquels on peut jeter un peu de terre. Quant à l'eau, elle passe dans les espaces vides inférieurs.

Fig. 48.

Quelquefois on se sert, lors du charriage des engrais ou de l'enlèvement des récoltes, dans une propriété irriguée, d'un pont unique amovible, composé de planches clouées sur plusieurs fortes traverses[1] dont la longueur excède un peu la largeur des canaux. Mais il faut une voiture et plusieurs hommes pour opérer le déplacement de ce pont, ce qui n'est pas commode.

74. Ponceaux fixes en bois. — Si des considérations d'économie déterminent à faire usage du bois pour la construction des ponceaux, on pourra difficilement trouver un type préférable à celui qu'expliquent les figures 49 et 50. A est une pièce de bois occupant toute la longueur du ponceau ; cette pièce peut être à peu près brute, mais il faut lui tailler à la hache deux faces inclinées. B et C sont des palplanches que l'on a fait pénétrer dans le sol à coups de maillet, suffisamment pour que leur pied soit à l'abri des affouillements ; leur tête est fixée par des clous à la pièce ou sommier A. Les planches étant rendues solidaires par cette attache, le poids des charges qui passent sur ce ponceau se répartit sur leur ensemble. Ces planches résistent d'ailleurs comme bois debout, condition la plus favorable. Une planche pourrie vient-elle à se rompre, il n'en résulte qu'un éboulement très restreint, et le remplacement en est facile sans qu'il y ait à faire beaucoup de déblai.

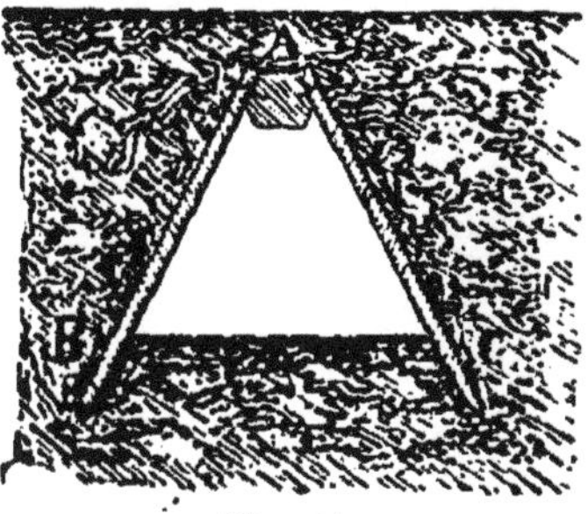

Fig. 49. — Coupe transversale.
A, sommier en bois.
B, C, palplanches de revêtement clouées sur le sommier.

Fig. 50. — Vue perspective du ponceau en cours d'exécution.

1. Ordinairement 5 traverses : une au milieu, 2 à l'écartement des roues des voitures, et deux aux extrémités.

75. Ponceaux rustiques en pierres. — Dans les localités où la pierre abonde et où l'on peut se procurer économiquement de larges pierres plates, on peut avoir recours pour les ponceaux au mode de construction qu'indique suffisamment la coupe transversale, figure 51. Les pierres de recouvrement peuvent s'employer brutes ; les murs latéraux seront parfois en pierres sèches ; les dalles brutes formant radier sont nécessaires pour empêcher les affouillements, à moins que le sol ne soit très solide. Pour li-

Fig. 51.

vrer passage aux grands volumes d'eau, on formera les ponceaux

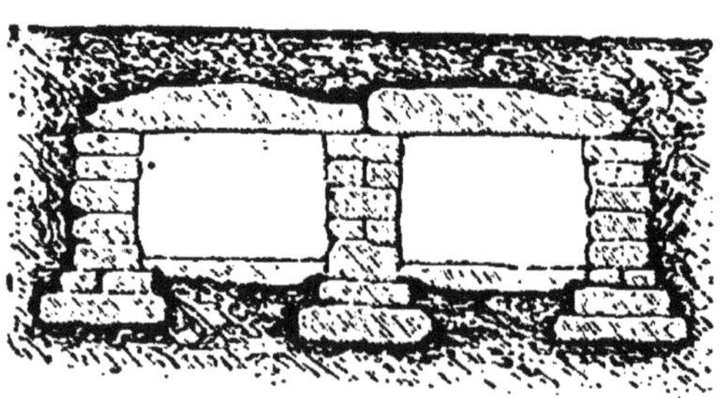

Fig. 52.

de ce système de plusieurs travées (voyez figure 52). Cette disposition a l'avantage de prendre peu d'espace en hauteur, ce qui est souvent précieux.

76. Petits ponceaux tubulaires en briques et ciment. — Pour des diamètres de 30 à 40 centimètres, on peut, si l'on a de bonnes briques non gélives, construire sur place un gros tuyau d'une seule pièce en briques et ciment (de ceux qu'on appelle vulgairement ciments romains). L'épaisseur des parois de l'aqueduc est égale à celle de la brique, soit environ 5 centimètres généralement. Les figures 53 et 54 donnent, en coupe transversale,

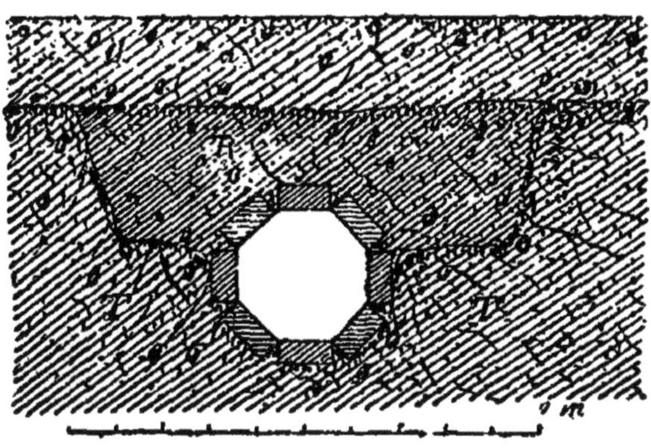

Fig. 53.

deux types d'aqueducs de ce genre. Dans le premier type, le pourtour est formé par huit largeurs de briques, ce qui donne un diamètre intérieur de 30 centimètres environ (un peu plus ou un peu

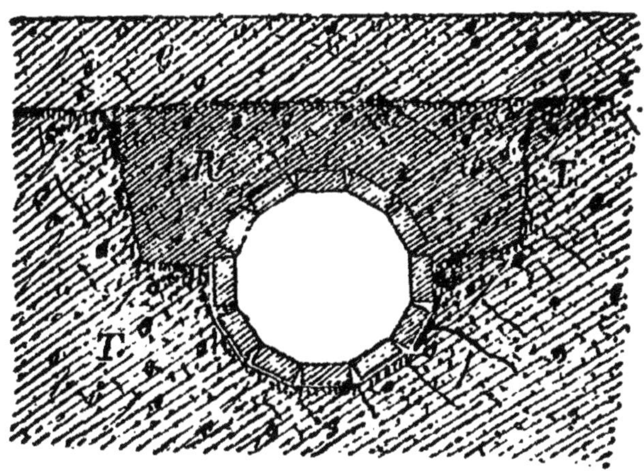

Fig. 54.

moins, selon la dimension des briques employées). Dans le second type, le pourtour est formé par douze largeurs de briques, et le diamètre intérieur est d'environ 45 centimètres. Si l'on donne un peu de pente dans le sens de l'écoulement de l'eau, un tel conduit suffit au passage d'un volume assez considérable. Pourvu que l'on recouvre le sommet du conduit de 20 centimètres environ de terre non trop argileuse, exempte de pierres et bien pilonnée, puis d'un macadam de même épaisseur, de tels ponceaux sont à l'épreuve de toutes les charges ordinaires. Dans les figures, T représente le terrain naturel, R le remblai et C l'empierrement.[1]

A chaque extrémité de l'aqueduc ou ponceau, on construit généralement un petit mur de tête. L'aspect du travail terminé est

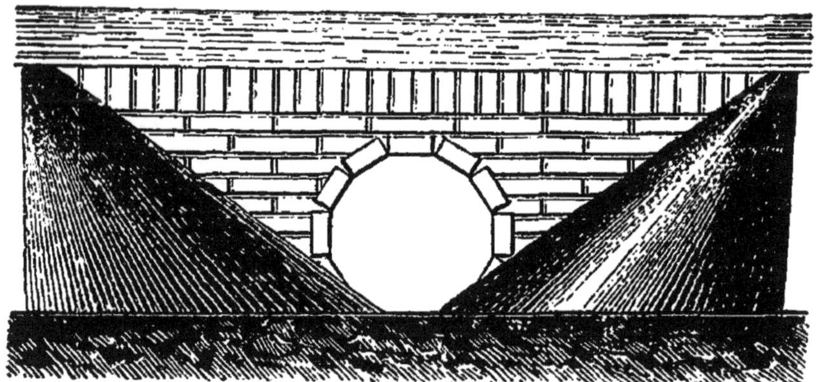

Fig. 55.

celui de la figure 55. La figure 56 donne la coupe longitudinale d'une des extrémités du même ponceau, supposé établi sous une chaussée empierrée. La figure indique, en coupe, un des murs de tête. Les talus de la chaussée se raccordent avec ce mur par deux portions de talus à surface conique.

Le principal défaut qu'on puisse reprocher au système ci-dessus décrit est d'exiger pas mal de main-d'œuvre et un certain soin

1. Pour l'exécution, on creuse une tranchée selon la forme que doit avoir la construction. Un gabarit A, taillé dans un bout de planche suivant la forme *extérieure* que doit avoir le tube de briques, sert à l'ouvrier à régler son travail. Sur la forme en terre ainsi préparée, le maçon construit alors la moitié inférieure du tube, en s'aidant au besoin d'un cordeau et d'un second gabarit B, conforme à la moitié de l'*intérieur* du tube. Pour exécuter la partie supérieure formant voûte, on se sert d'un petit cintre en bois léger, représenté en perspective en C, de 1 mètre à 1 mètre 30 de longueur ; on le place d'abord à une extrémité de la construction, en l'élevant sur des supports quelconques ; on termine la partie de voûte correspondante, puis on déplace le cintre d'une certaine quantité, et on continue ainsi jusqu'à l'autre extrémité de l'aqueduc.

A

B

C

Fig. 56.

dans l'exécution, ce qui fera souvent préférer pour les mêmes diamètres les buses décrites n° 78.

77. Ponceaux tubulaires de grands diamètres. — Pour livrer passage à des volumes d'eau considérables, on peut construire, en briques et mortier de chaux hydraulique, des canaux tubulaires, depuis 50 ou 60 centimètres de diamètre jusqu'à 1 m. 30 au moins. L'épaisseur de la voûte circulaire sera égale, dans ce cas, à la largeur de la brique, soit en général 10 à 12 centimètres. La figure 57 donne la coupe transversale d'un ponceau-aqueduc de 0,80 de diamètre. La coupe en long et les extrémités ou têtes seront analogues aux figures 55 et 56[1].

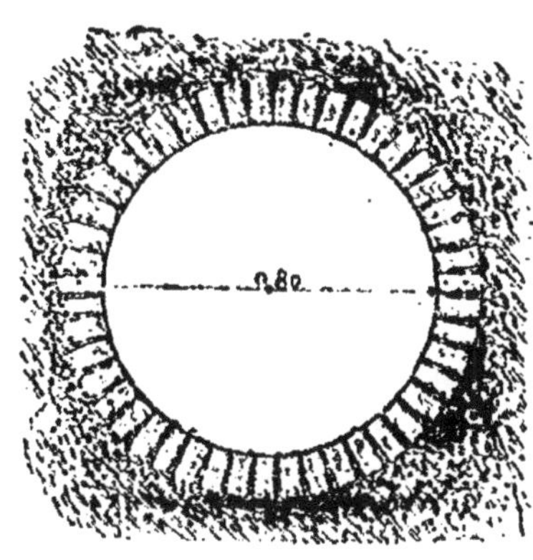

Fig. 57.

1. Les ponceaux de ce genre sont plus solides qu'on ne serait porté à le croire *a priori*. J'ai eu l'occasion d'en faire exécuter de plus d'un mètre de diamètre, pour la traversée d'un chemin de fer par des canaux d'irrigation. Le sommet de la voûte n'était séparé des rails que par le ballast, et des trains pouvaient cependant passer sans inconvénient, avant même que le mortier eut complètement durci.

78. Buses en béton comprimé. — On trouve maintenant dans le commerce des tuyaux confectionnés en béton de ciment comprimé, ayant depuis 20 jusqu'à 70 centimètres de diamètre intérieur, qui sont on ne peut plus convenables pour la construction de petits aqueducs. Ces tuyaux, ou *buses*, sont livrés par tronçons d'environ 1 mètre de longueur. Ceux de certains fabricants ont leurs extrémités disposées de manière à former des joints à emboîtement, d'autres se posent simplement bout à bout, sans feuillure. Des pièces de tête, figure 58, moulées également en ciment et d'un seul morceau, servent à terminer l'aqueduc à chacune de ses extrémités et à le raccorder avec les talus du remblai à traverser. Les aqueducs ainsi confectionnés sont très solides et très durables. On peut garnir les joints des tuyaux avec du ciment, mais le plus souvent on ne prend même pas ce soin ; on se contente de bien pilonner la terre autour, en remplissant la tranchée.[1]

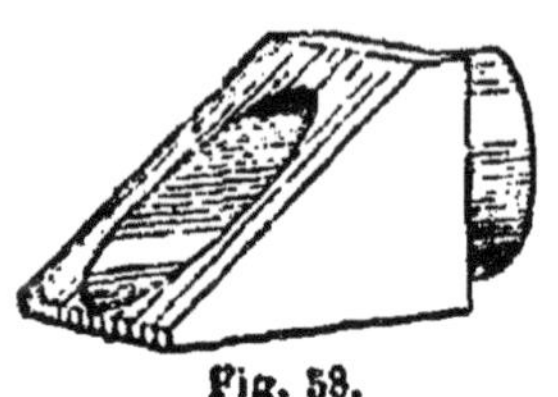

Fig. 58.

§ 5

ÉLÉVATION MÉCANIQUE DES EAUX

79. Eau élevée par la force motrice du courant dans lequel elle est puisée. — *Roues à godets.* — Il arrive fréquemment que l'eau destinée aux irrigations doit être puisée dans une rivière, à un niveau inférieur de plusieurs mètres à celui du sol à irriguer. Dans ce cas, la machine la plus économique, la plus simple et la plus répandue est la roue dite *à godets*. C'est une

1. On trouve notamment ces tuyaux : à Paris, Paul Dubos et Cie et François Coignet et Cie ; près Grenoble, Dumolard et Cie. Ci-contre, à titre de renseignement approximatif, un aperçu des poids et prix du mètre courant, pour les diamètres les plus usités. Les têtes se paient à part et se font sur plusieurs inclinaisons.

Diamètre intérieur	Poids du m. en kil.	Prix du mètre
0,25	70	3,50
0,30	85	4,50
0,40	130	7,50
0,50	180	10,00
0,60	260	13,00

roue à aubes planes, mise en mouvement par le courant, et qui porte à sa circonférence un certain nombre de caisses, ordinairement en bois, qui se remplissent d'eau à mesure qu'elles arrivent à la partie inférieure de la roue, et versent leur contenu, dans une auge convenablement placée, lorsqu'elles sont parvenues au sommet de la roue.

Il y a deux types des roues dont il s'agit. Tantôt les godets sont, comme il est dit ci-dessus, de véritables caisses parallélipipédiques, fermées de toutes parts, sauf le trou d'extrémité par où se fait l'emplissage et la vidange. C'est le système le plus simple; mais l'eau se vidant en partie avant que les godets n'arrivent au haut de leur course, le rendement en est fort diminué. Dans le second système, les caisses sont remplacées par des espèces d'auges, non couvertes, mobiles autour d'un axe horizontal situé un peu au-dessus de leur centre de gravité. Grâce à cette disposition ces auges se remplissent complètement, et conservent toute leur eau jusqu'à ce qu'elles arrivent au haut de la roue où une butée les fait basculer.

Le diamètre de la roue doit être, nécessairement, un peu supérieur à la hauteur à laquelle l'eau doit être élevée, puisque d'une part les godets doivent plonger et que, d'autre part, ils doivent s'élever au-dessus du coursier où l'eau est versée. On rencontre des roues ayant depuis 2 mètres jusqu'à près de 10 mètres de diamètre, selon la hauteur à laquelle l'eau doit être élevée. La meilleure utilisation de la force motrice correspond au cas où la vitesse du milieu de la partie immergée de l'aube verticale de la roue diffère peu de la moitié de la vitesse de l'eau de la rivière près de la surface. On élèvera d'ailleurs d'autant plus d'eau, dans un temps donné, que la roue sera plus large et présentera par conséquent une plus grande surface à l'action du courant [1]. On cite des roues à godets qui élèvent jusqu'à 50 litres d'eau par seconde.

1. Si l'on désigne par : p le nombre de litres d'eau élevés par seconde,
h la hauteur, en mètres, comptée du niveau de l'eau dans la rivière au point le plus haut où parviennent les godets,
V la vitesse, en mètres par seconde, du courant,
v la vitesse de la partie moyenne des aubes,

on a d'après Poncelet :

$$ph = 81,60 \, AV (V - v) \, v,$$

Béliers hydrauliques. — Le bélier hydraulique a été trop souvent décrit pour qu'il y ait lieu de revenir ici sur les détails de sa construction. La disposition des lieux où on se propose de l'installer doit être telle que l'eau, prise à une source, à un réservoir ou à un cours d'eau, par une conduite en tuyaux, puisse arriver au bélier placé en contre-bas du niveau de l'eau dans l'endroit où est faite la prise. Une partie de l'eau introduite dans le bélier est portée, par une conduite ascensionnelle, à un niveau plus élevé que celui de la prise d'eau, tandis qu'une autre partie s'écoule librement ; cette dernière est celle qui, par sa descente, a produit le travail moteur.

Les béliers ne sont propres à élever que de faibles quantités d'eau, très souvent une fraction de litre par seconde, presque jamais plus d'une dixaine de litres dans le même temps ; mais cette eau peut être élevée fréquemment à 10 ou 15 mètres, exceptionnellement à 30, 40 et jusqu'à 50 mètres. Le point d'arrivée de l'eau peut, en outre, être situé à une assez grande distance de la prise d'eau.

On peut citer, en effet, des installations dans lesquelles le réservoir alimenté par un bélier est à deux kilomètres de la prise d'eau. Disons de suite que, pour ces grandes distances comme pour les grandes hauteurs, le bélier est peu à conseiller ; son rendement est fort diminué et on dépense beaucoup d'eau pour obtenir de très faibles débits. Morin a reconnu qu'on ne doit pas chercher à élever l'eau à plus de 10 à 11 fois la hauteur de la chute motrice ; au-delà de cette limite le rendement est si faible qu'il serait préférable d'avoir recours à un moteur hydraulique actionnant une pompe foulante.

Somme toute, le bélier hydraulique, qui fonctionne automatiquement et ne demande pas une surveillance constante, est très

formule qui se réduit, dans le cas où v est la moitié de V, à

$$ph = 20,39\ AV^3.$$

Or V se mesure par les moyens connus (voir chapitre XI) ; h se déduit de la hauteur à laquelle l'eau doit être élevée, augmentée de celle nécessaire pour le déversement des godets. Il n'y a donc dans l'équation ci-dessus que deux quantités indéterminées p et A. En se donnant pour A une grandeur d'aubes qui soit dans des conditions de réalisation pratique, la quantité d'eau pouvant être élevée sera la valeur correspondante de p. Enfin, connaissant la vitesse à la circonférence de la roue et la quantité d'eau qui doit être déversée par seconde, il sera facile de fixer le nombre et la capacité des godets.

propre dans certains cas à alimenter un réservoir d'irrigation, quand l'eau fait totalement défaut dans le voisinage immédiat.

On ne possède, pour résoudre les problèmes relatifs à l'établissement des béliers, que des formules empiriques, c'est-à-dire représentant les résultats d'un certain nombre d'expériences, sans qu'on puisse compter sur leur exactitude dès qu'on s'écarte des conditions où ces expériences ont été faites. Quelques constructeurs donnent la règle suivante : on peut élever 1/7 de l'eau prise à un réservoir à une hauteur cinq fois plus grande que celle de la chute, ou bien, pour d'autres hauteurs, des quantités inversement proportionnelles à celles-ci. Cette règle est approximativement vraie tant que la distance totale, à laquelle on veut porter l'eau, n'excède pas 150 à 200 mètres, et que la hauteur de l'élévation ne dépasse pas cinq fois la hauteur de chute [1].

1. Les formules données par Morin sont parmi les plus simples et les plus générales.

Appelant

K le volume d'eau pris au réservoir alimentaire,

H la hauteur du niveau de l'eau dans le réservoir au-dessus de l'orifice d'échappement de la soupape du bélier,

h la hauteur d'*ascension*, ou hauteur verticale comprise entre le niveau de l'eau dans le réservoir alimentaire et l'orifice supérieur de la conduite ascensionnelle.

Q le volume de l'eau écoulée par l'orifice de la soupape d'arrêt en une seconde,

q le volume de l'eau élevée en une seconde,

R le rapport $\frac{qh}{QH}$ du travail utile produit au travail moteur dépensé, on a

$$R = 0,258 \sqrt{12,8 - \frac{h}{H}}.$$

Si l'on a fixé la hauteur h à laquelle l'eau doit être élevée, cette formule donne la valeur numérique de R. On a alors :

$$q = K \frac{RH}{h + RH} \quad \text{et} \quad Q = K \frac{h}{h + RH}.$$

Ces formules, étant indépendantes de la distance totale à laquelle l'eau doit être conduite, ne sont évidemment applicables qu'au cas où cette distance est assez petite pour avoir peu d'influence sur le rendement. Si l'eau devait être menée à plusieurs centaines de mètres, il y aurait lieu de tenir compte de la résistance que le frottement dans les tuyaux apporte au mouvement de l'eau, résistance qui équivaut, au point de vue du travail moteur à dépenser, à une notable augmentation dans la hauteur d'élévation. Cette augmentation se calcule d'après des formules connues d'hydraulique et les calculs sont d'ailleurs facilités par des tables qu'on trouve dans les ouvrages spéciaux (voir *Distributions d'eau*, par Bechmann, dans l'*Encyclopédie des Travaux publics*).

80. Moteurs hydrauliques. — Tous les moteurs empruntant leur puissance à une chute d'eau peuvent être employés pour mettre en mouvement les appareils divers destinés à élever l'eau. On peut classer ces moteurs en roues à aubes, roues à augets, turbines et machines à colonne d'eau.

1° *Roues à aubes.* Ces moteurs sont à peu près les seuls applicables à des chutes de 60 centimètres et au-dessous ; ils fonctionnent encore très bien avec des chutes de 1 mètre et même 1 mètre 50. Les roues à aubes planes, emboîtées dans un coursier circulaire avec vanne formant déversoir rendent, en travail utile, 70 à 75 0/0 du travail absolu développé par la chute. La roue Gendebien, modification du type plus anciennement répandu, paraît donner un rendement quelque peu supérieur au précédent. L'inconvénient des roues à aubes planes est que, marchant à de faibles vitesses, elles doivent avoir une très grande largeur pour pouvoir admettre un volume d'eau un peu considérable ; d'où il résulte que ces roues sont assez chères et surtout très encombrantes.

Les roues Poncelet, à aubes courbes et à vanne inclinée, n'utilisent que 60 à 65 0/0 du travail moteur théorique ; mais, tournant beaucoup plus vite que les précédentes, elles peuvent, tout en étant beaucoup moins larges, utiliser les mêmes chutes et les mêmes volumes d'eau. Ces roues sont par conséquent plus légères et moins chères que celles à aubes planes, et peuvent s'établir dans des endroits où ces dernières ne pourraient trouver place.

2° *Roues à augets.* Ces roues, bien établies, sont d'un très bon rendement, 0^{m}, 70 environ du travail moteur ; elles sont applicables aux chutes de 3 mètres et au-dessus.

3° *Turbines.* Ces roues, à axe vertical, qui tendent aujourd'hui à remplacer les roues proprement dites dans un grand nombre de circonstances, sont applicables à tous les volumes d'eau et à toutes les chutes, depuis des hauteurs comprises entre 0^{m},60 et 1 mètre jusqu'aux chutes les plus hautes. Il est bien entendu que les turbines doivent être construites spécialement pour chaque cas particulier ; celles qui utilisent de grands volumes d'eau et de faibles hauteurs de chute sont de grand diamètre et tournent relativement lentement ; celles au contraire qui s'appliquent à de petits débits avec de grandes hauteurs de chute sont peu larges et animées d'une grande vitesse. Ces moteurs, dont l'effet utile est sensiblement le même que celui des roues à aubes rationnellement établies, sont d'un moindre poids que ces dernières, présentent peu de difficultés d'installation et sont très peu encombrantes. Elles présentent en outre l'avantage important de pouvoir encore marcher dans des conditions satisfaisantes lorsque, par suite des crues, elles se trouvent complètement noyées.

Un des exemples les plus intéressants de l'application des turbines aux irrigations se trouve en Lombardie, sur les coteaux qui s'élèvent à 50 mètres au-dessus de la rivière la Dora-Baltea. Trois importants canaux d'irrigation étaient déjà étagés sur les flancs de ce coteau ; mais il restait encore, au-dessus du canal le plus élevé, des terrains à irriguer compris dans une étendue verticale d'une vingtaine de mètres. On a pris alors une certaine quantité d'eau au canal moyen ; cette eau, tombant avec une chute d'environ 7 mètres dans le canal inférieur, fait mouvoir des turbines qui transmettent le mouvement à des pompes, et celles-ci élèvent jusqu'au haut de la colline 700 litres par seconde empruntés au canal supérieur.

4° *Machines à colonne d'eau.* Quand une petite quantité d'eau est amenée par des tuyaux, d'un point fort élevé, et arrive au bas de sa descente sous une pression considérable, les turbines devraient différer assez notablement des types les plus usités et atteindraient des vitesses de rotation exagérées. Il semble préférable dans ce cas d'utiliser la pression de l'eau sur un piston. C'est là le principe des machines dites *à colonne d'eau*, assez variées dans leurs dispositions et n'ayant été jusqu'à présent que rarement employées quoique susceptibles de rendre des services. Ainsi, près de Grenoble, une source minérale se trouve au bord de la rivière du Drac, dont la vallée sauvage est encaissée entre des rochers abrupts. On voulait (il y a de cela une quarantaine d'années environ) créer un établissement thermal et l'installer, s'il était possible, à l'ancien château de La Motte situé sur un plateau assez élevé et à un kilomètre environ de la source. L'ingénieur des ponts et chaussées, P. Breton, résolut le problème de la manière suivante : Il trouva à une assez grande hauteur une petite source dont il amena le produit, par une conduite en tuyaux, jusqu'au fond de la vallée, près de la source minérale ; il employa cette eau sous pression pour mettre en mouvement deux machines semblables, comme forme et dispositions principales, à des machines à vapeur horizontales à haute pression. Sur le prolongement de la tige du piston de chaque machine se trouvait le piston plongeur d'une pompe qui envoyait l'eau, par une conduite commune, jusqu'au point choisi pour l'établissement des bains. Il est évident qu'on aurait pu tout aussi bien prendre l'eau dans la rivière et l'employer à irriguer les terres du plateau.

81. Moteurs à vapeur. — Les machines à vapeur sont fréquemment employées pour mettre en mouvement les divers appareils élévatoires appliqués aux irrigations, aux dessèchements, aux colmatages et autres opérations se rattachant à l'hydraulique agricole. L'usage de ces machines ne fait d'ailleurs que s'étendre de plus en plus. Pour les opérations d'une certaine importance et quand un service doit être à peu près continu, on a recours aux machines fixes et, de préférence, à celles à condensation qui procurent la plus grande économie de combustible. Mais si la force motrice dont on a besoin n'est pas très considérable et si on n'a pas besoin d'élever l'eau en toute saison, on préfère les machines locomobiles, qui consomment un peu plus, il est vrai, mais qui n'exigent aucune installation spéciale et peuvent servir, selon les circonstances et les saisons, à divers usages tels que le battage des blés par exemple.

82. Moteurs actionnés par le vent. — Les moteurs généralement désignés sous le nom de moulins à vent, alors même qu'ils ne sont destinés à aucune mouture, ont été très employés en Hollande, moins pour des irrigations que pour des dessèchements. On remplace actuellement la plupart de ces moteurs à vent par des machines à vapeur, dont le travail n'est pas soumis aux caprices de l'atmosphère et que l'on peut construire pour une puissance quelconque toujours proportionnée aux besoins. Mais si l'antique et classique moulin à vent tend à disparaître, on constate un emploi de plus en plus fréquent de ces petits moteurs à vent s'orientant d'eux-mêmes, qui se placent au sommet soit d'une tour en maçonnerie, soit, plus souvent, d'une charpente composée de trois ou quatre montants, rapprochés vers le haut, un peu plus écartés du pied et reliés convenablement entre eux ; soit encore d'un pylone en fer à peu près de même forme que le précédent [1]. Ces moteurs se prêtent tout particulièrement à mettre

1. On donne souvent 10 mètres de hauteur à ces supports. Cela dépend tou-

en mouvement la tige du piston d'une pompe verticale[1], à l'aide d'une manivelle faisant corps avec l'axe de la roue à ailes et d'une bielle pendante. La roue à ailes de ces moteurs peut avoir depuis 2 jusqu'à 10 mètres de diamètre, selon la puissance dont on a besoin. Mais, dans tous les cas, en raison de l'irrégularité du vent et des arrêts complets qui ont lieu fréquemment, on ne pourrait guère faire servir directement ces appareils à l'irrigation; on leur fait alimenter un réservoir (voir 29 et 30) qui doit être plus grand que dans le cas où il serait alimenté par un écoulement continu tel que celui que fournit une source. Quoique ces petits moteurs aient été déjà perfectionnés, on est encore, à leur égard, dans une période de tâtonnements et il y a presque autant de types que de constructeurs.

L'orientation automatique s'obtient de deux manières. Dans quelques appareils le plan vertical dans lequel tournent les ailes se trouve à une assez grande distance de l'axe vertical servant de pivot à tout le système : alors la roue à ailes fait elle-même l'office de girouette, et le vent vient la frapper par derrière, c'est-à-dire sur la face qui regarde le support. Plus souvent la roue à ailes est au contraire très rapprochée de l'axe vertical, et l'orientation est produite par une grande girouette formée d'une plaque verticale fixée à l'extrémité d'un long bras horizontal, dirigé à peu près dans le prolongement de l'axe de la roue. Dans ce dernier système le vent frappe la roue sur sa face antérieure opposée à la girouette.

Les ailes ont été, à l'origine, et sont encore quelquefois garnies de toiles. Mais la toile continuellement exposée aux intempéries s'altère promptement, se déchire vers les points d'attache et nécessite un entretien onéreux. Les feuilles minces de métal semblent indiquées pour remplacer la toile ; mais les constructeurs qui en font usage n'ont pas toujours réussi à allier la rigidité indispensable avec toute la légèreté qu'on pourrait souhaiter. Les planchettes de sapin, de trois ou quatre millimètres seulement d'épaisseur, donnent d'assez bons résultats pratiques lorsqu'elles sont convenablement fixées sur un chassis bien combiné.

On a reconnu la nécessité de dispositions spéciales pour éviter

tefois de la situation. Sur une éminence ou dans une plaine unie, on peut placer le moteur très peu au-dessus du sol. Partout au contraire où se trouvent des abris quelconques, il convient d'élever la roue à vent au-dessus de ces abris si faire se peut.

1. Pour les pompes, voir le n° 88.

que le moteur ne soit brisé par les vents violents. On a articulé les ailes de diverses manières, tout en les maintenant dans leur position normale par des contre-poids ou des ressorts ; de cette façon les ailes cèdent et s'effacent quand la pression du vent atteint une certaine limite. Mais ces dispositions compliquent l'appareil, et enlèvent aux ailes, ainsi mobiles chacune séparément, beaucoup de solidité. On a imaginé, pour arriver à un résultat équivalent, un moyen ingénieux qui permet de relier les ailes entre-elles et de faire de la roue entière un seul tout indéformable. Le bâti, mobile autour d'un axe vertical, qui supporte la roue et la girouette, au lieu d'être comme à l'ordinaire d'une seule pièce, est composé de deux pièces susceptibles de tourner séparément, comme les deux branches d'une charnière, autour de l'axe vertical de tout le système. L'une des parties est solidaire avec la girouette et peut être considérée comme fixe tant que la direction du vent ne change pas ; l'autre partie, qui porte les coussinets de l'arbre horizontal de la roue est soumise aux actions contrastantes de deux leviers terminés, à leur extrémité libre, l'un par un poids, l'autre par une surface plane, ou palette, exposée au vent. Le premier levier tend sans cesse à amener l'axe de rotation de la roue dans le sens parallèle à la girouette, autrement dit dans la direction du vent ; le second levier à amener ce même axe dans une direction perpendiculaire à celle du vent. Quand celui-ci est faible, son action sur la palette est inférieure à celle du poids ; l'action de ce dernier étant alors prépondérante, la roue se maintient orientée face au vent. Mais quand le vent atteint une certaine vitesse son action sur la palette vient à l'emporter sur celle du poids, et la roue prend une orientation d'autant plus oblique, par rapport à la direction du vent, que ce dernier est plus violent ; elle ne présente normalement à la direction du courant d'air qu'une superficie de plus en plus réduite. Enfin, en cas de véritable tempête, le plan de la roue devient parallèle à celui de la girouette et la roue ne présente plus au vent que sa tranche. Le vent faiblit-il de nouveau, la roue reprend instantanément, sous l'action du contre-poids, sa position primitive[1].

Des expériences seraient à faire pour déterminer le nombre d'ailes qui donne le maximum d'effet utile. La plupart des cons-

1. Ce système, adopté par M. Beaume, hydraulicien constructeur à Boulogne près Paris, est aussi très employé aux États-Unis d'où il est peut-être originaire.

tructeurs ont adopté 6 ou 8 ailes. On a aussi multiplié, pour ainsi dire indéfiniment, le nombre des ailes, tout en les faisant extrêmement étroites ; de telle sorte que la roue offre exactement l'aspect d'une persienne circulaire dont les lames seraient dirigées suivant les rayons. Il est vraisemblable que, dans ce dernier type, on pourrait supprimer une partie des ailes, en espaçant celles qui resteraient, sans que la puissance en soit diminuée [1].

Dans le cas où les ailettes occupent, comme nous venons de le voir, toute la superficie d'une roue motrice circulaire, cette roue présentant une grande analogie de forme avec une turbine hydraulique, on peut se demander s'il n'y aurait pas lieu de la transformer en une véritable turbine à air en donnant une courbure convenable aux ailettes et en plaçant, en avant de la roue mobile, une autre roue fixe munie d'aubes courbes directrices. C'est précisément ce que fait M. Auguste Bollée, constructeur au Mans. L'avantage de cette disposition, un peu compliquée, aurait besoin d'être démontré par des expériences comparatives concluantes. En effet, dans une turbine, les courbures des aubes directrices, ainsi que des aubes motrices, sont calculées de manière que l'eau aborde les aubes suivant une direction tangentielle et les quitte avec une vitesse presque nulle ; le tout pour une certaine vitesse de rotation de la turbine, qui ne varie que modérément dans le cas d'une turbine hydraulique, si ce n'est dans des circonstances exceptionnelles. La vitesse du vent variant, au contraire, à chaque instant et dans des limites pour ainsi dire indéfinies, il est à craindre qu'une turbine aérienne ne rencontre que fort rarement les conditions en vue desquelles elle a été construite.

Il serait fort intéressant de connaître la quantité d'eau qui peut être élevée, dans un temps donné, par les moteurs dont il s'agit.

1. Quand un fluide indéfini, tel que le vent, vient frapper une surface, il se produit des remous et, jusqu'à une certaine distance, les molécules fluides qui n'ont point encore atteint la surface solide éprouvent des ralentissement ou des changements de direction. Il convient donc, pour que le vent exerce son maximum d'effet sur les surfaces soumises à son action, de lui laisser le temps de reprendre sa vitesse et sa direction normales avant de ramener un nouvel élément résistant au même point de l'espace qu'occupait, un instant auparavant, l'élément qui vient de fuir. De là la convenance d'espacer convenablement les ailes d'un moteur à vent. Un cas analogue s'est présenté pour les propulseurs, dits hélices, des navires à vapeur. A l'origine, on ne donnait pas à ces propulseurs moins de 4 ailes. On a reconnu ensuite que, toutes choses égales d'ailleurs, on obtenait plus d'effet avec 3 ailes seulement, et souvent même on se contente de deux ailes diamétralement opposées.

Mais, en raison des irrégularités du vent, des différences qui existent d'une région à une autre dans son intensité et sa fréquence, on ne peut guère demander, sur ce sujet, que des moyennes probables. La diversité des appareils contribue encore à compliquer la question et en somme on n'a que des données un peu incertaines. Des observations ont été faites, aux États-Unis, sur trois appareils à roue pleine munis du système de désorientation par les grands vents mentionné ci-dessus [1]. On donne, pour chaque cas, la hauteur à laquelle l'eau était élevée et la quantité totale fournie au réservoir pendant une assez longue période. Il est facile d'en déduire la quantité moyenne de travail moteur développée pendant le même temps [2]. On trouve ainsi, pour un moteur à roue de 4 mètres 30 de diamètre, environ 15 kilogrammètres par seconde ; pour une roue de 6 mètres 60 de diamètre, environ 55 kilogrammètres ; enfin pour un troisième moteur, dont le diamètre de roue n'est pas donné, situé dans une vallée abritée du vent, on a 11 1/2 kilogrammètres par seconde. M. Beaume n'indique, dans le cas d'une élévation à une dizaine de mètres, que 7 kilogrammètres environ pour un moteur à roue de 3 mètres, et 30 kilogrammètres pour un moteur à roue de 6 mètres ; ce serait inférieur aux rendements observés par les américains. Quant aux produits moyens indiqués par M. A. Bollée, pour ses turbines atmosphériques dites *Eoliennes*, ils ne correspondent respectivement qu'à 1,74 ; 4,63 ; 9,26 kilogrammètres par seconde, pour les trois modèles qu'il construit ordinairement.

On compte en général (voir le chapitre III) qu'il faut, dans le Midi, un écoulement constant de près d'un litre par seconde pour fournir l'eau nécessaire à l'irrigation d'un hectare en culture, et au moins le double de cette quantité pour les jardins ou les prés. Si nous supposons, pour fixer les idées, que l'eau doive être prise dans un puits à 5 mètres de profondeur, et élevée dans le réser-

1. Extrait d'un rapport de l'ingénieur américain James W. Hill (*Mémoires de la Société des Ingénieurs civils* ; 1884, 2e semestre, p. 514).

2. Ici, comme dans ce qui va suivre, on évalue, d'après la quantité d'eau montée, le travail utile obtenu de l'ensemble du moteur et de la pompe. Comme les pompes rendent rarement plus des 3/4 du travail qu'on y applique et souvent moins, il faut, pour avoir le travail absolu développé par le moteur, augmenter de 1/3 en sus, environ, les nombres donnés ci-dessus. On sait que pour représenter un travail mécanique on prend pour unité le *kilogrammètre*, c'est-à-dire la quantité de travail capable d'élever à 1 mètre de hauteur un poids de un kilogramme.

voir à 2 mètres au-dessus du sol, l'élévation totale sera de 7 mètres et il faudra, pour irriguer un hectare de champ, une force motrice moyenne de 7 kilogrammètres par seconde, ou de 14 kilogrammètres au moins pour un hectare en jardin ou en prairie. En comparant ces chiffres avec ceux donnés plus haut on reconnaîtra que les moteurs à vent dont il est question peuvent rendre de réels services dans les jardins, maraîchers ou autres, et dans la très petite culture ; mais qu'ils sont tout à fait insuffisants pour les besoins de l'irrigation, dans les exploitations agricoles de quelque importance. Ces moteurs sont d'ailleurs très propres à fournir l'eau pour les usages domestiques et les besoins des animaux dans les fermes, hameaux et petits centres de population [1].

Il arrivera souvent que le puits, source ou cours d'eau dont on voudrait élever l'eau sera à une certaine distance du point le plus convenable pour l'emplacement du moteur à vent. Il est donc intéressant de pouvoir, au besoin, transmettre le mouvement à une pompe plus ou moins éloignée. Pour une distance de 50 et quelques mètres, M. l'ingénieur Cotard, ayant eu l'occasion de résoudre ce problème, l'a fait avec succès et d'une manière économique au moyen d'une simple tige en bois, soutenue par des galets, dont une extrémité conduit le piston d'une pompe horizontale, et dont l'autre est articulée avec un levier coudé en forme de mouvement de sonnette, mu par la tige verticale qui prolonge la bielle du moteur. On comprend quelles sont les imperfections de ce système ou de tout autre analogue, surtout lorsque la distance devient un peu considérable. Aussi l'idée d'opérer la transmission par l'intermédiaire de l'eau contenue dans des tuyaux, posés souterrainement, se présente-t-elle assez naturellement à l'esprit.

1. Pour la boisson et les *usages domestiques*, 25 litres d'eau par tête humaine et par jour peuvent suffire. On admet qu'il faut 60 litres par cheval. La même quantité est plus que suffisante pour une tête d'espèce bovine ou pour 10 têtes des espèces ovine ou porcine ; 40 litres suffiraient largement. La proportion des animaux entretenus varie selon les localités ; toutefois, à défaut de renseignements précis, et comme première approximation, on peut admettre qu'on obtiendra le nombre de litres d'eau convenable à une population rurale en multipliant par 10 le chiffre de la population. Dans une très petite ville, si la proportion des animaux est moindre, un peu plus de luxe et d'industrie font compensation et l'évaluation ci-dessus est encore approximative. — On sait que la salubrité a de plus grandes exigences dans les centres importants de population (voir l'ouvrage de Bechmann, *Distribution d'eau*).

Un écoulement moyen de 1 litre par seconde fournit 86 400 litres par 24 heures, propres à irriguer, au plus, un hectare, ou à procurer l'eau nécessaire à une population rurale de plus de 2 000 habitants.

C'est sur ce principe que sont fondées les transmissions, fonctionnant à plus de 300 mètres de distance, qu'établit M. P. Oriolle, ingénieur mécanicien à Nantes. L'appareil Prudhomme, qui se construit aux fonderies de Brousseval (Haute-Marne), sous le nom de *pompe sans limite*, fournirait une solution tout à fait analogue du même problème. Je ne saurais, sans allonger outre mesure ce paragraphe, en donner la description ; ce sont, en somme, deux pompes éloignées l'une de l'autre et en communication par une double conduite. [1]

1. Je rappelle que : appelant S la superficie totale, en m. carrés, des ailes d'un moteur à vent, et V la vitesse du vent en m. par seconde, la puissance dynamique du moteur, en kilogrammètres par seconde, est d'après les expériences de Coulomb et de Smeaton : $0{,}01SV^3$. Les expériences ayant été faites sur les anciens moulins à vent à 4 ailes, le coefficient moyen 0,01, par lequel il faut multiplier le produit de la surface des ailes par le cube de la vitesse du vent, devrait vraisemblablement être modifié pour chaque système particulier de construction. La formule ci-dessus est propre, néanmoins, à donner dans la plupart des cas des indications assez approximatives. Les ailes doivent former des surfaces gauches, et on a reconnu que le maximum d'effet a lieu lorsque l'inclinaison de la surface de l'aile, par rapport au plan du mouvement de la roue, était d'environ 7 degrés à l'extrémité des ailes et de 20 degrés vers l'axe de rotation. On a reconnu aussi que le plus grand effet utile correspond au cas où les extrémités des ailes sont animées d'une vitesse égale à environ 2 fois et demie celle du vent.

Sous le climat de Paris l'état moyen du vent, y compris les temps où il est insensible ne correspond guère qu'à un vent continu d'un peu plus de 4 mètres par seconde (Déduit des observations faites à Montsouris). J'extrais de *l'aide mémoire Chaudel* le tableau ci-dessous, qui renferme d'utiles données.

Désignation des vents		Vitesse du vent en mètres par seconde	Pression en kilogrammes par mètre carré
Brise légère		2	0.54
Vent frais ou brise		4	2.17
Bon frais	tend bien les voiles	6	4.87
Bon frais	le plus convenable pour la mouture	7	6.61
Bon frais	forte brise	8	8.67
Bon frais	bon pour la marche en mer	9	10.97
Grand frais	très forte brise	10	13.54
Grand frais	fait serrer les hautes voiles	12	19.50
Vent très fort		15	30.47
Vent impétueux		20	54.16
Tempête		24	78.00
Ouragan		36	176.96
Grand ouragan		35	277.87

83. Moteurs animés. — Le travail de l'homme a trop de valeur à notre époque pour que son application à l'élévation de l'eau offre un grand intérêt. Mais on se sert encore beaucoup, dans les pays où les irrigations sont généralement en usage, des animaux de trait attelés à des manèges et allant au pas, pour faire fonctionner des pompes, chapelets ou norias. Le tableau suivant rappelle les données généralement admises relativement au travail que peuvent fournir les animaux dans le cas dont il s'agit. Ces indications ne peuvent être toutefois que des moyennes approximatives car, parmi les animaux de même espèce, il peut y avoir, entre le plus faible et le plus fort, des différences du simple au double. Certains mulets qu'on rencontre dans le Midi ont, d'autre part, la force d'un cheval moyen.

	Effort moyen exercé *kilogrammes*	Chemin parcouru par seconde *mètres*	Travail produit *kilogrammes élevés à 1 mètre*		
			par seconde	par heure	par journée de huit heures
Cheval.	45	0,90	40,5	145,800	1,166,400
Bœuf ..	60	0,60	36,0	129,600	1,036,800
Mulet ..	30	0,90	27,0	97,200	777,600
Ane	14	0,80	11,2	40,320	322,560

La troisième colonne permet, étant donné le rayon du manège (il convient qu'il soit compris entre 3 et 4 mètres), de combiner les transmissions de manière à donner aux appareils élévatoires la vitesse la plus convenable. Les colonnes suivantes serviront à calculer le volume d'eau qu'on peut élever à une certaine hauteur, en se rappelant qu'un litre pèse un kilogramme et que les volumes élevés avec une même quantité de travail sont en raison inverse des hauteurs. Il faut d'ailleurs tenir compte des pertes de force dues aux frottements, etc., qui réduisent pour la plupart des machines, l'effet utile aux soixante centièmes environ du travail moteur réellement dépensé ; il sera même prudent de ne compter que sur cinquante centièmes ou la moitié.

84. Machines élévatoires proprement dites. — Sont compris sous cette dénomination les appareils à élever l'eau qui doivent être mis en mouvement par un moteur distinct de l'appareil lui-même, tel que l'un de ceux décrits ci-dessus (80 à 83). Nous ne nous occuperons que des machines qui se prêtent le mieux aux besoins des irrigations, n°s 85 à 90.

85. Roues hollandaises à aubes. — Ces roues, très employées pour l'assèchement des *polders* de Hollande, sont analogues aux roues motrices à aubes emboîtées dans un coursier circulaire. Ce n'est plus l'eau qui, par sa chute, fait tourner la roue ; mais bien la roue qui, mise en mouvement en sens inverse, par un moteur, ordinairement aujourd'hui une machine à vapeur, fait monter l'eau du bief inférieur dans le bief supérieur. Ces machines, qui ont été très perfectionnées, conviennent surtout pour élever l'eau à de faibles hauteurs, ne dépassant pas 1 mètre 50 au maximum et variant peu. Dans ces conditions assez restreintes, ce sont de bonnes machines, comme simplicité, solidité et utilisation de force motrice ; mais elles sont très volumineuses et absolument inamovibles.[1]

86. Vis d'Archimède. — Cette machine, des plus connues et des plus ingénieuses, dont je ne reproduirai pas ici la description, a rendu autrefois beaucoup de services, on la délaisse un peu aujourd'hui. La vis d'Archimède ne convient guère que pour élever l'eau à des hauteurs comprises entre deux et six mètres ; elle n'est applicable que si le niveau supérieur subit peu de variations, car la partie supérieure ne doit jamais être noyée ; et si pour éviter cet inconvénient, on installait la vis de manière à élever l'eau beaucoup plus haut que le niveau ordinaire de l'eau dans le bief supérieur, on dépenserait inutilement beaucoup de force[2]. Quand le volume d'eau à élever est important et la hauteur notable, le poids de l'eau contenu dans la vis est très considérable et

1. On trouvera dans les comptes rendus des travaux de la Société des Ingénieurs civils, 1887, second semestre, des renseignements assez étendus sur les machines d'épuisement employées en Hollande, et notamment des indications sur plusieurs types de roues à aubes.

2. Cette observation est également applicable à toutes les machines élévatoires dont nous avons à nous occuper, sauf les pompes proprement dites et les machines à force centrifuge dites pompes rotatives.

il en résulte des flexions fâcheuses, difficiles à éviter. Le pivot inférieur, toujours noyé et inaccessible est sujet à se détériorer.

87. Tympans. — Les tympans, tels qu'on les fait de nos jours, sont de grandes roues en tôle, en forme de tambours, dépourvues de la paroi cylindrique des véritables tambours, munies de plusieurs aubes ou cloisons courbes, s'étendant en spirales de la périphérie au centre. La roue, plongeant d'une certaine quantité dans l'eau qu'il s'agit d'élever, remplit en partie les canaux courbes formés par les intervalles des aubes ; et cette eau graduellement élevée pendant le mouvement de rotation, vient sortir un peu au dessous de l'axe, par de larges ouvertures circulaires ménagées au milieu des faces latérales de la roue. L'eau tombe dans une auge convenablement disposée pour la recevoir et que prolonge une rigole en maçonnerie ou en terre. Le tympan, mu ordinairement par une machine à vapeur, donne en eau élevée, lorsqu'il est bien construit, les 80 0/0 au moins du travail moteur, ce qui est fort beau comme rendement mécanique ; mais c'est un appareil des plus encombrants et que son grand volume rend assez cher. Il faut, en effet, pour élever l'eau de 2 mètres par exemple, une roue de plus de 6 mètres de diamètre et pour élever l'eau de 4 mètres une roue d'une douzaine de mètres.

Cavé, mécanicien de Paris bien connu, avait construit, sous le règne de Louis-Philippe, un certain nombre de ces tympans pour des irrigations. Il ne paraît pas qu'on en ait établi de nouveaux depuis lors.

88. Pompes proprement dites. — Les pompes sont des machines qui reposent essentiellement sur le mouvement alternatif d'un piston dans un cylindre, ou sur des dispositions équivalentes ; ce sont les seules machines qui permettent d'élever l'eau à une hauteur quelconque.

Nous avons vu (82), que les pompes se prêtent particulièrement à l'élévation de l'eau par les moteurs à vent. Les pompes verticales aspirantes et foulantes, à piston plongeur, sont les plus convenables dans ce cas. On peut, en effet, placer la pompe vers le milieu de la hauteur totale à laquelle l'eau doit être élevée ; alors le piston, pendant sa montée, élève l'eau par aspiration, depuis le niveau inférieur jusqu'à la pompe ; et pendant sa descente il l'élève par refoulement, depuis la pompe jusqu'au réservoir.

L'effort est ainsi sensiblement le même pendant les deux mouvements inverses du piston. La pompe à plongeur a, en outre, cet avantage sur les autres modèles de pompes aspirantes et foulantes : que le frottement de la tige du piston dans un presse-étoupe y est supprimé, et que la garniture unique du piston, étant extérieure, peut être toujours visitée et facilement entretenue.

Les pertes de travail qui ont lieu dans les pompes et qui proviennent surtout du frottement du piston, des résistances diverses et des chocs qui se produisent pendant le jeu des soupapes, varient très peu, quelles que soient la hauteur où l'eau est élevée et la longueur des conduites. Ces résistances sont, par conséquent, sans importance dans les opérations qui exigent un grand développement de force motrice, comme l'élévation de l'eau à une grande hauteur ou sa distribution dans une ville. Le contraire a lieu quand il ne s'agit que d'élever l'eau d'un petit nombre de fois la longueur de course du piston. Aussi, tandis que les pompes des grandes distributions d'eau peuvent rendre, en eau montée, 85 0/0 au moins du travail moteur, le même rapport est, parfois, inférieur à 50 0/0 dans les épuisements à faibles différences de niveau. En définitive, les pompes proprement dites n'ont que des applications très restreintes en ce qui concerne les opérations agricoles. On en a cependant construit, il n'y a pas encore bien longtemps, pour le dessèchement de la mer de Harlem, de fort grandes qui ont été très remarquées, avec pistons de 1m.85 de diamètre et 4 à 5 mètres de course. Nous verrons (n° 91) qu'aujourd'hui, dans les cas analogues, on a recours de préférence aux élévateurs à force centrifuge [1].

88. Chapelet vertical. — Cette machine, sous la forme la plus usitée pour les irrigations, a pour organe principal une corde ou chaîne sans fin, sur laquelle sont enfilés des disques, le plus souvent en bois [2], fixés à 30 ou 40 centimètres environ les uns des autres. Le chapelet ainsi formé passe supérieurement sur une sorte de poulie, lanterne, ou roue à ailettes actionnée par un moteur. Les deux branches séparées par la poulie pendent

1. Les pompes sont trop connues et ont été trop souvent décrites pour qu'il y ait lieu d'entrer ici dans de plus longs détails. L'*Encyclopédie des travaux publics*, volume des *Distributions d'eau* par Bechmann, indique les dispositions principales de tous les types les plus usités.

2. Quelquefois aussi formés d'un cuir maintenu entre deux rondelles métalliques.

verticalement, et leurs extrémités plongent dans l'eau où elles se rejoignent. La branche ascendante traverse, dans sa longueur, une *buse* ou tuyau, soit métallique soit formée d'un tronc d'arbre foré. Les disques, dans leur mouvement, entraînent l'eau qui se déverse dans un auget qui surmonte la buse. Lorsque le chapelet est formé d'une corde et de disques en bois, objets qui tendent à surnager, il est utile pour que l'enfoncement dans l'eau ait lieu régulièrement, de faire passer le chapelet sur une seconde poulie inférieure noyée ; mais avec une chaîne ou des disques pesants cela est inutile. Il importe seulement que la partie inférieure de la chaîne plonge plus profondément que l'extrémité inférieure de la buse, et que l'orifice de celle-ci soit largement évasé comme le pavillon d'un cor de chasse. La buse, ou tuyau d'ascension, peut avoir 6 à 12 centimètres de diamètre intérieur ; il convient qu'elle soit parfaitement calibrée et sa surface bien lisse. Les disques, si l'appareil est construit avec quelque soin, doivent avoir très peu de jeu dans le tuyau ; assez cependant, dans tous les cas, pour qu'ils y passent librement, sans serrage ni frottement. La vitesse imprimée à la chaîne doit être comprise entre 1 et 2 mètres par seconde, on regarde 1 m.50 comme la plus convenable. La hauteur d'élévation est à peu près facultative ; c'est ordinairement pour extraire l'eau de puits de quelques mètres de profondeur que ces appareils sont employés ; ils peuvent la verser soit dans un réservoir, soit directement dans une rigole d'arrosage.

Les chapelets sont presque toujours mus par un cheval, âne ou mulet, attelé à un manège, la vitesse convenable pour la chaîne pouvant être obtenue par une combinaison d'engrenages peu compliquée. Les moteurs à vent ont une vitesse par trop irrégulière, et les machines à vapeur ne s'établissent guère que pour élever des volumes d'eau plus considérables que ne peut le faire un chapelet [1].

Le jeu des disques dans la buse donne lieu à une perte mais elle est très minime. En effet l'eau qui s'écoule d'un intervalle compris entre deux disques remplace celle que perd l'intervalle immédiatement au dessous, et ainsi de suite ; d'où il résulte que, pendant tout le temps qu'emploie un point de la chaîne à passer

1. A l'aide des éléments contenus dans le tableau du n° 83 et des indications sommaires ci-dessus, les calculs relatifs à l'établissement d'un chapelet n'offriraient aucune difficulté pour quiconque possède quelques notions de géométrie et de mécanique.

du niveau de l'eau dans le puits au niveau supérieur, la perte totale se réduit à celle que perd un seul intervalle pendant le même temps ; et d'ailleurs l'écoulement par le vide annulaire, qui peut exister autour du disque, s'opère avec la faible vitesse qui correspond à une hauteur d'eau égale, seulement, à la distance de deux disques consécutifs. Par le rapprochement des disques et l'accélération de la vitesse on pourrait réduire indéfiniment la perte d'eau, quel que soit le jeu. Une des principales raisons pour s'en tenir, en pratique, à une vitesse modérée, c'est que la résistance s'accroît rapidement avec la vitesse, en ce qui concerne le passage des disques dans l'eau du puits avant leur entrée dans la buse.

Depuis quelques années les principales dispositions du chapelet vertical ont été appliquées à de nombreux appareils, mus le plus souvent à bras d'homme, pour lesquels les constructeurs ont eu l'idée de remplacer les rondelles primitives par des pièces en caoutchouc entrant juste dans la buse de manière à former piston. Dans ce nouveau système, il n'y a plus de raison pour rapprocher ces pièces de caoutchouc ; il suffit que leur distance soit un peu moindre que la longueur de la buse, de manière qu'il y en ait toujours au moins une d'engagée. Par ces dispositions on peut éviter la perte d'eau, mais on crée un frottement qui n'existait pas dans l'appareil primitif ; il est douteux qu'il y ait avantage au point de vue du rendement. Dans tous les cas, si on adopte les caoutchoucs, ce doit être pour qu'ils fonctionnent comme pistons. Il convient dès lors de leur donner la forme d'un godet dont la concavité soit tournée vers le haut dans la colonne ascendante. La pression de l'eau contre le rebord vertical du godet l'appliquera contre la paroi de la buse, et la pression sur le joint sera égale à celle de l'eau, soit au minimum indispensable pour procurer l'étanchéité[1].

1. Il faut se garder d'imiter la plupart des fabricants de pompes, qui donnent aux pièces de caoutchouc la forme d'un tronc de cône et les font marcher le petit bout en avant, sous prétexte que cela facilite l'introduction dans la buse. L'eau pressant la surface extérieure des cônes, les resserre, diminue leur diamètre, et il y a perte d'eau comme avec des disques non jointifs, perte rendue notable par le fait du très large espacement.

Au point de vue de la construction, la diminution du nombre des disques ou pistons est une heureuse simplification. Mais il ne faut rien exagérer. Le mieux serait, je pense, tout en rendant les pistons sensiblement étanches par l'emploi bien compris du caoutchouc, de répartir les pressions, les frottements et l'usure sur un certain nombre de ces pistons, en les espaçant d'un mètre environ, quelle que soit d'ailleurs la hauteur totale de la colonne.

Le chapelet vertical est, en somme, pour les élévations d'eau à quelques mètres et les débits modérés, une bonne machine, simple, pas très couteuse et occupant peu de place.

89. Noria. — Cet engin, qui a une certaine analogie avec le chapelet (88), consistait originairement en une simple corde sans fin, passant sur une roue supérieure, et le long de laquelle étaient attachés un certain nombre de pots qui s'emplissaient d'eau dans le réservoir inférieur et se vidaient, en passant sur la roue, dans une auge placée au-dessous du point culminant de l'appareil.

Aujourd'hui les norias sont de véritables machines, généralement tout en fer et souvent construites avec un certain soin. Deux chaînes sans fin, semblables et parallèles, embrassent respectivement les extrémités d'un tambour polygonal, à axe horizontal. Les chaînes sont composées de barres articulées dont la longueur correspond à la dimension des côtés du tambour. Entre les deux chaînes, et fixés à chacune d'elles, se trouvent une série de seaux en tôle, ayant la forme d'auges prismatiques, destinés à puiser et à élever l'eau.

Les seaux, lorsqu'ils plongent dans l'eau, font l'effet d'une cloche renversée et remplie d'air ; ce qui rendrait leur enfoncement difficile et nuirait à la marche régulière de la chaîne si on n'obviait à cette difficulté. Ordinairement on fait un petit trou au fond de chaque seau ; ce trou suffit à l'évacuation de l'air, mais il occasionne pendant la montée l'écoulement d'un filet d'eau. Par le même raisonnement qui a été exposé à propos du chapelet (88), on reconnaît que cette perte d'eau est peu importante ; on peut même l'éviter tout à fait en remplaçant le trou par l'adjonction, à chaque seau, d'un siphon imaginé, il y a environ vingt-cinq ans, par M. Saint-Romas, mécanicien, à Paris, siphon ayant pour effet de laisser échapper l'air quand le seau s'enfonce dans l'eau. Quoiqu'on fasse, il y a toujours une légère perte résultant du balancement des seaux remplis à plein bord, pendant leur montée ; mais la perte du travail la plus sensible provient de ce que les seaux doivent être élevés plus haut que le niveau auquel on a besoin d'élever l'eau, l'auge qui la reçoit étant toujours placée au-dessous de l'axe du tambour sur lequel passent les chaînes.

Malgré les légers défauts qui viennent d'être signalés, la noria est une excellente machine, car son rendement en eau élevée. est de 70 à 80 0/0 du travail moteur. On ne donne à la chaîne que des vitesses de 0,75 à un mètre par seconde. Malgré cette faible vitesse, comme chaque seau peut contenir 30 litres d'eau et même plus au besoin, le volume élevé dans un temps donné peut être considérable, beaucoup plus grand qu'avec les chapelets. La hauteur d'élévation n'est pas non plus rigoureusement limitée, bien qu'elle dépasse rarement 8 ou 10 mètres.

Les norias peuvent être mises en mouvement par un manège (83), une roue hydraulique (80), ou une machine à vapeur (81) ; elles occupent peu de place et, sous ce rapport, remplacent avantageusement les tympans, et peuvent fonctionner dans les eaux troubles ou pouvant contenir des corps étrangers. Aussi sont-elles très employées, surtout pour les irrigations.

90. Elévateurs à force centrifuge. — Ces appareils assez généralement désignés sous le nom impropre de pompes, bien qu'ils diffèrent essentiellement des pompes ordinaires et même des véritables pompes rotatives, sont fondés sur la vitesse imprimée à l'eau par la rotation rapide d'une roue à aubes ou turbine. Cette roue est enfermée dans une enveloppe constituant une capacité close à laquelle aboutissent le tuyau d'amenée de l'eau ou d'aspiration et celui de départ ou de refoulement. Le premier de ces tuyaux amène l'eau vers la partie centrale de l'appareil ; assez généralement il se divise d'abord en deux branches qui aboutissent, l'une à droite, et l'autre à gauche de la roue en mouvement. Le second tuyau, celui de refoulement, se détache de l'appareil suivant la direction d'une tangente. L'eau entraînée par le mouvement de rotation des aubes, est vivement repoussée du centre vers la circonférence, et se trouvant comprimée dans l'espace annulaire, compris entre la circonférence extrême de la turbine mobile et son enveloppe, s'échappe finalement par le tuyau de décharge. Le départ de l'eau tendant à produire un vide dans la partie centrale qu'elle occupait précédemment, l'eau du réservoir de puisage, soumise à la pression atmosphérique, vient la remplacer, et le mouvement ascensionnel se trouve régulièrement établi tant que la roue est en mouvement.

La roue dans ces élévateurs doit être animée d'une grande vitesse, 800 à 1200 tours par minute, très communément ; les manèges mus par des animaux n'ayant qu'un mouvement très lent (83), ne leur seraient applicables qu'à l'aide d'organes de transmission compliqués, qui absorberaient en pure perte la plus grande partie de la force motrice. Les machines locomobiles, se prêtent au contraire tout particulièrement à actionner les élévateurs dont il s'agit, car il n'y a qu'à mettre en communication, par une courroie, le volant-poulie de la machine à vapeur et la poulie de petit diamètre dont l'axe de la turbine est toujours muni.

Les élévateurs centrifuges, tant que leurs dimensions ne dépassent pas celles des types usuels, sont aisément transportables, plus faciles à installer que toute autre machine ; ils n'exigent aucune construction spéciale et, au moyen de tuyaux droits et coudés que l'on peut assembler de diverses manières suivant les besoins, ils permettent de puiser l'eau à une certaine distance du point où ils sont établis, et de la refouler également dans toute direction voulue ; quoique peu encombrants, ils peuvent fournir des débits considérables. L'ensemble de ces qualités leur assure de très nombreuses applications.

Contrairement à ce qui a lieu pour les pompes (88), les élévateurs centrifuges ne conviennent pas pour élever l'eau à de grandes hauteurs ; ils utilisent d'autant mieux le travail dynamique du moteur qu'il y a une moindre différence de niveau entre les biefs inférieur et supérieur. Pour élever l'eau jusqu'à 5 mètres environ, on est dans de bonnes conditions ; on peut aller jusqu'à 15 mètres, mais avec des débits de plus en plus réduits pour une même vitesse de rotation. Pour aller au-delà, il faut employer deux élévateurs, dont le premier refoule l'eau dans l'ouverture d'aspiration du second. Les deux appareils peuvent être indépendants ainsi que les machines motrices, mais on construit aussi des élévateurs conjugués montés sur un axe commun, qu'on met en mouvement par une seule courroie.

On construit couramment des appareils élevant depuis 2 ou 3 litres jusqu'à 200 litres d'eau par seconde [1].

Pour un dessèchement de lagune, dans la province de Ferrare (Italie), on a établi vers 1873, près de Codigoro, 8 élévateurs rotatifs, du constructeur anglais Gwynne, dont les dimensions dépassent tout ce qui avait été fait antérieurement. Chacun de ces appareils emploie 130 chevaux de force, fonctionne avec une

1. Je n'entrerai pas dans de plus minutieux détails sur ce genre de machine, dont la théorie complète est un peu compliquée, et que les agriculteurs n'auront jamais à faire construire eux-mêmes. Un certain nombre de mécaniciens en fabriquent. Les maisons, bien connues, Dumont et Neut et Cie, Paris et Lille ; Gwynne, à Londres, en font une spécialité, et en livrent en grand nombre, de fort bien établies.

vitesse de 8 à 10 mètres par seconde à la circonférence de la roue, et débite 3 750 litres d'eau élevés il est vrai à une faible hauteur, pendant le même temps.

Dans tous les appareils dont il vient d'être question, l'axe de la roue est horizontal, ce qui est extrêmement commode pour ceux qui doivent être actionnés par une courroie. Mais dans les grands élévateurs, comme les derniers que je viens de citer, cette disposition n'est pas la meilleure. En effet, dans le cas d'un grand diamètre, l'élévation de l'eau, du bas en haut d'une roue verticale, ou sa descente en sens inverse, représentent des quantités notables de travail dynamique. Il en résulte, pour l'eau qui circule dans l'appareil, des ralentissements et des accélérations successifs et partiels de vitesse qui nuisent au rendement. C'est, sans doute, pour ce motif que quelques ingénieurs ont établi des turbines élévatoires à roue horizontale et axe vertical ; il y en a quelques exemples dans les dessèchements de la Hollande.

L'application la plus remarquable des élévateurs à axe vertical est, de beaucoup, celle qui a été faite dans ces dernières années à Khatatbeh, sur le Nil, à 66 kilomètres au-dessous du Caire, pour élever dans des canaux d'irrigation une certaine quantité d'eau du fleuve. Il s'agissait d'élever de $0^m,50$ à 3 mètres, selon les saisons et l'état du Nil, un volume d'eau de 30 mètres cubes par seconde, le débit d'une véritable rivière ! MM. Farcot, les habiles constructeurs de Saint-Ouen, près Paris, ont résolu le problème au moyen de 5 élévateurs à axe vertical, dont les dispositions sont entièrement nouvelles. La turbine intérieure, mobile, a $3^m,80$ de diamètre, et l'ensemble de chaque appareil, y compris le canal circulaire qui entoure la turbine et l'enveloppe en fonte, occupe un emplacement circulaire de près de 6 mètres de diamètre. Chacun de ces élévateurs est mis en mouvement par une machine à vapeur spéciale dont la bielle conduit directement une manivelle fixée au haut de l'axe de la turbine, qui remplace ici le volant. Le nombre de tours est de 32 seulement par minute, ce qui donne une vitesse de $6^m,36$ par seconde à l'extrémité des aubes. Dans ces conditions, chaque appareil vomit dans le bief supérieur la quantité de 6 mètres cubes d'eau par seconde ! Quant au rendement mécanique, il est de plus 75 0/0 du travail produit par les machines à vapeur[1].

1. On trouvera, dans les *Mémoires et comptes rendus* de la *Société des Ingénieurs civils*, 1880, 2e semestre, une description détaillée, par M. Brull, de ces intéressantes machines.

CHAPITRE TROISIÈME

DE L'EAU D'IRRIGATION

§ 1. Quantité d'eau nécessaire pour les irrigations. — § 2. Action de l'eau sur les prairies. — § 3. Qualités diverses des eaux au point de vue des irrigations. — § 4. Valeur vénale de l'eau d'irrigation.

§ 1er

QUANTITÉ D'EAU NÉCESSAIRE

91. Comment on indique la quantité d'eau employée en irrigation. — Nous avons vu (nos 15 et 16) que l'irrigation doit être intermittente; que, souvent, on ne dispose de l'eau qu'à certains jours. Souvent aussi on préfère arroser successivement, par portions, le terrain dont on dispose, de manière à rendre les arrosages plus abondants, en les faisant revenir à plus long intervalle sur le même point.

Supposons, par exemple, une prairie d'un hectare, irriguée au moyen d'un cours d'eau qui débite 12 litres par seconde, mais dont on ne peut disposer que pendant un jour sur trois. Supposons encore que, chaque jour où a lieu l'irrigation, on n'arrose que la moitié du terrain, soit un demi-hectare. Le volume d'eau effectivement versé sur la propriété pendant la durée de l'arrosage est de 12 litres par seconde. L'arrosage est cependant donné à raison de 24 litres par hectare et par seconde, puisqu'un demi-hectare emploie 12 litres. Enfin, si on cherche quel serait l'écoulement continu, et par hectare, qui fournirait au propriétaire une quantité d'eau égale à celle dont il jouit effectivement, on trouve que cet écoulement devrait être de 4 litres par seconde. Ainsi, selon la manière dont la question est posée, on arrive à des chiffres tout à fait différents, et on conçoit que, faute d'indications assez explicites, certains renseignements peuvent être mal compris et induire en erreur.

En tant que renseignements utiles, ce qui est important, c'est qu'une personne, cultivant une certaine étendue de terrain, puisse se rendre compte, *a priori*, de la quantité d'eau qui lui serait nécessaire pour irriguer convenablement cette étendue pendant une saison ; ou bien, qu'étant donné le volume total de l'eau disponible pendant un certain temps, on puisse déterminer l'étendue qui peut être irriguée. Pour faciliter la solution de ces problèmes, on remarque d'abord que, quelle que soit la nature des cultures et les méthodes d'irrigation, les quantités d'eau employées doivent être, toutes choses égales d'ailleurs, proportionnelles à la superficie cultivée. *On ramène* donc *les quantités d'eau totales à un hectare*. Puis, dans le cas où la jouissance de l'eau est discontinue, *on remplace l'écoulement discontinu par l'écoulement continu fictif qui fournirait le même volume d'eau pendant une même période*. C'est ainsi qu'il sera procédé dans cet ouvrage, sauf indications contraires.

Il est à remarquer que la question de l'eau intermittente ou continue est tout à fait secondaire pour le cultivateur. Ainsi, dans l'exemple ci-dessus, chaque parcelle d'un demi-hectare était arrosée, tous les 6 jours, à raison de 12 litres répandus par seconde sur 1/2 hectare, soit dans la proportion de 24 litres à l'hectare. Si on venait à substituer, aux 12 litres livrés tous les trois jours, l'écoulement continu équivalent, soit 4 litres, l'irrigateur en serait quitte pour diviser son terrain en 6 parcelles au lieu de 2 ; et chacune de ces nouvelles parcelles serait encore arrosée tous les 6 jours, à raison de 4 litres par seconde répandus sur 1/6 d'hectare, ce qui donne la proportion de 24 litres par hectare, comme précédemment.

92. Volume minimum d'eau utilisable. — Il y a un certain débit minimum, sans lequel il est impossible de répandre l'eau uniformément même sur une étendue de terrain très restreinte, l'eau pouvant être absorbée par le sol à mesure qu'elle est apportée par la rigole qui la fournit. Nous avons vu, dans le numéro précédent, qu'en cas de faibles débits on peut subdiviser l'étendue à irriguer et porter l'eau, tour à tour, sur chaque parcelle. Mais toutes les parcelles ne peuvent être à proximité du point d'arrivée de l'eau ; et si l'eau est entièrement absorbée par la rigole qui doit la conduire, avant qu'elle ait atteint une parcelle éloignée qu'elle devrait arroser, l'irrigation est pratiquement impossible. C'est alors le cas, si la disposition des lieux s'y prête, d'avoir recours à un réservoir (voir chap. II, § 2). On accumule l'eau, du ruisseau ou de la source, dans le réservoir et on la lâche en quantité convenable une fois que celui-ci est rempli.

La quantité d'eau *minima* qu'il convient de faire écouler par seconde ne pourrait s'indiquer exactement d'une manière générale, car cela dépend du degré de perméabilité du sol et de l'étendue qu'occupent les terrains à irriguer. Je dirai pourtant, afin de fixer approximativement les idées, qu'il me paraît difficile, dans les cas ordinaires, de pratiquer un arrosage *avec moins de 3 litres d'écoulement effectif par seconde.*

93. Quantités d'eau employées, dans le Midi, pour les terres labourables. — Il est impossible de fixer d'une manière absolue la quantité d'eau d'irrigation à appliquer à l'ensemble d'une ferme où se font simultanément diverses cultures, ou à une superficie donnée couverte de telle ou telle plante, et il faut se contenter d'assigner des limites entre lesquelles la consommation de l'eau reste généralement comprise. Cette consommation dépend en effet du climat, des circonstances météorologiques annuelles, des besoins spéciaux des divers végétaux cultivés, enfin, et par dessus tout, de la nature plus ou moins absorbante ou rétentive du sol. Il est évident qu'il faudra plus d'eau sous un climat sec et chaud que sous un climat brumeux et tempéré ; plus pendant un été où la sécheresse sera persistante que pendant un été à pluies fréquentes, comme il peut s'en rencontrer presque partout. Toutes choses égales d'ailleurs, les végétaux qui émettent des racines très profondes, tels que la luzerne, la plupart des arbres, exigeront moins d'eau que les plantes à végétation superficielle. La surface du sol conserve en effet très peu de temps son eau d'imbibition, tandis que les couches inférieures ne se dessèchent que successivement et à mesure que la sécheresse se prolonge ; il y a même généralement, dans chaque sol, une limite de profondeur à partir de laquelle la terre *reste constamment humide*. Le *tempérament spécial* de chaque plante paraît entrer aussi pour beaucoup dans ces phénomènes ; ainsi, le sainfoin réussit dans des terrains très secs, même sans arroser ; mais la luzerne préfère un sol plus frais, et ses produits sont toujours considérablement augmentés par l'irrigation. Il est probable que ces différences tiennent principalement à des inégalités correspondantes dans l'activité de la transpiration chez les divers végétaux ; on remarque, en effet, que les plantes qui offrent un grand développement foliacé exigent des arrosages tout à la fois plus abondants et plus fréquents que celles qui produisent surtout des graines et de la matière ligneuse.

Relativement à la nature du sol, il faut remarquer que certains terrains à sous-sol de calcaire fendillé absorbent l'eau en quelque sorte à la manière d'un crible, et que l'on ne parvient même à les humecter par l'irrigation dans toute leur étendue qu'en y faisant arriver à la fois de très grandes masses d'eau. Il en est de même du sable. Dans de tels terrains, il y a toujours une portion de l'eau qui pénètre à une grande profondeur, presque sans profit pour les plantes, et non seulement il faut beaucoup d'eau pour chaque arrosage, mais il convient encore d'arroser souvent. Les sols argileux exercent au contraire, sur l'eau, *une action rétentive* très énergique, et demandent à être arrosés moins souvent.

Les auteurs les plus accrédités, et de Gasparin à leur tête, admettent que sous le climat de la Provence, et dans les cas les plus ordinaires, il faut, pour chaque arrosage, un volume d'eau équivalent à une couche de 8 à 10 centimètres sur toute la surface à arroser, soit 800 à 1 000 mètres cubes par hectare ; ce qui, réparti sur dix à douze jours, intervalle le plus ordinaire des arrosages, correspond approximativement à la quantité d'eau que fournirait *un écoulement continu de 1 litre par seconde*, qui est de 15 552 mètres cubes pour cent quatre-vingts jours ou six mois, durée ordinaire de la saison des arrosages. Le chiffre ci-dessus sert ordinairement de base, dans le midi de la France, pour toutes les transactions, soit entre l'administration supérieure et les compagnies concessionnaires de canaux, soit entre ces dernières et les agriculteurs. C'est celui qui a été adopté par le conseil général des ponts et chaussées pour les projets de canaux étudiés par les ingénieurs de ce corps.

Il doit rester entendu que le chiffre ci-dessus n'a de valeur que comme indication générale, et qu'il ne peut être qu'une moyenne applicable à l'ensemble d'une région où les irrigations sont appliquées à diverses natures de sol et à des cultures variées. Il faut aussi remarquer qu'il est relatif à des contrées où l'eau n'est fournie à chaque cultivateur qu'en quantité fixée d'avance, où elle se paye et n'est disponible qu'à certains jours et heures. Les habitudes culturales se ressentent de cet état de choses; on réserve l'eau pour certaines cultures qui demandent des arrosages périodiques et assez fréquents, ou bien pour celles qui donnent, étant irriguées, des produits hautement rémunérateurs. Quant aux terres portant des végétaux qui peuvent, à la rigueur, se passer de l'irrigation, on ne prend même pas la peine de les disposer de manière à la recevoir éventuellement, bien qu'un arrosage donné de temps à autre, au moment opportun, puisse améliorer la récolte. En un mot, la moyenne d'un litre par seconde serait certainement dépassée si les cultivateurs avaient toujours l'eau disponible, à discrétion, à quelque moment qu'ils voulussent s'en servir[1].

94. Quantité d'eau nécessaire pour les jardins. — On admet généralement que les jardins et les cultures maraîchères, dans le Midi, emploient des quantités d'eau équivalant à des écoulements continus de 2 à 3 litres par hectare et par seconde.

95. Quantité d'eau nécessaire pour les rizières. — On évalue à un écoulement continu de un litre et demi à deux litres, par seconde et par hectare, la quantité d'eau indispensa-

1. Il a été dit que la quantité d'eau admise pour la Provence était exagérée, et qu'en Italie on ne consommait pas autant d'eau. En effet, si je divise les débits, indiqués pour quelques canaux italiens, par les superficies respectives des territoires qu'ils sont censés irriguer, je trouve approximativement 0l,88 par seconde et par hectare pour les anciens canaux du Piémont, 0l,69 pour le canal Cavour et 0l,53 seulement pour l'ensemble des canaux de la Lombardie. Mais les régions dont il s'agit, situées au pied des Alpes, sont très riches en sources, et les habitants sont très industrieux pour en tirer parti. Pour faire un calcul exact, il faudrait ajouter les débits des sources et des prises faites à des cours d'eau naturels à celui des canaux, et il est assez vraisemblable qu'on arriverait ainsi à un résultat peu différent de la base admise pour la France du Sud.

Il convient aussi de remarquer que les chiffres donnés pour les débits des canaux ont été généralement établis pour la période d'étiage, et que, presque toujours, en France comme en Italie, les consommations réelles sont supérieures aux débits nominaux des canaux et aux volumes concédés.

ble à l'établissement d'une rizière. Mais il y a avantage, toutes les fois qu'on le peut, à augmenter un peu les quantités ci-dessus. Ce n'est qu'à la condition d'y maintenir une couche d'eau sans cesse renouvelée par un courant qu'on peut empêcher l'insalubrité des rizières.

90. Quantité d'eau applicable à l'irrigation des prairies dans le Midi. — L'existence des prairies, dans la région méditerranéenne, est subordonnée à la possibilité d'y entretenir artificiellement, pendant l'été, l'humidité qui leur est indispensable. Le produit en fourrage augmente, d'ailleurs, dans une assez forte proportion avec l'abondance des arrosages. Aussi les prairies, qui occupent il est vrai dans le Midi d'assez faibles superficies, y sont-elles ordinairement irriguées sans trop de parcimonie. La dépense d'eau, par hectare, correspond le plus souvent à un écoulement continu de 1 à 2 litres par seconde; exceptionnellement, elle peut descendre à 1/2 litre ou s'élever jusqu'à 4 litres environ.

Les arrosages se donnent quelquefois tous les cinq jours; plus souvent une fois par semaine, ou même à des intervalles encore plus éloignés; la durée de chacun d'eux n'est que d'une heure à six, et doit *fournir une quantité d'eau représentée par* une couche de 5 centimètres *au moins* de hauteur, sur toute l'étendue arrosée; généralement 10 centimètres et même plus. On voit par là qu'il faut disposer, aux époques d'arrosage, d'un écoulement assez considérable; il est reconnu qu'une irrigation prolongée, faite avec un faible courant, serait nuisible à la prairie.

Les prairies qui, à cause de la porosité de leur sol, absorbent le plus d'eau lors de chaque arrosage, sont aussi celles qui perdent le plus vite leur humidité acquise et qui exigent, par suite, que les arrosages soient renouvelés le plus souvent. Mais, sous le rapport de l'abondance, on est limité dans la pratique par la quantité d'eau dont on dispose. Il y aurait avantage, si cela était possible, à augmenter le volume d'eau versé pendant les arrosages sans modifier pour cela leurs intervalles ni leur durée. On ne voit pas non plus de raison pour ne pas arroser largement les prairies pendant l'hiver, saison où l'eau n'a guère d'autre emploi. Les prescriptions relatives aux arrosages à grands volumes d'eau, pratiqués dans quelques parties de la France, paraîtraient également applicables dans le Midi quand l'eau n'y fait pas défaut. En un mot : les principes relatifs à l'irrigation des prairies sont partout les mêmes, et les différentes méthodes suivies ne tiennent pas au climat, mais au régime particulier des eaux dont on se sert dans chaque localité.

97. Quantités d'eau employées à l'irrigation des prairies dans le nord et le centre de la France. — Dans les régions tempérées, où les sécheresses sont généralement de moins longue durée et les étés moins brûlants que dans le Midi, on se dispense très souvent, faute d'eau en quantité suffisante, d'arroser les prairies pendant l'été. Les produits sont un peu moindres que dans le cas où l'irrigation dure toute l'année ; mais on peut avoir une bonne coupe de fourrage en juin, puis un pâturage, quelquefois même un regain fauchable à l'automne.

Lorsqu'on peut, par un des moyens indiqués au chapitre II, § 1, se procurer pendant l'été assez d'eau pour alimenter un réservoir (voir chapitre II, § 2), on lâchera cette eau, quand le réservoir sera plein, de manière à donner de temps à autre un arrosage à la prairie, ou du moins à une portion de celle-ci en rapport avec la quantité d'eau emmagasinée. Ces arrosages d'été, peu abondants, doivent être donnés aussi vite que possible, dans le temps strictement nécessaire pour que l'eau se répande sur toute la surface arrosée et en imbibe le sol. Un volume d'eau compris entre 250 et 400 mètres cubes, employé par hectare, équivaut à une couche d'eau de 2 1/2 à 4 centimètres d'épaisseur sur la même étendue. C'est presque là le minimum possible pour qu'un arrosage ait quelque efficacité.

Si l'on est en situation d'emprunter à un cours d'eau, de temps en temps pendant l'été, un volume représentant, pour l'étendue à arroser, une hauteur d'eau comprise entre 5 et 15 centimètres environ, soit 10 centimètres en moyenne, on se trouve dans des conditions identiques à celles qui président à la plupart des irrigations de prairies dans le Midi, et ce qui a été dit au n° 95 est applicable à ce cas.

Si le cours d'eau dont on se sert est assez considérable pour qu'il soit possible de déverser, sur un hectare de prairie ou proportionnellement, plusieurs centaines de litres d'eau par seconde, il y a avantage à pratiquer des arrosages avec ces grands volumes. C'est ainsi par exemple que Mangon a constaté pendant l'été, par des jaugeages exécutés dans des prairies des Vosges arrosées par la Meurthe, des débits effectifs rapportés à l'hectare de 445 à 500 litres par seconde pendant les arrosages. Chose digne de remarque : ces arrosages à très grand volume d'eau peuvent durer jusqu'à 8 jours consécutifs sans inconvénient pour la prairie, ce qui n'aurait pas lieu dans le cas d'arrosages moins abondants. Il y a toutefois une condition, importante dans tous les cas mais bien plus particulièrement dans ces longs arrosages d'été, c'est que l'eau ne reste jamais stagnante sur la prairie et ne fasse que la traverser pour se rendre dans les rigoles d'évacuation, sauf ce qui est absorbé par le sol pendant le trajet.

Dans beaucoup de localités l'hiver est la seule saison où il soit possible d'irriguer les prairies, et ce sont les arrosages d'hiver qui entretiennent seuls la fertilité lorsqu'il n'est pas fait usage d'engrais. Les arrosages dont il s'agit ne sauraient être trop abondants; mais, faute de pouvoir faire mieux, on leur consacre ce que l'on a, sous la condition (n° 92) de disposer du minimum au-dessous duquel l'eau n'est pas utilisable. Dans le cas qui nous occupe, il faut que l'eau afflue en quantité suffisante pour couvrir une certaine étendue de prairie, en coulant en nappe mince sur un sol plus ou moins incliné. Quant à la durée de chaque arrosage, elle peut être portée sans inconvénient jusqu'à 8 ou 10 jours, quel que soit d'ailleurs le volume d'eau employé.

Nous venons de résumer très succinctement la marche suivie dans des contrées où l'irrigation est pratiquée avec succès. Les considérations exposées dans le paragraphe suivant rendront les faits plus clairs et en donneront l'explication rationnelle.

§ 2.

ACTION DE L'EAU D'IRRIGATION SUR LES PRAIRIES.

98. Matières minérales fournies au sol par l'eau d'irrigation. — Nous avons vu (chap. I, 9) que les eaux courantes sont plus ou moins chargées de particules limoneuses, en suspension, qui contiennent elles-mêmes la plupart des éléments constituants des terres les plus fertiles. Une partie de ces troubles se dépose sur le terrain arrosé, ce qui constitue un premier élément de fertilisation.

Nous avons vu, d'autre part (6), que l'eau tient en dissolution toutes les matières minérales indispensables à l'alimentation des végétaux, notamment de la potasse et des phosphates [1]. Il est évident que l'eau qui pénètre dans le sol et l'imbibe y introduit une certaine quantité de ces précieuses substances. Mais il y a plus : les analyses de H. Mangon démontrent en effet que les eaux d'irrigation amenées sur une prairie et les colatures que l'on recueille après le ruissèlement sur le gazon n'ont pas une composition identique. Les colatures sont généralement appauvries en potasse et autres substances minérales ; le contraire, il est vrai, se produit quelquefois à l'égard de certain corps. En définitive, le phénomène varie quelque peu, dans ses détails, d'une prairie à une autre et d'une époque à une autre ; mais ce qui est constant c'est qu'il y a des échanges de matières minérales entre le sol gazonné et l'eau répandue à sa surface. « L'action absorbante du sol sur les sels solubles dont il n'est pas saturé, dit H. Mangon, explique comment les terres arrosées enlèvent aux eaux les composés salins dont elles ont besoin, en leur laissant entraîner les substances dont elles sont suffisamment imprégnées ou qu'elles renferment en trop grande abondance ».

99. Azote fourni au sol par l'eau d'irrigation. — On a vu (chap. I, 7 et 8) que l'azote se trouve dans les eaux d'irrigation à l'état d'azotates, c'est-à-dire combiné avec l'oxygène ; à l'état de gaz simplement dissous dans l'eau ; enfin à l'état de substances organiques azotées, solubles, telles qu'il en existe par exemple dans le purin provenant des étables ou des tas de fumier.

Les expériences de H. Mangon démontrent que, presque toujours, la proportion totale d'azote contenue dans l'eau qu'on introduit sur une prairie est supérieure à celle qui se retrouve dans les colatures, bien que la diminution ne porte pas toujours également sur tous les états de l'azote. Ainsi l'eau qui ruissèle sans pénétrer le sol, lui cède en passant les principes assimilables

1. Bérat a trouvé que chaque mètre cube d'eau de la Durance contenait plus de 13 kilogrammes d'acide phosphorique et plus de 15 kilogrammes de potasse. *Rapport sur le concours ouvert en 1876 dans les Bouches-du-Rhône*, p. 170.

qu'elle contient. En vertu de quelle loi physique ou de quelle merveilleuse propriété des plantes fourragères s'opère cette fixation des substances en dissolution dans l'eau ? La science n'en a pas donné jusqu'ici une explication bien claire [1]; contentons-nous provisoirement de constater une *action réciproque du gazon et de l'eau en mouvement*.

100. Rôle de l'oxygène dissous dans l'eau d'irrigation. — L'oxygène, ce gaz qui fait partie essentielle de notre atmosphère, paraît indispensable à la vie de tous les êtres organisés ; les végétaux, sous ce rapport, n'échappent point à la loi commune. Les plantes aquatiques, celles qui croissent spontanément dans les terrains marécageux, sont moins exigeantes que les autres au point de vue qui nous occupe. Mais presque tous les végétaux que nous cultivons ne peuvent prospérer qu'à la faveur des réactions chimiques qui se produisent dans un sol où pénètre l'oxygène. Ce gaz donne lieu à des combustions lentes, soit de l'humus accumulé dans le sol, soit des engrais. Les produits de cette combustion sont de l'acide carbonique et divers azotates ; le premier ne se dégage pas en entier, car une partie est utilisée par les organes aériens des plantes qui en assimilent le carbone ; les seconds sont un des principaux états par lesquels doivent passer les matières minérales et l'azote, avant l'absorption par les racines.

Nous avons vu (chap. I, 8) que les eaux employées aux irrigations contiennent de l'oxygène dissous. Ce gaz joue un rôle qui a son utilité dans toutes les irrigations, mais qui prend une importance considérable dans l'irrigation des prairies. M. Mangon, dont les expériences ont tant contribué à éclaircir ces questions, a reconnu que l'eau, en ruisselant sur une prairie gazonnée, s'appauvrissait en oxygène et se chargeait de plus en plus d'acide carbonique. Il y a donc encore, dans ce cas, action réciproque du gazon et de l'eau en mouvement ; l'oxygène dissous dans l'eau qui coule extérieurement, exerçant son action comburante sur l'humus adhérent au chevelu des racines.

101. Influence des saisons et de la température. — Les

1. Il est vraisemblable que le principal rôle appartient ici à ces phénomènes d'*osmose* qui donnent lieu à des échanges entre les matières diverses contenues dans deux liquides, séparés soit par des membranes perméables soit par divers corps poreux.

réactions chimiques signalées ci-dessus (99 et 100) ne se manifestent pas toujours avec la même intensité. Ainsi, dans celles des expériences de M. Mangon qui ont été faites pendant l'hiver, les eaux d'irrigation, après leur passage sur les prairies où ces expériences avaient lieu, n'ont accusé, à l'analyse, que des pertes très minimes en azote et en oxygène, tandis que ces pertes deviennent importantes en été. Ce n'est pas à dire pour cela que l'eau n'exerce en hiver aucune action sur le gazon ; la grande vigueur relative avec laquelle végètent, dès le premier radoucissement de la température, les portions d'une prairie qui ont été bien irriguées pendant l'hiver est la meilleure preuve de l'efficacité de l'eau pendant cette saison. Mais il est non moins évident que les effets s'accentuent notablement ensuite, quand l'herbe est en pleine croissance ; faut-il voir là un simple effet de la température thermométrique, ou bien les phénomènes vitaux qui s'accomplissent dans les plantes y sont-ils pour quelque chose ?

102. Epuisement de l'eau d'irrigation par le sol. — Quand on fait couler l'eau en nappe mince, sur une prairie ayant une certaine inclinaison, on voit, au bout de peu de temps, l'herbe prendre une teinte d'un vert foncé et pousser avec vigueur à partir des points d'arrivée de l'eau jusqu'à une certaine distance. Mais l'effet est de moins en moins sensible, à mesure qu'on considère des points que l'eau n'a pu atteindre qu'après un trajet de plus en plus long sur la prairie. Si on se porte enfin à une assez grande distance, sur des parties du pré où l'eau, néanmoins, peut encore parvenir, on trouve que l'herbe y jaunit. Les bonnes plantes finissent même par disparaître de ces points, pour faire place aux laîches et aux joncs, si les arrosages sont longtemps continués ou souvent renouvelés sans que le point d'arrivée de l'eau ait été changé.

Ces faits sont la conséquence naturelle des principes énoncés dans les numéros précédents ; les matières salines, l'azote, l'oxygène sont promptement absorbés ; leurs effets diminuent avec leur proportion dans l'eau, et quand celle-ci ne peut plus rien céder elle ne fait plus, sur le gazon, que l'office d'un manteau qui intercepte l'air atmosphérique et détermine une sorte d'asphyxie des graminées et des légumineuses.

M. Mangon a reconnu, en analysant les eaux à leur sortie de plusieurs prairies, que l'épuisement n'est jamais complet. Pour l'azote notamment, dans les cas sur lesquels ont porté les analyses, un tiers seulement de la quantité initiale n'a pas été retrouvée dans les eaux de colature.[1] Il semble donc que les plantes puisent de plus en plus difficilement les matières utiles contenues dans l'eau à mesure que ces matières s'y trouvent à un plus grand état de dilution, et qu'au-dessous d'un certain titre les échanges entre l'eau et le gazon deviennent insignifiants. L'eau est alors *dégraissée*, selon l'expression des cultivateurs, et il convient de la rejeter.

103. Effets différents des arrosages selon les volumes d'eau employés. — Nous avons vu (100) que l'eau des arrosages, en passant sur une prairie, cède au sol une partie de l'oxygène qu'elle tient en dissolution. Il résulte de là que quand l'eau est étendue en couche mince et se renouvelle lentement, en sorte qu'il n'en passe dans un temps donné qu'un petit volume relativement à l'étendue recouverte, cette eau ne peut céder à cette superficie qu'une faible quantité d'oxygène, quantité qui serait insuffisante pour entretenir la vie des plantes, si on ne faisait fréquemment intervenir l'air atmosphérique en suspendant l'irrigation. Mais quand, au contraire, l'eau est déversée en grande masse sur la prairie et se renouvelle rapidement, on conçoit qu'elle puisse fournir, à elle seule, une quantité d'air suffisante pour produire les oxydations qui paraissent une condition indispensable de la végétation. On peut résumer ces divers effets en disant que trop peu d'eau étouffe les plantes ; qu'assez d'eau maintient leur végétation ; que beaucoup d'eau courant rapidement les aère énergiquement.

Ces remarques nous donnent la clé de divers faits d'apparence paradoxale. Ainsi nous avons vu (97) qu'on pouvait, en plein été, tenir les prairies sous une nappe d'eau pendant 8 à 10 jours consécutifs, à la condition que cette eau soit courante et déversée

1. On pourrait croire que la couche d'eau, très mince, en contact immédiat avec le sol est seule susceptible de lui céder les matières utiles qu'elle contient tandis qu'une grande partie du volume d'eau introduit sur la prairie arriverait aux rigoles de colatures sans avoir éprouvé aucune modification. Les analyses de Mangon, peu nombreuses à la vérité, portent néanmoins sur des cas d'arrosages à volumes d'eau médiocres et à énormes volumes ; elles tendent à démontrer que, dans tous les cas, les colatures sont amenées à peu près au même degré d'appauvrissement, ce qui s'explique peut-être par les mouvements internes de la lame d'eau.

avec profusion. [1] Nous comprenons maintenant que cette grande quantité d'eau, incessamment renouvelée, peut fournir à la prairie tout l'oxygène indispensable à la végétation ; tandis que dans le cas, infiniment plus fréquent, où l'on ne dispose que de faibles écoulements, les arrosages, tout en fournissant au sol une humidité nécessaire, suspendent momentanément la végétation en interceptant l'air atmosphérique. En règle générale, de tels arrosages doivent être interrompus le plus souvent possible ; et pendant la saison d'activité végétative, ils ne doivent durer que 4 ou 5 heures tout au plus, et parfois être réduits à une heure.

Nous comprendrons aussi, maintenant, pourquoi moins un pré a de pente, plus il faut d'eau pour l'irriguer convenablement. C'est que, sur un pré très-plat, l'eau ayant une tendance à s'étaler et à rester stagnante, on ne peut activer son renouvellement et, par suite, celui de l'oxygène, qu'en la faisant affluer en grande masse.

Enfin, nous expliquerons encore par les mêmes considérations cet autre fait étrange, et pourtant souvent remarqué, savoir : que les prairies en terrains secs et de nature absorbante s'accommodent, *à la rigueur*, de quantités d'eau modérées, tandis que celles dont le sous-sol est imperméable ou très-humide risquent d'être converties en véritables marécages si on les irrigue pendant un certain temps avec parcimonie, et s'améliorent au contraire par l'application de très grandes quantités d'eau.

104. Influence de la pente de la prairie sur la puissance de l'irrigation. — L'inclinaison du sol de la prairie ou, ce qui revient au même, la vitesse de l'eau, car plus la pente est considérable plus le mouvement de l'eau est accéléré, paraît avoir une influence notable sur le pouvoir absorbant du gazon à l'égard des principes fertilisants. En effet, quand on examine avec attention une prairie soumise aux irrigations d'hiver, on remarque que, toutes les autres circonstances restant les mêmes, les endroits où la pente est bien prononcée se distinguent par la bonne qualité de l'herbe et la vigueur de la végétation, tandis qu'au contraire, s'il se rencontre des portions de la prairie où la pente soit presque insensible, elles sont toujours relativement médiocres, alors même que l'eau serait de bonne qualité et que le terrain ne retiendrait pas l'humidité. Pour peu que le sol soit imper-

1. Dans l'exemple cité par Mangon, le débit était de 325 litres environ par seconde, pour 1 hectare.

méable, ces superficies plates revêtent au bout de peu de temps l'aspect et la végétation qui caractérisent les prés marécageux.

Les prairies à inclinaison prononcée jouissent évidemment d'un avantage incontestable, celui de s'égoutter d'une manière complète chaque fois qu'après un certain temps d'arrosage on cesse de laisser arriver l'eau. Tous les irrigateurs savent que c'est là une condition toujours indispensable à la production d'un fourrage de bonne qualité, mais qui devient de plus en plus impérieuse et prédominante à mesure que le sol devient lui-même moins perméable, et bien plus encore s'il contient des eaux d'origine souterraine. Cependant, en présence des nombreux faits d'observation du genre de ceux que j'indiquais il y a un instant, on se demande si la perfection de l'égouttage est bien l'unique cause des bons effets de la pente, et il paraît difficile de ne pas rester convaincu qu'un certain degré de rapidité de l'eau ne soit une condition nécessaire de la fixation, par le gazon, des matières fertilisantes contenues dans l'eau. J'ai eu l'occasion de faire l'observation suivante, qui paraîtrait confirmer ces idées : Des eaux qui avaient traversé plusieurs centaines de mètres de prairie et, en dernier lieu, un pré qui n'avait qu'une pente d'environ un centimètre par mètre, ne paraissaient plus exercer sur ce dernier qu'un bien minime effet utile, en sorte qu'on eût dû les croire complètement épuisées. Mais les mêmes eaux, rassemblées au sortir du pré, coulaient ensuite dans une succession de fossés et de chemins creux à pentes plus rapides. Or là, partout où le sol n'était pas entraîné par ravinement, il se couvrait spontanément d'un brillant tapis de verdure, composé d'un gazon de la meilleure qualité. Ainsi la même eau, qui, à une très faible vitesse, ne paraissait céder à la prairie que peu ou point de principes utiles, devenait fertilisante par le seul fait d'un accroissement de cette vitesse.

Cette manière de voir paraît encore corroborée par ce principe, professé par la plupart des irrigateurs, que *moins un pré a de pente, plus il faut d'eau pour l'arroser*, [1] ce qui revient à dire que le pré plat ne profite pas des substances utiles que contient l'eau dans une aussi large mesure que celui qui a plus de pente.

Néanmoins, dans les cas, assez rares, où l'on irrigue avec de très grandes masses d'eau, un excès de pente peut avoir pour effet de faire passer cette eau avec une telle vitesse qu'elle n'ait pas le

1. Voir notamment Villeroy et Muller, *Manuel de l'irrigateur*, p. 108.

temps de se dépouiller, pendant son passage sur le pré, de tout ce qu'elle lui aurait cédé en passant un peu plus lentement.

Disons, pour nous résumer, que la détermination théorique de la pente la plus convenable pour une prairie est des plus délicates, pour ne pas dire impossible. La solution dépend, en effet, de circonstances multiples et, particulièrement, de la nature du sol et des quantités d'eau employées. On peut dire néanmoins que les prairies qui paraissent dans les meilleures conditions ont généralement des pentes qui ne s'éloignent pas beaucoup d'une moyenne de 5 centimètres par mètre.

105. Influence de la lumière sur les effets de l'irrigation. — La lumière a une grande influence sur les phénomènes de la végétation. On sait que ce n'est que pendant le jour que les feuilles des plantes exercent leur action sur l'acide carbonique disséminé dans l'atmosphère, décomposent ce gaz et fixent le carbone qui entre ainsi dans la composition des tissus végétaux. En raisonnant par analogie, on a tout lieu de croire, avec Hervé Mangon, que la lumière n'est pas complètement étrangère à la fixation, par les plantes des prairies, des substances dissoutes dans l'eau courante. Il ne serait donc pas impossible que, pendant la nuit, l'effet de l'irrigation, à ce point de vue, fût moindre que pendant le jour. Toutefois, malgré l'utilité qu'aurait incontestablement la connaissance positive de ces phénomènes, les observations faisant complètement défaut, nous ne pouvons faire que des conjectures, et il convient de n'admettre celles-ci qu'avec la plus grande réserve.

106. L'action de l'eau doit être intermittente. — Bien que nous ayons vu (97 et 103) que l'emploi de l'eau en grande masse permettait de laisser, en été, une prairie couverte d'eau courante pendant 10 jours et même plus ; bien qu'en hiver, pendant le repos de la végétation, les mêmes durées d'arrosages puissent être adoptées sans inconvénient, la suspension fréquente des arrosages, déjà affirmée (15 et 103), reste la règle générale. C'est surtout à partir du moment où la température se maintient constamment à quelques degrés au-dessus de zéro, et où l'herbe, paraissant se réveiller d'un sommeil hivernal, commence à reverdir, qu'il convient de réduire la durée des arrosages, d'abord à 4 ou 5 jours avec des intervalles de trois ou quatre jours, puis, graduellement, jusqu'à un ou deux jours et même à un petit nombre d'heures, sans réduction des intervalles, à mesure que l'atmosphère devient plus chaude et que l'herbe montre une végétation de plus en plus active. C'est qu'alors l'oxygène dissous dans l'eau d'irrigation devient insuffisant pour les réactions chimiques qui doivent accompagner la formation de la sève, et la pénétration directe de l'air atmosphérique au sein du sol devient indispensable. Pendant le temps où la prairie est librement abandonnée aux influences atmosphériques, la plus grande partie de l'eau superficielle s'écoule d'abord en suivant les pentes ; une autre partie pénètre le gazon. Mais l'eau qui remplissait les interstices de la terre végétale ne cesse pas d'obéir aux lois de la pesanteur ; elle descend peu à peu dans les profondeurs du sol, ou bien gagne entre deux terres les fossés et les rigoles. Ainsi le sol de la prairie se ressuie, ne gardant que cette petite portion d'eau qui est retenue dans les pores les plus étroits par l'attraction capillaire et qui suffit précisément aux besoins de la végétation. Dans sa descente, cette eau abandonne les interstices du terrain ; mais le vide ainsi produit est immédiatement rempli par un afflux d'air extérieur.

§ 3.

QUALITÉS DIVERSES DES EAUX D'IRRIGATION.

107. Eaux limoneuses. — Les eaux des cours d'eau sont presque toujours plus ou moins troubles. On a vu (9) des exemples de la quantité de limon que charrient quelques-uns d'entre eux. Les teneurs en azote de plusieurs limons ont aussi été données dans le premier chapitre (10), et démontrent qu'ils constituent, en général, de précieux amendements. A défaut d'une analyse chimique, qui serait le guide le plus sûr, l'expérience locale apprendra à distinguer les limons doués du plus grand pouvoir fertilisant.

Lorsque le terrain irrigué est en labour, le dépôt formé par l'eau des arrosages se trouvera mélangé au sol par les façons ultérieures et ne pourra que l'améliorer. Ce n'est que pour des végétaux délicats, ou pour des plantes fourragères qui seraient salies par les dépôts, que l'on peut *préférer* parfois les eaux claires ; et, même dans ce cas, il vaudra mieux adopter une disposition appropriée d'arrosage par infiltration, à l'exclusion de toute submersion, que de renoncer volontairement à l'emploi d'eau plus trouble dont on aurait la libre disposition.

Sur les prairies on peut admettre, pendant l'hiver, les eaux chargées d'un limon dont l'effet comme engrais s'ajoutera à celui des substances que l'eau tient en dissolution. Au printemps et dans les irrigations d'été, on peut encore admettre parfois les eaux troubles, mais avec beaucoup de réserve et de prudence. Pour que le dépôt ne puisse pas alors détériorer la récolte, il faut que la couche d'eau soit assez mince pour rester partout inférieure au niveau que peut atteindre la faux. Il faut qu'il n'y ait aucune partie d'herbe versée, car celle-ci serait infailliblement salie par le dépôt boueux. Il faut enfin que les matières suspendues dans l'eau ne soient pas en telle abondance que leur dépôt puisse étouffer l'herbe, ou opposer un obstacle à la sortie des jeunes pousses.

Si l'on veut que le terrain profite complètement des matières en suspension dans l'eau, il conviendra que les canaux de distribution aient une pente assez prononcée ; autrement, la majeure partie des troubles se dépose dans ces canaux. Du reste, ces matières ne seront pas complètement perdues pour cela ; on les retrouvera lors du curage des fossés. Les produits de ces curages devront être soigneusement rendus aux cultures ; comme ils contiendront ordinairement beaucoup de débris végétaux, il sera bon de les disposer pendant un certain temps sur le bord du canal, en tas d'une médiocre épaisseur, que l'on arrosera fréquemment avec une écope, de manière à y entretenir une certaine humidité. Dans ces conditions, les végétaux entreront assez promptement en décomposition, et la matière, remuée au besoin à la pioche une ou deux fois, se convertira en une terre homogène et d'un épandage facile. On augmentera considérablement le pouvoir fertilisant de cette vase, si on peut après son extraction la stratifier avec un supplément de détritus végétaux de peu de valeur, y ajouter un peu de fumier ou d'autres matières d'origine animale, de la chaux, et enfin des cendres de bois non lessivées ou autres résidus riches en potasse et en phosphates. On obtiendra ainsi un engrais dont la valeur fertilisante sera sensiblement supérieure à la valeur primitive des matières employées, tant parce que ces matières se compléteront les unes les autres que parce que le tas, composé comme il vient d'être dit, sera une véritable nitrière qui s'assimilera une certaine quantité d'azote emprunté à l'atmosphère.

108. Eaux chargées d'acide carbonique. — Les eaux de source sont parfois extrêmement chargées de gaz acide carbonique. Celles des rivières n'en contiennent jamais que des quantités limitées ; il a été donné, dans cet ouvrage, quelques exemples relatifs à ce sujet (8. p. 14). Le rôle que joue l'acide carbonique dans les irrigations, eu égard à son abondance et à la nature des terrains, n'a pas encore été élucidé d'une manière péremptoire. J'ai émis (8) l'idée qu'il pourrait avoir quelque utilité dans certains cas ; mais l'opinion de H. Mangon, qui le considérait comme nuisible, est généralement considérée comme plus plausible. Ayant constaté qu'une des propriétés de l'eau d'irrigation consiste à fournir au sol de l'oxygène et à lui enlever de l'acide carbonique (100), cet auteur en conclut que plus l'eau employée se rapproche de l'état de saturation par l'acide carbonique, moins elle doit avoir d'action oxydante. Il résulterait de cette manière de voir que l'eau, même chargée d'acide carbonique, pourrait à la rigueur servir, en été, à humecter le sol par des arrosages de courte durée ; mais qu'étant pour ainsi dire asphyxiante, elle ne pourrait convenir pour les longs arrosages qu'on donne souvent aux prairies.

Lorsque l'eau circule dans des canaux, surtout lorsqu'elle se brise contre des obstacles ou tombe en cascade, son acide carbonique se dégage en partie, tandis que de l'oxygène est emprunté par elle à l'atmosphère.

109. Eaux calcaires. — C'est à la faveur de l'acide carbonique que le calcaire se dissout dans l'eau. Par conséquent les eaux les plus chargées de calcaire contiendront toujours des quantités notables d'acide carbonique, et pourront présenter les défauts signalés ci-dessus (108). Cependant, tant que la proportion du calcaire n'excédera pas de beaucoup les proportions qu'on rencontre dans la plupart des rivières (voir 6), ces eaux seront propres à toutes les irrigations. La présence du calcaire les rendra même précieuses pour les prairies où cet élément fait défaut, telles qu'il en existe un certain nombre en terrain sabloneux ou fortement argileux.

Quand la proportion de chaux, à l'état de bicarbonate, est très grande dans une eau de source, il suffit que cette eau soit exposée à l'air pour qu'une certaine quantité d'acide carbonique se dégage, en même temps qu'il se fait un dépôt de carbonate neutre de chaux. Telles sont les sources incrustantes, qui ne sont pas fort rares. Près de la source, tous les corps plongés dans l'eau se recouvrent d'une épaisse croûte calcaire ; les parties des végétaux qui se trouvent dans le courant sont bientôt ensorrées dans une enveloppe solide. Il ne serait pas prudent de déverser immédiatement ces eaux sur un terrain à irriguer, surtout sur une prairie. Le remède consiste à les faire tomber d'une certaine hauteur sur un enrochement (Belgrand), si les canaux et rigoles précédant le terrain à irriguer n'ont pas assez de développement.

110. Eaux minérales diverses. — Les eaux des sources dites minérales ou thermales, celles qui sortent de certaines galeries de mines, ou qui ont servi au lavage de certains minerais, et généralement presque toutes les eaux réputées mauvaises, s'améliorent sensiblement par l'agitation au contact de l'air et par la circulation dans les canaux. Pendant ces mouvements, celles qui sont trop chaudes ou trop froides reviendront à une température normale ; celles qui contiennent de très-fortes proportions de carbonate de chaux, d'oxyde de fer ou de soufre, se dépouilleront d'une partie de ces substances, qui se déposeront sur les parois des canaux ou des corps formant obstacle au mouvement de l'eau ; celles qui sont acides seront neutralisées en les faisant passer sur du calcaire ; celles enfin qui, après cela, seraient encore trop fortement minéralisées cesseront néanmoins d'être nuisibles, et deviendront même généralement fertilisantes si on ne les emploie qu'à l'état de mélange avec une eau plus pure.

111. Eaux provenant des bois, bruyères ou marais. — Les eaux qui ont coulé à la surface des terrains boisés, des bruyères, des marais tourbeux, ont toujours été réputées mauvaises, et leurs effets pernicieux sur les plantes sont attribués au *tannin* dont ces plantes, d'ailleurs chargées de diverses matières d'origine végétale, contiennent presque toujours une certaine quantité. On sait, en effet, que si, après avoir arraché une plante, on maintient ses racines plongées dans une dissolution de tannin, les spongioles par lesquelles devrait se faire l'aspiration de la sève ne tardent pas à être profondément altérées et atrophiées. Malgré cette expérience et malgré ce qui a été dit à ce sujet dans un grand nombre d'ouvrages qui font autorité, je n'hésite pas à déclarer que l'on peut parfaitement tirer parti, pour les irrigations, de toutes les eaux dont il s'agit, et, qui plus est, que les divers corps, et notamment l'azote, qui s'y trouvent contenus, constituent une valeur agricole dont il faut savoir tirer parti. Je conviens que si ces eaux sont dirigées en abondance sur un sol presque inerte, comme par exemple du sable siliceux à peu près pur, les végétaux chétifs qui auraient pu croître sur un tel sol se trouveraient à peu près dans le même cas que ceux de l'expérience citée tout à l'heure, et ne pourraient que se trouver dans des conditions encore plus mauvaises que précédemment, par suite de la présence du tannin. Mais si le terrain sur lequel l'eau sera dirigée renferme ce mélange complexe d'éléments qui constitue les terres fertiles, ce terrain, dans ce cas, au lieu d'être un simple récipient, sera, surtout s'il est couvert d'une abondante végétation, un foyer de dissolutions et de réactions chimiques incessantes. Alors les matières végétales et le tannin lui-même, introduits peu à peu dans le sol avec l'eau d'arrosage, pourront y être en peu de temps modifiés, et finalement transformés en éléments nouveaux susceptibles de faire partie de la sève.

Bien peu de substances constituent par elles-mêmes des engrais complets ; il y en a beaucoup, parmi celles qui sont reconnues avec raison comme fertilisantes, qui n'ont d'efficacité qu'autant qu'elles apportent un complément utile à d'autres éléments préexistants dans un terrain donné. Tels amendements qui, employés chacun isolément, ne procureraient aucune amélioration à un sol aride, le fertiliseront par leur réunion. Or, on sait que les plus complets et les plus efficaces d'entre les engrais contiennent à la fois des principes minéraux et des substances d'origine végétale ou animale en partie azotées. Il est donc *à priori* très-vraisemblable, et la pratique le confirme pleinement, que pour tirer le meilleur parti possible des eaux chargées surtout de matières extractives empruntées au règne végétal, il faut les employer sur des terres richement pourvues de substances minérales solubles, c'est-à-dire ayant reçu en abondance des amendements calcaires, alcalins et phosphatés. Le fumier animal, préexistant dans le terrain, contribue également à l'efficacité de l'eau d'arrosage ; il agit probablement alors comme un ferment qui détermine la

décomposition des matières douées, comme le tannin, d'une certaine stabilité. [1]

1. J'ai eu l'occasion d'employer sur des prairies des eaux provenant de l'égout de terrains incultes ou boisés. C'est donc après expérience que je puis dire que ces eaux, sans être des meilleures, sont néanmoins utilement applicables aux irrigations. J'avais notamment recueilli l'eau, qui se rassemblait d'elle-même et pendant un certain laps de temps, après chaque pluie, dans les parties basses de terrains entièrement couverts de taillis de chênes. J'avais employé cette eau sur un pré dont les diverses parties se trouvaient dans des états d'entretien assez différents. J'ai remarqué, au bout de quelque temps, que l'irrigation n'apportait aucune amélioration appréciable à certaines portions du pré, très arides et pourvues d'une herbe rare et maigre, qui auraient eu particulièrement besoin d'éléments fertilisants. D'après cela, cette eau aurait pu être regardée comme à peu près impropre à l'irrigation. Cependant la même eau, lorsqu'elle coulait en abondance sur une autre partie du pré qui avait été très-améliorée avec des terreaux et des phosphates fossiles, donnait à l'herbe un grand surcroît de vigueur et en activait visiblement la croissance, effet qui était en contradiction avec celui que j'ai cité en premier lieu. On pourrait donc se demander si les bons effets observés dans une partie du pré étaient le résultat des matières apportées par l'eau d'irrigation, ou s'ils n'étaient pas dus uniquement aux engrais, le rôle de l'eau, dans ce dernier cas, se réduisant à dissoudre et à faire pénétrer dans le sol une partie des substances qui y avaient été déposées sous forme d'engrais. En d'autres termes, il s'agissait de savoir si les substances contenues dans l'eau augmentaient ou diminuaient le degré de fertilité qu'eussent procuré des arrosages à l'eau complètement pure. Pour tâcher de jeter quelque jour sur cette question, j'ai fait l'essai suivant.

Un certain nombre de pots à fleurs ont été remplis de mélanges représentant des terrains de diverses natures. Les pots étaient disposés par paires, les deux pots de chaque paire étant remplis d'une terre identiquement semblable. Un mélange d'herbes analogues à celles des prairies fut semé dans tous les pots; puis, quand l'herbe fut bien levée et enracinée, tous les pots furent arrosés, au moins deux fois par jour, pendant six semaines à deux mois. Seulement, un des pots de chaque paire était toujours arrosé à l'eau claire, tandis que l'autre l'était avec une eau où avaient infusé de la sciure de bois de chêne, de l'écorce du même bois et des feuilles mortes. Cette eau avait la nuance d'une décoction de café extrêmement légère. Dans le sable siliceux, presque pur, l'herbe ne fournit que des brins fort grêles; celle arrosée à l'eau ordinaire se maintint néanmoins; celle arrosée à l'eau tannée ne tarda pas à jaunir : une grande partie de ce plant périt peu à peu, et le reste fut abandonné. Dans la bonne terre de jardin, l'herbe était touffue; mais celle qui recevait les arrosages à l'eau tannée ne tarda pas à dépasser en épaisseur et en hauteur sa voisine, qui ne recevait que de l'eau claire. Le même effet était encore plus marqué dans la terre de jardin qui avait été additionnée de fumier décomposé et de cendres de bois. Ainsi, les matières végétales en infusion dans l'eau avaient bien incontestablement leur influence propre. Ainsi, l'eau contenant du tannin était nuisible dans le sol aride, mais évidemment fécondante dans les bonnes terres bien amendées. Telles sont, du moins, les conséquences qui m'ont paru ressortir de ce simple essai, bien qu'il manquât, dans ses détails, de la précision qui eût été nécessaire pour une véritable expérience scientifique.

119. Influence de la température de l'eau. — Une des circonstances qui influent le plus sur la qualité des eaux d'irrigation, c'est leur température.

En été les eaux froides ont pour effet immédiat de refroidir le sol, et, par suite, de retarder momentanément la végétation. L'effet en est tel qu'il peut être quelquefois mis à profit par les jardiniers pour retarder, au moyen d'arrosages copieux, la croissance et la maturation de produits pour lesquels ils n'ont pas un écoulement immédiat. Au contraire, à la sortie de l'hiver, une eau douée d'une douce température réchauffera le sol superficiel, et activera la végétation.

Nous avons vu (101) que, dans l'irrigation des prairies, la fixation des matières fertilisantes dépend beaucoup de la température. En hiver, l'eau cède à la prairie une portion beaucoup moindre de l'azote qu'elle contient qu'elle ne le fait au printemps et en été.

Les sources ont une température qui dépend de la profondeur de la nappe d'eau souterraine qui les alimente, température qui, sauf des cas exceptionnels, est au moins égale à la température moyenne annuelle de l'atmosphère. Les sources sont donc, en général, plus chaudes que l'air pendant toute la durée de l'hiver, et chacun a pu remarquer combien l'eau qui en découle peut faire de chemin avant de se congeler. Les rivières elles-mêmes conservent longtemps une assez grande quantité de chaleur et ne gèlent, comme on le sait, qu'à la suite de froids vifs et prolongés. Par contre, les eaux provenant de la fonte des neiges ou sortant des glaciers sont souvent plus froides que le sol. De telles eaux, à peu près inconnues dans les pays peu accidentés, se rencontrent parfois dans les montagnes ou dans leur voisinage, et naturellement leurs effets sont opposés à ceux des sources tièdes; elles retardent ou suspendent même complètement la végétation. Elles ne sont utilisables qu'après avoir effectué un long trajet dans le lit des torrents et des rivières ou canaux.

C'est grâce à la température, relativement chaude, des eaux de source, de rivière, de drainage, etc. que l'irrigation des prairies peut être pratiquée pendant l'hiver. C'est aussi grâce à l'abondance de l'eau de source qu'on a pu créer, dans le Milanais, ces prairies, dites *marcites*, qui végètent pendant tout l'hiver.

En été il est toujours avantageux de réchauffer l'eau le plus possible, avant de s'en servir pour l'irrigation, ce qui s'obtient souvent en la conservant dans des réservoirs exposés au soleil ou en la faisant circuler dans des canaux.

113. Influence de l'aération. — L'aération de l'eau est regardée généralement, et avec raison, comme une condition essentielle de sa bonne qualité. Nous avons vu (8) que l'eau, au contact de l'atmosphère, dissout de l'oxygène et de l'azote. J'ai exposé (100) le rôle important que joue l'oxygène dans les irrigations. Les procédés qui améliorent toutes les eaux (108 à 112) ont en même temps pour effet de les aérer.

§ 4.

VALEUR VÉNALE DE L'EAU D'IRRIGATION

114. Redevances payées, dans le Midi, pour l'eau d'irrigation. — L'eau des canaux d'irrigation est généralement livrée moyennant une redevance annuelle, fixée à tant, soit par hectare irrigué, soit pour un écoulement continu d'un certain nombre de litres par seconde, écoulement réglé par une ouverture déterminée de la vanne de prise d'eau.

Le prix de l'eau a été fixé, dans bien des cas, par des ordonnances ou des coutumes remontant à diverses époques, quelquefois à trois siècles. Aussi existe-t-il, entre les sommes payées pour une même quantité d'eau, les plus grandes divergeances. On cite telle localité où la jouissance annuelle de l'eau ne coute qu'un droit de 3 francs. Plus souvent la redevance est de 30 francs environ par hectare irrigué ou pour un écoulement continu d'un litre par seconde. Dans plusieurs canaux, de date relativement récente, le prix est de 50 francs. Enfin, de tous les canaux d'irrigation construits tant en France qu'à l'étranger, c'est vraisemblablement celui de Marseille où l'eau se vend le plus cher : le prix par hectare irrigué est de 70 francs. L'énumération exacte de ces prix qui ne peuvent, en l'absence de concurrence entre les canaux, résulter d'un libre débat entre les intéressés, et qui ne reposent d'ailleurs sur aucun principe rationnel, serait de peu d'intérêt.

115. Valeur intrinsèque de l'engrais apporté par l'eau d'irrigation. — Nous avons vu (6) que l'eau apporte avec elle soit en dissolution soit comme partie intégrante des limons, diverses matières minérales qui sont de véritables amendements pour les terres.

L'eau contient également (7) des quantités appréciables d'azote. Indépendamment de l'utilité de l'eau en elle-même et des effets importants de l'oxygène dissous (100), elle introduit donc dans le sol une dose annuelle d'engrais, généralement insuffisante, il est vrai, pour les récoltes *maxima* qu'on est en droit d'exiger des terres irriguées, mais qui n'en a pas moins une valeur très notable.

Si on se reporte aux quatres expériences faites en Provence par M. Mangon, on trouve, sans tenir compte des limons, que chaque volume de 15 552 mètres cubes d'eau, considéré comme représentant une irrigation moyenne dans le Midi (93), introduit dans le sol les quantité d'azote suivantes :

	Kilogrammes d'azote.
Prairie. — Eau d'une dérivation de la Durance...............	22,2
Luzerne. — » »	23
Haricots. — » »	27,6
Prairie. — Eau de la Sorgue (fontaine de Vaucluse)..........	23,2

Ces chiffres diffèrent fort peu les uns des autres ; la moyenne est de 24 kilogrammes d'azote. Or tous les agriculteurs qui achètent journellement du guano ou des engrais chimiques ne payent presque jamais l'azote contenu dans ces matières moins de 1 fr. 60 à 2 francs le kilogramme ; c'est une valeur admise par tous les agronomes. Les 24 kilogrammes d'azote ont donc, au prix moyen, une valeur de 43 francs. Il y a en outre les limons ; si on suppose une proportion égale à ce que contient la Durance, en moyenne, on trouve, d'après les indications consignées numéros 9 et 10, 13 kilogrammes d'azote, d'une valeur de 23 francs, en nombre rond, à ajouter aux 43 francs déjà comptés, ce qui fait un total de 66 francs d'azote.

Depuis Mangon, les eaux et les limons de la Durance ont été analysés par Barral, par les procédés les plus récents de la chimie[1] ; il a trouvé dans la quantité d'eau moyennement employée par hectare :

Azote..................	27	1,80	48,60
Acide phosphorique......	213	0,55	117,15
Potasse................	258	0,60	154,80
		Total.	320,55

1. *Rapport sur le concours d'irrigations de 1876 dans les Bouches-du-Rhône*, p. 176 et suiv.

Certainement les eaux de toutes les rivières n'ont pas une composition absolument identique. Mais, même en faisant une large part aux différences possibles, en présence des chiffres ci-dessus, on reste convaincu que les irrigateurs, en payant l'eau 70 francs comme au canal de Marseille, ou même un peu plus, ne payent pas même la valeur de l'engrais qu'elle leur apporte, et jouissent en outre, gratuitement, de tout l'effet utile de l'eau considérée comme si elle était pure.

110. Prix de revient de l'eau, consenti par quelques agriculteurs du Midi. — Dans maintes localités du Midi, les cultivateurs n'hésitent pas à faire la dépense d'un puits et d'une noria lorsqu'ils sont assurés de rencontrer une nappe d'eau abondante à 4 mètres au-dessous de la surface du sol. Or, si j'admets qu'un cheval, attelé à un manège, développe un travail de 45 kilog. élevés à 1 mètre par seconde ; que la noria utilise les 0,75 de ce travail, un cheval, dans les conditions dont il s'agit, élèvera par seconde $\frac{45 \times 75}{4 \times 100} = 8$ lit. 4 environ, ou par minute à peu près 500 litres, par heure 30 mètres cubes, et par journée de huit heures 240 mètres cubes. Si la journée du cheval vaut 3 fr. 50, le mètre cube d'eau reviendra, de ce chef, à 1 cent. 458, et les 15 552 mètres cubes, regardés comme nécessaires chaque année à une irrigation moyenne, reviendront à 226 fr. 75, sans compter ni l'amortissement des frais d'établissement du puits et de la noria, ni l'entretien de cette dernière [1].

Il est vrai que l'on n'emploie guère les norias que là où la propriété est assez divisée et où la culture a un caractère quelque peu industriel, — Il est évident que l'agriculteur qui possède un sol doué par lui-même de puissants éléments de fécondité, qui trouve à sa disposition une main-d'œuvre abondante, qui jouit de moyens faciles de communication et de grands débouchés commerciaux, qui est avantageusement placé pour se livrer à des cultures maraîchères ou industrielles pourra payer l'eau plus cher que celui qui, se trouvant dans des conditions contraires, ne pourra faire qu'une culture moins lucrative. Mais l'eau est une source de profits même dans la grande culture et pour les terrains

1. J'ai emprunté cet argument à M. Riondel : *L'Agriculture de la France méridionale*. Seulement, mes calculs ne concordent pas rigoureusement avec les siens, et je suis arrivé à un prix de revient un peu plus élevé.

très peu fertiles à défaut d'irrigation. Ainsi, pour ne citer que cet exemple, M. Destremx de Saint-Christol, lauréat de la prime d'honneur de l'Ardèche, déclare [1] que les terrains qu'il a irrigués dans le Gard ont acquis, presque aussitôt, une augmentation de valeur locative de 100 francs par hectare et continuent à s'améliorer. Le même agriculteur nous apprend d'autre part, que des prairies irriguées qu'il a créées dans l'Ardèche, sur des terrains composés de roches et de sables, ont augmenté de 6 000 fr. par hectare la valeur foncière [2] ; ce qui à 2 1/2 pour cent seulement, représenterait un revenu annuel de 150 francs. Ainsi, dans les moins bonnes conditions, il y a bénéfice à irriguer, tant que l'eau coûte moins de 100 fr. par hectare.

117. Conclusion relative aux irrigations dans le Midi. — Il résulte des diverses considérations qui précèdent que le prix de l'eau, pour un écoulement continu de 1 litre par seconde pendant les six mois où l'on irrigue le plus en France, est généralement fixé trop bas ; qu'en le portant à 70 francs, par exemple, comme au canal de Marseille, ou même un peu plus haut, on ne ferait qu'un acte de justice envers les propriétaires des canaux, qui généralement aujourd'hui ne font pas leurs affaires ; qu'enfin, si un certain nombre de cultivateurs ne profitent pas des facilités qui leur sont offertes pour irriguer leurs terres, cela tient au manque d'initiative, à l'ignorance et à l'esprit de routine, nullement au prix trop élevé de l'eau.

118. Valeur de l'eau appliquée à l'irrigation des prairies dans le Nord. — Les chiffres très élevés, relatifs à la valeur intrinsèque de l'eau, auxquels on est arrivé ci-dessus, d'après les analyses de Barral (115), se rapportent au cas où toute l'eau des arrosages est absorbée par le sol, condition que savent réaliser les plus soigneux d'entre les irrigateurs provençaux. Cette même condition peut être également réalisée, dans le Nord, pour les prairies où l'on n'emploie que de faibles volumes d'eau. Mais dans le cas où l'eau ne fait que passer sur une prairie et en ressort en majeure partie, à l'état de colatures, ainsi que cela se passe dans d'assez nombreuses prairies situées au bord des rivières, on

1. Destremx de St-Christol, *Agriculture méridionale, le Gard et l'Ardèche*, p. 300.
2. Même ouvrage p. 325.

sait (102) que l'épuisement des matières fertilisantes est loin d'être complet. Par conséquent la valeur d'un même volume d'eau, considérée comme engrais, est bien moindre que dans les irrigations du Midi ; d'autant moindre que les arrosages ont lieu à plus grand volume. Dans les arrosages opérés avec 300 à 400 litres d'eau par seconde et par hectare, tels que ceux que Mangon a étudiés dans les Vosges, chaque volume de 15 550 mètres d'eau ne fournissait guère au sol que 2 kilogrammes d'azote, soit à peine pour une valeur de 4 francs. Il est vrai que l'acide phosphorique et la potasse, substances d'une utilité de premier ordre pour les prairies, étaient vraisemblablement fixés en proportions relativement plus considérables que l'azote, dont le sol des prairies objet des expériences était amplement fourni. Malheureusement ces expériences n'ont pas porté sur les deux corps dont il s'agit, et les documents manquent complètement pour fixer la valeur de ce qui en est resté dans le sol.

Ce qui ressort de tout cela, c'est que les irrigations de prairies à grands volumes d'eau, comme on les pratique dans les Vosges, entretiennent ces prairies en parfait état sans le secours d'aucun engrais proprement dit, et sont par conséquent une excellente opération pour les propriétaires ; mais à une condition toutefois, c'est que l'eau *ne leur coûte rien ou presque rien*. Si le mètre cube d'eau devait se payer comme dans le Midi, de telles irrigations deviendraient impraticables. Il faudrait alors se rapprocher, hiver comme été, des méthodes *méridionales* ; porter l'eau, par petites quantités, successivement sur tous les points, de manière à ne pas priver longtemps le gazon du contact de l'atmosphère ; opérer, en somme, de manière à faire absorber presque toute l'eau par le sol, en réduisant les colatures au minimum.

CHAPITRE QUATRIÈME

IRRIGATION DES CULTURES DIVERSES

§ 1. *Dispositions générales.* — § 2. *Méthodes applicables aux terres labourables.* — § 3. *Irrigation des cultures maraîchères et des jardins.* — § 4. *Irrigation des plantations d'arbres.* — § 5. *Irrigation des coteaux.*

§ 1er.

DISPOSITIONS GÉNÉRALES.

119. Etude et disposition d'ensemble d'une irrigation. — Toute irrigation d'une superficie limitée et d'un périmètre donné suppose d'abord une prise d'eau à une rivière, canal ou réservoir. [1] Cette prise d'eau peut se trouver à une certaine distance du terrain à irriguer ; il faut alors faire franchir à l'eau cette distance au moyen d'un fossé que nous appellerons, suivant son importance, *canal* ou *rigole d'amenée.* [2] Pour peu que le terrain considéré soit étendu, on est conduit à ramifier le canal d'amenée de manière à pouvoir diriger l'eau, soit simultanément, soit successivement, sur un certain nombre de points ; ces rami-

1. Pour les divers moyens de se procurer l'eau, voir Chap. II, § 1. — Pour les réservoirs, même Chapitre, § 2. — Les questions relatives aux canaux principaux ont été traitées, même Chapitre, § 4. — Pour les dispositions des prises d'eau, voir 53.

2. Voir, pour le profil transversal à donner à ces canaux, 60. — Relativement aux profondeurs et largeurs convenables, 58. — Voir aussi 62, 63 et 64.

fications portent le nom de *rigoles de distribution*. Enfin, dans la plupart des méthodes d'irrigation qui vont être exposées, il existe des ramifications de second ordre, dont la fonction n'est plus de transporter l'eau à distance, mais bien de la déverser, d'une certaine manière, sur le terrain à arroser ; ce sont les *rigoles d'arrosage* proprement dites. On adopte souvent, pour ces dernières rigoles, un profil analogue à celui de la figure 27 (61).

Conformément à ce qui a été dit dans le chapitre 1er (17), il y a le plus souvent d'autres rigoles spéciales, les *rigoles d'égouttage*. Enfin les fossés qui réunissent, s'il y a lieu, les eaux des diverses rigoles d'égouttage pour en débarrasser définitivement le terrain considéré sont les *rigoles* ou *canaux d'évacuation*.

Si on subdivisait le canal d'amenée, à son entrée sur le terrain à irriguer, de manière à conduire l'eau, suivant des directions rectilignes, sur un certain nombre de points, on formerait une patte d'oie qui comprendrait des angles aigus très peu commodes pour la culture ; on aurait aussi, parfois, des pentes beaucoup trop fortes ou trop faibles. Si on traçait les rigoles de répartition à l'aide du niveau, par la seule considération de régulariser les pentes, on serait obligé, le plus souvent, de faire de nombreuses courbes pour suivre les sinuosités du relief du terrain ; ces courbes seraient peu commodes dans la pratique.[1] Il est, au contraire, presque indispensable que le sol soit divisé en pièces quadrilatérales et approchant, autant que possible, de la forme rectangulaire. Ces pièces de terre, d'autre part, ne doivent pas être fort étendues, parce qu'on éprouverait alors trop de difficultés à y répandre l'eau d'une manière uniforme. On ne leur donne guère pour cette raison, plus d'une cinquantaine de mètres dans le sens de la plus grande pente. Enfin, on s'applique à les orienter de manière que chacune ait deux de ses côtés opposés qui s'écartent peu de l'horizontale, tandis que les deux autres côtés se rapprochent, au contraire, de la direction de la plus grande pente. Il convient donc de tracer les rigoles de distribution suivant des lignes brisées dont les parties rectilignes successives, faisant entre elles toutes les fois que cela est possible des angles voisins de l'angle droit, sépareront les pièces de terre, longeront les chemins ou délimiteront la propriété. Cela posé, si l'irrigation est à établir sur

1. S'il s'agissait de prairies permanentes, les irrégularités de forme et les courbes auraient beaucoup moins d'inconvénients que pour les terres destinées à recevoir des labours et des cultures diverses.

des terrains non encore subdivisés et appartenant à un même propriétaire, on comprendra dans une même étude d'ensemble le fractionnement du terrain et le tracé des canaux de répartition et des rigoles. Si, au contraire, le terrain est d'avance morcelé, on s'appliquera à conserver autant que possible les divisions existantes et à en tirer parti. Il y a donc, dans chaque cas qui se présente, une étude à faire, dans laquelle le tâtonnement aura une très grande part et pour laquelle on ne peut poser aucune règle absolue.

Une question qu'on peut se faire est celle de savoir si on doit chercher à tracer, autant que possible, les rigoles d'amenée et de répartition sur les lignes de faîte ou dans les thalweg ? [1] On ne peut répondre d'une manière générale à cette question. En maintenant les rigoles dans les parties hautes du terrain, on a beaucoup plus de facilités pour porter l'eau, à l'aide d'embranchements, sur tous les points voulus ; souvent il n'y a pas d'autre solution possible. Mais, surtout dans les terrains perméables, on risque, en opérant comme il vient d'être dit, d'entretenir une humidité permanente et préjudiciable dans certaines parcelles situées en contrebas de la rigole. D'un autre côté, une rigole ou un canal, quoique suivant un thalweg dans la majeure partie de son cours, peuvent quelquefois, à l'aide d'embranchements adroitement tracés et à faible pente, amener l'eau sur des points en apparence culminants. Dans ce cas, une partie du canal pourra remplir un double office en servant à l'égouttage des terrains supérieurs. S'il s'agit d'un canal d'amenée d'une certaine longueur il y aura en outre cet avantage que ses eaux s'accroîtront éventuellement, dans leur parcours, de celles des pluies et des sources qui pourraient s'y trouver.

120. Exemple d'un terrain disposé pour l'irrigation.— Pour rendre plus clair ce qui précède, supposons un terrain de quelques hectares, d'un seul tenant, limité par des propriétés voisines et représenté en plan, figure 59. Le périmètre ABCDEFGHI est irrégulier. La pente générale est dirigée du haut en bas du

1. *Thalweg*, mot allemand francisé, exprime l'inverse d'une *ligne de faîte*. On peut le définir : une ligne, généralement sinueuse, tracée sur un terrain de telle façon que chacun de ses points soit plus bas que n'importe quel point voisin qui serait situé à droite ou à gauche. Le thalweg d'une vallée est la ligne où tendent à se rassembler et à s'écouler d'elles-mêmes les eaux pluviales.

plan ; mais le sol est supposé, à dessein, assez fortement ondulé, ce qu'indiquent les courbes de niveau figurées par des lignes pointillées. C'est ce terrain qu'il s'agit de disposer pour l'irrigation.

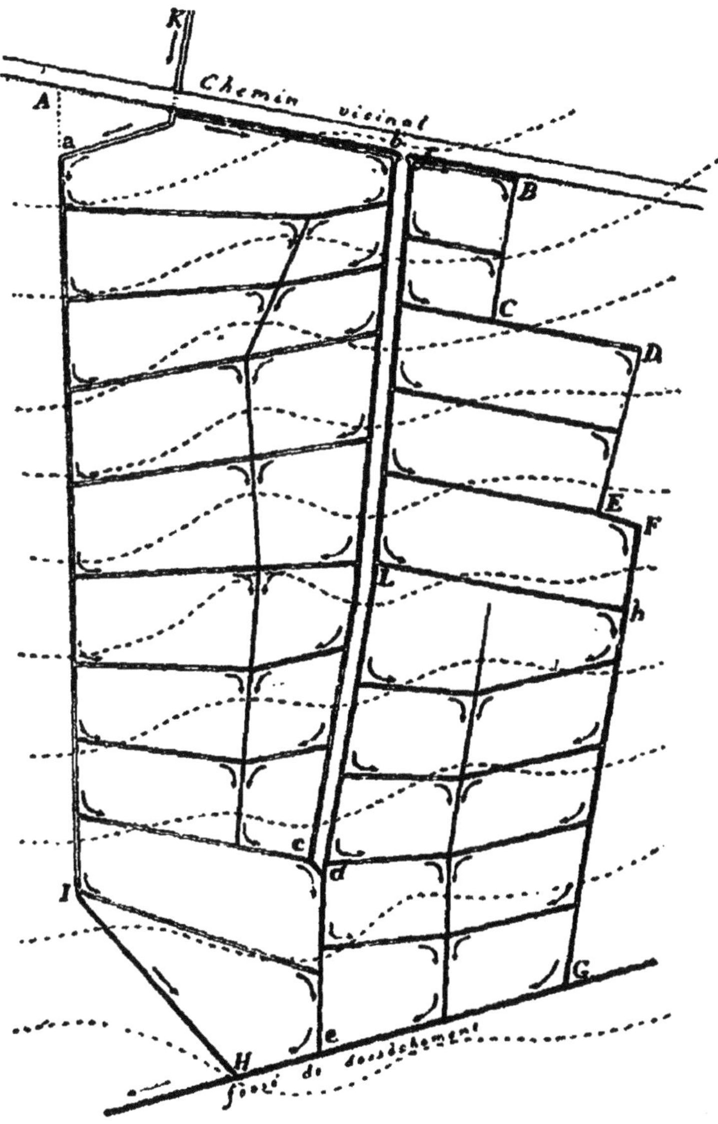

Fig. 59.

Au haut du terrain se trouve un chemin vicinal qui limite et dessert la propriété. A l'extrémité opposée et la plus basse, existe un assez large fossé, tracé dans la direction GH, commun entre plusieurs propriétaires et dans lequel chacun a le droit de faire écouler les eaux superflues. Un grand fossé ou petit canal amène, en haut du plan, en K, l'eau d'une concession, et nous pouvons lui faire traverser le chemin public en ce point, sous un petit ponceau [1]. Je représenterai, sur le plan, tous les fossés ou rigoles destinés à conduire les eaux d'irrigation par des traits doubles. Des traits noirs et pleins indiqueront ceux qui ne sont destinés qu'aux eaux de *colatures*, autrement dit à l'égouttage des eaux que le sol n'aura pu absorber pendant l'irrigation. Naturellement les mêmes rigoles, dans les saisons de pluies prolongées, évacueront de la même manière l'excès des eaux pluviales.

Je remarque que la limite AI occupe sensiblement une ligne de faîte : le fossé qui délimite de ce côté la propriété pourra, en conséquence, servir avantageusement de canal de répartition pour les terres situées de ce côté [2]. J'établis donc l'embranchement K*a*I qui se prolonge, vers le bas, par un fossé III, afin qu'on puisse, lorsqu'on n'aura pas besoin d'irriguer, envoyer néanmoins toute l'eau au fossé de décharge générale GH. Sur le canal de distribution AI s'embranchent toute une série de rigoles d'arrosage, établies à peu près de 30 mètres en 30 mètres, en moyenne. Ces dernières rigoles sont tracées de manière à ce qu'elles aient une légère pente à partir du canal de distribution. Je ne puis les mener très loin en ligne droite, à cause d'une inflexion de terrain qui change le sens de la pente ; je les termine donc, comme on le voit, à une rigole d'égouttage ou *fossé colateur*, tracé au milieu d'un léger pli de terrain formant vallon. En haut, près du chemin, vers le point A, reste un petit espace triangulaire qu'il n'est pas possible d'irriguer, en raison de son élévation et de la position obligée du passage de l'eau sous le grand chemin ; cette parcelle serait propre à recevoir des plantations d'arbres. Un chemin d'ex-

1. On trouve, Chapitre II (74 à 78), la description de plusieurs types de ponceaux. On a vu (66) comment on peut, quelquefois, trouver un point convenable pour faire passer une rigole sous une route en lui faisant faire un détour ; et comment on peut faire passer l'eau en siphon dans le cas où la route et le canal se trouvent au même niveau.

2. Si, conformément à ce que j'ai dit dans le numéro précédent, on cherchait à placer les canaux distributeurs dans les bas fonds, à la place où se trouvent, sur le plan, les rigoles de colature, on arriverait à un projet possible à la rigueur, en traçant en conséquence les rigoles d'arrosage. Mais il est facile de reconnaître, à la forme des courbes de niveau, que les rigoles ainsi tracées (en tenant compte de la pente qu'elles doivent avoir) conduiraient à des divisions du sol qui s'écarteraient par trop de la forme rectangulaire.

ploitation praticable aux voitures est jugé nécessaire pour desservir les diverses parcelles ; je le place, comme on le voit, vers le milieu du terrain, où il sera d'autant mieux garanti des eaux stagnantes qu'il suit une ligne de faîte. Il est bordé de deux fossés dont la terre, rejetée sur le chemin, l'exhaussera légèrement, et qui serviront de canaux de répartition. En effet, l'eau, à sa sortie du ponceau K, peut être dirigée, par le fossé de la route, jusqu'en *b*, d'où elle prend le canal à gauche du chemin d'exploitation ; ou bien encore elle traverse ce dernier chemin, sous un petit ponceau, pour arriver en *f*, d'où elle redescend dans le canal de droite. Tout le quart environ du terrain, en bas à droite, est assez mouvementé ; il est difficile d'y conduire l'eau, depuis le chemin d'exploitation jusqu'à la limite de droite de la propriété, par un seul système de rigoles, tout en maintenant pour celles-ci un tracé rectiligne, une pente et une profondeur à peu près uniformes. C'est ce qui m'a fait prendre le parti de faire un embranchement en L (vers le milieu du terrain), et de me servir du fossé d'arrosage L*h* pour alimenter le canal de distribution *h*G. Le reste se comprend à l'inspection du plan : des flèches permettent de suivre facilement la distribution de l'eau dans ce réseau un peu compliqué. Pour que, du chemin d'exploitation, on puisse parvenir dans toutes les parcelles avec les animaux, les instruments aratoires et les véhicules, il sera opportun d'établir sur les fossés latéraux, au droit de chaque parcelle, un petit ponceau que je n'ai point figuré au plan, pour ne pas le compliquer par trop [1]. Quant aux colateurs qui se trouvent interposés entre le chemin de service et quelques-unes des parcelles, on les franchira facilement, et quatre ou cinq fascines, que l'on y placera au besoin, assureront complètement le passage des voitures au moment de la sortie d'une récolte.

Il est évident que si nous avions eu affaire à un terrain moins mouvementé, tel qu'on en rencontre beaucoup dans les plaines et les larges vallées, on aurait pu le subdiviser en parcelles un peu plus grandes, plus égales, et de forme plus régulière que dans l'exemple de la figure 59.

Quant à la manière dont l'eau sera uniformément répandue par les rigoles d'arrosage, ce sera l'objet du paragraphe suivant.

1. Pour les petits ponceaux, provisoires, mobiles ou permanents, voir Chapitre II, § 4, notamment 73 et 78.

191. Utilité d'un plan pour la rédaction d'un projet d'irrigation. — Toutes les fois qu'il s'agira de faire sérieusement un projet, au lieu d'improviser sur le terrain, il sera infiniment préférable de tracer, sur le papier, un plan à grande échelle, 1 millimètre pour 1 mètre par exemple, de rapporter sur ce plan les courbes de niveau qui rendent parfaitement sensibles, à un œil tant soit peu familiarisé avec ce genre de représentation, les plus légers accidents du sol. Sur un tel plan, on embrasse d'un seul regard tout l'ensemble de son terrain, bien mieux qu'on ne pourrait le faire sur le terrain lui-même. On résout en un instant maintes questions, dont chacune exigerait autrement un nivellement spécial ; car en fait de niveau il est impossible de s'en rapporter au témoignage des yeux. De plus, on peut tâtonner avec le crayon, détruire d'un coup de gomme élastique un travail dont on n'est pas satisfait, et le recommencer à peu de frais autant de fois qu'il le faut. Il n'y a plus ensuite qu'à rapporter le tracé sur le sol. Si par ce procédé l'étude d'un projet est un peu plus longue, on évite presque toujours, par contre, bien des imperfections, des fausses manœuvres et des faux frais.

§ 2.

MÉTHODES D'IRRIGATION APPLICABLES AUX TERRES LABOURABLES.

192. Arrosage par déversement. — Soit, figure 60, le plan sur une plus grande échelle de l'un des compartiments de la figure 59 ; AD le canal de répartition, commun à plusieurs compartiments ; BC la rigole d'arrosage afférente à la pièce de terre que nous considérons et qui la limite du côté le plus haut ; DE la rigole semblable afférente à la pièce de terre inférieure ; CE une rigole d'assèchement ou de colature. Je supposerai que la surface du terrain, quelle que soit la récolte qui l'occupe, est aussi unie que peut le permettre la pratique de la culture, sans billons ni raies profondes. Le profil du terrain sur une ligne telle que *gf*, dirigée suivant la plus grande pente, sera à peu près celui de la figure 61.

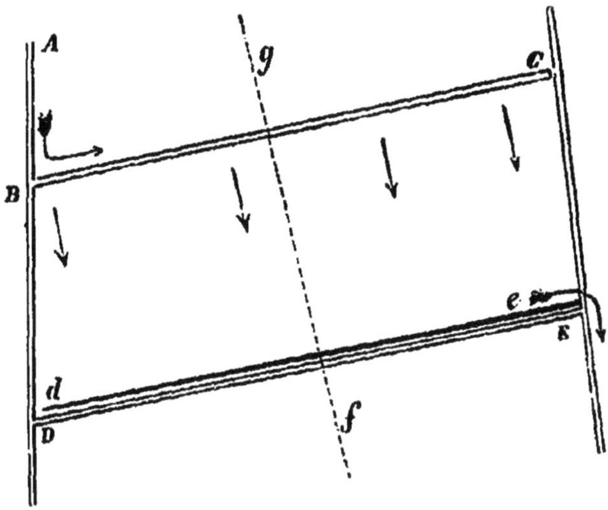

Fig. 60.

A D, canal d'amenée ;
B C, D E, rigoles d'arrosage ;
C E, fossé ou rigole d'écoulement ;
d e, petite rigole d'écoulement plus large en *e* qu'en *d*.

On y voit qu'en amont de chacune des rigoles d'arrosage (B C, D E de la figure 60) se trouve un rebord saillant en terre, dit aussi

Fig. 61

Ce profil n'est pas tracé suivant les proportions réelles. Relativement à la grandeur des rigoles, le champ devrait être beaucoup plus large.

bourrelet ou coussinet, qui pourrait n'avoir que 10 à 15 centimètres de hauteur. Du côté de ce rebord opposé à la rigole d'arrosage est une rigole plus petite, destinée à servir de colateur ; une de ces rigoles est tracée en *de* sur le plan, figure 60 ; c'est en réalité un simple trait de charrue ou de houe à main, dont l'extrémité *d*, creuse à peine de quelques centimètres, ne doit pas aller, bien entendu, jusqu'au fossé d'amenée de l'eau. Vers son extrémité opposée cette petite rigole augmente en largeur et en profondeur, et débouche finalement en *e* dans le fossé de colature CE. Pour donner l'eau, on barre avec de petites vannes mobiles le canal d'amenée au point B, et la rigole d'arrosage au point C[1]. L'eau, alors, reflue dans cette dernière rigole, qui s'emplit d'abord complètement et qui, ne pouvant déborder que du côté inférieur, déversera l'eau en une nappe qui s'étendra sur le champ. Une grande partie de cette eau sera absorbée par le sol avant d'arriver à la rigole de colature *d e*. L'eau en excès sera seule emportée par cette rigole, jusqu'au fossé C E.

Il est avantageux de donner à la rigole d'arrosage, telle que BC, une largeur graduellement décroissante à partir du point d'arrivée de l'eau. En effet la quantité d'eau qui passe dans la rigole va en diminuant, et en réduisant proportionnellement la section on tend à régulariser le déversement. D'ailleurs, le bord par dessus lequel doit s'effectuer le déversement ne doit pas être rigoureusement de niveau, mais avoir une très légère inclinaison dans le sens du courant ; il est plus facile de remédier à un excès de pente qu'à son insuffisance. En pratique on peut donner approximativement, à une rigole de déversement, 2 ou 3 millimètres de pente par mètre de longueur. Pour le premier tracé, le mieux est de se servir du niveau. Une fois la rigole creusée on peut y introduire une certaine quantité d'eau qui fera fonction de niveau pendant qu'on terminera le travail, en écrêtant le rebord en certains endroits et en rapportant de la terre dans d'autres.

Avec quelque soin que la rigole ait été faite, il arrivera presque toujours, lors de l'arrosage, que l'eau s'écoulera en plus grande abondance sur certains points ; on y remédiera en créant des obstacles au courant, immédiatement au-dessus de ces points. L'eau, en effet, s'abaisse en aval d'un rétrécissement du lit, et s'élève en amont. Avec un peu d'adresse, et à l'aide de pierres, de mottes de gazon, etc. on régularisera parfaitement l'arrosage. Quelques bouts de planches aiguisés à l'une de leurs extrémités et que l'on peut planter verticalement dans la rigole, la face tournée perpendiculairement au fil de l'eau, sont des plus commodes.

Fractionnement des champs en planches, pour l'irrigation par déversement. — Si le volume d'eau versé sur une certaine étendue de terrain est trop faible, l'eau n'arrivera pas jusqu'au bas du champ. Si la couche d'eau est, au contraire, trop épaisse, elle ne pourra pas être entièrement absorbée dans son trajet, et il s'en

1. Pour la description des vannes mobiles, voir 70.

perdra beaucoup en colatures, ce que l'on a intérêt à éviter. Le talent de l'irrigateur consiste à éviter également ces deux inconvénients. Or, comme l'écoulement d'eau dont on dispose est ordinairement fixé d'avance, et qu'on n'est pas libre de le régler à volonté, on est conduit en général à fractionner son terrain, et à procéder par arrosages successifs des diverses parcelles. Voici comment on opère :

Soit, figure 62, le champ déjà représenté précédemment dans la figure 60. On le divise, par exemple, en trois parties à peu près égales

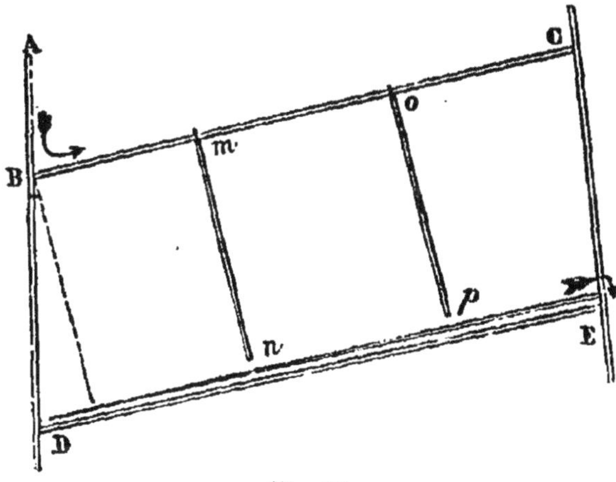

Fig. 62.

par des lignes *mn*, *op*, dirigées suivant la plus grande pente du terrain. Suivant ces lignes on forme de tout petits bourrelets en terre, de quelques centimètres seulement de hauteur, pouvant avoir 20 ou 25 centimètres de largeur. Un tel bourrelet peut être tout simplement la terre rejetée hors de la raie par un léger trait de charrue, à la condition qu'on reprendra à la pelle une petite partie de cette terre, et qu'on en formera de petits barrages assez rapprochés dans la raie, afin que celle-ci ne puisse être transformée en une rigole dans laquelle l'eau pourrait courir. On consolidera ce travail en battant légèrement la terre remuée. Le champ étant ainsi disposé, on place une vanne mobile en *m* dans le prolongement du bourrelet ; puis le canal d'amenée étant barré à son tour vers B, comme à l'ordinaire, afin de faire refluer l'eau dans la rigole d'arrosage, l'eau se déversera de B en *m* et arrosera la première planche, comprenant, dans notre exemple, le premier tiers du champ. On transportera la vanne mobile en *o* pour arroser la deuxième planche, et ainsi de suite. Quand à la largeur à donner à ces planches, elle dépend du volume d'eau dont on dispose à la fois, de la nature plus ou moins perméable du sol, un peu aussi du degré de pente du terrain, et enfin de la longueur des planches qui est déterminée par la dimension du champ dans le sens de la pente. C'est donc au cultivateur à déterminer la largeur des planches ; l'expérience l'aura bientôt fixé à cet égard. On adopte souvent de 10 à 15 mètres pour cette dimension.

Cas où le terrain à irriguer est presque plat. — J'ai supposé dans la figure 62 un champ dont le sol a une assez forte inclinaison. Dans ce cas, la rigole d'arrosage, qui doit avoir une faible pente, est nécessairement tracée dans une direction sensiblement perpendiculaire à celle de la plus grande pente du terrain. Alors les bourrelets *m n*, *o p*, séparatifs des planches, étant dirigés eux-mêmes suivant la pente, se trouvent perpendiculaires à la rigole d'arrosage. Il n'en sera pas toujours ainsi. Soit par exemple, figure 63, un champ dans une plaine presque horizontale. On aura

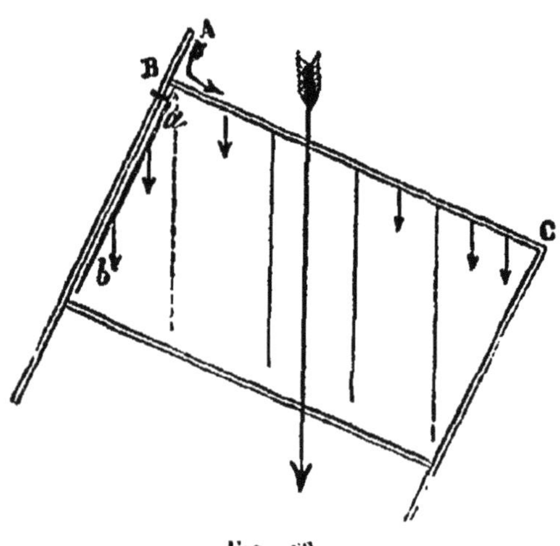

Fig. 63.

été obligé, dans ce cas, pour donner la pente voulue à la rigole d'arrosage B C, de la tracer très-obliquement par rapport à la direction de la pente principale du terrain, indiquée par la grande flèche, ce qui aura conduit à orienter également tout le champ obliquement par rapport à cette flèche. Mais l'écoulement des nappes d'eau se faisant naturellement dans le sens des flèches, les bourrelets ont dû être établis aussi dans cette direction, et se trouvent de biais, comme on le voit, par rapport aux limites du champ. J'ai figuré en *a b* une petite rigole d'arrosage d'une dizaine de centimètres de profondeur seulement, établie d'une manière provisoire, qui prend un peu d'eau à la rigole principale et la déverse sur l'angle du champ qui, par suite de sa position, ne pourrait guère en recevoir directement.

Dimensions à donner aux champs irrigués. — Il nous reste à déterminer, pour ce genre d'irrigation, les dimensions les plus convenables à donner aux pièces de terre. Dans le sens des rigoles d'arrosage, on n'est limité que par la configuration du terrain, qui permet rarement de prolonger indéfiniment les rigoles en ligne droite avec une pente convenable. On devra chercher à avoir, dans ce sens, une longueur suffisante pour que les labours puissent s'exécuter dans de bonnes conditions, parallèlement aux rigoles. Cette condition étant remplie, on n'a pas un bien grand intérêt à augmenter beaucoup les dimensions transversales. L'espace occupé par quelques rigoles de plus ou de moins n'est pas, d'ailleurs, bien considérable ; et d'un autre côté, l'arrosage sera toujours d'autant plus facile à exécuter régulièrement qu'on aura à porter l'eau à une moindre distance de la rigole qui la fournit. A la rigueur, la largeur la plus convenable à donner au champ dépend de la perméabilité du sol, de sa pente, etc. ; l'expérience locale sera donc le guide le plus sûr dans cette matière. Mais lorsqu'il s'agira de disposer une irrigation nouvelle, et à défaut d'exemples présentant des conditions bien identiques à celles où l'on se trouve, je crois qu'on fera bien, en général, de ne pas s'écarter beaucoup d'une moyenne de 30 mètres entre deux rigoles consécutives.

Modifications dont le système par déversement est susceptible. — J'ai supposé (voir le profil, figure 61, n° 122) que, d'un côté de chaque rigole d'arrosage, on avait établi un bourrelet ou levée de terre, pour forcer l'eau à se déverser du côté opposé. Une autre disposition, à peu près équivalente, peut être adoptée avec quelque avantage lorsque les terrains à irriguer ont une inclinaison prononcée. Le profil fig. 64 fera comprendre, à première vue, cette disposition. Le bourrelet est supprimé et remplacé par un ressaut entre les niveaux des deux champs limitrophes. La petite rigole de colature qui suivait le bourrelet est également supprimée : c'est la rigole d'arrosage du champ inférieur, qui devient en même temps colateur pour le champ supérieur. On gagne, par cette disposition, l'espace, perdu pour la culture, qui était occupé par le bourrelet et la petite rigole. Mais il y a un peu plus de terrassements que dans le premier système, et ce profil à ressauts devient même impossible quand le sol est presque horizontal.

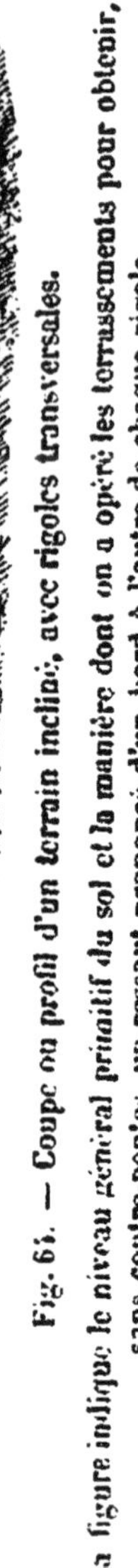

Fig. 64. — Coupe ou profil d'un terrain incliné, avec rigoles transversales. La figure indique le niveau général primitif du sol et la manière dont on a opéré les terrassements pour obtenir, sans contre-pentes, un ressaut prononcé d'un bord à l'autre de chaque rigole.

D'autres fois, on conserve le bourrelet au-dessus de chaque rigole d'arrosage, conformément au profil de la figure 61, mais on se dispense de la rigole de colature longeant le bourrelet au bas de chaque champ. Cette simplification peut se faire quand le terrain est assez absorbant pour que l'eau, qui s'accumule au bas du champ contre le bourrelet, soit naturellement absorbée peu de temps après qu'on aura cessé de donner l'eau.

Application de la méthode par déversement aux terres cultivées à la charrue. — Cette méthode d'arrosage, bien qu'elle suppose un sol très uni, peut, à la rigueur, s'appliquer à des champs cultivés à la charrue. Le labourage ne pouvant se faire dans de bonnes conditions que suivant la longueur du champ, et la charrue tourne-oreille n'étant pas ordinairement employée, nous aurons un certain nombre de *dérayures* parallèles à la rigole d'arrosage B C, fig. 65 : on en a figuré quatre sur le plan.

Le champ sera, comme à l'ordinaire, divisé en grandes planches parallèles à la direction de la plus grande pente. Les petits bourrelets délimitateurs *mn*, *op*, seront établis d'une manière continue, c'est-à-dire qu'ils passeront par dessus les rigoles formées par les dérayures du labourage, ces dernières se trouvant comblées aux points de croisements. Lorsqu'on donnera l'eau à une planche, telle que *mn op*, l'eau remplira les dérayures, puis débordera successivement de chacune d'elles sur la planche de labour située immédiatement au-dessous : ainsi l'eau pourra,

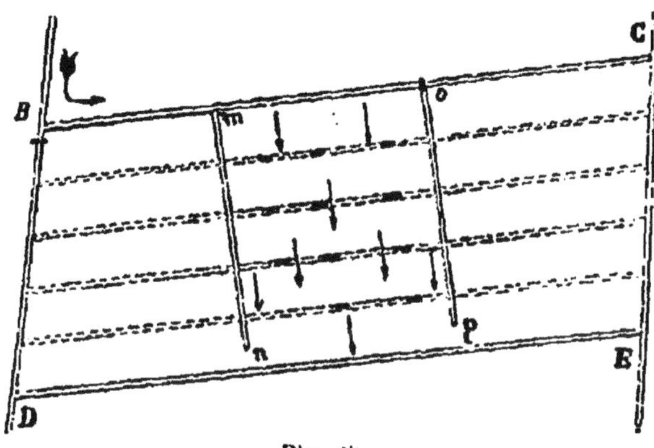

Fig. 65.

comme précédemment, se répandre sur toute la surface du champ. Si les rigoles formées par le labourage se trouvaient parfaitement horizontales, loin d'être nuisibles, elles aideraient à l'égale répartition de l'eau. Mais ce cas se présentera rarement ; une légère pente tendra plus souvent à porter l'eau vers une extrémité de la raie. On obviera à cet inconvénient par de petits barrages formés, de distance en distance, dans les raies de labourage avec quelques pelletées de terre battue, ainsi que cela est indiqué sur la figure.

Avantages et inconvénients de l'irrigation par déversement. — Bien que ce mode d'arrosage, appliqué à des terres souvent bouleversées par la charrue, soit loin d'être impraticable, il exige, comme on le voit, pour la bonne répartition de l'eau, quelques soins assez délicats. Il y a plus : dans certains terrains faciles à détremper, dans ceux par exemple qui sont très sablonneux, le mouvement de l'eau ainsi déversée en nappe sur un champ labouré produirait des ravinements et entraînerait de la terre du haut en bas du champ, surtout si l'inclinaison était un peu forte. Par ces diverses raisons, et pour la plupart des cultures qui exigent un sol ameubli, et qui comportent des petites planches ou des billons étroits, on préfère l'arrosage *à la raie*, que je décrirai bientôt, et qui peut d'ailleurs s'exécuter sans modifier en quoi que ce soit les dispositions des champs, des canaux et des rigoles, que j'ai supposé établies en vue de l'arrosage par déversement, les deux méthodes pouvant s'employer tour à tour, sur le même terrain, suivant les convenances des cultures qui s'y succèdent.

L'arrosage par déversement restera le système par excellence toutes les fois que le sol sera occupé par les prairies de graminées, par la luzerne, par tout ce qui gazonne, consolide la terre contre le ravinement. Il pourra convenir également à toutes cultures qui se feront complètement à plat et n'exigeront aucune façon nouvelle donnée au sol pendant le temps qu'elles l'occuperont.

J'ai parlé tout à l'heure de prairies. Or, il va de soi que, dans une localité disposée pour l'application de l'irrigation à toutes espèces de cultures et dans le but de donner aux terres l'eau dont elles ont besoin en été, les prairies qui occuperont quelques parcelles de terre, soit momentanément, soit même pour un nombre d'années indéterminé, ne pourront être soumises à un régime essentiellement différent de celui des autres cultures. Je n'ai donc pas, dans ce chapitre, à m'en occuper d'une manière particulière. Lorsque, dans certaines contrées, on aménage les eaux dans le but spécial de la mise en valeur de certains terrains par la prairie, les procédés d'irrigation doivent naturellement être mis en rapport avec ce cas particulier. C'est seulement à ce dernier point de vue que je traiterai de l'irrigation des prairies dans le chapitre VII.

123. Irrigation par submersion. — L'irrigation par submersion ne peut être pratiquée dans de bonnes conditions que sur des terrains à peu près plats. Ce procédé consiste à entourer, de toutes parts, le terrain qu'on veut arroser par de petites digues ou bourrelets en terre, dont le sommet atteigne partout et dépasse même un peu le plan horizontal passant par le point le plus élevé du terrain dont il s'agit ; ce point sera, en général, celui de l'arrivée de l'eau. L'eau, maintenue par les digues, s'étendra sur le terrain et le recouvrira d'une couche plus ou moins haute. Quand on juge qu'il y a assez d'eau, on suspend son arrivée et on laisse la couche d'eau s'infiltrer dans le sol. Si l'imbibition est par trop lente, il n'y a qu'à couper le bourrelet au droit d'une rigole d'égouttage pour faire évacuer l'eau restante. Evidemment, les plus petites parcelles seront les plus faciles à arroser par cette méthode ; les différences de niveau y étant moindres que dans de grandes pièces de terre, il faudra des bourrelets moins élevés.

Cette méthode est quelquefois employée dans la petite culture, elle ne suppose aucun nivellement rigoureux du sol et n'exige aucune habileté de la part de l'irrigateur.

Irrigation par submersion en terrain accidenté. — Dans quelques contrées on pratique l'irrigation par submersion dans des conditions diverses, mais, dans tous les cas, un peu différentes de celles que j'ai indiquées. Ainsi, par exemple, une petite vallée étant parcourue par un ruisseau, on barre la vallée au moyen de digues successives, dont chacune a sa ligne de faîte horizontale. Dans chaque digue, à l'endroit du passage du ruisseau, se trouve une vanne à coulisse si le ruisseau est un peu important, une simple buse en bois munie d'une bonde s'il est plus faible. Lorsqu'on ferme une des vannes, le ruisseau est forcé de déborder en amont de la digue correspondante et inonde une certaine étendue de terrain. Il suffit de rouvrir la vanne pour rétablir le cours de l'eau et remettre le terrain à sec. On rapproche assez les digues pour pouvoir inonder la plus grande partie possible du terrain compris entre elles, tout en n'ayant que des hauteurs d'eau d'une cinquantaine de centimètres dans les points les plus creux, et par suite. des digues dont la hauteur maximum ne dépasse pas beaucoup cette même dimension. Ce système est de la plus grande simplicité ; il ne suppose aucune régularisation préalable du sol ; il n'exige aucune habileté spéciale de la part de l'irrigateur. C'est sans doute cette simplicité qui a fait adopter ce système dès les temps les plus anciens et l'a maintenu, dans certaines localités, jusqu'à nos jours. Mais il est devenu. pour notre époque, un peu trop primitif. S'il s'agit d'une petite vallée à fortes pentes, à fond concave, un tel terrain sera presque toujours plus avantageusement exploité en prairies permanentes qu'en terres labourables ; mais alors il y a, comme nous le verrons, des méthodes d'arrosage mieux appropriées à ce cas particulier. Si, au contraire, la vallée présente d'assez vastes espaces à superficie à peu près plane, il est probable qu'une étude tant soit peu approfondie des lieux nous ramènera aux dispositions d'ensemble ainsi qu'aux procédés d'arrosage qui font l'objet principal de ce chapitre.

124. Méthode d'irrigation à la raie. — Les raies ouvertes, que la charrue laisse nécessairement dans les champs, de distance en distance, peuvent être mises à profit pour l'irrigation. Lorsqu'on veut les faire servir à cet usage, on a soin de faire des planches étroites, ayant ordinairement de 1 mètre à 1m50 de largeur, plus rarement jusqu'à 2 mètres. Pour certaines cultures maraîchères et industrielles, le labour se donne, parfois, à plat à grandes planches, et après la semaille on subdivise les planches en bandes étroites, par des raies ou sillons peu profonds, exécutés le plus souvent à bras, mais qui pourraient également être faits avec la charrue butteuse. La terre provenant de ces rayons sert, selon les cas, à couvrir la semence ou à rechausser les plantes. Le maïs, les pommes de terre, toutes les plantes que l'on est dans l'usage de butter, se cultivent en lignes et se trouvent naturellement, après le buttage, sur de petits sillons de 66 à 80 centimètres de largeur. Or, toutes les fois qu'un champ aura reçu l'une de ces dispositions, il suffira évidemment, pour l'arroser, de faire circuler l'eau dans les sillons ouverts ; elle s'infiltrera peu après dans le sol ameubli par les labours, et ne tardera guère à l'humecter jusqu'au milieu des planches ou billons. C'est en cela que consiste la méthode d'irrigation qu'on pourrait appeler *par ruissellement et infiltration*, plus souvent désignée par les cultivateurs sous le nom d'*arrosage à la raie*.

J'observerai tout d'abord que cette méthode sera d'autant plus parfaite que les raies seront plus proches les unes des autres, et qu'elles seront moins profondes. Quant à la nécessité d'un rapprochement suffisant des raies, si l'on veut que l'eau d'irrigation se rejoigne de l'une à l'autre à travers le sol végétal, elle se comprend sans démonstration. Relativement à la seconde condition, celle de la faible profondeur des raies, je ferai remarquer que c'est surtout dans le sol superficiel, ameubli par les labours et récipient des engrais, que les plantes se développent et puisent leur nourriture. C'est donc cette partie du sol, la plus desséchée d'ailleurs par les vents et par le soleil, qu'il importe principalement de maintenir dans un état d'humidité indispensable. Or, il est évident que si, au lieu d'amener l'eau à la surface, on la faisait couler dès le début au fond d'une raie profonde, cette eau, qui à cause de son poids tend toujours à descendre, aurait disparu tout entière, absorbée dans le sous-sol, avant d'avoir humecté suffisamment la couche arable à droite et à gauche.

Ces principes posés, supposons un champ (fig. 66) subdivisé

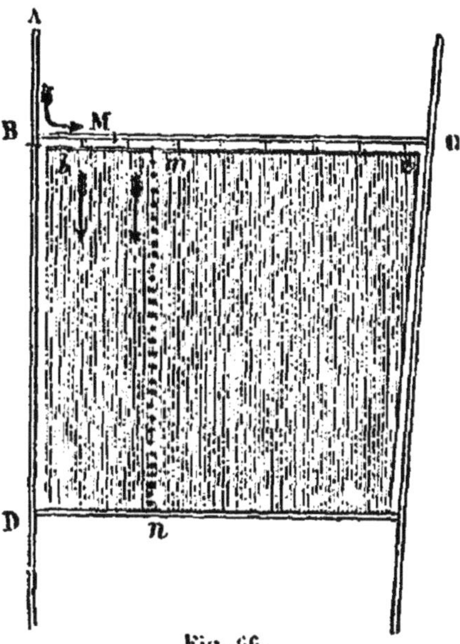

Fig. 66.

Les traits doubles, qui forment les quatre côtés du quadrilatère, représentent des fossés.

Les autres traits qui sont vers le haut de la figure représentent des rigoles, mais moins creuses que les fossés de ceinture.

Les lignes fines parallèles qui vont du haut en bas de la figure sont une série de petits sillons tracés dans le champ.

par une nombreuse série de sillons parallèles. L'eau venant de A, BC étant la rigole d'arrosage, je suppose les sillons dirigés, comme dans la figure, du haut en bas du champ. Il suffirait peut-être de faire refluer l'eau, comme pour un arrosage ordinaire par déversement (122), pour que celle-ci, débordant de la rigole d'arrosage BC, s'introduise dans les sillons. Mais pour que la répartition de l'eau ait lieu régulièrement, il est nécessaire que l'entrée de chaque sillon soit d'abord bien régularisée et nettoyée. Prolonger tous les sillons jusqu'à la rigole permanente BC, ce serait, outre pas mal de travail, dégrader la rigole par un bien grand nombre de coupures. On préférera creuser, parallèlement à la première, une seconde rigole *bc* ne devant pas avoir plus de durée que la culture actuelle ; on la fera large et plate, seulement de 10 centimètres de profondeur environ. Cette rigole pourra être creusée à la charrue, mais devra, dans tous les cas, être curée et finie à la pelle ; elle terminera nettement les planches de culture. Ce sera, enfin, dans cette rigole terminale et distributrice que s'ouvriront tous les sillons ; ce sera là qu'on introduira d'abord l'eau provenant de la maîtresse rigole d'arrosage, soit par simple déversement, soit à l'aide de quelques coupures suffisamment larges, mais superficielles, ainsi que j'en ai figuré quelques-unes de distance en distance, sur la figure 66.

On pourra n'irriguer le champ que par parties, selon la quantité d'eau disponible. Ainsi on placera, je suppose, une vanne mobile en M[1] ; on fera un petit barrage en terre en *m* dans la rigole distributrice. L'eau arrivera par les deux premières coupures et se répartira sur tout l'espace BD, *mn*. On régularisera au besoin la distribution de l'eau au moyen de quelques mottes de terre, et lorsque cette première partie du champ paraîtra suffisamment arrosée, on répétera la même opération sur une autre section, et ainsi de suite.

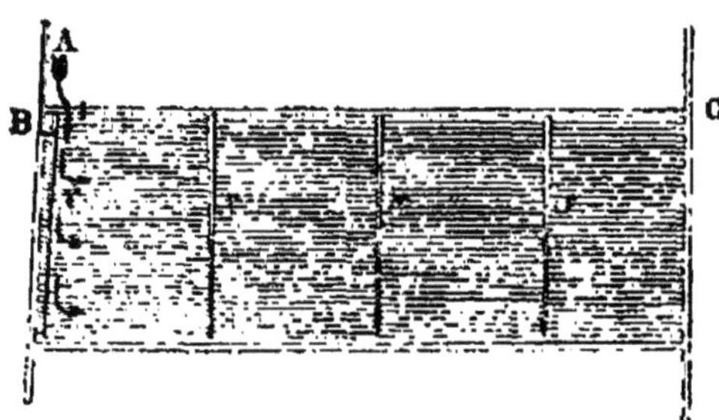

Fig. 67.

Si le champ (fig. 67) a une forme telle que les sillons aient dû être établis parallèlement à la rigole d'arrosage BC, on divisera le champ en plusieurs parties égales par des rigoles distributrices *r*, *r*, *r*, *r*, qui n'auront pas plus de profondeur que les sillons, et dont la largeur considérable (50 centimètres, je suppose), à l'endroit où elle s'embranche sur la maîtresse rigole d'arrosage, ira en diminuant jusqu'à l'autre extrémité. Sur chacune de ces rigoles distributrices, on ouvrira l'entrée de tous les sillons de droite,

1. Pour les vannes mobiles, voir 70.

tandis que les prolongements des mêmes sillons sur la gauche seront fermés par de petits barrages en terre. Ces dispositions étant comprises, le reste se devine ; chaque rigole *r* servira à irriguer tout le terrain qui est à sa droite jusqu'à la rigole suivante.

J'ai déjà indiqué (art. 122) quelques-uns des avantages de ce système d'irrigation. J'ajouterai qu'il est susceptible d'être modifié d'une infinité de manières dans ses détails d'exécution ; il se prête à toutes les configurations possibles du sol, ainsi qu'à toutes les pentes, jusqu'aux plus fortes que l'on puisse admettre pour les champs labourés. Le seul inconvénient qui pourrait être à redouter dans les terrains légers serait le ravinement : mais on y obviera en multipliant au besoin les rigoles distributives ou auxiliaires, de manière à pouvoir diviser l'eau au lieu de la jeter toute dans la même rigole. On donnera, s'il le faut, aux rigoles distributrices des directions obliques par rapport à la plus grande pente du terrain ; enfin, on les fera larges et peu profondes, pour diminuer la vitesse des courants.

125. Irrigation par infiltration dans le sous-sol. — Il arrive quelquefois qu'un propriétaire ayant le droit de disposer d'un cours d'eau dans la traversée de sa propriété, ne possède pas les terrains inférieurs sur lesquels l'eau pourrait être conduite par la seule pente. Élever l'eau mécaniquement, pour la répandre sur ses terres, est une opération coûteuse devant laquelle un cultivateur hésite souvent. C'est alors qu'il se détermine à irriguer par *infiltration dans le sous-sol*. Cette opération consiste à couper le terrain par une série de fossés ou rigoles, parallèles et distants de 2 à 4 mètres les uns des autres. La terre provenant de ces fossés est généralement rejetée sur les planches qui les séparent et qui sont destinées aux cultures. Dans ces fossés, qui communiquent entre eux de distance en distance, on introduit l'eau qui, au bout de quelque temps, pénètre tellement le sous-sol des planches qu'elle finit par atteindre leur milieu.

Plusieurs cas peuvent se présenter : les fossés servant à cet arrosage peuvent être transformés en canaux dans lesquels l'eau circule d'une manière permanente ; ou bien il peut y avoir un canal particulier pour la conduite et la distribution de l'eau, qui sera introduite à volonté et d'une manière intermittente dans les fossés, devenus de véritables rigoles d'arrosage. Cette seconde manière d'opérer, quoiqu'un peu plus compliquée, sera bien préférable à la première. En effet, dans le premier cas, on aura un sol constamment frais, qui pourra, il est vrai, convenir à certaines cultures ; mais il n'y aura d'utilisé dans ce sol que la couche comprise entre la surface et le niveau de l'eau. Au-dessous de ce niveau, la terre sera complètement saturée d'eau, et les moindres interstices en étant remplis, il ne restera plus aucune place pour l'air atmosphérique. Dans ces conditions, le terrain est complètement imperméable aux racines de la plupart des végétaux utiles, qui n'y trouvent pas les conditions indispensables à leur vie et à leur développement. Les racines descendent donc jusqu'au niveau de l'eau, y développent même un abondant chevelu afin de pouvoir s'abreuver largement, mais elles ne vont pas plus loin. Le terrain irrigué, dans ce cas, sera complètement assimilable à ces marais que l'on a rendus propres à la culture en y pratiquant des fossés assez rapprochés, dont la terre, reportée sur les intervalles, les exhausse assez pour en mettre la surface hors de l'atteinte des eaux. Dans ces conditions, pour que le sol ne reste pas marécageux, une distance de 50 centimètres au moins sera indispensable entre la surface des planches et le niveau de l'eau.

Si, au contraire, l'eau est introduite dans les fossés d'une manière intermittente, et pendant assez peu de temps chaque fois pour que sa présence ne puisse faire périr les racines, par exemple pendant vingt-quatre ou quarante-huit heures, il arrivera qu'une fois les fossés remis à sec, la couche d'eau qui avait pénétré le sous-sol s'abaissera en obéissant à la pesanteur, et sera remplacée, dans les interstices du sous-sol, par l'air, forcé de remplir les vides. A l'arrosage succédera l'aération du sol inférieur, où les racines pénétreront aussi profondément que le permettra la nature même des plantes cultivées. La luzerne, divers arbres fruitiers pourront prospérer dans ces conditions, tandis que, dans le premier cas, on n'eût pu cultiver que des plantes à végétation superficielle.

Il existe quelques exemples très satisfaisants de ce genre d'arrosage ; c'est à la luzerne qu'on l'applique de préférence, comme étant la plante qui, en raison de la grande profondeur de ses racines, est la plus apte à profiter de ces conditions particulières. Mais l'irrigation par le sous-sol n'est, en définitive, qu'un expédient imparfait. La plupart des plantes cultivées végètent dans une couche de terre superficielle de 15 à 30 centimètres d'épaisseur : c'est donc dans cette couche supérieure qu'il importe surtout de favoriser les réactions dont l'eau et l'oxygène sont les agents. L'eau a d'ailleurs un autre rôle à remplir, mais à la condition d'être introduite par la surface. Le soleil échauffe, en effet, la superficie du sol, tellement que pendant les journées d'été celui-ci paraît brûlant. Mais la chaleur ne se transmet que très-imparfaitement aux couches inférieures, et à 2 ou 3 centimètres seulement de profondeur, la température n'est déjà plus comparable à celle de la surface. Or, l'eau s'empare en passant de cette chaleur accumulée près de la superficie, pour la transporter dans les régions qu'occupent les racines, et où s'élaborent les sucs nourriciers, ce qui active beaucoup la végétation ; tandis qu'au contraire lorsque le sol n'est humecté que par l'eau qui remonte, en vertu de la capillarité, l'évaporation continue qui a lieu à la surface ne peut être qu'une cause de refroidissement[1].

§ 3.

IRRIGATION DES CULTURES MARAICHÈRES ET DES JARDINS

126. Conditions générales de l'irrigation des jardins. — Les irrigations des cultures dites maraichères, des potagers et autres jardins, ne sont en général que des applications variées des systèmes précédemment décrits. Ce qui caractérise essentiellement ces modes particuliers d'exploitation du sol, c'est qu'on y cultive à la fois, sur une étendue de terrain relativement restreinte, un certain nombre d'espèces végétales qui se sèment et donnent leurs produits à des époques différentes, et qui se succèdent sur les diverses parties du terrain presque sans interruption. Il résulte de là qu'au lieu d'arroser tous les huit ou dix jours, par exemple, un champ tout entier, comme on le ferait dans la grande culture, on devra arroser successivement les diverses parcelles. Ainsi, l'arrosage devient pour ainsi continu ou du moins

1. Si la chaleur du soleil était la seule cause d'évaporation, il y aurait, grâce à celle-ci, un moindre échauffement, non un refroidissement proprement dit. Mais le vent, surtout lorsqu'il est très sec, est aussi une cause puissante d'évaporation et celle-ci prend au sol toute la chaleur qui serait nécessaire à la production.

quotidien, mais ne s'applique à la fois qu'à de petites surfaces. Tandis qu'il fallait, pour l'irrigation agricole, un volume d'eau considérable, mais disponible pendant peu de temps et à intervalles assez éloignés, ce qui convient le mieux pour les jardins, c'est un écoulement à peu près continu.

Il résulte de là que les localités disposées pour les grandes cultures, surtout quand on n'y dispose de l'eau qu'à des jours déterminés, seront peu propices aux cultures potagères. Les jardins se grouperont, de préférence, le long des canaux, ruisseaux ou rivières auxquels chaque propriétaire aura pu faire une petite dérivation pour son usage particulier ; ou bien dans des endroits exclusivement consacrés au jardinage, et où la réglementation de l'eau a été de tout temps établie en vue de cette industrie spéciale ; ou bien encore, un jardin pourra être arrosé par l'eau d'un petit ruisseau ou d'une source dont le propriétaire dispose entièrement. Plus fréquemment encore on établit les jardins dans les localités où les eaux souterraines ne sont pas à une bien grande profondeur : on creuse un puits, et l'on élève l'eau au moyen d'appareils élévatoires. Les manèges, auxquels on attèle un âne, un mulet ou un cheval, sont très employés ; ils peuvent élever l'eau au moyen d'un chapelet vertical ou d'une noria (voir 88 et 89). Mais, ce qui est le plus économique, une fois les frais de premier établissement payés, c'est un petit moteur à vent actionnant une pompe (voir 82). Il est vrai que le moteur à vent entraîne forcément la construction d'un réservoir, dont on se dispense quelquefois dans le cas d'un manège. Mais il faut remarquer que le réservoir a son utilité dans tous les cas ; il rend le travail du cheval et le service de l'irrigation indépendants l'un de l'autre, ce qui est plus commode ; puis, ce qui est encore bien plus important, il permet à l'eau, puisée d'avance, de prendre une température plus douce que celle du puits[1].

127. Méthodes d'irrigation applicables aux jardins. — Les procédés d'irrigation employés dans les jardins et dans la culture maraîchère sont surtout des applications, en petit et très simplifiées, de la méthode par submersion (123) et de l'arrosage à la raie (124). Le point le plus essentiel, c'est une bonne combinaison pour la distribution de l'eau dans toutes les parties du

1. Voir, sur l'influence de la température de l'eau, le chapitre III.

jardin. Une fois l'eau amenée jusqu'à tel carré, jusqu'à telle planche de ce carré, le jardinier saura varier, selon les cas, le mode d'*épandage*. Ici il fait sa culture en lignes ; c'est dans les petits sillons qui séparent les lignes qu'il fera ruisseler l'eau. Là son semis est fait à plat ; il nivelle parfaitement sa planche, rassemble la terre tout autour, de manière à *former un petit rebord*, et c'est dans cette petite enceinte qu'il introduira l'eau. Ailleurs, où l'effet de l'irrigation lui paraîtra insuffisant, il creusera dans le sol un petit bassin provisoire que l'irrigation sera chargée de remplir, et ce sera ensuite avec une écope qu'il donnera à ses plantes l'eau, sous forme de pluie, autant de fois qu'il le jugera nécessaire. Enfin, tel arbre, tel arbuste réclame-t-il un terrain constamment humide, il creusera *tout auprès un trou* qui sera entretenu plein d'eau. En définitive, tout jardin irrigué devra contenir avant tout un réseau principal de rigoles de distribution ; ces rigoles pourront être simplement creusées dans le sol, ou bien formées avec des matériaux solides et imperméables ; le reste ne consistera qu'en dispositions essentiellement provisoires, renouvelables pour chaque culture.

128. Exemples de jardins potagers irrigués. — Soit, par exemple, un terrain de 75 mètres de long sur 60 de large, représenté en BCDE sur le plan (fig. 68), et destiné à la culture des plantes potagères. Un petit canal, auquel on a le droit de prendre l'eau à volonté, arrive dans la direction A, et se divise en deux bras BC, BD, longeant les deux côtés les plus élevés du terrain ; celui-ci a sa pente principale dans le sens AD, soit du haut en bas de la figure, et une pente légère dans le sens BC, ou de gauche à droite. On accède au terrain par un ponceau F, construit sur l'un des fossés.

J'établirai un chemin *ab* de 4 mètres de large, par conséquent praticable aux voitures ; il servira au chargement et au transport des engrais et des produits, et au besoin de lieu de dépôt. Le long du fossé, je trace une large plate-bande *cd*, qui sera cultivée à la bêche et pourra recevoir diverses menues cultures. Cette disposition permet d'obtenir, pour les voitures, une entrée plus facile, ainsi que deux espaces libres pour tourner aux extrémités de l'allée. La plate-bande *cd*, se trouvant au bord du canal, pourra être arrosée à l'écope, travail que faciliteront quelques petits barrages qui tiendront de l'eau toujours accumulée de distance en distance. Le reste du terrain, destiné à des cultures pratiquées plus en grand, sera divisé en planches L, M, N, O, P, Q, de 10 mètres de largeur. Ces planches pourront être labourées à la charrue.

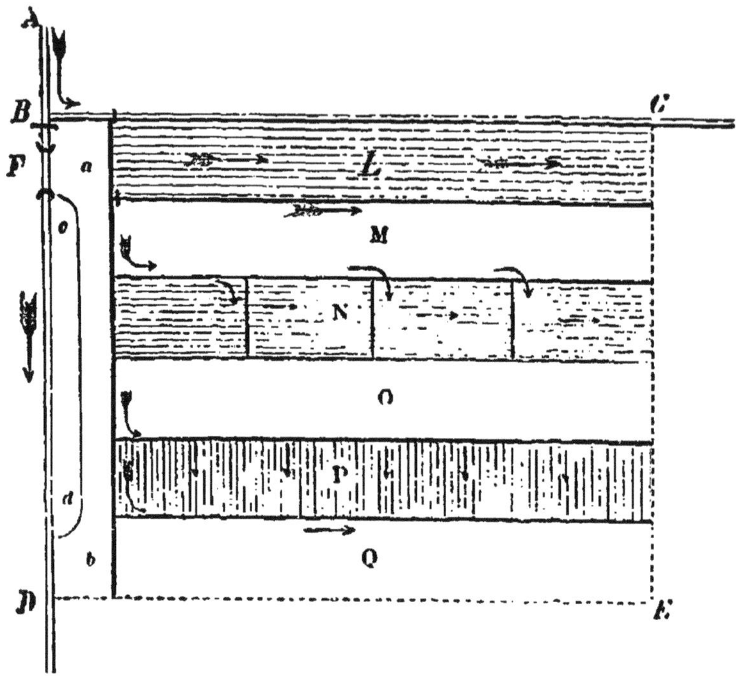

Fig. 68. — Plan d'un terrain disposé pour la culture maraîchère.

AD, CD, fossés pleins d'eau.
F, ponceau.
ab, allée.
cd, plate-bande labourée.

Tout le reste du terrain à droite de l'allée est en labourage ou en cultures.

Tous les traits pleins indiquent des rigoles de diverses dimensions, les dernières se réduisent à de petits sillons tracés presque à la surface du sol. Ces sillons sont tous un peu élargis vers l'extrémité qui reçoit l'eau.

Les flèches indiquent le sens de la marche de l'eau.

Les lignes DE, EC, figurent des haies ou palissades.

Une rigole principale prend l'eau en A et suit le bord de l'allée *ab*; d'autres rigoles s'embranchent sur celle-ci, et suivent les lignes séparatives des planches de culture. Ces rigoles ne devront pas être établies en contre-bas du sol. Au contraire, leur fond devra être aussi élevé, ou peu s'en faut, que le niveau du terrain, ce qu'on obtiendra en remblayant d'une dizaine de centimètres au moins les endroits où elles doivent être établies. La figure 69 donne un exemple d'un tel profil. Il sera bon que ces rigoles permanentes et leurs bords soient gazonnés.

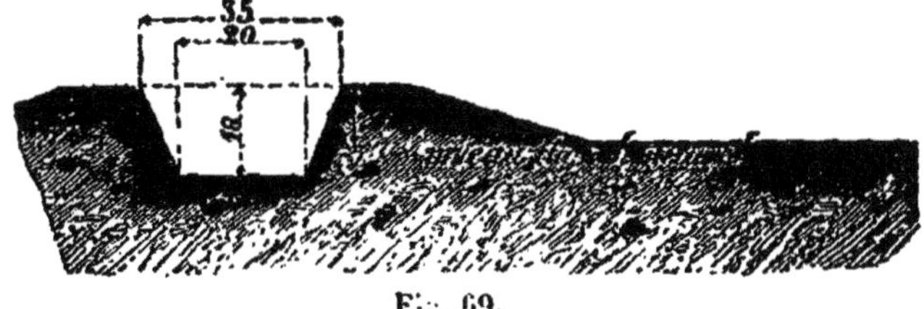

Fig. 69.

De petits sillons devront être tracés longitudinalement, à la surface des planches, à des distances de 1 mètre à 1m 30 les uns des autres. On pourra employer pour cela une légère charrue butteuse, la terre rejetée de part et d'autre de la raie devant être étendue au râteau sur le reste du sol. Soit maintenant une planche L, ainsi disposée, qu'il s'agit d'arroser. Si l'eau est assez abondante, le terrain pas trop perméable, il pourra suffire de barrer vers le bas de la planche, aux environs de *a*, la rigole qui longe l'allée ; l'eau s'introduira dans les sillons par leur extrémité de gauche. S'il arrivait, ce qui est probable, que l'on eût trop de peine à faire parvenir l'eau jusqu'à l'extrémité opposée de la planche, on opérerait comme on le voit en N, où la planche est divisée dans sa longueur en quatre parties égales Dans ce cas, l'eau est prise dans la rigole qui sépare les planches M et N ; trois rigoles provisoires transversales la reçoivent à leur tour et la répartissent dans les sillons en ruisselant dans le sens des flèches. Si l'on ne trouvait pas une trop grande augmentation de main-d'œuvre à tracer les sillons transversalement aux planches, on adopterait une disposition plus simple, indiquée sur le plan, pour la planche P : l'eau d'arrosage est empruntée directement à la rigole séparative des planches O et P, que l'on barre en divers points, selon les portions de terrain à arroser.

Si, dans le même emplacement qui vient de nous servir d'exemple, on veut faire quelque chose qui ressemble un peu moins à un champ, le plan légèrement modifié pourra devenir celui de la figure 70. On y voit une large allée en face de l'entrée, et deux autres plus étroites qui longent les clôtures et complètent la circulation autour de la principale pièce de terrain cultivé.

A cela près, les dispositions pour l'irrigation de ce carré de terrain restent ce qu'elles étaient dans le premier projet. Seulement, une rigole devra passer sous l'allée, en face l'entrée du jardin ; c'est un cas qui se présente presque toujours quand on veut appliquer l'irrigation aux jardins. On est obligé, en pareil cas, d'établir un petit caniveau couvert qui devra occuper le moins de place possible en hauteur, et on exhausse un peu le sol de l'allée en cet endroit par un léger remblai qui se perd de part et d'autre en pente très douce. Le caniveau peut être constitué par une buse en bois, comme celle dont le dessin a été donné figure 47 (72).

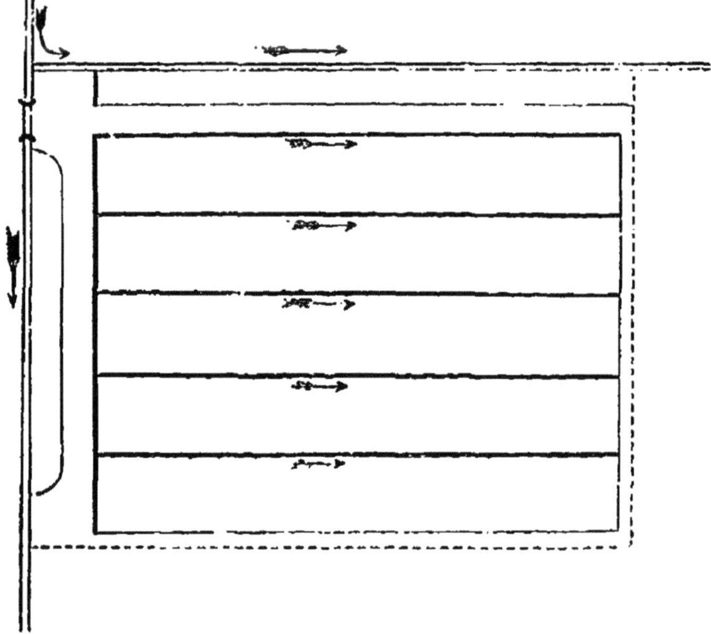

Fig. 70.

Un tuyau en poterie, figure 46, serait peu solide si des voitures devaient passer dans l'allée. Ce qu'il y a de meilleur pour ces petits passages d'eau, ce sont assurément les tuyaux en fonte, comme ceux qui servent à faire, dans les villes, les conduites d'eau et de gaz. Comme dans les jardins on arrose d'une manière presque continue, on n'a pas besoin, par contre, de faire circuler dans les rigoles de grands volumes d'eau à la fois, et des tuyaux de 10 à 15 centimètres de diamètre intérieur suffiront dans la plupart des cas. Il faut recouvrir ces tuyaux avec un peu de terre, et leur donner, en les posant, la plus forte pente que l'on pourra, 1 centimètre par mètre, par exemple, ce qui augmentera considérablement leur débit

Soit maintenant un jardin à établir dans un enclos carré de 80 mètres de côté, A B C D (fig. 71). Le terrain n'a qu'une pente légère ; elle est dirigée à peu près du haut en bas du plan. Une couche aquifère existe à 4 ou 5 mètres au-dessous du sol, et l'eau devra être extraite d'un puits par une noria. Ce jardin n'est pas destiné à être cultivé à la charrue.

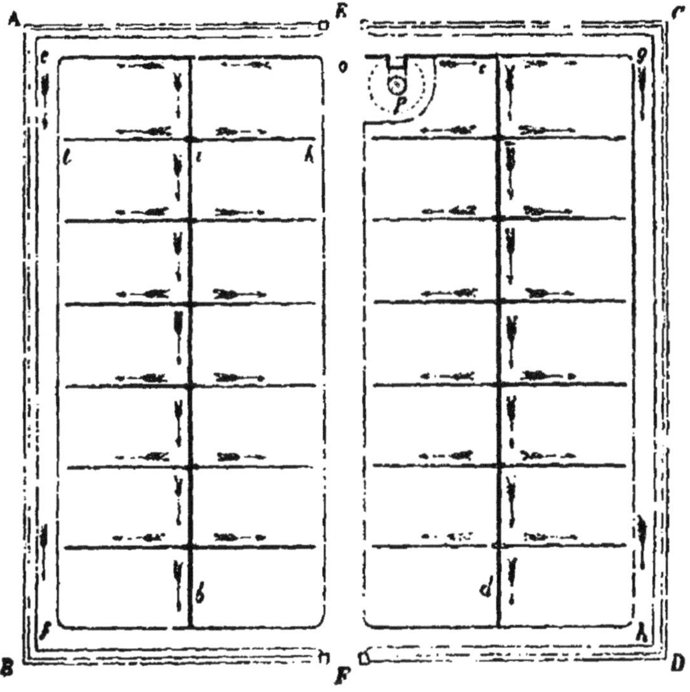

Fig. 71. — Plan d'un jardin clos de mur, avec rigoles.

E,F, entrées du jardin.
P, puits avec manège concentrique au puits, faisant mouvoir une noria pour élever l'eau. L'eau est déversée dans une bâche d'où partent deux conduits (figurés par de larges traits) qui se recourbent à angles droits, l'un à droite, l'autre à gauche, après avoir passé souterrainement sous la piste du manège.
o, passage d'une des rigoles sous le chemin.
e, g, —

Le jardin étant divisé, comme l'indique le plan, en deux grandes pièces de terre accessibles sur tout leur pourtour, le puits a été creusé en P, dans la partie haute de l'enclos. L'eau élevée par la noria tombe dans une bache, d'où elle s'échappe à volonté par deux conduits qui alimentent respectivement deux rigoles, l'une à gauche, se dirigeant vers *a*, l'autre à droite, se dirigeant vers *c*. Des points *a* et *c* partent, à angle droit, deux autres maîtresses rigoles *ab*, *cd*, dont chacune partage en deux parties égales l'une des pièces de terre en culture[1]. Deux séries de rigoles d'une moindre importance se détachent, à droite et à gauche, de chacune de ces grandes artères, et peuvent, au besoin, porter l'eau dans toutes les parties du terrain. La pente primitive du sol, dans le sens transversal, était peu considérable, ce qui a permis, à l'aide de terrassements très légers, de donner à chacune des demi-pièces de terre que séparent les rigoles principales le peu d'inclinaison, en sens contraire, qui est indispensable pour que l'écoulement ait lieu partout dans le sens indiqué par les flèches. Le terrain, devant recevoir des cultures très variées, sera décomposé suivant les besoins en petites parcelles, et comme la pente générale est dirigée du haut en bas du plan, chaque parcelle pourra facilement être irriguée, à la raie ou de toute autre manière, par la rigole qui lui est immédiatement supérieure.

Une plate-bande, destinée à contenir diverses plantes et arbustes, règne autour du jardin, tout du long du mur de clôture. Le plan indique comment les rigoles partant de la noria se prolongent, l'une de *a* en *e*, et l'autre de *c* en *g*, pour alimenter deux petites rigoles permanentes *ef*, *gh*, qui longent les plates-bandes et servent à l'arrosement des plantes qui s'y trouvent.

Il doit être bien entendu que tout ce réseau de rigoles ne fonctionnera pas à la fois. L'eau sera, au contraire, employée tantôt sur un point, tantôt sur un autre. De petits barrages, convenablement placés, ne lui laisseront, à chaque instant, de libre que le chemin qui lui aura été assigné par le jardinier. Les barrages en question pourront se faire, dans les rigoles simplement creusées dans le sol, à l'aide de sortes de pelles en tôle sans manche, mais munies d'une poignée, figure 72, ou même au moyen d'une simple ardoise.

Fig. 72.

Lorsque les rigoles seront en pierre ou autres matériaux, comme je le dirai tout à l'heure, on s'en tiendra, faute d'un système perfectionné, à l'emploi de mottes de gazon ou de petits sacs en toile remplis de terre ou de sable fin, moyens qui du reste atteignent parfaitement le but.

1. Voir plus loin, figure 73, le mode de construction de ces rigoles principales.

129. Construction des rigoles permanentes dans les jardins. — Lorsque les rigoles de distribution seront simplement creusées dans la terre, l'eau ayant d'ailleurs le plus souvent un long trajet à parcourir, une quantité assez considérable de celle-ci se trouvera absorbée par le sol des rigoles, et cette absorption pourra augmenter, dans une proportion qui est loin d'être négligeable, la consommation de l'eau que devra fournir la noria. D'un autre côté, ces rigoles en terre entretiennent, sur tout leur parcours, une humidité permanente qui peut devenir nuisible. Aussi trouve-t-on avantage, dans les jardins de quelque importance, à construire les principales rigoles de répartition, telles que *ab*, *cd*, avec des matériaux imperméables. On emploie assez souvent à cet effet des caniveaux en pierre, analogues à celui représenté en perspective et en coupe sur la figure 73.

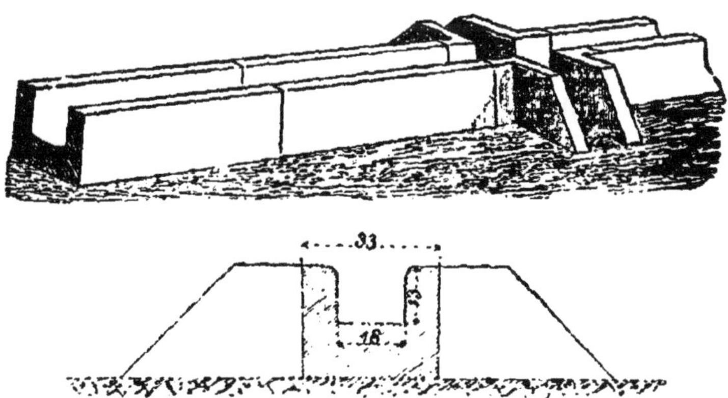

Fig. 73. — Vue perspective et coupe transversale d'une portion de rigole saillante en pierre de taille.

On voit, sur cette figure, la disposition des prises d'eau destinées à alimenter les rigoles secondaires divergentes qui sont à fleur du sol. Quant aux rigoles principales, on voit qu'on les laisse ordinairement en saillie ; on peut alors leur donner telle pente régulière que l'on désire, sans avoir à se préoccuper des diverses inclinaisons ou ondulations du terrain dont la surface, lorsqu'on passera d'un endroit à un autre, se trouvera simplement plus ou moins rapprochée du bord supérieur du caniveau. On conserve en même temps, avec cette disposition, la liberté la plus complète pour les prises d'eau, ainsi que pour les embranchements que l'on voudrait établir par la suite, tandis que l'on risque de se trouver quelquefois gêné avec des caniveaux de répartition posés, dans le principe, en contre-bas du sol.

Les rigoles de second ordre devant déverser latéralement leur eau, pour les besoins de l'arrosage, soit dans des séries de sillons parallèles, soit de toute autre manière, ne pourraient dans aucun cas être constituées, comme les précédentes, par un caniveau complet. Mais on peut très bien, pour diminuer les pertes par infiltration, former le fond et même un côté avec des matériaux étanches et leur donner, par exemple, le profil de la figure 74.

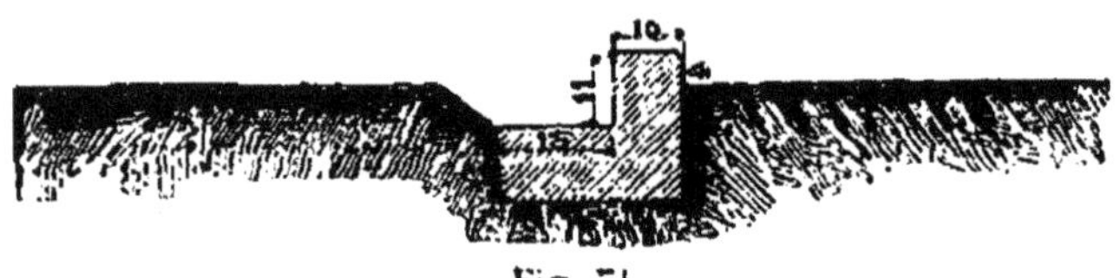

Fig. 74.

Divers moyens, plus économiques que l'emploi des caniveaux en pierre de taille, sont souvent mis en usage. Ainsi, par exemple, on fait des caniveaux en bois, tantôt creusés dans des troncs d'arbres, tantôt formés de deux planches clouées à angle droit par un de leurs bords, de manière à présenter en profil la forme d'un V très-ouvert. D'autres fois, on garnit avec des tuiles creuses le fond des rigoles en terre. Mais l'emploi de ces moyens imparfaits entraîne des réparations fréquentes et finit souvent par devenir dispendieux ; on ne saurait le recommander en dehors du jardin de l'ouvrier, qui ne peut dépenser à la fois une grosse somme, et qui, d'ailleurs, fait tout de ses propres mains. Je signalerai comme devant être préférés les caniveaux que l'on pourrait couler sur place avec des ciments tels que ceux de la porte de France à Grenoble, ou bien les constructions en briques non gélives réunies par du ciment ou de bon mortier de chaux hydraulique.

Malgré la simplicité de plan du jardin fig. 71, on n'a pu éviter, dans le haut de ce jardin, plusieurs passages des rigoles distributrices à travers les allées. Or, si l'on adopte les rigoles saillantes dont il vient d'être question, il faudra, ou remblayer partiellement les allées pour les faire passer au-dessus des rigoles, ce qui est le plus simple, ou faire passer ces dernières en siphon sous les allées, qui conserveront leur régularité.

La figure 75 représente, en coupe verticale, un de ces passages d'eau. Le siphon est supposé formé avec des tuyaux de fonte, comme étant ce qui présente les plus grandes facilités pour la pose et les meilleures garanties de solidité ; mais diverses combi-

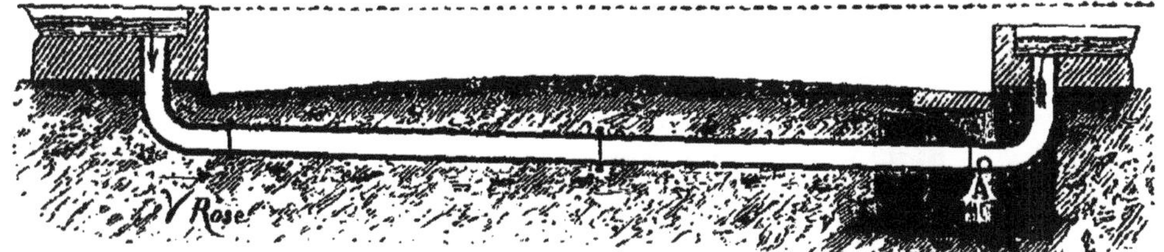

Fig 75.

naisons en pierre de taille, en briques et ciment, en béton, pourraient être facilement imaginées. Pour éviter le dépôt de corps étrangers dans l'intérieur du siphon, il est bon que l'eau y ait le plus possible de vitesse. Pour obtenir ce résultat, on évitera d'abord de donner au conduit formant siphon des dimensions transversales exagérées, puis on tâchera de faire en sorte qu'il y ait une notable différence de niveau entre les orifices d'entrée et de sortie. A cet effet, au lieu de donner au caniveau servant de rigole une pente régulière, on tiendra chacune des deux parties que le siphon sépare presque horizontales sur une certaine étendue, et l'on rachètera la pente générale que peut comporter la rigole par une brusque différence de quelques centimètres dans les hauteurs des deux parties que le siphon doit relier.

Malgré ces dispositions, on peut craindre que quelques-uns des corps charriés par l'eau ne restent dans la partie horizontale du siphon, sans que le courant ait la force de les en faire sortir. Il sera toujours prudent, à cause de cela, de ménager dans la partie la plus basse du siphon une ouverture A, figure 75, ordinairement fermée par une bonde en bois ou de toute autre manière. Pour nettoyer au besoin le conduit souterrain, on fera écouler son contenu dans une petite fosse revêtue en pierres sèches et recouverte d'une dalle.[1]

Dans les pays un peu accidentés, il arrive assez souvent que l'eau, empruntée à une source ou à un ruisseau, part d'un point notablement plus élevé que le sol du jardin à irriguer. On profite

1. On peut, pour éviter l'introduction des corps étrangers dans le siphon, employer un dispositif analogue à celui qui est représenté en coupe, dans la figure 76 (*Voir à la page suivante la suite de la présente note*).

quelquefois, dans ce cas, des murs de clôture pour placer à leur

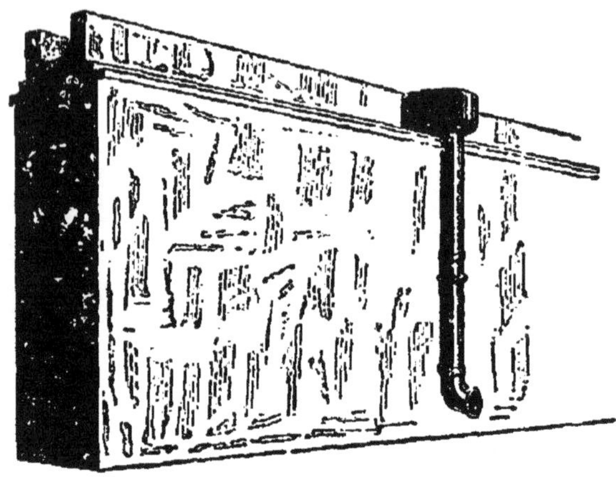

Fig. 77.

sommet les caniveaux destinés à la distribution de l'eau dans diverses parties d'un jardin. On débarrasse, par ce moyen, les carrés

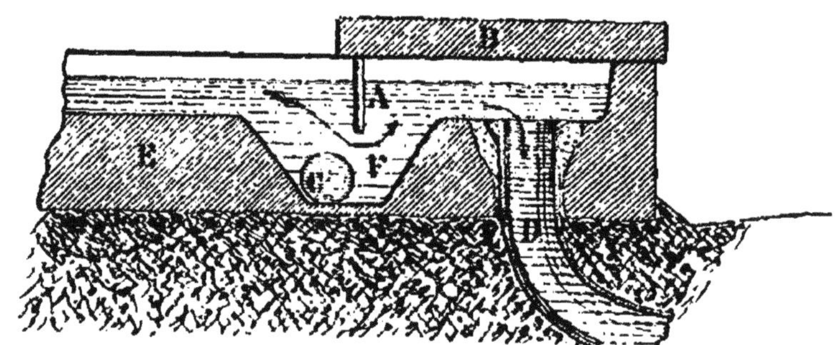

Fig. 76.

A, cloison destinée à arrêter les corps flottants, formée par un large barreau de fer plat, posé de champ, et scellé à ses extrémités dans les côtés de l'auge de pierre.
B, dalle de recouvrement en pierre.
C, orifice latéral pour la vidange, ordinairement fermé par une bonde en bois entourée de linge.
D, branche descendante du siphon.
E, pierre de taille creusée en forme d'auge ou caniveau.
F, partie creusée dans le fond du caniveau où se déposent les corps plus lourds que l'eau. Il convient que cette cavité soit aussi profonde que possible.

Dans un jardin tenu avec une certaine élégance, la dalle de recouvrement B pourrait servir de support à un vase contenant une plante ornementale. D'ailleurs, une dalle semblable peut être utilement placée symétriquement à la première, de l'autre côté de l'allée, pour couvrir l'orifice de sortie du siphon. On conçoit donc que cette petite construction, loin d'être désagréable à l'œil, peut être convertie aisément en un motif de décoration.

en culture et les chemins d'une partie des rigoles saillantes. Des tuyaux de descente, munis de bondes à leur partie supérieure, servent à faire les prises d'eau. La figure 77 donne une idée de ces dispositions.

130. Conduites d'eau souterraines dans les jardins. — Aux caniveaux découverts que j'ai décrits, on peut substituer pour le transport de l'eau, entre deux points quelque peu éloignés l'un de l'autre, des tuyaux enfouis à 50 ou 60 centimètres au-dessous de la surface du sol[1]. Ces tuyaux souterrains n'entravent pas comme les autres rigoles les travaux de culture, et ne gênent pas la circulation sur les chemins. Mais nous savons que si l'eau suffisamment chaude active la végétation, l'eau froide la retarde[2]. Or en été, saison des arrosages, l'eau des sources et des puits est plus froide que l'air ; et, en circulant à découvert, elle s'améliore doublement par l'air atmosphérique qu'elle dissout et par la chaleur qu'elle reçoit du soleil et des conduits préalablement échauffés. On devra donc réserver la circulation souterraine pour quelques cas exceptionnels ; et, même alors, il sera toujours bon de laisser séjourner l'eau avant l'emploi, dans de larges réservoirs découverts.

131. L'irrigation des jardins est applicable sous tous les climats. — Le mode d'irrigation des jardins que j'ai décrit ci-dessus, légèrement varié dans ses détails, selon le goût et les convenances personnelles de chaque propriétaire, devrait être universellement adopté. Partout, même à la limite la plus septentrionale de la France, on reconnaît que l'eau est indispensable pour la fertilité et la beauté des jardins ; mais l'emploi de l'arrosoir, naguère encore le seul mode connu dans la plus grande partie de notre pays, est tellement onéreux qu'il a toujours pour conséquence une parcimonie regrettable dans les arrosages. Aujourd'hui, dans beaucoup de jardins maraîchers, l'eau est répartie au moyen de conduits souterrains dans un certain nombre de petits réservoirs situés dans les diverses parties du jardin ; c'est

1. Relativement aux conduites souterraines, voir 27.
2. Voir, sur l'influence de la température de l'eau, l'article 112. Dans le cas où de l'eau de source doit servir à irriguer des prairies pendant l'hiver, on a intérêt, contrairement à ce qui a lieu pour les jardins, à conserver sa température relativement chaude en la conduisant souterrainement quand cela est possible.

dans ces réservoirs que l'on puise avec les arrosoirs. Cette disposition, bien que constituant déjà un grand progrès, n'est pas, tant s'en faut, le dernier terme de l'économie de main-d'œuvre, puisqu'elle ne fait que réduire dans une certaine mesure les distances auxquelles il faut aller chercher l'eau, tandis que toute espèce de transport et d'épandage à bras d'homme pourrait et devrait être supprimé[1]. Le seul inconvénient de l'irrigation est qu'elle exige un peu plus d'eau que la quantité dont on se contente souvent quand on ne se sert que de l'arrosoir.

On substitue quelquefois aux arrosoirs une pompe à bras transportable, aspirante et foulante, qui puise l'eau dans les réservoirs, et la projette sous forme de jet à l'aide d'un tuyau flexible terminé par un ajustage appelé lance. Les frottements et autres forces perdues dans la pompe et dans les tuyaux, l'élévation inutile de l'eau à une hauteur notable au-dessus du sol, et plus encore la compression nécessaire pour produire le jet, exigent une assez grande dépense de travail moteur, aussi grande au moins que celle représentée par le travail fait avec les arrosoirs dans le cas où il n'y a pas à opérer à bras un transport lointain. L'emploi de ces pompes n'est donc pas un moyen économique[2].

Tout jardin, même le plus modeste, devrait être pourvu d'un système de rigoles distributrices en rapport avec ses dimensions.

1. A une époque où j'habitais la campagne dans le département du Cher, j'avais amené, dans le potager, l'eau d'une petite source. Bien que j'eusse vu des jardins dans le Midi, mon esprit n'était pas dirigé, en ce moment, vers les innovations horticoles, et l'idée ne me vint pas d'établir un système d'irrigation. Je distribuai, dans les différentes parties du jardin, de petits bassins formés de tonneaux défoncés d'un bout et enfouis à ras du sol. L'eau, circulant souterrainement, passait successivement d'un tonneau à l'autre ; et l'on puisait, avec l'arrosoir, dans ces petits réservoirs. Un jour, des feuilles vinrent à fermer l'orifice de sortie de l'eau de l'un de ces tonneaux ; l'eau déborda et, comme le terrain avait une légère pente ; l'eau se répandit sur une planche de choux, qui s'en trouva fort bien. Le jardinier fut naturellement enchanté, en voyant une partie de son ouvrage faite sans son concours. Quelques jours après il renouvela volontairement l'opération, tout en dirigeant et régularisant le cours de l'eau. A partir de ce moment, il inventa l'irrigation des jardins et n'employa plus d'autre méthode pendant quelques années, jusqu'à l'époque où j'ai changé de résidence. Seulement, si j'avais établi des caniveaux à découvert, cela eut encore mieux valu.

2. L'arrosage au boyau flexible et à la lance doit être employé seulement dans les cas particuliers où l'eau se présente d'elle-même sous une assez grande pression, ainsi que cela arrive dans les villes lorsqu'on prend l'eau à une conduite publique de distribution, ou encore si l'on tient à laver le feuillage de certains arbustes.

Pour l'arrosage des voies et jardins publics, voir *Encyclopédie des travaux publics*, volume *Distribution d'eau*, par Bechmann.

Lors même que l'eau devrait être tirée d'un puits à l'aide d'une pompe à bras, il serait plus simple de la verser directement dans une rigole qui porterait l'eau au point voulu, que de pomper pour remplir une auge où l'eau devrait être reprise ensuite avec un arrosoir. En admettant qu'il faille pomper un peu plus longtemps, dans le premier cas, il y aurait encore, somme toute, économie de main-d'œuvre. Cette économie sera complète si l'eau est prise à une source ou à un réservoir alimenté par un moteur à vent.

§ 4.

IRRIGATION DES PLANTATIONS D'ARBRES.

139. Irrigation des vergers. — L'irrigation des vergers, quelle que soit la nature des arbres qui les occupent, ne présente rien de bien particulier. Cette irrigation n'a d'ailleurs d'utilité

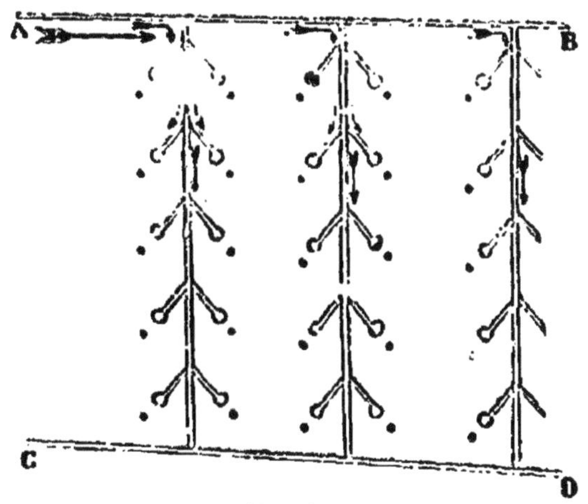

Fig. 78

Les lignes AB, CD, sont les canaux,
Les autres traits doubles, des rigoles et embranchements,
Les ronds, au bout des rigoles, sont des trous creusés en terre,
Les points noirs sont les pieds d'arbres plantés en lignes.

que dans les contrées méridionales. Toutes les méthodes d'arrosage que j'ai déjà décrites, et qui auront pour effet d'humecter suffisamment le sol, pourront être utilement appliquées, et c'est surtout la situation et la disposition du terrain que l'on devra prendre en considération.

On rencontre quelquefois des dispositions analogues à celle de la figure 78, qui représente, en plan, un terrain complanté d'arbres, dont les emplacements sont indiqués par les points noirs. L'eau, prise à un fossé A B, est amenée de deux en deux rangées entre les lignes d'arbres par des rigoles parallèles à ces lignes. De chaque rigole partent de petites ramifications, dont chacune alimente un trou pratiqué dans le sol à peu de distance de chaque pied d'arbre. Un fossé C D, qui passe au bas du terrain, rassemble et emporte toutes les colatures. Je préfère à ce trou, pratiqué près d'un arbre, une rigole circulaire de même capacité tracée autour de l'arbre. Je ne dirai pas, si l'arbre est déjà grand, de former une cuvette immédiatement au pied ; il n'y a là que de gros tronçons de racines qui, partant du collet même de l'arbre, ont moins besoin d'humidité que les petites racines munies de chevelu, mais qui souffriraient d'être déterrées. Au contraire, en creusant une rigole circulaire à 1 mètre ou 1m50 du tronc, et même plus, selon la taille de l'arbre, on n'atteindra aucune racine importante, et l'on amènera l'eau précisément au-dessus de la région où, vraisemblablement, s'élabore la plus grande partie de la nourriture de l'arbre. Si le terrain est en pente, la terre extraite de la partie haute sera rapportée du côté le plus bas, en forme de bourrelet. La figure 79 donne une idée de cette disposition.

Fig. 79.

Dans les plantations d'orangers de l'Algérie, on adopte quelquefois une disposition qui diffère un peu des précédentes et qui consiste à diviser le terrain en échiquier, à l'aide de compartiments carrés séparés les uns des autres par de petits bourrelets de terre. Le centre de chaque case est occupé par un arbre. L'eau, introduite dans la partie du terrain la plus élevée, remplit successivement toutes les cases, en débordant par dessus les bourrelets. C'est une application spéciale de l'irrigation par submersion.

133. Irrigation des plantations d'alignement dans les villes. — Sur les promenades, les arbres sont souvent plantés en lignes, à la limite séparative de deux chaussées bombées. Ces arbres se trouvent ainsi occuper une dépression linéaire du sol. Il suffit, dans ce cas, qu'une prise d'eau, aux conduites de distribution de la ville, soit ouverte vers l'extrémité la plus élevée de la ligne d'arbres pour qu'il se forme momentanément un petit ruisseau, qui la parcourt tout entière[1].

§ 5

IRRIGATION DES COTEAUX

134. Irrigation des terrains inclinés. -- Tout ce que j'ai exposé jusqu'ici suppose des terrains plats ou à pentes fort douces. C'est qu'en effet, même dans les endroits où l'on n'irrigue pas, la culture par les labours présente de graves inconvénients dès que l'inclinaison du sol dépasse 4 ou 5 centimètres par mètre ; alors, aux difficultés que présentent les façons à donner au sol, ainsi que les transports, se joint l'inconvénient plus grave de l'entraînement, par les eaux pluviales, d'une partie de la terre et des engrais, inconvénient que l'irrigation ne peut qu'aggraver. Les terrains dont la pente surpasse la limite que je viens d'indiquer seraient presque toujours utilisés d'une manière

1. Cette disposition, fort simple, a pris naissance dans le Midi. On la trouve reproduite à Troyes, grâce à M. C. Baltet, le savant arboriculteur de cette ville. Cette irrigation y fonctionne avec succès pendant les sécheresses de l'été, ce qui montre une fois de plus que les pratiques d'une région peuvent quelquefois être étendues avec avantage hors de ses limites.

bien plus rationnelle s'ils étaient boisés ou gazonnés, ou même garnis d'arbres fruitiers, ces derniers n'exigeant pas que le sol qu'ils occupent soit maintenu tout entier dans un état constant d'ameublissement. Les modes d'irrigation décrits dans le paragraphe précédent seraient parfaitement applicables aux arbres plantés dans cette situation ; seulement, pour atténuer le ravinement des rigoles, il conviendra de donner à celles-ci des directions transversales ou obliques, au lieu de les diriger, comme on le ferait dans les plaines, suivant la plus grande pente du terrain. Si l'on ne peut éviter de conserver quelques rigoles à fortes pentes, on leur donnera le profil de la figure 80, et on les gazonnera. Le gazon garantira parfaitement des érosions ; l'eau entretiendra la végétation de l'herbe et la faux atteindra partout celle-ci.

Fig. 80.

135. Irrigation des terrains disposés en terrasses. — Les pentes rapides sont souvent disposées en terrasses, soutenues par des murs en pierres sèches dont les matériaux sont ordinairement fournis par le défrichement du coteau lui-même. On a ainsi une succession de planches cultivables, étagées les unes au-dessus des autres. Des coteaux ainsi disposés peuvent admettre toutes espèces de récoltes, mais sont le plus souvent complantés en vignes ou en arbres fruitiers. Ils peuvent être irrigués dans

Fig. 81.

tous les cas où le sol n'est pas absorbant à l'excès et où des sources, des ruisseaux ou des canaux, convenablement situés, donnent le moyen d'amener de l'eau sur les terrasses. Les procédés pratiques, employés pour arroser les récoltes ou les arbres, seront ici les mêmes que partout ailleurs. La distribution générale de l'eau sur ces terrasses mérite seule une courte mention.

Une telle irrigation comporte généralement pour chaque étage deux rigoles principales, placées comme on le voit, figure 81 : l'une, au pied du mur de soutènement, contient l'eau d'arrosage ; l'autre, sur le bord opposé de la terrasse, reçoit les colatures qui doivent être transmises à la terrasse immédiatement inférieure, qu'elles devront irriguer à son tour. L'eau, de distance en distance, tombe en cascade d'une terrasse à l'autre.

Aux endroits où doit se produire la chute, on ménage, en construisant le mur de soutènement, une partie rentrante formant une sorte de *gorge* ou de caniveau, dont la pente est un

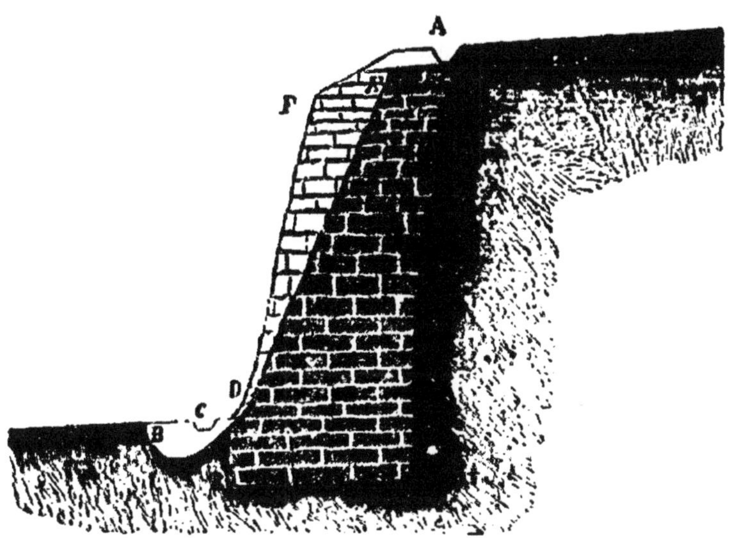

Fig. 82. — Détail d'un des murs de soutènement de la figure 81, pris à l'endroit où est ménagé un caniveau pour la chute de l'eau d'une terrasse sur l'autre.

A, rigole où se rassemblent les eaux de la terrasse supérieure.
B, petit bassin creusé dans le sol et rempli d'eau, ayant pour objet d'amortir la chute de celle qui tombe sur le plan incliné ED.
C, rigole partant du bassin B, et distribuant l'eau sur la terrasse inférieure.
D, pied du mur de soutènement.
E, sommet de la gorge ménagée dans le mur de soutènement, *gorge* dans laquelle s'effectue la descente de l'eau.
F, arête supérieure du mur de soutènement.

peu moins rapide que celle du reste de la muraille. La coupe, figure 82, explique suffisamment cette disposition.

130. Terrasses séparées par des talus gazonnés. — Lorsque le sous-sol du coteau n'est pas une roche solide et ne fournit pas de pierres en abondance, on pourrait néanmoins adopter des dispositions d'ensemble analogues à celles qui précèdent. Pour éviter les murs, on séparerait les terrasses A, A, figure 83, destinées à recevoir des cultures ou des plantations,

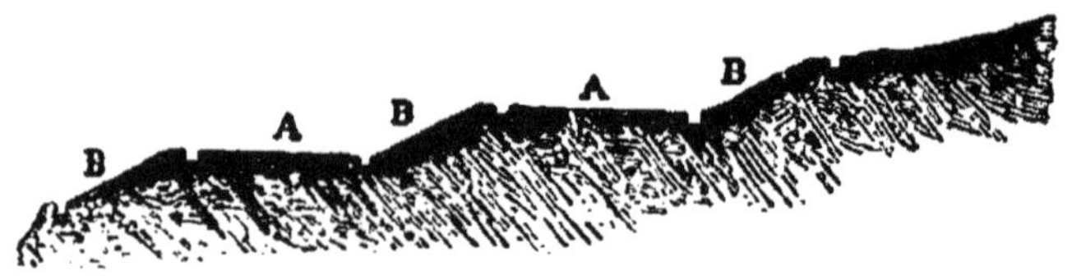

Fig. 83.

par des talus gazonnés B, B, B. Les rigoles de colature de chaque terrasse, établies à niveau parfait, arroseraient par déversement les talus, qui fourniraient ainsi une herbe pouvant être utilisée. Une rigole de reprise, située au pied de chaque talus, recueillerait l'eau et deviendrait rigole d'arrosage pour la seconde terrasse, et ainsi de suite.

CHAPITRE CINQUIÈME

APPLICATION AUX PLANTES USUELLES. — RIZIÈRES

§ 1. Principes généraux. — § 2. Irrigation des plantes usuelles. — § 3. Rizières.

§ 1.

PRINCIPES GÉNÉRAUX

Le premier chapitre comprend ce qui est relatif à la théorie fondamentale des irrigations; le quatrième, § 2, décrit les dispositions à donner au sol irrigable, ainsi que les méthodes employées pour y répandre l'eau. Dans le chapitre II, on s'est occupé des moyens de se procurer l'eau, et dans le chapitre III (§ 3) des questions que soulèvent sa provenance et sa qualité. Je me propose actuellement de considérer les irrigations dans leurs rapports avec les végétaux divers qui peuvent faire l'objet de la culture. Je donnerai, dans ce chapitre, quelques indications puisées dans les pratiques agricoles les plus suivies, mais auparavant je dois rappeler les principes nécessaires pour apprécier convenablement celles-ci.

187. Saisons où se donnent les arrosages. — On conçoit facilement que la moitié de l'année qui comprend, avec l'été tout entier, la fin du printemps et le commencement de l'automne, soit partout la saison par excellence pour les irrigations. Pendant cette période, les pluies ont, en général, peu de durée, tandis que l'ardeur du soleil et la siccité habituelle de l'air, contribuent puissamment à dessécher le sol, et cela précisément alors que, sous l'influence des mêmes causes, les plantes, pourvues d'un grand développement de feuilles, consomment une énorme quantité d'eau par l'effet de leur transpiration. *Dans le midi de la France, c'est du 1er avril au 1er octobre que dure la saison des arrosages.*

Ce n'est pas à dire que l'irrigation ne puisse être d'aucune utilité en dehors de ces limites : dans des contrées encore plus chaudes que la Provence, telles que l'Italie méridionale, l'Espagne et l'Algérie, nous voyons les irrigations commencer plus tôt au printemps, finir plus tard en automne, et souvent même se prolonger pendant tout l'hiver. C'est qu'en effet l'irrigation, indépendamment de l'appoint d'engrais qu'elle apporte avec l'eau (98, 99), procure aux semences une humidité suffisante pour leur germination et leur levée complète ; elle assure les récoltes, pendant les premières périodes de leur existence, contre les sécheresses, si communes surtout au printemps, et d'autant plus redoutables qu'elles agissent sur des plantes encore débiles et mal enracinées. Enfin l'eau courante étant fréquemment, en hiver, plus chaude que le sol, les arrosages donnés en cette saison entretiennent une certaine activité dans la végétation, et avancent ainsi beaucoup son développement. Ce dernier effet, qui doit être considéré comme un grand avantage lorsque les végétaux ne sont exposés à aucun arrêt dans leur croissance, peut devenir au contraire un danger sérieux, partout où d'assez fortes gelées sont à craindre. Si, en effet, une plante, après avoir été en pleine végétation, est brusquement arrêtée dans sa croissance, si quelques-uns de ses organes, déjà développés, sont détruits par des gelées tardives, la dépense de force vitale déjà faite en pure perte devient une cause d'épuisement, et il vaudrait mieux alors que la plante fût demeurée tout l'hiver dans un état de repos complet. La faire sortir prématurément, par des arrosages, de cette espèce de sommeil, serait le plus souvent une imprudence. Ces considérations donnent l'explication de la pratique suivie dans la plupart de nos départements du Midi, où des froids assez vifs, quoique de courte durée, sont toujours à redouter en hiver et même assez tard au printemps ; elles permettent de poser cette règle : que, *dans les contrées où les gelées sont à peu près inconnues, les arro-*

sages seront donnés, au besoin, à toutes les époques de l'année, tandis que, dans les climats froids ou à température variable, la saison d'irrigation doit commencer au printemps, à l'époque où aucun retour de froid n'est plus à craindre, et finir en automne, avec la saison chaude.

138. Influence de l'irrigation au point de vue des labours et binages. — Indépendamment de toute considération de saison, et en dehors de son but principal, l'irrigation permet, au besoin, d'humecter le sol durci par les sécheresses, de manière à pouvoir donner à temps les labours et autres cultures sans attendre le retour des pluies. De là résulte l'inappréciable avantage de pouvoir faire immédiatement succéder une récolte nouvelle à une récolte enlevée, et de tenir ainsi les champs constamment occupés. Ne perdons pas de vue, d'un autre côté, que la terre abondamment mouillée devient d'autant plus dure ; d'où il résulte que dans les cultures irriguées, plus encore que partout ailleurs, il faut donner de fréquents et profonds binages. C'est un surcroît de main-d'œuvre, mais on assure la bonne venue des plantes et la propreté du sol.

139. Moment que l'on doit choisir pour arroser. — Aussitôt après un arrosage, et tant que l'eau n'a pas complètement achevé sa pénétration, la surface du sol, fortement mouillée, qui est en contact avec l'atmosphère, est le siège d'une évaporation considérable. Cette évaporation est produite par le contact de l'air sec et chaud, qui détermine la transformation de l'eau en vapeur susceptible de se mélanger avec lui. La vaporisation est d'autant plus active que l'air se renouvelle plus rapidement, les parties saturées de vapeur au contact du sol étant remplacées par d'autres. Mais la transformation d'un liquide en vapeur ne peut avoir lieu sans qu'il y ait disparition d'une grande quantité de chaleur, et si celle-ci n'est pas fournie par un foyer spécial, il faut nécessairement qu'elle soit empruntée aux corps en contact avec le liquide, c'est-à-dire en grande partie au sol, dans le cas qui nous occupe. Il est vrai que le soleil, par sa radiation, tend à réchauffer la superficie du sol ; mais il peut se présenter plusieurs cas. Si l'air est très calme ou déjà presque saturé de vapeur, l'évaporation étant faible pourra ne pas absorber toute la chaleur fournie par le soleil, et le sol s'échauffera. Si au contraire les conditions atmosphériques sont favorables à une très forte évaporation, le soleil ne suffira plus à restituer la totalité de la chaleur consommée; le sol et l'eau qui le baigne se refroidiront. Le refroidissement pourra même être tel qu'il pénètre, de proche en proche, jusqu'à la couche de terre occupée par les racines, et produise un arrêt dans la végétation. La marche de la sève sera alors momentanément suspendue ou du moins très ralentie ; et comme la transpiration qui a lieu à la surface des feuilles ne sera pas annulée pour cela, les plantes souffriront plus ou moins et il arrivera quelquefois que leurs sommités pourront se flétrir et se faner. Pour éviter ces graves inconvénients, dans les cas d'ailleurs assez rares où l'on sera complètement libre, *on devra choisir pour arroser un temps calme plutôt qu'un temps venteux, un temps brumeux et même pluvieux plutôt qu'un temps serein. Enfin on devra arroser à l'entrée de la nuit plutôt qu'à toute autre heure de la journée.* Pendant la nuit, en effet, il y a ordinairement précipitation de la vapeur d'eau atmosphérique sous forme de rosée, auquel cas l'évaporation n'existe plus à la surface du sol ; celui-ci n'est pas refroidi. Dans le cas même où l'arrosage aurait été donné avant la nuit assez tôt pour être suivi d'un refroidissement du sol et de l'arrêt de la végétation, la nuit en atténuerait les fâcheux effets en suspendant l'évaporation à la surface des feuilles ou autres parties vertes des végétaux. C'est pour cela que *les arrosages du soir présentent moins de dangers que ceux du matin.*

140. De l'abondance des arrosages. — L'eau dont on se sert pour arroser possède, en général, à son arrivée par les rigoles, une température un peu supérieure à celle du sol, à la profondeur où se trouvent les racines. D'où il suit que l'eau introduit avec elle, dans le terrain, une quantité de chaleur d'autant plus considérable que l'arrosage est lui-même plus abondant. Avec un arrosage copieux, il peut se faire que la quantité de chaleur ainsi portée aux racines des plantes compense ou même surpasse celle absorbée par l'évaporation. Mais si l'arrosage a lieu à faible dose et reste lui-même superficiel, outre que les plantes n'en pourront tirer, même ultérieurement, aucun profit, la quantité de chaleur apportée par l'eau sera si faible que le refroidissement sera toujours prépondérant. D'où l'on peut conclure : que *les arrosages doivent être donnés abondamment*, ce qui *a d'ailleurs une importance d'autant plus grande que l'état atmosphérique est momentanément plus propre à activer l'évaporation.*

J'ajouterai que les diverses règles qui précèdent, et que j'ai présentées comme des déductions théoriques de lois physiques générales, sont généralement admises par les irrigateurs praticiens.

141. Intervalles entre les arrosages. — Quelle que soit l'utilité de l'irrigation et le bien que les plantes doivent en retirer définitivement, le moment d'un arrosage paraît apporter toujours un trouble passager dans les fonctions végétatives. On s'explique cet effet, tant par le refroidissement qui se produit quelquefois dans le sol, ainsi que nous l'avons vu tout à l'heure, que par l'expulsion momentanée de l'air contenu dans les interstices du sol, lequel se trouve remplacé par l'eau baignant alors les racines. On sait que les plantes non aquatiques ne peuvent vivre dans ces conditions, et les pratiques agricoles nous montrent qu'elles résistent d'autant moins longtemps aux fâcheux effets d'un sol gorgé d'eau que la végétation était auparavant plus active. Or s'il y a nécessairement une sorte de malaise pour les plantes au moment de l'arrosage, il faut leur éviter, autant que possible, le retour trop fréquent de cet état et *ne réitérer les arrosages qu'autant que l'état de sécheresse du sol en fait réellement un besoin*, ce qui se concilie parfaitement, d'ailleurs, avec la recommandation déjà faite de donner des arrosages abondants. Si toute la couche de terre végétale a été bien humectée, si l'eau est descendue assez bas pour atteindre la profondeur où l'humidité est permanente, il est évident qu'il n'y aura pas, de quelque temps, à revenir à l'arrosage. Mais l'influence de la nature du sol est très considérable, ainsi que j'ai déjà eu l'occasion de le dire, les terres les plus argileuses retenant l'humidité qu'elles ont acquise avec infiniment plus de force que celles qui sont très-calcaires ou sablonneuses. Il ne faut donc pas s'étonner de ce que, sous le même climat et pour des cultures en apparence semblables, la pratique de telle localité se contente d'un seul arrosage pendant qu'ailleurs on en donne jusqu'à quatre.

142. Cas où il faut s'abstenir d'arroser certaines plantes. — Si le moment de l'arrosage doit être un moment de malaise pour les plantes, s'il doit apporter un certain trouble dans leurs fonctions, on concevra encore qu'il ne faille pas faire coïncider ce moment avec certaines époques critiques de la vie végétale, et l'on sera disposé à admettre comme fondée la pratique d'un très grand nombre de cultivateurs qui *s'abstiennent d'arroser les plantes cultivées tant que durent la floraison et la fécondation.*

L'irrigation entretient l'activité de la sève : elle a par conséquent pour effet de faire croître, sans cesse, de nouveaux prolongements des tiges et de nouvelles feuilles. Tout autre est le travail de la maturation des fruits et des graines. Ce dernier paraît s'accomplir d'autant mieux que la sève n'est pas trop abondante, et consiste surtout dans une concentration dans le fruit de différents éléments déjà accumulés dans la plante, mais jusque-là disséminés dans ses diverses parties. Il en résulte qu'un arrosage donné au moment même où la maturation s'achève serait généralement plus nuisible qu'utile. Comme néanmoins l'extrême sécheresse du sol pourrait amener pour la plante une dessiccation anticipée qui interromprait toute circulation dans l'intérieur de ses tissus, avant que le fruit ne fût parvenu à son entier développement, *on aura soin de donner un arrosage un peu avant la maturation des plantes cultivées pour leurs graines, de telle façon qu'un peu d'humidité puisse persister dans le sol jusqu'à l'époque présumée de la récolte.*

143. Cultures qui ont plus particulièrement besoin de l'irrigation. — Il résulte encore des principes physiologiques qui viennent d'être invoqués que l'irrigation favorise le développement herbacé plus que la fructification. D'où cette autre conséquence : *qu'il importe de ne pas ménager les arrosages aux plantes fourragères, celles que l'on cultive spécialement en vue de leurs graines pouvant au contraire s'en passer à la rigueur.*

144. La pratique ne comporte pas de méthodes absolues. — En définitive nous voyons que la manière d'appliquer l'irrigation aux diverses cultures dépend, non seulement du climat et de la nature propre de chaque espèce de plante, mais encore de la constitution du sol et même du sous-sol, et enfin de circonstances accidentelles, comme par exemple l'abondance ou la rareté de l'eau, et l'importance relative de l'irrigation pour les diverses récoltes. On devra donc voir dans les indications qui vont suivre, non des préceptes absolus dont il ne faille jamais se départir, mais seulement des notions propres à servir de point de départ, et que l'observation et l'expérience amèneront souvent à modifier.

§ 2.

IRRIGATION DES PLANTES USUELLES

145. Céréales. — Les céréales sont au nombre des plantes qui présentent un médiocre développement foliacé, qui transpirent peu, et auxquelles d'ailleurs on demande principalement une abondante production d'une graine sensiblement sèche. On peut conclure de là qu'elles doivent exiger relativement peu d'eau. Cette prévision est conforme à l'observation qui nous apprend que les céréales (le *froment* et l'*orge* plus particulièrement), tout en préférant à tout autre un sol frais, résistent bien mieux encore à la sécheresse qu'à l'excès d'humidité. Il est de pratique générale d'éviter avec soin de donner des arrosages à ces sortes de plantes pendant le temps que l'épi emploie à se développer et à sortir de sa gaine, ainsi que pendant la floraison. Le blé est la céréale la plus cultivée dans les contrées méridionales où l'irrigation est en honneur. On y a reconnu que l'eau peut être donnée presque sans réserve pendant la première végétation herbacée, qui a lieu depuis la semaille jusqu'à la formation de l'épi. Aussi, dans les pays où l'on est dans l'usage d'irriguer en hiver, commence-t-on à arroser le blé dès l'automne, presque aussitôt après la semaille. Ces arrosages accumulent dans le sol des principes fertilisants dont la plante fera tôt ou tard son profit; ils adoucissent pendant l'hiver la température du sol, avancent la végétation et augmentent le tallage. Plus tard, si le temps est sec, on donne un arrosage entre la première apparition de l'épi hors de sa gaine et la floraison. Enfin on donne encore un ou deux arrosages entre la floraison et la moisson.

Dans le midi de la France, on n'arrose pas les blés en hiver ; on craindrait sans doute que, trop avancés par l'irrigation, ils n'eussent d'autant plus à souffrir des retours de froid toujours à craindre au commencement du printemps ; on restreint dans les autres saisons le nombre des arrosages accordés au blé, l'eau étant réservée de préférence pour d'autres cultures plus rémunératrices. Souvent même on ne place le blé que dans les terres non irrigables. Dans ce dernier cas, lorsque la terre a été profondément labourée, bien ameublie et bien fumée pour la récolte précédente, le blé résiste assez bien aux sécheresses et peut parcourir sans notables accidents toutes les phases de son développement : il ne donne néanmoins qu'un produit médiocre en grain, chétif en paille. Une telle culture n'est pas lucrative ; aussi le blé tend-il à disparaître des assolements et des cultures de plusieurs départements et à céder la place à d'autres productions, particulièrement aux cultures arborescentes et à la vigne. Il ne faut pas s'en plaindre : il y a aujourd'hui assez de pays producteurs de céréales et assez de moyens de transport. Le temps est venu où chaque localité doit s'approprier des produits spéciaux adaptés à son sol et à son climat. Il est bon toutefois qu'on se souvienne que l'on pourrait au besoin obtenir, dans le midi de la France, des récoltes comparables à celles des pays les mieux appropriés à cette culture, mais que ce ne serait qu'à l'aide de l'irrigation.

On entend dire souvent que l'irrigation appliquée au blé augmente la production de la paille *au détriment* du grain. Je crois qu'il y a beaucoup d'exagération dans cette assertion, ou du moins qu'elle ne serait fondée qu'à l'égard des terres trop légères ou trop maigres pour le blé. Dans les sols un peu argileux, d'ailleurs suffisamment pourvus, par la nature ou par la répétition des fumures, des éléments minéraux qui sont essentiels à la formation du grain de froment, l'irrigation *augmente* le produit en grain, tout en augmentant le produit en paille dans des proportions encore plus fortes, ce qui, il est vrai, fait paraître le blé *moins grainé*, eu égard au volume de la récolte en gerbes.

Le *maïs* est une plante plus aqueuse, plus volumineuse, plus développée en feuilles que le blé ; aussi ne faut-il pas s'étonner que le besoin de l'irriguer ait été plus généralement senti. Dans les contrées méridionales, le maïs est toujours placé dans les terres irrigables. Le sol doit être entretenu constamment frais pendant la végétation tout estivale du maïs. L'usage où l'on est partout de butter cette plante se prête bien à l'introduction de l'eau dans les intervalles des billons, dont les lignes de maïs occupent le milieu ou les bords, selon les diverses méthodes de culture.

Il faut avoir vu le maïs dans certains terrains d'alluvions de la vallée du Pô, couvrant les champs d'une végétation luxuriante de 3 mètres de hauteur, pour se figurer ce qu'est cette plante, lorsque la force productrice d'un sol naturellement riche et fertile est encore surexcitée par les actions combinées de la chaleur et de l'irrigation.

Le maïs est vraisemblablement une des plantes qui gagneraient le plus à l'extension des irrigations, un peu au delà des limites actuelles de la région du Midi où cette opération est actuellement pratiquée.

146. Maïs-fourrage. — Le maïs n'est pas toujours cultivé pour sa graine : sa tige et ses feuilles constituent le plus succulent des fourrages verts. Particulièrement propre aux vaches laitières, il offre le précieux avantage de pouvoir fournir de la nourriture verte pendant tout le cours de l'été. Seulement il faut pour réussir, le concours d'une humidité presque constante ; aussi la culture du maïs en vert, qui chaque jour gagne du terrain et se popularise davantage, tend-elle surtout à se répandre vers la limite septentrionale du territoire où mûrit sa graine. Les régions méridionales seraient encore bien plus propres à cette culture ; mais si l'irrigation y est nécessaire à la bonne venue du maïs pour graine, à plus forte raison y serait-elle indispensable à la réussite du maïs-fourrage.

147. Haricots. — Les haricots, destinés soit à la production des gousses à manger en vert, soit à celle du grain, sont cultivés avec avantage dans le Midi partout où l'irrigation peut être appliquée à des terres de consistance assez légère, naturellement fertiles ou rendues telles par des engrais. Les sols les plus légers, surtout lorsqu'ils contiennent une très notable proportion de calcaire, leur conviennent d'une manière toute particulière et ils y sont d'une qualité supérieure. Mais les terres de cette nature souffrent beaucoup de la chaleur et de la sécheresse, et l'on en est réduit, dans le Midi, quand on ne dispose pas de l'irrigation, à placer les haricots dans des terres plus argileuses qu'il ne le faudrait, mais qui retiennent davantage l'humidité; en même temps on a soin de semer de bonne heure au printemps, afin que toute la végétation s'accomplisse avant l'époque des grandes chaleurs. Il n'en est plus de même lorsqu'on a de l'eau en abondance à sa disposition. On peut alors affecter aux haricots les terres perméables, sauf à les arroser s'il le faut tous les cinq jours, ou du moins une fois par semaine. Alors aussi, on ne cultive guère les haricots qu'en seconde récolte, souvent après le blé. Leur réussite est assurée et leur produit généralement rémunérateur.

148. Pois. — Les pois sont cultivés dans le Midi dans des limites bien plus restreintes que les haricots. Mais les avantages de l'irrigation ne sont pas moindres que pour ces derniers; grâce à ce puissant auxiliaire, on peut les cultiver à peu près partout et en toutes saisons.

149. Fèves. — On en pourrait dire autant des fèves. Ces légumineuses sont réputées ne réussir parfaitement, même dans le Nord, qu'en terrain argileux : cela tient sans doute à la faculté spéciale de l'argile pour retenir l'humidité dont a besoin cette plante. Ce qui le prouve, c'est que, dans les contrées méridionales, à l'aide d'arrosages très souvent répétés, on obtient de fort belles récoltes de fèves, même dans des terrains très légers, à la condition qu'ils soient d'ailleurs bien cultivés et bien fournis d'engrais.

150. Prairies de graminées. — Dans nos départements méridionaux, quelques portions du sol irrigable sont consacrées aux prairies de graminées. Le ray-grass d'Italie, le fromental, la fétuque élevée servent à constituer ces prairies, dans lesquelles on introduit comme complément, outre quelques autres graminées, le trèfle blanc et la lupuline. Les arrosages indispensables dans ces climats à la conservation de ces prairies se pratiquent, sauf pendant les périodes très pluvieuses, de la fin d'avril à la fin de septembre, et se renouvellent d'autant plus souvent que le sol, étant d'une nature moins argileuse, est plus prompt à se dessécher. Les intervalles des arrosages sont de cinq jours au moins, de dix-huit jours au plus, d'une dizaine de jours le plus généralement. Ces prairies, lorsqu'elles reçoivent chaque année quelques matières fertilisantes, donnent jusqu'à trois coupes de fourrage. On néglige quelquefois, mais à tort, de profiter des eaux généralement abondantes en hiver pour les arroser largement pendant cette saison, suivant les règles qui seront exposées dans le chapitre spécialement consacré aux prairies.

151. Luzerne. — La luzerne, bien qu'elle redoute les eaux stagnantes et les terres imperméables, est une des plantes qui tirent le plus grand profit d'un sol entretenu constamment à l'état frais. Nul doute que, dans toutes les parties de la France, et dans les situations où elle réussit naturellement, ses produits ne fussent notablement augmentés si l'on pouvait lui appliquer des irrigations analogues à celles qui sont usitées pour les prairies permanentes à base de graminées. Il y aurait toutefois à prendre quelques précautions, basées sur ce que les légumineuses supportent moins bien que les graminées les submersions un peu prolongées. On devrait donc abréger la durée des arrosages, et n'appliquer d'ailleurs l'irrigation qu'aux terres qui peuvent être égouttées à une grande profondeur, car la luzerne est une plante à végétation très profonde ; elle ne résisterait pas longtemps à l'eau qui serait stagnante dans toute la région souterraine occupée par ses racines.

Quoique cultivée avec succès dans toute la France, la luzerne est néanmoins une plante méridionale, et c'est seulement lorsqu'elle est cultivée avec irrigations, dans les pays chauds et dans les terrains profonds, que l'on peut en apprécier toute la valeur. Aussi les méridionaux n'hésitent-ils pas à lui accorder de fréquents arrosages. Cette plante remplacerait pour eux, et avec avantage, les prairies de graminées si sa culture ne se trouvait forcément restreinte par la durée limitée de la luzerne, et par la difficulté de faire revenir cette dernière à la même place, si ce n'est après un long intervalle de temps, et si, d'autre part, les graminées n'étaient de nature à prospérer dans des terrains de peu de profondeur ainsi que dans ceux où se trouvent des nappes d'eau souterraines, terrains qui ne sauraient convenir à la luzerne.

Lorsqu'à des conditions favorables sous le rapport de l'emplacement viennent s'ajouter quelques engrais et des soins intelligents, la luzerne irriguée dans le Midi donne par an quatre ou cinq coupes. On arrose depuis une fois jusqu'à quatre fois entre deux coupes, en d'autres termes depuis une fois par mois jusqu'à une fois par semaine, selon que le terrain est de nature à conserver plus ou moins longtemps sa fraîcheur. On obtient de 2.500 à 3.000 kilogrammes par hectare et par coupe, c'est-à-dire, pour l'année, de 10.000 à 12.000 et jusqu'à 15.000 kilogrammes de fourrage sec par hectare, ou l'équivalent en fourrage vert.

152. Trèfle. — Si la luzerne est une plante des pays chauds, le trèfle, par contre, est plus spécialement approprié aux parties plus septentrionales de la zone tempérée. Une atmosphère habituellement humide paraît être un de ses premiers besoins ; aussi est-il une richesse pour l'Écosse, pour l'Angleterre, pour nos provinces du Nord-Ouest. Dans le centre de la France, il ne donne déjà plus, à égalité de nature de sol, des récoltes comparables ; quant à la région méditerranéenne, elle en fait peu d'usage, même en terres irrigables. Toutefois, on ne peut s'empêcher de reconnaître que la trop grande sécheresse du sol est des plus préjudiciables au trèfle ; et si l'on en arrivait à avoir, dans la zone moyenne de la France, des moyens d'irrigation analogues à ceux dont on dispose déjà dans le Midi, le trèfle serait une des plantes sur lesquelles il serait très intéressant de faire des essais d'arrosages modérés.

153. Fourrages-jachères divers. — L'irrigation peut entretenir toute l'année, quelle que soit la sécheresse, une végétation non interrompue, d'autant plus active même que la température est plus élevée. C'est surtout par des plantes fourragères, destinées à être consommées en vert, que l'on peut remplir les intervalles entre les récoltes principales qui forment le fond des assolements. On sait qu'à M. Dezeimeris revient particulièrement l'honneur d'avoir vulgarisé la connaissance de ce moyen d'augmenter la production des fourrages. Mais pour qu'on puisse, après une autre récolte, après un blé par exemple, obtenir une quantité de fourrage de quelque importance ; pour qu'on puisse faire, pendant une année de jachère, jusqu'à trois récoltes fourragères successives ; pour que tout cela soit fait à temps ; pour permettre d'effectuer, au besoin, avant l'hiver, un nouvel ensemencement, il faut des fourrages qui végètent avec une grande vigueur et une grande rapidité. Or, c'est ce qui a lieu bien rarement en terres sèches, les basses températures dans le Nord, les sécheresses dans le Midi, venant trop souvent interrompre ou au moins ralentir la végétation. Dans les terres irrigables du Midi, au contraire, le système Dezeimeris, même poussé à ses dernières conséquences, peut devenir une vérité. Il ne faut pour cela qu'un peu d'activité de la part de l'agriculteur, et une force suffisante en attelages, pour que les labours puissent être donnés promptement au moment opportun. Les plantes les plus employées, soit à l'état de mélange, soit isolément, pour ces semis successifs de fourrages hâtifs, sont : les variétés de pois les plus précoces, les diverses variétés de maïs, le millet commun, l'alpiste, le moha, enfin plusieurs autres végétaux que je n'oserais recommander, faute d'une expérience suffisante. J'ai déjà dit un mot du maïs-fourrage, qui occupe un rang à part.

154. Sorgho sucré. — A côté du maïs vient naturellement se placer le sorgho sucré, qui produit aussi un abondant fourrage vert. Mais il ne faut pas songer à le cultiver sans irrigation, surtout dans les sols légers, qui se dessèchent promptement. Sa végétation est splendide lorsqu'elle est favorisée par des engrais actifs et des arrosages fréquents ; mais, toutefois, sa croissance est plus lente que celle du maïs, et il ne paraît pas présenter sur ce dernier de notables avantages.

155. Pommes de terre. — L'irrigation n'est pas moins utile aux racines qu'elle ne l'est aux légumineuses et aux graminées. Les pommes de terre peuvent être arrosées trois ou quatre fois, et même davantage dans les régions très chaudes. On arrose après le buttage, en mettant l'eau dans les intervalles des ados. Les produits que l'on obtient sont très abondants, mais on leur reproche de manquer de finesse. On sait que la pomme de terre préfère partout des terrains légers. Mais néanmoins, dans le Midi et lorsque l'irrigation n'est pas praticable, on est obligé de choisir pour elle des terrains assez consistants pour que le sol puisse retenir, d'une pluie à l'autre, quelque peu d'humidité. Dans les localités, au contraire, où l'on peut arroser aussi souvent que le besoin s'en fait sentir, il semble que la place des pommes de terre devrait être dans les terres les plus sablonneuses et les plus perméables.

On peut, grâce à l'irrigation, dans les contrées méridionales, cultiver les pommes de terre toute l'année, soit qu'on veuille obtenir plusieurs récoltes successives de ces tubercules, soit qu'on les intercale entre d'autres cultures. Ainsi, plantées en février, les pommes de terre peuvent précéder par exemple un maïs. En été, elles peuvent succéder à une céréale. On peut enfin planter en automne et avoir une récolte d'hiver. Ces règles, évidemment, ne sont qu'en partie applicables partout où des gelées un peu intenses peuvent être à redouter pendant l'hiver ; mais elles sont vraies, sans restriction, pour la région de l'oranger.

159. Betteraves. — La betterave a, tout particulièrement, besoin du concours de la chaleur et d'une humidité permanente dans les parties profondes du sol ; elle sait puiser celle-ci au moyen des appendices de son long pivot. En dehors de l'irrigation, elle ne trouve que dans le Nord la seconde des conditions indiquées ci-dessus, qui lui est partout indispensable ; par contre, sa croissance y est lente et son développement restreint, faute d'une chaleur assez soutenue. Dans le département du Nord, on sait que M. Fiévet a appliqué l'irrigation aux betteraves ; les résultats de ses essais lui ont paru tellement remarquables qu'après avoir utilisé toutes les eaux fertilisantes, provenant de sa sucrerie, il a eu recours à l'un des canaux dérivés de la rivière. Si de tels résultats ont été obtenus à l'extrémité la plus septentrionale de la France, peut-on douter des heureux effets que produirait l'irrigation appliquée aux betteraves dans toutes nos provinces centrales, où la sécheresse, plus souvent que la nature du sol, nous a empêchés jusqu'à ce jour d'avoir des produits aussi élevés que ceux du Nord ? L'extension à toute la France de systèmes d'irrigation, conçus sur une échelle assez vaste pour qu'on pût y faire participer d'autres terres que celles qui sont en nature de pré, aurait peut-être pour conséquence une immense extension de cette industrie sucrière qui a fait la fortune de plusieurs départements, tout en transformant leur agriculture de la manière la plus heureuse.

Dans le Midi, la betterave n'est cultivable que dans les terrains susceptibles d'irrigation. Mais si ces derniers sont, en outre, substantiels, profonds et modérément perméables, comme beaucoup d'alluvions, elle peut donner des produits merveilleux : on cite sans étonnement des produits de 120.000 kilogrammes à l'hectare. Le Midi pourrait donc vraisemblablement faire concurrence au Nord pour l'industrie sucrière, s'il n'était pas limité à une étendue de terres irrigables déjà insuffisante pour les produits variés qu'il peut leur demander, et s'il ne possédait pas d'ailleurs la vigne et tant d'autres richesses spéciales à son climat[1].

157. Carottes. — De même que les betteraves, les carottes, dans les terres un peu consistantes et profondes, réussissent bien dans le Midi lorsqu'on leur accorde le privilège de l'irrigation. Elles peuvent dans ce cas, comme tant d'autres plantes, être semées à toutes les époques de l'année, et, mieux qu'en Belgique où ce procédé est quelquefois pratiqué, elles pourraient être cultivées en récolte dérobée. On sait que, dans ce cas, on les sème en même temps qu'une céréale ou plante industrielle ; cette récolte, qui a servi d'abri aux jeunes carottes, étant enlevée, on sarcle et on bine les carottes, et on leur donne quelques engrais actifs. Ces sortes de semis pourraient, dans la plupart des contrées méridionales, s'exécuter en automne.

158. Raves et navets. — Les raves et navets sont une grande ressource pour le bétail. Mais on sait que ces plantes ne réussissent qu'à la faveur d'une humidité presque continuelle, et qu'une sécheresse, survenant peu de temps après la semaille, en fait manquer la levée. En terrain irrigué, on pourrait, quel que fût d'ailleurs le climat, semer d'aussi bonne heure qu'on voudrait, sans avoir à attendre les pluies d'automne ; les raves, sous l'influence des arrosages et d'une température encore chaude, pourraient alors acquérir, avant l'hiver, un développement sans lequel les produits restent toujours minimes.

Les raves et navets ne sont pas, par leur nature, des plantes méridionales, et il paraît douteux que, même à la faveur de l'irrigation, la grande culture se les approprie jamais dans l'extrême Midi. Par contre, ces racines sont au nombre des cultures qui semblent appeler l'irrigation dans les régions centrales de la France.

1. Il faut remarquer toutefois que la betterave à sucre offre cet inappréciable avantage que, tout en procurant au cultivateur un revenu assez élevé en argent, elle lui donne les moyens d'entretenir avec les pulpes un nombreux bétail de rente.

159. Patates. — La culture de la patate douce est spéciale au Midi, mais elle rentre plutôt dans la culture maraîchère que dans les attributions de l'agriculture proprement dite. Quoi qu'il en soit, cette culture n'est avantageuse qu'avec le concours de l'irrigation. On plante sur des ados ou billons, pratiqués avec le buttoir et légèrement aplatis avec le rouleau. L'eau est introduite dans les sillons qui séparent les billons.

160. Choux. — Les choux ne sont pas très cultivés dans les pays d'irrigation : celle-ci augmente pourtant leurs produits dans une forte proportion. On peut, en grande culture irriguée, placer les choux en seconde récolte après une céréale.

161. Aubergine. — L'aubergine est encore une culture maraîchère, mais qui a dans le Midi une certaine importance. Elle se cultive sur billons étroits et exige impérieusement l'irrigation.

162. Piment. — La culture du piment est encore plus répandue que la précédente. Si elle ne se fait pas sur une grande échelle, il y a, par contre, de nombreuses localités, tant en France que dans les contrées méridionales de l'Europe, où chaque paysan a sa planche de piment. On emploie généralement la disposition de la culture en petits billons et l'on arrose comme dans les autres cas semblables, en introduisant l'eau dans les sillons. Ce n'est qu'à l'aide d'une grande abondance d'eau que l'habitant des pays chauds se procure cet aliment excitant, qui est pour lui un besoin. Il est vrai que le produit obtenu sur une petite surface est quelquefois énorme.

163. Citrouilles, melons, pastèques. — Ce que je viens de dire des solanées, aubergine et piment, est applicable aux cucurbitacées, citrouille, melon, pastèque. Toutes se cultivent, du moins en France, sur le sommet de petits billons aplatis, et doivent à des arrosages abondants et souvent renouvelés les produits importants qui, dans plusieurs localités méridionales, ont élevé la culture de ces plantes à la hauteur d'une industrie. Cavaillon, dans le département de Vaucluse, est célèbre par ses melons. La pastèque, qui tient lieu d'un breuvage rafraîchissant, préfère les lieux encore plus méridionaux ou, du moins, doués d'une température moyenne rendue plus chaude par une exposition spéciale.

104. Chanvre. — Le chanvre est très cultivé dans les pays d'irrigation ; c'est surtout celle-ci qui rend sa culture véritablement productive et qui en fait une riche spécialité, notamment pour quelques parties du midi de la France et de l'Italie. Le chanvre, dans les pays d'irrigation, se cultive à peu près comme partout ailleurs, c'est-à-dire que le champ est divisé en planches séparées par des sentiers d'une trentaine de centimètres de largeur servant à la circulation lors des travaux d'entretien et notamment lors de l'arrachage des pieds mâles. Pour pouvoir irriguer, on ne donne aux planches qu'un mètre environ de largeur ; les sentiers sont creusés à la houe de quelques centimètres, et la terre qui en provient sert à recouvrir la semence. C'est dans ces sentiers que l'on fait, plus tard, ruisseler l'eau d'irrigation. Le chanvre aime à végéter dans un sol toujours frais ; il ne se place guère, d'ailleurs, que dans des sols perméables ; par cette double raison, il est une des plantes qui réclament les arrosages les plus fréquents. On l'arrose le plus généralement tous les dix jours en moyenne, parfois même plus souvent. Contrairement à ce qui se fait pour un grand nombre d'autres végétaux, on cherche pour le chanvre à maintenir le sol dans un état, sinon d'humidité, du moins de fraîcheur constante ; on n'attend pas pour donner un nouvel arrosage que toutes traces du précédent aient disparu ; on donne donc des arrosages souvent très légers, mais fréquents. On suspend toutefois l'irrigation quelque temps avant l'apparition des fleurs.

105. Lin. — Le lin est pour les contrées septentrionales ce qu'est le chanvre pour les contrées méridionales. Non seulement il redoute la sécheresse du sol, mais il paraît redouter même la sécheresse de l'atmosphère. M. Fiévet a appliqué l'irrigation au lin, dans le département du Nord, avec un succès remarquable. Je regarde comme très probable que l'irrigation généralisée serait le seul moyen d'étendre la région du lin au delà de ses limites actuelles, limites assez septentrionales, qui jusqu'ici n'ont pas pu être dépassées avec succès.

106. Cardère. — La cardère, dont les capitules épineuses servent à *lainer* les draps, redoute un sol constamment humide ; dans le Midi, elle a besoin d'être arrosée, mais modérément. Généralement les cardères y sont semées en même temps qu'un blé d'hiver, et en lignes intercalées au milieu de celui-ci. On donne le premier arrosage le plus tôt possible après la moisson du blé. On réitère au besoin deux ou trois fois dans le courant de l'été, en laissant en général un intervalle d'un mois entre deux arrosages. L'année suivante on arrose de nouveau, depuis le mois d'avril jusqu'un peu avant la récolte des cardères, qui a lieu en juillet ou août.

167. Garance. — Les plantes tinctoriales ne réclament pas l'irrigation moins impérieusement que celles que j'ai déjà passées en revue. La garance était autrefois très importante pour notre agriculture nationale ; on l'arrosait dans le département de Vaucluse tous les quinze jours environ, et ce n'est qu'à l'humidité communiquée artificiellement au sol que l'on devait de pouvoir en opérer l'arrachage en temps opportun, sans attendre que les pluies d'automne soient venues détremper le terrain. On faisait ruisseler l'eau dans les sentiers étroits séparant les planches, et dont on extrayait chaque année une certaine quantité de terre pour rechausser la garance. — Les matières colorantes qu'on extrait maintenant de la houille ont à peu près fait disparaître cette culture.

168. Persicaire, pastel, nopal. — La persicaire des teinturiers est presque une plante des marais ; elle ne réussit que dans un sol entretenu constamment très frais au moyen de l'irrigation. — Le pastel redoute au contraire l'humidité persistante ; il ne doit être arrosé qu'avec circonspection, et lorsque le sol est par trop desséché. — Le nopal, ou cactus à cochenille, n'a pour nous d'intérêt qu'au point de vue de l'Algérie. Bien que ce soit une de ces plantes dites *grasses*, aux tiges charnues, qui sont généralement douées d'une incroyable résistance à la sécheresse, il y a des terrains et des expositions où l'irrigation est indispensable à sa culture ; on arrose seulement losqu'on voit les raquettes disposées à se flétrir. Il est indispensable que le terrain se ressuie complètement dans les intervalles des arrosages.

169. Plantes oléagineuses. — Parmi les plantes oléagineuses dont les produits considérables sont dus principalement à l'usage des irrigations, il faut citer avant tout le *sésame*. Cultivé dans les pays orientaux, il en constitue l'une des principales richesses agricoles.

Les mêmes contrées sont la véritable patrie du *ricin*, qui atteint, sous ces climats brûlants, et grâce au concours de l'eau donnée avec abondance, les proportions d'un arbre véritable.

L'*arachide*, cultivée principalement en Espagne et dans les différentes parties de l'Afrique, réclame aussi l'irrigation.

Quant à nos plantes oléagineuses indigènes, ce sont toutes des plantes du Nord, et elles ne paraissent pas réclamer d'une manière spéciale le secours de l'irrigation.

170. Tabac. — Le tabac est originaire des pays chauds. Les meilleures espèces, que l'on cultive aux Antilles, sont propres à la région intermédiaire entre la zone torride et la zone tempérée.

Les autres espèces appartiennent au climat que représente, à peu près, la moitié sud de la France. Si cependant, chez nous, le tabac est plus cultivé dans le Nord que dans le Midi, c'est que les qualités recherchées dans cette plante se développent d'autant plus qu'on la cultive dans un terrain plus perméable, plus sablonneux même, et qu'elle réclame sinon un sol mouillé, qui serait contraire au développement de l'arôme, du moins un sol toujours frais. Or, ce n'est guère que dans le Nord que les terres légères peuvent conserver leur fraîcheur pendant l'été. Il résulte évidemment des conditions qui viennent d'être posées que s'il existait une liberté complète relativement à la culture du tabac, ce serait le Midi qui devrait surtout s'emparer de sa culture, en y consacrant ses terres les plus perméables, avec irrigation régulière et modérée. En Algérie le tabac est toujours irrigué, et c'est même pour cette culture délicate, mais lucrative, qu'on réserve l'eau, de préférence à toute autre, à l'époque des plus grandes chaleurs. On commence à arroser pour le repiquage, qui a lieu dans le courant de mars, et on renouvelle les arrosages toutes les fois que le besoin s'en fait sentir, jusque vers le commencement d'octobre ; sous ce climat, et à la faveur de l'irrigation, on peut obtenir de la même plantation deux récoltes successives de feuilles dans le cours d'un été.

171. Plantes à parfums. — Parmi les nombreuses plantes recherchées pour leur arôme ou pour les parfums qu'on en retire, la plupart ne viennent que dans les chaudes régions et ne prospèrent que par l'irrigation. Pour donner une idée de l'importance de ces cultures, qui constituent une sorte d'industrie spéciale dans nos départements du Var et des Alpes-Maritimes, il suffira de citer brièvement les principales de ces plantes :

L'*angélique* ne sort guère des jardins, mais ne se développe bien que sous le climat méridional et à la faveur d'arrosages abondants et souvent répétés. Le grand développement que prend cette plante dans les conditions qui lui conviennent, l'abondance de ses feuilles et de ses rameaux succulents, indiquent *à priori* une plante qui doit être avide d'eau.

Le *fenouil*, pour la production duquel nos départements de la région de l'oranger font concurrence à l'Egypte, motive les mêmes réflexions. C'est une des plantes les plus avides d'eau pendant les chaleurs.

Le *rosier* cultivé en plein champ pour l'essence qu'on retire de ses fleurs a d'autant plus besoin d'être arrosé, pendant les saisons chaudes et sèches, qu'il aime les terres peu consistantes et perméables, qui naturellement ne conservent que très peu de temps leur humidité.

La *verveine*, le *géranium rosat* et la *tubéreuse* ne réussissent que dans les parties les plus chaudes de l'Europe et dans les lieux bien exposés où prospère l'oranger. Ces plantes ont, d'ailleurs, à peu près les mêmes exigences que le rosier, relativement au terrain et à l'irrigation.

La *jonquille*, cultivée en grand à Grasse, demande aussi quelques arrosages, un peu avant sa floraison, pendant l'année qui suit la mise en place du bulbe ou oignon.

172. Plantes potagères. — Dans le Midi, grâce à l'irrigation, le jardin potager est le théâtre d'une végétation incessamment renouvelée, d'un bout à l'autre de l'année. Aussi, dans les localités où l'abondance de l'eau se trouve réunie à des conditions favorables de sol et de climat, la culture maraîchère atteint de grandes proportions, et l'exportation des fruits et légumes, et surtout des primeurs, est l'objet d'un commerce important. Les *fraises de tous les mois*, cultivées très en grand, sont arrosées dès le mois d'avril et pendant tout l'été; elles donnent des produits bruts considérables et de bons bénéfices nets. Les *artichauts*, les *choux-fleurs*, les *asperges*, demandent des arrosages plus modérés, mais ne donnent pas lieu à des spéculations moins considérables.

173. Cultures arborescentes. — Les arbres, en général, résistent infiniment mieux aux sécheresses que la plupart des végétaux de moindres dimensions, ce qui s'explique naturellement par la profondeur plus grande qu'atteignent leurs racines. Ainsi, le chêne, lorsqu'il trouve d'ailleurs dans le sol des éléments appropriés aux besoins de son accroissement, traverse avec son pivot puissant des couches de terrain que le pic même n'entamerait pas sans efforts, et qui seraient un obstacle infranchissable pour les minces radicelles des plantes cultivées dans nos champs. La vigne s'enfonce profondément dans les terrains dont le sous-sol ne contient point d'eau stagnante. Elle affectionne les lieux où ce sous-sol est constitué par une roche calcaire fendillée ; là elle insinue ses racines, à plusieurs mètres de distance, dans les fissures remplies de terre argileuse, et elle y puise à la fois des aliments minéraux et une humidité indispensable. Ce n'est donc qu'après que des sécheresses persistantes ont considérablement abaissé le niveau de l'humidité souterraine que de tels végétaux auraient besoin du secours de l'irrigation. En temps ordinaire, elle leur serait plutôt nuisible, car leurs racines les plus profondes étant plongées dans un milieu où il y a presque toujours de l'eau, ces plantes doivent avoir besoin qu'une portion, au moins, de leur système radiculaire puisse éprouver, dans un terrain habituellement égoutté, l'influence bienfaisante de l'aération. — Les *arbres fruitiers*, cultivés dans les vergers et les jardins, n'ont pas pour la plupart une végétation aussi profonde que celle des végétaux cités comme exemples ; néanmoins l'expérience démontre que le même raisonnement leur est applicable. Les arbres fruitiers, en effet, peuvent à la rigueur supporter, même dans le midi de la France, les longues sécheresses de la plupart des étés, surtout si l'on s'abstient de cultiver sous leur ombre d'autres végétaux quels qu'ils soient, et si la surface du sol est entretenue toujours meuble par des binages fréquents. Toutefois, ces arbres végètent d'une manière beaucoup plus régulière, sont plus vigoureux et plus productifs, lorsque le terrain qu'ils occupent peut être arrosé au besoin. Seulement il ne faut pas abuser de l'irrigation ; il faut éviter que le sous-sol reste longtemps de suite saturé d'eau sur une certaine profondeur au-dessous de la surface. On conçoit combien la nature et la disposition des couches les plus inférieures du sol peuvent modifier la pratique à suivre. Les seules règles que l'on puisse donner sont : que les arrosages ne doivent commencer que lorsque la sécheresse a déjà pénétré à une assez grande profondeur ; qu'ils ne doivent être renouvelés que quand l'eau du dernier arrosage a complètement disparu. Un arrosage n'est jamais plus profitable aux arbres fruitiers que lorsqu'il est donné quelque temps avant la maturité des fruits ; alors l'eau a le temps de descendre jusqu'aux suçoirs des racines inférieures ; une portion d'air pénètre à sa suite dans le terrain, et l'arbre se trouve dans les meilleures conditions possibles au moment où il doit parachever son fruit.

Plus le climat est chaud et brûlant, plus aussi l'évaporation est considérable, plus le niveau de l'humidité s'abaisse rapidement après une pluie ou un arrosage ; plus, enfin, le besoin de l'irrigation se fait sentir pour les arbres fruitiers. Ainsi dans le nord de la France, les arbres fruitiers n'auraient besoin d'être arrosés qu'exceptionnellement. Sur les bords du Sahara, au contraire, il n'y a de végétation possible qu'autant qu'un puits artésien fournit l'eau nécessaire à l'irrigation des palmiers-dattiers qui forment les oasis de cette région torride. Dans le Tell algérien, en Espagne, on soumet tous les arbres fruitiers à une irrigation régulière ; la vigne même ne fait pas exception. Dans le midi de la France, on use plus sobrement de l'irrigation, et d'ailleurs on a remarqué qu'elle n'y profite pas au même degré à toutes les espèces d'arbres.

174. Oranger. — L'oranger a besoin d'un terrain frais ; si celui où on le plante ne remplit pas naturellement cette condition, l'irrigation devient indispensable. Dans les sols perméables, et aussi dans les climats très chauds, comme l'Algérie et le midi de l'Espagne, on arrose toute l'année, environ tous les quinze jours pendant l'été et l'automne, à plus longs intervalles et beaucoup moins régulièrement pendant l'hiver et le printemps. Dans ces pays, ce n'est que lorsque le sous-sol est compact et retient l'humidité que l'on suspend complètement l'irrigation dans la saison pluvieuse. Dans les parties, d'ailleurs bien restreintes, de la France où la douceur du climat permet la culture de l'oranger, on n'arrose guère que de juin à septembre, et encore avec modération.

175. Grenadier. — On ne doit aussi arroser le grenadier que modérément, sous peine de ne recueillir que des fruits sans valeur, petits et peu savoureux. Il est remarquable que chez le grenadier irrigué toutes les parties du fruit se développent simultanément. Chez celui, au contraire, qui est privé de l'irrigation, l'enveloppe ligneuse extérieure durcit le plus souvent et cesse de croître de bonne heure; alors elle finit par se rompre, sous la pression qui résulte d'un gonflement des grains.

176. Mûrier. — Le mûrier, cultivé pour sa feuille, doit être arrosé en temps de sécheresse, mais avec la plus grande circonspection. La quantité d'eau donnée au sol doit rester au-dessous de celle qui ferait acquérir à l'arbre et à son feuillage le plus grand développement. Il est reconnu, en effet, que les mûriers végétant dans un sol très humide produisent une feuille large et fort tendre, mais en même temps très aqueuse et peu favorable à la santé des vers à soie. En Algérie, sous un climat plus chaud, il est vrai, que celui où le mûrier est cultivé en France, on arrose pendant tout l'hiver. Ces arrosages, tout en fournissant au sol une abondante provision d'humidité, doivent avoir pour effet principal une certaine fertilisation du sol; il est certain qu'ils déterminent une pousse précoce et vigoureuse. On interrompt complètement les arrosages dès que la feuille commence à pousser, et jusqu'après la cueillette et la taille. On reprend alors l'irrigation dont l'influence, combinée avec celle de la chaleur qui règne à cette époque de l'année, détermine rapidement la pousse de nouvelles feuilles et de nouveaux bourgeons. Cette pratique paraît très rationnelle. Souvent, dans les parties les plus méridionales de la France, on place des mûriers autour des champs, sur le bord des fossés qui servent à la fois de clôtures et de canaux de distribution des eaux, à la condition que le terrain où sont plantés les arbres soit un peu plus élevé que le canal. Les mûriers jouissent alors d'un sol bien ressuyé sur une certaine épaisseur, en même temps que d'un sous-sol entretenu suffisamment frais.

177. Arbres fruitiers en pleins champs. — Les arbres fruitiers jouent un rôle important dans le midi de la France, où certains d'entre eux sont cultivés en pleins champs et sur une grande échelle. L'irrigation n'est point étrangère à la réussite de quelques-unes de ces cultures fruitières. Généralement on n'arrose point, ou du moins on n'arrose que très peu les arbres qui amènent leurs fruits de bonne heure au printemps, ou au plus tard en juin, la terre conservant jusqu'à cette époque une humidité suffisante pour les arbres. Au contraire, les arbres qui ne donnent leurs fruits qu'à l'automne doivent nécessairement recevoir quelques arrosages à partir du mois de juin, et jusque vers l'époque de la maturation : tels sont les pêchers, poiriers d'automne et pommiers Je rappelle qu'on évite autant que possible, pour tous les arbres, d'arroser pendant la floraison.

Les *amandiers* ne sont point arrosés en France, non plus que les *figuiers*, sauf une ou deux variétés tardives, qui ne sortent pas des jardins. Le *jujubier*, arbre à fruit très tardif, ne donne de bons produits qu'à l'aide de l'arrosage.

178. Olivier. — L'olivier, cet arbre si précieux pour tous les pays qui forment la ceinture de la Méditerranée, a la propriété de résister merveilleusement aux sécheresses. Il redoute même les terrains humides, et ne donne nulle part des produits plus estimés que lorsqu'il croît sur les coteaux à sous sol de calcaire perméable. On profite le plus souvent de la rusticité de cet arbre pour tirer parti des terrains qui ne sont pas disposés de manière à jouir des bienfaits de l'irrigation. Il n'est pas douteux, néanmoins, que l'irrigation n'augmente sensiblement le produit ; mais il faudrait, sous le climat de la Provence, en user avec une extrême réserve. Des essais d'irrigation ayant été faits, avant la fin du dernier siècle, sur les bords du canal de Boisgelin, entre Arles et Aix, les résultats furent, à ce qu'il paraît, merveilleux au point de vue de l'abondance des produits. Mais le terrible hiver de 1789 fit périr jusque dans la racine tous les oliviers qui avaient été soumis à l'irrigation, dont on s'est abstenu depuis lors. Il ne me paraît pas prouvé, malgré cela, qu'une semblable mortalité dût être la conséquence inévitable de toute irrigation. Il faut distinguer, en effet, l'usage modéré de l'abus qui avait pu être commis ; il faudrait aussi tenir compte de la nature du sol, et surtout de celle du sous-sol, de l'époque où ont eu lieu les arrosages, etc. Au surplus, la Provence ne manque pas d'autres riches cultures pour utiliser ses terrains irrigués, tandis qu'elle est fort heureuse de posséder un arbre comme l'olivier, pouvant s'accommoder des terrains les plus secs, dont il est difficile de tirer parti. Quoi qu'il en soit de cette question, relativement au climat de la Provence, ce qu'il y a de certain, c'est que, dans les pays encore plus méridionaux, où les gelées ne sont jamais à redouter, et qui sont la véritable patrie de l'olivier, on soumet parfois cet arbre à l'irrigation et qu'on y trouve grand avantage, pourvu que l'eau soit à bas prix. On commence les arrosages dès le mois de décembre, ou, en tout cas, aussitôt après la récolte des olives. On s'abstient d'arroser pendant tout le temps de la floraison, qui a lieu en avril, après quoi on donne l'eau chaque fois que le terrain devient par trop sec. On arrose sur tout en septembre, pour faire grossir le fruit. On cesse enfin les arrosages un peu avant la maturité des olives.

179. Vigne. — Presque tout ce que je viens de dire au sujet de l'olivier s'appliquerait également à la *vigne*. Même résistance à la sécheresse, même prédilection pour les terrains qui ne conservent que de faibles traces d'humidité, si ce n'est à une grande profondeur. Même abstention des arrosages dans toutes les parties de la France. Même emploi de l'irrigation dans d'autres pays, notamment dans le midi de l'Espagne.

Près d'Avignon, on sait que M. Faucon soumet depuis peu ses vignes, pendant l'hiver, à une submersion d'environ quarante jours consécutifs, avec une épaisseur minima de 10 centimètres d'eau au-dessus du sol ; mais en tenant compte des inégalités du terrain et de l'absorption partielle qui peut se produire, il faut compter sur une moyenne de 20 centimètres. Non seulement cette opération paraît avoir détruit le phylloxera, ce terrible puceron qui s'attache aux racines de la vigne et met en si grand péril les vignobles du Midi, mais encore les vignes ainsi soumises à la submersion hivernale sont actuellement dans l'état le plus florissant ; elles sont vigoureuses et productives, à la condition de recevoir chaque année des engrais. *On ne doit pas être surpris* de ce résultat, d'après tout ce qui a été dit précédemment. Ce ne sera, toutefois, qu'après une expérimentation plus prolongée que l'on pourra porter un jugement définitif sur cette innovation. On est obligé de recommencer la submersion tous les ans, à cause du voisinage de vignes phylloxérées non submergées ; on partage le terrain en compartiments par de petites digues en terre, pour que toute l'étendue de chaque compartiment puisse être noyée sans que la nappe d'eau ait à racheter la pente totale du vignoble entier.

Si la longue nomenclature que je termine ici ne peut rien apprendre aux cultivateurs du Midi, elle aura du moins pour résultat de donner aux lecteurs complètement étrangers à la région méditerranéenne une idée de l'immense variété des richesses culturales de cette région, et de montrer à quel point l'existence de ces richesses et la prospérité agricole y sont intimement liées aux pratiques de l'irrigation.

§ 3

RIZIÈRES

180. Rizières. — Si je n'ai pas compris le riz parmi les plantes dont j'ai fait une courte mention, c'est que sa culture se fait dans des conditions tellement exceptionnelles qu'elle mérite une place à part. Je n'ai pas, au surplus, l'intention de décrire cette culture dans tous ses détails. J'indiquerai seulement, d'une manière sommaire, en quoi consiste l'irrigation des rizières.

Le riz est une graminée aquatique qui, de même que les roseaux, a besoin pour végéter d'avoir constamment le pied dans l'eau. Par suite de cette exigence, l'irrigation des rizières est un cas particulier d'irrigation par submersion. Une couche d'eau permanente de 15 à 20 centimètres d'épaisseur, incessamment renouvelée par un faible courant d'eau, est ce qui convient le mieux au riz dans les circonstances ordinaires. Mais dans certains moments on réduit la couche d'eau à quelques centimètres seulement ; il est bon, d'un autre côté que l'on puisse la porter, dans quelques cas accidentels, à une quarantaine de centimètres d'épaisseur. Enfin, aux époques de la moisson et des labours, on doit pouvoir mettre le terrain à sec pour faciliter ces opérations.

Pour réaliser les conditions ci-dessus, on divise le sol en compartiments parfaitement nivelés. Chacun d'eux est entouré de digues d'environ 50 centimètres de hauteur. Comme le sol avait généralement une certaine pente avant l'établissement de la rizière, le fond de chaque compartiment se trouvera, après le nivellement, à un niveau différent. Si l'ensemble du terrain est sensiblement plan, on pourra donner un ou plusieurs hectares d'étendue à chaque compartiment. Mais on est obligé de réduire d'autant plus cette superficie que l'inclinaison primitive était plus considérable, afin de ne pas trop augmenter les terrassements, et de n'avoir toujours, entre un compartiment et le suivant, qu'une différence de hauteur modérée. La digue séparative de deux compartiments doit avoir 50 centimètres de hauteur, comptée au-dessus du fond de celui des deux qui est le plus élevé; à la partie supérieure, la largeur doit être d'environ 66 centimètres, dimension indispensable pour un sentier de service. Un courant d'eau doit être introduit dans le compartiment le plus élevé. De là l'eau circule, en tombant successivement d'un compartiment dans l'autre, par des déversoirs ménagés dans les digues. Des bondes de fond servent à mettre, à volonté, la rizière à sec. Un fossé doit emporter l'eau à sa sortie des compartiments les plus bas, à moins que, par la situation de la rizière, cette eau ne puisse s'écouler directement dans un cours d'eau ou même dans la mer. Toutes ces dispositions sont tellement simples que chacun doit les comprendre sans le secours de figures, et toute personne intelligente pourra, au besoin, les faire exécuter sans de plus longues instructions.

Les rizières ne peuvent être établies que sur un terrain qui, dans son ensemble, est à peu près horizontal, ou n'a du moins qu'une pente fort douce. Cette condition se trouve souvent remplie dans les marais ou sur les plages qui bordent la mer. Des terrains de ce genre, qui se prêtent difficilement à d'autres cultures, sont précisément ceux dont on cherche le plus souvent à tirer parti par la culture du riz. On ne craint pas ceux qui sont légèrement salés : l'eau sans cesse renouvelée dissout et emporte le sel à mesure qu'il remonte du sous-sol à la surface, et c'est même un moyen de le faire disparaître à la longue. A ce dessalage se joint l'heureux effet du dépôt des limons contenus dans l'eau d'irrigation, et dont la quantité finit toujours par devenir assez considérable avec le temps. Grâce à ces effets, il faut reconnaître que les rizières sont un excellent moyen de transition pour mettre certains sols improductifs en état de recevoir plus tard d'autres cultures.

Il y a quelques rizières que l'on cultive alternativement en riz avec submersion, et en autres céréales, en sec. Le blé réussit très bien à la faveur de la vase qui s'est formée pendant la culture du riz. On ne craint pas d'abattre, sauf à les rétablir plus tard, celles des digues qui, très rapprochées, formeraient un obstacle par trop gênant pour les labours et autres travaux.

Quelquefois on ne dispose pas d'un courant d'eau continu : on n'a l'eau qu'à certains jours, ainsi que cela a lieu le plus souvent dans les pays d'irrigation. On peut néanmoins, à la rigueur, établir les rizières dans ces conditions. On laisse alors l'eau stagnante pendant quelques jours, puis on rétablit périodiquement le courant. Ce moyen est très inférieur à l'emploi d'un courant continu ; la rizière est toujours envahie, dans ce cas, par une grande abondance de plantes adventices, et l'insalubrité est plus prononcée que pour les rizières à eau courante.

Ce qu'il ne faut pas oublier, c'est que les rizières sont essentiellement insalubres et qu'elles apportent avec elles les fièvres intermittentes, dites paludéennes, dont aucun régime ni aucunes conditions hygiéniques ne préservent d'une manière certaine, quoi qu'on en ait pu dire. Dans la vase dont le sol est couvert s'agitent des myriades d'insectes et d'animalcules de toutes sortes ; quand on met la rizière à sec, ce terrain se dessèche peu à peu sous l'ardeur brûlante des rayons du soleil ; les plantes qui le jonchaient, les innombrables animaux, et notamment les infusoires dont cette boue est pour ainsi dire pétrie, meurent et subissent une fermentation putride : c'est là très vraisemblablement la cause du mal. Si l'eau était suffisamment en mouvement dans les rizières, grâce à une alimentation plus active, si avec cela il était possible d'opérer sous l'eau la moisson et même le labourage, sans jamais dessécher complètement les rizières, il est probable que l'insalubrité qu'elles présentent le plus souvent disparaîtrait.

Il faut reconnaître d'ailleurs que dans les cas où, à défaut de rizières, on laisserait des terrains sujets à des alternatives de sécheresse et d'inondation, il pourrait se faire que l'insalubrité fut encore plus grande.

CHAPITRE SIXIÈME

EMPLOI DES EAUX IMPURES

181. Principe théorique de l'emploi des eaux impures, en irrigation. — Il résulte des expériences d'Alfred Durand-Claye, de M. Schlœsing, de M. Gérardin et autres, que si on remplit de sable, sur 2 m. au moins de hauteur, un récipient dont le fond est percé comme une passoire ; si on verse à la partie supérieure de cette espèce de filtre une eau chargée de matières organiques, il y a, pendant la traversée de la couche de sable, une oxydation énergique ou combustion lente de la matière organique. L'hydrogène donne de l'eau, le carbone de l'acide carbonique qui se dégage peu à peu, l'azote organique passe d'abord à l'état d'acide azotique qui lui-même s'unit à quelqu'une des bases présentes. Les matières minérales contenues dans l'eau, devenues libres par suite de la disparition de l'acide carbonique qui favorisait leur dissolution, sont, pour une petite partie, employées, comme nous venons de le voir, à neutraliser l'acide azotique ; le reste (en général la plus grande partie) se précipite et est retenu mécaniquement entre les particules du filtre. En sorte qu'il n'arrive en bas que de l'eau pure contenant en dissolution de l'oxygène et de minimes quantités d'azotates. A. Durand-Claye a fait l'expérience avec de l'eau d'égout ; d'autres ont éprouvé des infusions diverses, celle de tan, par exemple ; M. Gérardin a expérimenté avec l'eau ayant servi à l'extraction de la fécule de pommes de terre. Quel qu'ait été le liquide employé, l'eau recueillie au bas du filtre est incolore, insipide, parfaitement limpide, très oxygénée, dépourvue de toute trace de matière organique.

L'eau de féculerie, qui s'est trouvée ainsi épurée dans les expériences de M. Gérardin, si elle est déversée en quantité notable dans une petite rivière, y abaisse de suite considérablement la proportion d'oxygène dissous, ce qui amène la mort des poissons et, bientôt après, celle des herbes vertes ; l'eau de la rivière devient infecte et dégage du gaz sulfhydrique.

Ces expériences remarquables montrent que la filtration lente à travers un sol perméable est le moyen le plus efficace de purifier complètement l'eau chargée de matières organiques quelles qu'elles soient. Elles montrent en outre que, dans le cas de l'irrigation pratiquée avec de telles eaux, il se produit au sein du sol une action oxydante énergique, action qui paraît avoir un effet utile des plus importants dans toutes les irrigations, même pratiquées avec de l'eau ordinaire (voir sur ce sujet les n°s 100, 103, 106, 108). En outre les substances minérales qui peuvent exister dans les eaux employées sont en partie déposées dans le sol à l'état d'extrême division, et en partie converties en azotates, forme éminemment favorable à l'assimilation.

189. Nécessité d'une filtration lente. — Les expériences relatées dans le numéro précédent ne réalisent tous les effets annoncés qu'à *la condition que l'eau impure soit versée avec modération* et qu'on n'en introduise dans un temps donné qu'une *quantité très limitée, en rapport avec le cube de matière terreuse* que cette eau devra traverser. Ainsi dans l'expérience de M. Gérardin sur l'eau de lavage de la pulpe de pomme de terre, l'eau était versée sur le filtre de sable en un si faible filet que chacune de ses molécules employait environ 48 heures à traverser les 2 m. de hauteur de la couche filtrante. Si la quantité de matières organiques à décomposer est moindre que dans cette eau de pomme de terre, on peut aller un peu plus vite ; mais, dans tous les cas, il y a une limite de vitesse qu'il ne faut pas dépasser. Si, en maintenant une pression d'eau à la partie supérieure de l'appareil, on force le liquide à filtrer rapidement, l'eau recueillie à la partie inférieure cesse bientôt d'être complètement purifiée.

190. Conclusion tirée des expériences précédentes, au point de vue agricole. — Il résulte de tout ce qu'on vient de voir, qu'une eau impure sera éminemment propre à être employée en irrigation, pourvu qu'on en fasse usage sur un sol perméable et qu'on observe une certaine proportion, indiquée par l'expérience, entre la quantité d'eau employée et l'étendue du terrain irrigué. On obtiendra les effets ordinaires de toute irrigation, et de plus l'azote et les matières minérales contenues dans l'eau employée enrichiront le sol et profiteront aux végétaux cultivés.

On conçoit d'ailleurs qu'il n'est pas indispensable, pour que l'irrigation soit possible, qu'il y ait une épaisseur de 2 mètres de terrain absolument perméable, comme dans les expériences précitées. Tout sol cultivé est rendu perméable au moins dans l'épaisseur de la couche que remuent les instruments aratoires, il est donc vraisemblable qu'il suffirait de proportionner le volume d'eau employé en irrigation au cube de terre perméable contenu dans l'étendue irriguée. Tout ce qu'on peut affirmer, c'est que dans le cas des eaux impures, comme d'ailleurs dans tous les cas d'irrigation, les terrains les plus perméables sont les plus propres à profiter de l'irrigation. C'est un point que la pratique a partout et depuis longtemps confirmé. Ainsi dans le Midi les agriculteurs éclairés n'hésitent pas à dépenser une centaine de francs par hectare pour défoncer préalablement, à 80 centimètres environ de profondeur, tout terrain qu'ils se proposent de soumettre à l'irrigation. De même, dans la Campine belge, on a reconnu qu'un défoncement à la bêche, avant l'établissement de l'irrigation, était toujours une opération rémunératrice ; et que plus ce défoncement était profond plus les produits bruts du sol étaient élevés ; on s'en tient toutefois généralement, dans cette contrée, à une profondeur de 60 centimètres, à cause du prix rapidement croissant du défoncement avec la profondeur.

184. Convenance d'une grande dilution. — Je ferai observer que lorsqu'il s'agit d'utiliser des eaux exceptionnellement chargées de substances étrangères, comme seraient par exemple celles qui proviennent de diverses industries, il importe plus encore pour les prairies que pour les autres cultures que les substances dissoutes soient préalablement amenées à un état de grande dilution. Cette différence s'explique, jusqu'à un certain point, par le mode d'action de l'eau, différent dans l'un et l'autre cas. Un sol labouré est une masse poreuse, une sorte d'éponge dans laquelle on fait pénétrer, à un moment donné, l'eau d'un arrosage avec toutes les substances qu'elle contient. C'est exactement comme si on avait incorporé à la terre du champ une certaine dose d'engrais. Dans ce cas une très-minime portion de cet engrais se trouve immédiatement en contact avec les racines des plantes ; le reste, ultérieurement oxydé par l'air, ne sera mis à la portée des racines que très-graduellement et après de profondes modifications chimiques. Au lieu de cela, dans l'arrosage des prairies, c'est, comme nous l'avons vu, par une action intime, encore mal définie il est vrai, s'exerçant au contact du gazon et de l'eau en mouvement, que se produit l'absorption de certaines substances.

Mais nous avons vu, au chapitre III, que dans ces sortes d'irrigations c'est en général l'eau qui fournit de l'oxygène au sol, et que c'est à la faveur de l'oxygène contenu dans l'eau que l'herbe peut végéter pendant certains arrosages prolongés. Or les eaux chargées de matières organiques, loin d'être oxydantes, ont besoin d'être elles-mêmes oxygénées pour être purifiées. Ces eaux doivent donc être étouffantes à un bien plus haut degré que l'eau pure, et il semble convenable de les diluer autant que possible dans une eau moins impure, avant de les employer aux arrosages. L'intermittence de l'irrigation doit être aussi beaucoup plus rigoureusement observée qu'avec les eaux ordinaires. Tels sont du moins les principes qui semblent se dégager *a priori* des données scientifiques.

185. Les eaux industrielles sur les terres en culture. — Quoi qu'il en soit des principes qui précèdent, et en dépit des préjugés, de la routine et de l'inertie qui font que tant d'eaux, souvent riches en matières propres à servir d'engrais, sont abandonnées stagnantes et deviennent une cause d'embarras et d'infection, on peut constater que tous les hommes intelligents qui ont entrepris de faire servir les eaux dont il s'agit aux irrigations, en ont obtenu les meilleurs effets. Je ne citerai que quelques exemples remarquables.

M. Constant Fiévet, lauréat de la prime d'honneur du département du Nord, a donné, dans sa ferme de Masny, un exemple bien remarquable et bien digne d'être suivi, en utilisant pour l'irrigation de ses terres en culture toutes les eaux provenant de sa sucrerie. Voici en quels termes cette opération était appréciée, dans l'article de M. Barral consacré aux cultures de Masny [1] : « Vingt « mille hectolitres d'eau employée chaque jour à tous les servi- « ces de la fabrique sont dirigés sur les terres en aval de l'usine. « Ces eaux, chargées de détritus de toute espèce, ayant servi au

1. *Journal d'Agriculture pratique*, 1861, tome 1.

« lavage des betteraves, à celui du noir animal, au lavage des « sacs à pulpe et à écume, etc., s'échappent en traversant les la« trines des ouvriers, et transportées par des rigoles, tantôt « à niveau, tantôt soutenues sur une petite digue en terre, « jusque sur les champs en culture..... Les terres arrosées « depuis huit ans n'ont pas reçu d'autre fumure. La valeur de « cet engrais est estimée par M. Fiévet à la somme de 8.000 fr. : « il s'applique à tous les genres de récolte, car maintenant M. « Fiévet l'emploie sur des blés en terre. Ces eaux, jadis perdues, « qui s'écoulaient dans les fossés, y dégageaient des miasmes, « s'infiltraient dans les terres, gagnaient et gâtaient les cours « d'eau voisins, engendraient une cause permanente d'embarras, « d'insalubrité et de procès, sont devenues le plus puissant, le « plus économique agent de la fécondité du sol. »

M. Fiévet employait surtout ces eaux d'irrigation sur des champs de betteraves ; il les a appliquées aussi à des cultures de lin. Il emploie la méthode d'irrigation *à la raie* décrite au Chapitre III, 124.

Il a été constaté que les eaux de rouissage du lin et du chanvre peuvent être utilement employées, après dilution, à irriguer des prairies ou des terres en culture. Les eaux contenant des matières d'origine animale peuvent également être utilisées après dilution.

186. Eaux impures employées à l'irrigation des prairies. — En Belgique, sur les frontières de la Campine, se trouve la fabrique d'alcool et de genièvre des frères Meeûs, la plus importante du monde dans cette spécialité ; toutes les eaux résiduaires, provenant des lavages des appareils, sont employées en irrigations sur des prairies permanentes. Celles-ci, établies sur un sol perméable, sont disposées en ados. On obtient, en quatre coupes, 14.000 kilos de foin à l'hectare en moyenne, produit équivalent à celui des meilleures luzernières irriguées du Midi.

A Milan, depuis plusieurs siècles, les eaux d'égout de la ville (eaux ménagères et vidanges) se réunissent dans le canal de la Vettabia, alimenté d'autre part par des sources. Ces eaux mélangées, bien moins riches en matières organiques que les eaux d'égout de Paris, sont employées à l'irrigation des prairies permanentes disposées en ados ; et ces prairies très fertiles nourrissent un grand nombre de bêtes à cornes, dont le lait sert à l'importante fabrication des fromages dits de Parmesan. La surface du terrain se trouve feutrée, pour ainsi dire, par les dépôts de ces eaux d'égouts ; tous les trois ans, on procède à leur enlèvement et l'on en fait emploi pour fertiliser d'autres terrains. Sans compter ceux-ci, les déjections de la ville de Milan entretiennent plus de 1.000 hectares de prairies.

187. Engrais liquides des fermes, dilués. — On a essayé, en Angleterre et en France, l'emploi d'un engrais liquide formé des déjections diluées, des animaux. Cet engrais était distribué à l'aide d'un systèmes de conduites souterraines, avec bouches de distance en distance, pour l'arrosage des champs à la lance ; une machine à vapeur fournissait la force nécessaire. Ce mode d'emploi des engrais de ferme était-il-le meilleur ? c'est douteux ; en tout cas il nécessait des dépenses beaucoup trop fortes. Toutefois, il existe une contrée où la conversion d'une partie des déjections des animaux en engrais liquide pourrait avoir sa raison d'être : c'est le Midi de la France, où la litière fait souvent défaut et où l'irrigation est déjà une pratique usuelle. Il faudrait mélanger peu à peu l'engrais liquide à l'eau des irrigations ordinaires ; l'essai mérite tout au moins d'être fait, à la condition d'opérer économiquement, et non avec le luxe des installations dont il a été parlé ci-dessus.

188. Observation relative aux résidus solides. — Il est presque inutile d'observer qu'une foule de déchets ou résidus d'économie domestique ou agricole, à cause de leur nature solide, de leur volume ou de leur poids, ne sont pas susceptibles d'être joints aux eaux d'irrigation. Ces divers résidus, quelle qu'en soit la nature, cendres de bois ou autres combustibles, balayures, plâtras, vieux mortiers, chiffons de laine, débris végétaux ou animaux de toute espèce, sauf ce qui est d'une décomposition ou d'une pulvérisation grossière par trop difficile, devront être stratifiés avec les mauvaises herbes du jardin. Il conviendra que le tas soit établi à proximité de l'eau, et soit arrosé de temps en temps, de manière à y entretenir constamment une légère humidité. Il y aura décomposition lente des matières organiques, très vraisemblablement nitrification. Dans tous les cas, le tas recoupé à la pioche, puis relevé à la pelle deux ou trois fois dans le courant de l'année, sera, au printemps suivant, transporté et répandu sur les parties les moins fertiles de la prairie, où ce terreau produira un merveilleux effet.

189. Résumé sur l'emploi des eaux chargées de résidus. — On a calculé que l'emploi rationnel et complet de l'engrais humain et des eaux ménagères correspondrait, en France, à une augmentation de deux pour cent du produit agricole.

A Séville, à Edimbourg, à Reims, à Paris (plaine de Gennevilliers), à Berlin et dans un grand nombre d'autres localités, l'emploi des eaux d'égout à l'agriculture a réussi, tant sur les prairies que dans les cultures maraîchères et autres ; il n'y a rien de général à dire sur le rapport entre la surface du terrain et le volume des eaux à utiliser, car cela dépend à la fois de la nature du sol et de la composition de ces eaux ; mais les résultats obtenus permettent d'affirmer que, bien étudiée dans chaque cas particulier, la question peut recevoir une solution utile, conciliant les intérêts de la salubrité avec ceux de l'agriculture. Nous ne pouvons que renvoyer, pour les détails, aux ouvrages de MM. Bechmann et Durand-Claye et à ceux des ingénieurs anglais, allemands et des États-Unis d'Amérique. Comme moyenne, on peut indiquer 40.000 à 50.000 mètres cubes par hectare et par an.

CHAPITRE SEPTIÈME

MÉTHODES APPLICABLES A L'IRRIGATION DES PRAIRIES PERMANENTES

---

§ 1. *Généralités sur l'irrigation des prairies.* — § 2. *Rigoles de niveau.* — § 3. *Irrigation par déversement.* — § 4. *Rigoles inclinées.* — § 5. *Planches en ados.*

§ 1er.

GÉNÉRALITÉS SUR L'IRRIGATION DES PRAIRIES

190. C'est, en général, l'irrigation qui fait les prairies. — Il se rencontre quelques rares terrains privilégiés, de nature argilo-calcaire, assez absorbants pour n'être pas marécageux, assez argileux pour conserver longtemps après la pluie une certaine fraîcheur, largement pourvus d'acide phosphorique et de potasse, où les meilleures herbes fourragères se développent et se maintiennent facilement. Là, la prairie peut être entretenue sans le secours des irrigations. C'est sur des terrains de ce genre que se trouvent les prairies dites d'*embouche*, de la Nièvre et de certaines parties de la Normandie, par exemple. Les localités où affleurent les terrains de l'époque géologique du *lias* sont de celles où ces conditions se rencontrent le plus fréquemment.

En dehors du cas précédent, qu'on peut regarder comme exceptionnel, on peut dire c'est l'irrigation qui fait les prairies. D'une part nous voyons les prairies permanentes occuper soit le bord d'une rivière à débordements périodiques, soit un pli de terrain, le fond d'un vallon, une position telle, en un mot, que les eaux pluviales qui ont coulé sur des terrains en culture et s'y sont enrichies viennent naturellement s'y déverser. D'autre part, quelque infertile que soit naturellement un terrain, d'innombrables exemples prouvent qu'on peut y établir la prairie au moyen d'une suffisante quantité d'eau convenablement aménagée.

191. Importance fondamentale des irrigations d'hiver. — Nous avons vu, dans le paragraphe 2 du chapitre Ier, que l'eau qu'on peut appliquer aux irrigations contient toujours des substances diverses qu'on peut considérer comme des engrais. Des exemples d'analyse (n° 115) nous ont plus particulièrement démontré l'importance considérable que peut avoir l'eau considérée comme engrais : le rôle principal des irrigations est de fournir aux prairies les éléments qui constituent l'alimentation des plantes fourragères. Après ce qui a été dit au paragraphe 2 du chapitre IIIe, insistons seulement sur ce point : que l'eau, remplissant surtout la fonction d'un engrais, est précieuse en toute saison. Et comme c'est en hiver qu'on a toujours le plus d'eau disponible, comme c'est dans cette saison qu'on n'a aucune gêne à éprouver du fait des hautes herbes ou des récoltes à opérer, il s'en suit que les irrigations d'hiver sont celles qui ont dans la pratique la plus grande importance.

Assurément, si l'on dispose en été d'une certaine quantité d'eau, il est avantageux d'en faire profiter la prairie. L'eau aura même alors une double efficacité ; outre la matière fertilisante qu'elle pourra apporter, elle aura pour effet d'éviter ces suspensions de la végétation qui se produisent si souvent pendant les sécheresses et de permettre aux plantes d'utiliser l'action bienfaisante du soleil et d'une température élevée. Mais si, comme c'est le cas le plus fréquent, on n'a en été que juste assez d'eau pour entretenir dans la prairie une légère humidité, la quantité de matières fertilisantes ainsi introduite sera presque négligeable, et le fourrage sera produit en grande partie aux dépens de l'engrais accumulé pendant les irrigations d'hiver. Il ne faut donc pas s'exagérer l'importance de l'irrigation continuée pendant l'été, et l'on doit comprendre, ce que la pratique confirme d'ailleurs pleinement, que pour tirer tout l'avantage possible d'une irrigation qui n'est jamais complètement interrompue, il faut donner au sol un supplément d'engrais, en rapport avec la masse possible des produits. L'irrigation d'été est donc, en résumé, alors que les circonstances météorologiques sont les plus favorables, plutôt un moyen de rendre productifs les engrais apportés du dehors qu'une source directe de production fourragère.

Ainsi qu'on l'a vu, n° 118, il y a des prairies, situées près des grandes rivières, sur lesquelles on peut faire passer en toute saison d'énormes volumes d'eau. Alors on peut se dispenser de tout engrais ordinaire et l'eau seule entretient constamment la prairie, augmente même à la longue sa fertilité ; mais ce sont là des circonstances exceptionnelles.

192. Dispositions préliminaires pour l'irrigation des prairies. — Nous bornant à renvoyer au chapitre II pour l'adduction de l'eau, nous partirons ici de la rigole ou *canal d'amenée* arrivant à la partie la plus haute de la prairie. C'est sur ce canal que s'embranchent les rigoles distributives chargées de mener l'eau sur divers points, soit pour fractionner l'étendue à irriguer, en raison du peu d'eau disponible, ainsi que cela est indiqué dans les numéros 91 et 92, soit pour permettre de porter de l'eau *neuve* sur un point quelconque (n° 102).

Il reste à exposer, ce que nous ferons dans le présent chapitre, les méthodes employées pour faire couler l'eau sur la prairie, en nappe aussi régulière que possible, afin d'obtenir les résultats cherchés (n°s 98, 99 et suivants).

§ 2.

MÉTHODE D'IRRIGATION PAR RIGOLES DE NIVEAU

193. Disposition du sol de la prairie. — La méthode d'irrigation par rigoles de niveau ne s'applique qu'à des terrains qui ont une pente prononcée. Elle n'exige d'ailleurs aucune disposition spéciale du sol, et elle pourrait à la rigueur s'appliquer immédiatement à une prairie quelconque. Je supposerai toutefois qu'on a préalablement fait disparaître autant que possibles les roches et les pierres, comblé les trous, abattu les monticules. Il est convenable de faire plus encore dans le cas où le terrain est fortement tourmenté, et lorsque d'ailleurs la nature du sol, la situation et la facilité d'avoir de l'eau constituent, par leur réunion, les éléments d'un bon pré. Alors on ne devra pas regarder aux frais de quelques terrassements, qui augmenteront pour toujours la valeur de la prairie. Dans ce cas, sans prétendre transformer le terrain en une surface rigoureusement plane, on fera disparaître les éminences trop sensibles et l'on adoucira certaines pentes rapides formant des ressauts brusques.

104. Esprit de la méthode. — La méthode dont il s'agit consiste essentiellement à répartir l'eau en nappe uniforme, au moyen d'un certain nombre de petites rigoles tracées de niveau, transversalement à la pente de la prairie, et suivant les contours des sinuosités du sol. L'eau, introduite dans une de ces rigoles, se déverse par dessus son bord inférieur, et ruisselle en nappe sur la portion de gazon située immédiatement en aval. Par suite des inégalités ou des pentes du terrain, cette eau ne tarderait pas à se rassembler suivant certaines directions, et cesserait de former une nappe régulière, si elle n'était bientôt reprise par une seconde rigole qui la force de nouveau à s'étaler en se déversant par dessus une nouvelle arête horizontale, et ainsi de suite jusqu'à ce qu'elle atteigne une rigole d'écoulement et soit abandonnée.

105. Cas où la même eau doit parcourir une grande étendue de prairie. — Je supposerai d'abord le cas où, la prairie étant d'une grande étendue par rapport à la quantité d'eau habituellement disponible, l'irrigation est combinée de manière à faire parcourir à l'eau un assez long trajet sur la prairie, avant qu'elle atteigne les rigoles de colature. La figure donne le plan d'une prairie irriguée dans ces conditions. La pente générale du terrain est dirigée, à peu près, du haut en bas du plan. ABC est un petit canal amenant l'eau en haut de la prairie. Lorsque cette eau n'est pas nécessaire aux arrosages, elle peut être détournée dans des fossés de ceinture AGF, DEF, qui se réunissent en F dans un fossé commun d'évacuation ; celui-ci traverse sous un ponceau le chemin d'exploitation qui contourne une partie de la prairie. Des rigoles de distribution BH, IK, CL, dirigées suivant la pente et alimentées par le canal supérieur, permettent de porter l'eau dans

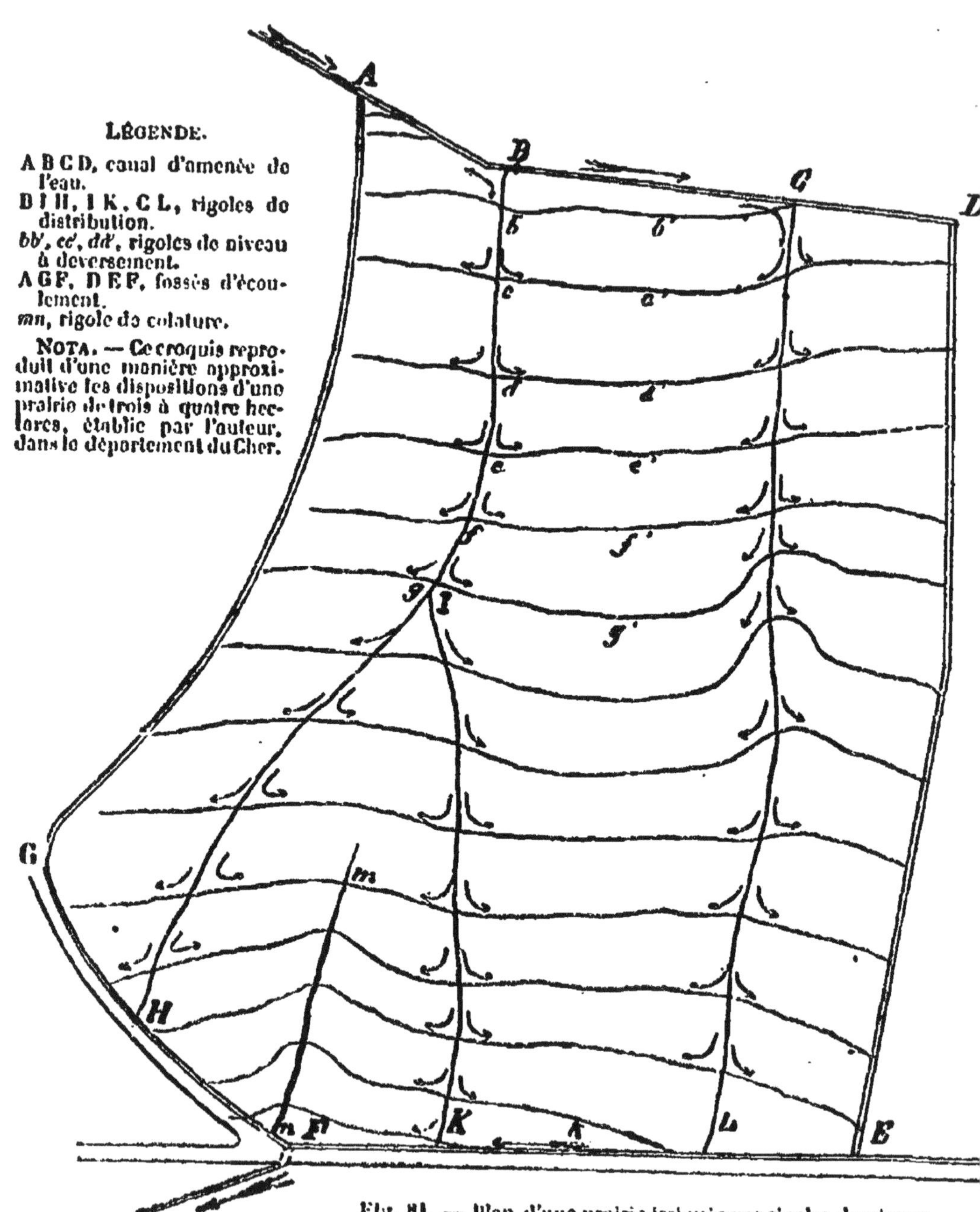

Fig. 81. — Plan d'une prairie irriguée par rigoles de niveau.

toutes les régions de la prairie. Un grand nombre de petites rigoles transversales, tracées horizontalement au moyen du niveau, s'alimentent à leur tour aux rigoles descendantes, et servent à la répartition.

Le pré s'arrose par bandes comprises entre deux rigoles distributrices. Supposons, par exemple, qu'on veuille arroser la bande BIK*b'k* indiquée sur le plan. On barre le canal d'amenée au-dessous de B, pour faire refluer l'eau dans la rigole distributrice BIK. On barre, à leur point d'intersection, toutes les rigoles d'arrosage qui s'embranchent à gauche de la rigole distributrice, laissant ouvertes les rigoles de droite. On barre ces dernières rigoles en *b'*, *c'*, *d'*, *e'*, *f'*, pour limiter l'irrigation de ce côté. Si l'eau est assez abondante elle s'introduit naturellement de la rigole BIK dans les rigoles successives *bb'*, *cc'*, *dd'*. Dans tous les cas, on régularisera comme on le voudra cette introduction, en plaçant, aux points *b*, *c*, *d*, *e*, *f*, dans la rigole distributrice et immédiatement au-dessous de chaque embranchement, quelques mottes de gazon qui, sans barrer totalement la rigole distributrice, forceront son eau à refluer en partie dans les rigoles latérales. Bientôt toutes les petites rigoles seront pleines et déborderont sur toute leur longueur. L'eau s'étalera en couche mince sur le pré, retombera d'une rigole dans l'autre pour déborder de nouveau, et toute la bande de prairie considérée se trouvera littéralement couverte par une nappe d'eau continue.

L'arrosage, ainsi exécuté, n'est pas parfaitement identique pour toute l'étendue arrosée. Les parties basses reçoivent un plus grand volume d'eau que les autres, puisque, indépendamment de l'eau introduite directement dans les rigoles d'arrosage, ces parties basses reçoivent le trop plein de toutes les rigoles supérieures. Mais, par une sorte de compensation, les plus hautes régions du pré se trouvent arrosées presque uniquement avec de l'eau *neuve*, tandis que le grand volume qui parcourt les régions inférieures se compose surtout de *colatures* déjà dépouillées d'une partie de leur vertu fertilisante.

On pourrait modifier un peu la méthode précédente, en introduisant la totalité de l'eau dans une ou plusieurs rigoles supérieures seulement ; elle n'en arriverait pas moins, de reprise en reprise, jusqu'au bas de la prairie. Par ce dernier procédé, la répartition de l'eau est plus uniforme, en tant que volume, que dans le premier mode d'arrosage ; mais les parties inférieures du pré sont encore moins bien partagées, puisqu'elles ne reçoivent exclusivement que de l'eau déjà dégraissée.

Quelle que soit la méthode que l'on adopte, les irrégularités que je viens de signaler n'ont pas grande importance. En effet, j'ai d'abord supposé qu'on opérait quand l'eau était abondante. Mais il arrive des moments où elle est plus rare, et où il devient difficile d'arroser, d'un seul coup, une bande comprenant toute la longueur du pré. On en profite pour porter directement l'eau disponible sur les parties qui paraissent en moins bon état que les autres, et on parvient ainsi à régulariser la végétation.

108. Égouttage de la prairie dans les intervalles des arrosages. — Lorsqu'on juge qu'une portion de la prairie a été assez longtemps arrosée, on change de position les divers barrages, de manière à porter l'eau sur une nouvelle bande de pré, et à empêcher toute nouvelle introduction d'eau dans les rigoles qui viennent de servir à la première opération. Ce changement une fois effectué, la nappe d'eau qui couvrait la première partie du pré

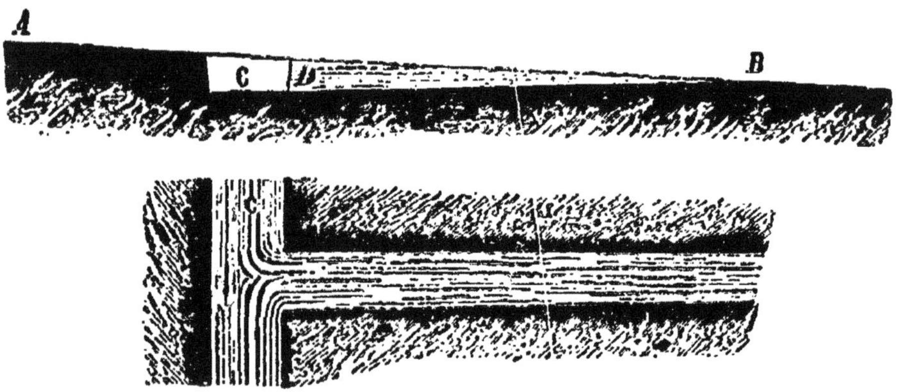

Fig. 85. — Plan et profil d'une entaille pratiquée dans le bout inférieur d'une rigole de niveau, pour en faciliter la vidange.

AB, ligne de plus grande pente du sol.
C, rigole de niveau.
DB, entaille dans le gazon, ayant son fond horizontal.

est bien vite écoulée. Il ne reste plus alors que l'eau contenue dans les rigoles de niveau qui se trouvent sans issue. Or, si le sol est de nature un peu perméable, cette eau, n'étant plus renouvelée, ne tardera pas à disparaître par infiltration à travers la paroi de gazon située du côté d'aval, et il n'y aura pas autrement à s'en préoccuper. Si le sol, au contraire, est très-compact, il se peut que l'eau séjourne dans les petites rigoles d'arrosage assez longtemps pour devenir nuisible. Il suffit, dans ce cas, de quelques échancrures ou saignées pratiquées dans la paroi d'aval des rigoles de niveau, pour faire disparaître cet inconvénient. La figure donne, en plan et en coupe, une portion de rigole de niveau munie d'une telle échancrure.

AB, dans le profil, est la surface du pré, C la rigole de niveau qui n'a qu'environ 10 centimètres de profondeur, DB est la coupure ou la rigole de vidange, qui commence en D avec la même profondeur que la rigole d'arrosage, et finit à rien à B. Si la pente de la prairie est en cet endroit de 5 centimètres par mètre, le point B devra être au moins à 2 mètres du point D. On conserve une motte de gazon que l'on replace en D pour fermer la coupure, chaque fois qu'on arrose.

197. Rigoles d'écoulement. — Certains auteurs recommandent expressément d'établir, conjointement au système des rigoles destinées à l'irrigation proprement dite, un réseau complet de rigoles d'écoulement, ce qui est d'ailleurs conforme aux principes généraux exposés au commencement de ce chapitre. Mais cette précaution est, en réalité, presque toujours superflue dans le cas que nous considérons, celui d'une prairie ayant une pente de plusieurs centimètres par mètre, dans laquelle par conséquent l'eau ne peut demeurer stagnante. Le réseau complet de rigoles de colature ne devient nécessaire que dans les cas que nous examinerons bientôt, où l'on tient à empêcher que l'eau ayant arrosé une certaine superficie ne continue de couler à la surface du gazon. Dans les dispositions analogues à celle de la figure 84, les rigoles de colature ne seront utiles qu'exceptionnellement, dans les parties où, en raison de la forme du terrain, l'eau tendrait à s'accumuler plus qu'ailleurs, ou encore dans les endroits qui se trouveraient marécageux par suite de la constitution particulière du sol. La figure nous montre, en *mn*, une de ces petites rigoles ; elle est dirigée suivant la pente principale, et coupe à angles droits les rigoles d'arrosage. Avant de mettre l'eau dans cette partie du pré pour l'arroser, on doit barrer la rigole d'écoulement immédiatement au-dessous de son intersection avec chacune des rigoles horizontales. L'état du pré, quelque temps après la cessation des arrosages, indiquera les points où de semblables rigoles d'égouttement pourraient être avantageuses, mais on ne devra pas en creuser, lors de l'établissement d'une prairie, avant que l'expérience en ait démontré le besoin. Dans l'exemple de l'avant-dernière figure, le réseau des rigoles d'écoulement se trouve réduit à la rigole *mn* et aux fossés inférieurs GF et EF.

198. Cas où l'eau doit être évacuée après un court trajet sur le gazon. — La disposition de la prairie qui nous a jusqu'ici servi d'exemple n'aurait besoin que d'être légèrement modifiée, si l'on voulait évacuer l'eau aussitôt après l'arrosage d'une petite étendue limitée. La figure 86 nous donne le plan

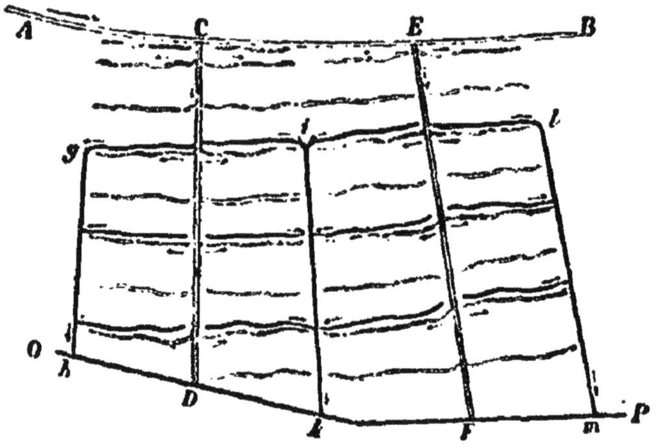

Fig. 86. — Plan d'une portion de prairie irriguée par planches et par rigoles de niveau.

AB, canal d'amenée de l'eau.
CD, EF, rigoles de distribution.
gk, *ik*, *lm*, rigoles collectrices des colateurs.

d'une portion de prairie irriguée suivant ce dernier système. Deux réseaux de rigoles sont ici superposés : l'un, figuré par les traits doubles, comprend le fossé d'amenée et les rigoles de distribution et d'arrosage ; l'autre, figuré par des traits simples mais plus forts, se compose des rigoles de colature et du fossé général d'écoulement.

L'eau est fournie par le canal d'amenée AB, d'où elle peut être dirigée à volonté dans des rigoles distributrices CD, EF, dont chacune alimente à son tour deux séries de rigoles horizontales à déversement, les unes à droite, les autres à gauche. On remarque qu'en dessous de chacune des rigoles horizontales qui prennent l'eau dans des rigoles distributrices, et la répandent sur le gazon, se trouve à quelques mètres de distance une autre rigole semblable, mais sans issue ni communication à ses extrémités. Celle-ci est une rigole de *reprise*, qui n'a d'autre objet que de mieux maintenir l'uniformité de la répartition de l'eau. Encore plus bas se rencontre une rigole de colature, tracée avec une légère pente d'environ 3 millimètres par mètre, qui intercepte toute l'eau ruisselant sur le pré pour la transporter immédiatement à l'une des rigoles descendantes *gh*, *ik*, *lm*, aboutissant elles-mêmes au fossé d'écoulement OP.

Immédiatement au-dessous de chaque rigole de colature se rencontre une nouvelle rigole de déversement, et la même disposition se reproduit successivement jusqu'au bas de la prairie.

La série des rigoles de niveau ayant été tracée la première, rien ne sera plus facile que de tracer ensuite les petites rigoles de colature. On sera certain, en effet, qu'une quelconque d'entre elles aura la pente nécessaire à l'écoulement si, étant à l'une de ses extrémités très rapprochée de la rigole de niveau la plus voisine, elle va en s'en écartant de plus en plus jusqu'à l'autre extrémité.

Les espaces compris entre chaque rigole d'écoulement et la rigole de déversement située immédiatement au-dessous d'elle ne sont pas arrosés. Mais ces bandes, très-étroites, ont peu d'importance et reçoivent d'ailleurs assez d'eau par infiltration pour n'avoir pas à souffrir du manque d'irrigation superficielle.

On conçoit qu'avec cette disposition on peut, si on le désire, arroser séparément un seul des espaces compris entre une quelconque des rigoles de déversement et la rigole de colature qui se trouve au-dessous. On conçoit encore qu'on peut, avec la même facilité, arroser simultanément un nombre quelconque de compartiments semblables au premier.

Enfin, lors du premier établissement de ce système d'irrigation, on est libre de mettre telle distance qu'on juge à propos entre les rigoles qui doivent déverser l'eau sur la prairie et celles qui sont destinées à l'emporter. Cette disposition permet donc d'employer l'eau comme on l'entend, et de l'épuiser de ses matières fertilisantes, notamment de son oxygène, autant ou aussi peu qu'on le désire.

Quand la même eau aura à parcourir, dans le sens de la pente de la prairie, moins d'une quinzaine de mètres, on pourra, à la rigueur, supprimer les rigoles intermédiaires de reprise d'eau qui sont figurées sur le plan, figure 86, rigoles dont l'utilité dépend d'ailleurs du tracé plus ou moins parfait des rigoles de niveau, et de l'état plus ou moins régulier de la surface du pré.

Il reste à examiner quelques détails d'exécution qui ont, je crois, un réel intérêt pratique.

199. Canal d'amenée de l'eau. — Relativement à la position du canal d'amenée, il y a peu de chose à ajouter à ce que j'ai dit au commencement du chapitre. Le tracé dépend principalement de la disposition des lieux. Lorsqu'une prairie est très étendue, on est obligé de la diviser en plusieurs parties distinctes. Alors il arrive le plus souvent que la même branche du canal ne peut pas porter l'eau à toutes ces divisions, et le canal unique peut se changer en un véritable réseau. Alors aussi, les largeurs et profondeurs seront variables d'une branche à l'autre, chacune d'elles devant avoir un profil en rapport avec la quantité d'eau à débiter dans un temps donné, quantité qui est évidemment moindre dans les dernières ramifications que dans le tronc principal.

Le canal d'amenée a généralement peu de pente, parce qu'on peut ainsi conduire l'eau sur des points plus élevés, et qu'on gagne sur l'étendue irrigable. Mais il arrive quelquefois que l'eau est prise en un endroit notablement plus élevé que la prairie à irriguer, et qu'on est forcé, en conséquence, de donner beaucoup de pente à certaines portions du canal. Cette nécessité n'est pas sans entraîner quelques inconvénients, l'eau trop rapide pouvant dégrader les parois des canaux.

On a vu (62) qu'on peut remédier aux excès de pente par des ressauts accompagnés de quelques défenses. On peut aussi revêtir certaines portions de rigoles soit en véritable maçonnerie hydraulyque, soit en pierre sèches. On trouve enfin à l'article suivant un profil de rigole gazonnée propre à diminuer la tendance aux érosions.

Quand le terrain occupé par la prairie a une assez forte inclinaison, la portion du canal d'amenée qui la borde à sa partie supérieure peut être entièrement creusée dans le sol, comme un fossé ordinaire. Dans ce cas, pour que l'eau du canal puisse, de là, passer facilement dans les rigoles distributrices, il est nécessaire d'approfondir ces dernières sur une portion de leur longueur, à partir de leur point de jonction avec le canal. Cette disposition est très-simple ; mais elle a cet inconvénient que ce n'est qu'assez loin du canal d'amenée qu'on peut détourner l'eau de la rigole distributrice dans les rigoles de niveau, qui sont très superficielles. Une bande de pré longeant le canal se trouvera donc non arrosée, ou du moins le sera difficilement et d'une manière imparfaite. Cet inconvénient aura d'autant plus d'importance que le sol aura une moindre pente. Il sera donc toujours avantageux, et même indispensable si le terrain est très plat, d'élever un peu par des remblais le canal d'amenée dans toute la partie qui longe la prairie à irriguer. Si on ne construit pas le canal entièrement sur remblai, du moins pourra-t-on presque toujours adopter avec avantage un profil analogue à celui de la figure ci-contre.

Fig. 87. — Profil d'un fossé ou canal en demi-remblai.

Dans ce profil, le remblai peut être fourni, ou peu s'en faut, par la partie en déblai. L'introduction de l'eau sur la prairie sera ainsi rendue extrêmement facile.

200. Rigoles de distribution. — *Jonction avec le canal d'amenée.* — A ce qui vient d'être dit sur la jonction des rigoles de distribution avec le canal, ajoutons qu'au lieu de faire l'embranchement à angle droit, comme on le fait le plus souvent, il conviendrait de courber la rigole vers ce point d'embranchement, de telle sorte que son entrée se présentât obliquement et presque en face de l'arrivée de l'eau. On évite, par ces raccordements courbes, des remous toujours destructeurs, des envasements en certains points et autres inconvénients de détail. C'est là, au surplus, un principe général et dont nous verrons bientôt l'application aux rigoles d'un ordre inférieur.

Pour empêcher l'eau de pénétrer dans les rigoles de distribution quand elles ne doivent pas fonctionner, on peut fermer ces rigoles à l'aide d'une petite vanne ou pelle en tôle tranchante, analogue à celles dont il a déjà été question, mais d'une dimension en rapport avec le profil de ces rigoles.

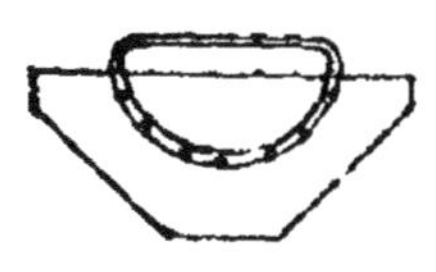

Fig. 88. — Petite vanne en tôle tranchante, pour fermer l'entrée des rigoles distributrices

Profil des rigoles de distribution. — Les rigoles de distribution ont à parcourir la prairie suivant sa plus grande pente. Or, comme le système d'irrigation dont il s'agit s'applique le plus généralement à des prairies dont l'inclinaison est de plusieurs centimètres par mètre, les rigoles de distribution ont nécessairement aussi ces fortes pentes Dans ces conditions, des rigoles ordinaires, simplement creusées en terre nue, sont infailliblement dégradées par l'eau, qui finit par les approfondir outre mesure. On peut éviter ce grave inconvénient en les faisant très-larges, mais peu creuses, et en les gazonnant complètement. La figure 89 donne un profil de ce genre.

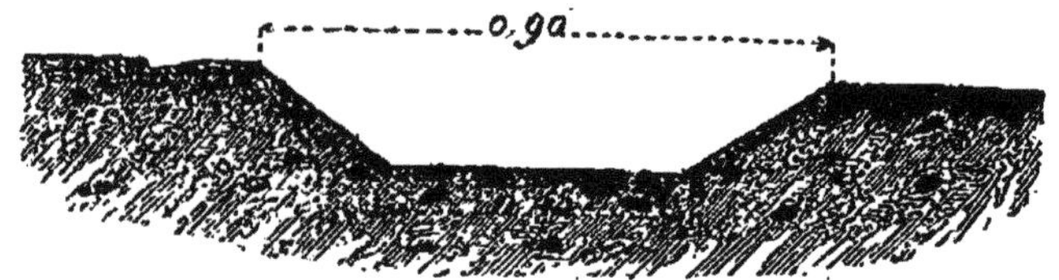

Fig. 89. — Profil d'une rigole de distribution.

Comme ces rigoles restent à sec toutes les fois qu'on n'arrose pas la partie du pré où elles se trouvent, le gazon dont elles sont tapissées, énergiquement arrosé par intermittance, pousse avec vigueur. Ce gazon garantit d'autant mieux le sol contre les érosions que la grande surface de contact qu'il présente au courant d'eau occasionne un frottement qui en ralentit la vitesse. Ces sortes de rigoles présentent d'ailleurs plusieurs autres avantages. La faux peut y couper l'herbe sans difficulté ; les bords, très-inclinés, sont bien moins dégradés par les pieds des bestiaux que ceux des rigoles plus escarpées ; les instruments et les véhicules les traversent avec la plus grande facilité. Quant aux dimensions absolues à leur donner, elles dépendent des volumes d'eau que ces rigoles ont à conduire, selon l'étendue de prairie qu'elles desservent. Les cotes placées sur la figure indiquent surtout des proportions relatives et se rapportent à une grandeur qui, bien qu'usuelle, peut être modifiée suivant les indications fournies pour chaque cas par le calcul ou l'expérience.

Position et distance des rigoles distributrices. — La question de la distance à laquelle il convient de placer les rigoles distributrices consécutives, les unes par rapport aux autres, revient à celle de la longueur que l'on peut donner aux rigoles de niveau comprises entre elles. Or, nous verrons, en traitant des rigoles de niveau, que chaque rigole distributrice peut difficilement, à l'aide des rigoles de niveau qui s'y alimentent, porter l'eau à plus d'une quarantaine de mètres, à droite ou à gauche. La répartition de l'eau ne sera même tout à fait satisfaisante que si cette distance est réduite à 25 ou 30 mètres. D'après cela, si nous nous reportons à la figure 81, page 222, nous voyons que la rigole de distribution BIH, par exemple, doit être distante de 25 à 40 mètres de la limite voisine AG de la prairie. La rigole de distribution CL est à une pareille distance de la limite DE de la prairie. Mais, entre les rigoles BIK et CL, il y a une distance double des précédentes, soit de 50 à 80 mètres, l'intervalle de ces deux rigoles étant arrosé par moitié par l'une et par l'autre.

Une autre considération doit aussi influer sur la fixation de l'emplacement de ces rigoles. En effet, la prairie présentera très souvent des ondulations, de légers plis de terrain dirigés dans le sens de la pente ; elle peut aussi n'occuper que le fond d'une sorte de vallon incliné. Dans ces divers cas, on peut se demander s'il est préférable de placer les rigoles distributrices sur les lignes de faîte ou parties culminantes du terrain, ou bien, au contraire, dans ce qu'on appelle les thalwegs, c'est-à-dire les endroits où se rassemblent naturellement les eaux. Au premier abord, on pourrait être tenté de croire qu'il vaut mieux placer les rigoles distributrices sur les lignes de faîte, en vue d'une plus facile distribution de l'eau. Mais ce serait là une erreur. En effet, au moyen des rigoles de niveau, sauf à tricher un peu au besoin en leur donnant une légère pente, on pourra, dans tous les cas, porter l'eau où l'on voudra, même sur les points les plus élevés. Ce dont il importe de se préoccuper davantage, c'est le prompt et parfait assèchement des portions de la prairie dont on voudra retirer l'eau après quelque temps d'arrosage. Or, les rigoles traversant les bas-fonds et suivant les thalwegs, tout en remplissant pendant les arrosages leurs fonctions de rigoles distributrices, rempliront ensuite l'office de rigoles d'égouttement ou de colature pour les terrains situés à droite et à gauche, tandis qu'au contraire les rigoles situées sur des faîtes humecteront, par infiltration, les régions voisines, alors même que les rigoles de niveau destinées à les arroser auraient été fermées. On devra donc d'abord tracer des rigoles de distribution dans tous les thalwegs que pourra présenter la prairie à irriguer ; puis, si ces rigoles sont trop distantes les unes des autres, on subdivisera les intervalles par d'autres rigoles intercalées, en évitant s'il se peut de les faire coïncider avec les arêtes culminantes du terrain.

La forme irrégulière de la prairie peut obliger à ramifier, plus ou moins, les rigoles distributrices. Le plan déjà cité, figure 84, nous offre l'exemple de la bifurcation, au point I, de la rigole BI en deux autres IH, IK. Il doit être entendu que les rigoles distributrices doivent s'infléchir au besoin ; à moins que le sol de la prairie n'ait une configuration presque plane, ces rigoles seront rarement en ligne droite.

Lorsqu'on fera le tracé du système d'irrigation, on fera bien de tracer d'abord les rigoles de niveau. Ces dernières, représentant les courbes horizontales du terrain, indiqueront par leurs courbures les lignes de faîte et les thalwegs, bien plus nettement qu'on ne pourrait les distinguer par tout autre moyen. Ce premier tracé sera d'un grand secours pour effectuer celui des rigoles de distribution. Une dernière observation, c'est qu'on devra tâcher d'éviter une trop grande obliquité des rigoles distributrices par rapport aux rigoles de niveau, cette obliquité n'étant pas exempte d'inconvénients ; la perfection consisterait à avoir des rigoles distributrices perpendiculaires aux directions des autres, sauf raccordements courbes aux points d'embranchements (fig. 92).

201. Rigoles de niveau. — *Profil transversal de ces rigoles.* — Les rigoles de niveau sont ordinairement à profil rectangulaire ; en d'autres termes, avec leurs bords taillés à pic dans le gazon, conformément au profil de la figure.

Fig. 90. — Profil d'une rigole de niveau à section rectangulaire.

La profondeur de ces rigoles est déterminée par l'épaisseur du gazon. Il y a en effet quelque difficulté à couper celui-ci au niveau des racines. L'ouvrier qui creuse les rigoles fera donc passer son outil au-dessous du gazon, et il enlèvera celui-ci en mottes consistantes. Des rigoles ainsi exécutées ont une profondeur d'une dizaine de centimètres, qu'il est d'ailleurs inutile de dépasser. La manière de confectionner ces rigoles est exposée au chapitre VIII, qui traite de la création des prairies. On leur donne 16 centimètres le plus généralement. Cette largeur est suffisante pour ce que j'appellerai les *rigoles de reprise d'eau*, qui reçoivent au passage, par dessus leur bord d'amont, l'eau déjà répandue sur la prairie, et qui n'ont d'autre objet que de l'étaler d'une manière plus parfaite, en la déversant presque aussitôt par dessus leur autre bord tourné du côté d'aval. Mais quand à celles des rigoles qui s'embranchent sur les rigoles distributrices, et doivent prendre l'eau dans ces dernières pour la répartir ensuite sur toute leur propre longueur, elles appartiennent au réseau général de la circulation de l'eau et sont les véritables *rigoles d'arrosage*; leurs dimensions transversales doivent évidemment être proportionnées aux quantités d'eau qu'elles sont appelées à recevoir. Or, dans ces rigoles, il y a à la fois un courant longitudinal et un débordement sur toute la longueur, d'où il suit que la quantité d'eau qui passe dans la rigole dans un temps donné, en une seconde par exemple, va en décroissant depuis l'extrémité où est la prise jusqu'à l'extrémité opposée où la rigole se termine. Pour que l'écoulement se fasse régulièrement, il faut que le rapport des sections transversales aux volumes d'eau qui les traversent dans le même temps reste constant, c'est-à-dire que la rigole ait sa plus grande largeur à l'endroit où elle se détache de la rigole de distribution, et aille en se rétrécissant, proportionnellement à la distance, à partir de ce point. Pour l'exécution, on commence par creuser tout les rigoles, quelles qu'elles soient, suivant le profil minimum, qui est déterminé par les outils dont on se sert, puis on élargit celles des rigoles qui en ont besoin, en retaillant un des bords. Une largeur de 30 à 35 centimètres, à l'extrémité qui doit recevoir l'eau, est ordinairement convenable. Mais c'est en faisant fonctionner l'irrigation que l'on reconnaîtra si quelques rigoles ont encore besoin d'être partiellement élargies, un défaut de largeur ayant pour effet de déterminer un débordement exagéré immédiatement avant la partie trop étroite, au détriment des portions qui suivent.

Ces rigoles rectangulaires ne sont pas sans inconvénients, les pieds des bestiaux faisant facilement ébouler leurs bords. Leur profil est de beaucoup le plus favorable pour l'exécution dans un sol gazonné ; mais il n'est pas indispensable de maintenir toujours ce profil après que des dégradations se sont produites. Soit, fig. 91, une rigole dont le profil est devenu celui représenté par la partie hachée ; il suffira de creuser quelque peu en B avec une pelle étroite (de 0^m,12 de largeur seulement) et de placer le produit du curage en A, en le tassant avec le dos de la

Fig. 91. — Profil d'une rigole de niveau, modifiée par suite de dégradations.

pelle suivant le profil donné par les lignes droites pleines. On reformera ainsi, du côté où doit avoir lieu le déversement, une arête horizontale, ce qui est l'important. L'herbe en repoussant consolidera ce nouveau bord. Si après quelques années la rigole est par trop déformée, on pourra en creuser une nouvelle à peu de distance, et combler l'ancienne avec les gazons en provenant, que l'on pilonnera un peu après les avoir suffisamment morcelés. Les irrigateurs ont remarqué que, grâce aux dépôts fertilisants qui restent dans les rigoles, grâce à l'abondance de l'eau près de leurs bords, la zone qu'occupe une rigole se distingue toujours du reste de la prairie par une végétation plus vigoureuse ; ils regardent, en conséquence, que c'est un avantage de faire jouir successivement toute la prairie de cette amélioration, et que cet avantage compense les frais de main-d'œuvre de la réfection successive des rigoles. On peut objecter que la main-d'œuvre est aujourd'hui plus chère qu'autrefois ; que l'on tend actuellement à substituer à des irrigations tracées grossièrement et par à peu près des projets plus étudiés, des tracés plus précis ; que dès lors on ne peut sans inconvénients remanier sans cesse tout un système établi, parfois avec beaucoup de soin, par un homme spécial ; mais ce sont là des questions d'espèces, et nous croyons inutile d'insister.

Embranchement de rigoles de niveau sur les rigoles de distribution. — Soit (fig. 92) AB une portion de l'une des rigoles distributrices tracées suivant la pente de la prairie. Soit CDEFG le tracé, donné par le nivellement, de la portion d'une rigole de niveau qui rencontre la précédente. Considérons la partie de droite

EFG de la rigole de niveau ; si nous la faisons simplement déboucher en E dans la rigole distributrice, et que nous placions des mottes de gazon en *e* dans cette dernière, l'eau, arrivant avec une assez grande vitesse à cause de la pente de la prairie, se heurtera contre l'obstacle qui lui est opposé, le franchira ou le tournera, et une petite portion seulement pénètrera dans la rigole

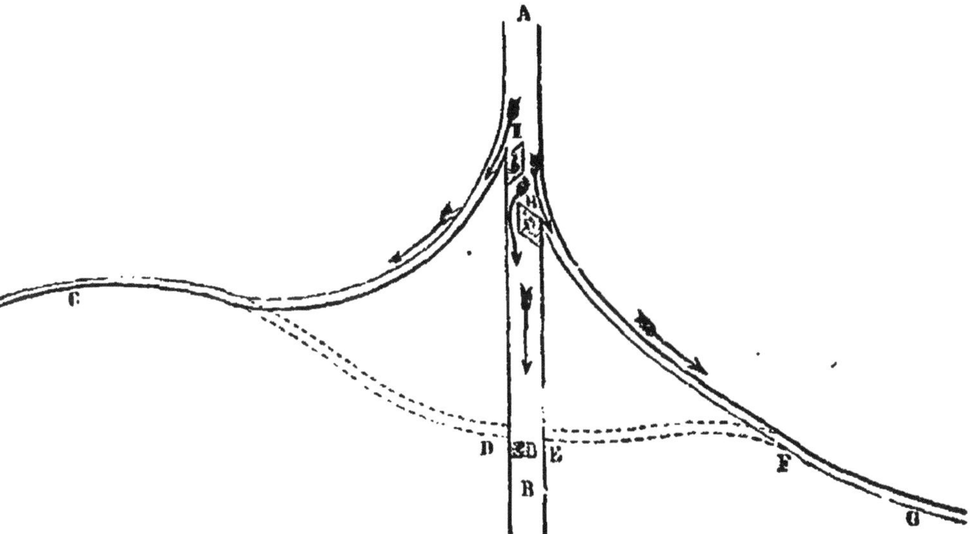

Fig. 92. — Embranchement des rigoles de niveau sur les rigoles de distribution.

latérale. La marche en ligne droite de l'eau dans la rigole AB est évidemment favorisée par le peu de profondeur des rigoles, et par cette circonstance que dans AB elle coule à pleins bords ; enfin, le même effet sera encore facilité, au bout de quelque temps, par l'accumulation du sable et autres corps charriés par l'eau, dont le dépôt se fera contre le barrage *e* et à l'entrée de la rigole latérale qui sera bientôt obstruée. On évite ces inconvénients en substituant au tracé EFG celui HFG, c'est-à-dire en remplaçant le coude brusque à angle presque droit par une courbe de raccordement qui se joint à la rigole qui amène l'eau sous un angle très aigu. Si la rigole AB doit distribuer l'eau aux deux portions de rigole de niveau qui se trouvent l'une à droite et l'autre à gauche, nous remplacerons le tracé CD par la courbe de raccordement continue CI. Les distances EF, EH, qui déterminent l'étendue du raccordement, pourront être habituellement d'environ trois mètres.

On a tracé à dessein les deux rigoles de raccordement de manière que les points H et I, où elles rencontrent la rigole de distribution, ne se trouvent pas en face l'un de l'autre ; cette disposition paraît être plus commode pour la distribution à l'aide de petites digues de gazon. La figure montre, en *a* et *b*, deux de ces digues, disposées pour la division de l'eau en trois parties, dont l'une alimente la rigole de gauche, une autre celle de droite, pendant que la troisième continue sa marche dans la rigole principale[1].

Longueur et pente des rigoles de niveau. — Malgré l'emploi des courbes de raccordement que je viens de décrire, malgré l'élargissement que j'ai conseillé précédemment de pratiquer dans la première partie des rigoles d'arrosage, il arrivera toujours que l'eau, introduite dans une rigole de niveau par une de ses extrémités, se déversera bien plus abondamment dans les premiers mètres de son parcours que dans le reste de la longueur de la rigole. On ne peut remédier complètement à cet inconvénient qu'en trichant un peu dans le nivellement et en donnant, en réalité, à la rigole une légère pente dans le sens que doit avoir le courant. La détermination de la pente la plus convenable pour les rigoles d'arrosage des prairies n'est pas possible rigoureusement, car cette pente dépend du volume d'eau qui doit entrer dans la rigole dans un temps donné, et ce volume lui-même varie selon les saisons et diverses circonstances. On ne peut donc chercher qu'un moyen terme suffisant pour la pratique. Une pente de 1/2 millimètre, ou tout au plus de 1 millimètre par mètre courant, sera généralement convenable. Au surplus le meilleur moyen d'assurer une égale répartition de l'eau consiste, lorsqu'on établit l'irrigation pour la première fois, à faire en sorte que les rigoles distributrices ne soient pas trop éloignées les unes des autres et que, par suite, l'eau n'ait à parcourir, suivant la longueur des rigoles d'arrosage, que d'assez courtes distances. En traçant les rigoles de distribution à 50 ou 60 mètres, 80 mètres au plus, les unes des autres, et en faisant en sorte que chacune distribue l'eau

1. On doit supposer que des raccordements tels que ceux que je viens de décrire existent à l'origine de toutes les rigoles de niveau figurées sur le plan d'ensemble, figure 84, page 222. C'est à cause de la petitesse de l'échelle, et pour ne pas compliquer la figure, qu'on a cru pouvoir omettre ces courbes sur le dessin.

à droite et à gauche, celle-ci n'aura jamais à parcourir plus de 25 à 40 mètres dans les rigoles d'arrosage, et dans ces conditions elle se répandra très uniformément.

Si une rigole se trouve, par une cause quelconque, avoir une pente un peu exagérée, on combattra avec succès la tendance de l'eau à se porter à l'extrémité la plus éloignée de la rigole distributrice, au moyen de quelques barrages formés de distance en distance dans la rigole avec des gazons.

Si on ne craint pas de multiplier un peu les rigoles, la perfection du système consiste à intercaler, entre celles qui prennent l'eau à la rigole distributrice et qui sont légèrement inclinées, conformément à ce qui vient d'être dit, une simple rigole de reprise rigoureusement de niveau.

Distance des rigoles de niveau entre elles. — La distance, dans le sens de la pente de la prairie, entre une rigole de niveau et la suivante, doit dépendre du plus ou moins de régularité du sol. Si la superficie de la prairie présente de brusques changements dans ses pentes, soit sous le rapport de l'inclinaison, soit sous celui de la direction ; s'il y a des éminences, des vallonnements très prononcés, on est obligé de multiplier les rigoles, de les rapprocher parfois jusqu'à 2 ou 3 mètres les unes des autres, pour empêcher l'eau de se rassembler tout entière dans les thalwegs. Si, au contraire, la surface de la prairie ne présente que de très larges ondulations et a été d'ailleurs bien régularisée, on pourra porter jusqu'à 18 mètres l'écartement des rigoles. Quelques irrigateurs, il est vrai, ne mettent jamais les rigoles à plus de 4 ou 5 mètres les unes des autres ; mais ce rapprochement exagéré n'a d'autre cause que l'inhabileté à tracer les rigoles de niveau avec précision.

Dans une prairie dont la surface est dans de bonnes conditions, si les rigoles sont tracées à l'aide d'un instrument de nivellement un peu exact, on aura une irrigation parfaite en plaçant à 25 ou 30 mètres les unes des autres les rigoles d'irrigation prenant l'eau aux rigoles distributrices et disposées suivant les indications données précédemment, et en intercalant, entre chacune de ces rigoles, une rigole de reprise à niveau parfait et fermée à ses deux extrémités. On multipliera d'ailleurs, au besoin, ces rigoles de reprise dans les endroits où le sol sera exceptionnellement tourmenté.

Dispositions relatives aux prairies de forme irrégulière. — Sur le pourtour des prés de forme irrégulière, il se trouve presque toujours quelques lambeaux de terrain qui ne sont pas arrosés par les rigoles dont se compose le réseau régulier. Ainsi, soit AB, figure 93, le canal qui amène l'eau et qui longe le haut de la

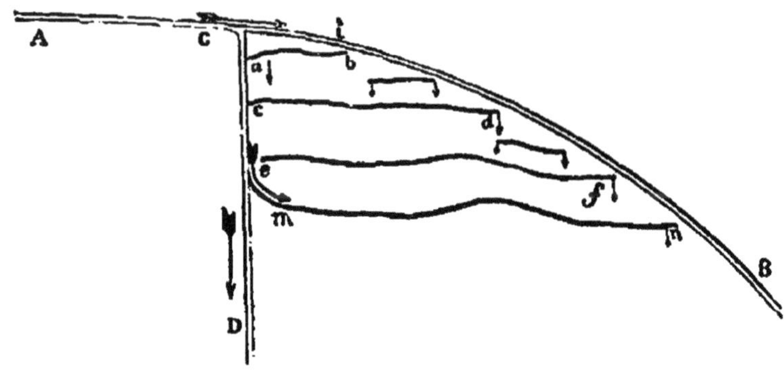

Fig. 93.— Petite portion de pré, de forme irrégulière, arrosée par rigoles de niveau.

prairie. Soit CD la portion supérieure d'une rigole descendante de distribution. Soit enfin *mn* la première rigole de niveau régulière prenant l'eau en *m* à la rigole CD. Il reste évidemment à arroser le triangle BC*m*. A cet effet je trace, dans cet espace triangulaire, une série de petites rigoles de niveau *ab*, *cd*, *ef*. La plus haute de ces rigoles, *ab*, pourra prendre l'eau soit à la rigole CD, vers le point *a*, soit, comme l'indique la figure, directement au canal AB au moyen d'une coupure *l*. De la rigole *ab*, l'eau se déversera dans *cd* et de *cd* dans *ef*. La figure indique en outre d'autres bouts de rigoles intermédiaires, qui aideront encore à rendre la dispersion de l'eau plus parfaite. Ce qu'il s'agit de comprendre, c'est qu'on sera maître, dans tous les cas possibles, à l'aide de quelques rigoles de niveau dont on variera les dispositions selon les lieux et son goût personnel, de laisser aussi peu qu'on le voudra d'espace non arrosé.

Lorsque la forme de la prairie, la situation du canal d'amenée et la direction des pentes obligent à tracer certaines rigoles distributrices suivant des directions obliques par rapport aux rigoles de niveau qu'elles alimentent ou, ce qui revient au même, suivant une direction très sensiblement différente de celle de la plus grande pente du terrain, quelques dispositions spéciales deviennent nécessaires. Soit AB (figure 94) une portion de rigole distributrice, CD et EF deux rigoles de niveau consécutives s'embranchant sur la première. A cause du raccordement courbe cC, le déversement de l'eau ne commencera dans la rigole supérieure qu'à partir de C, et l'espace à peu près triangulaire compris entre la rigole AB, d'une part, et les lignes EM, CM d'autre part, ne sera pas irrigué.

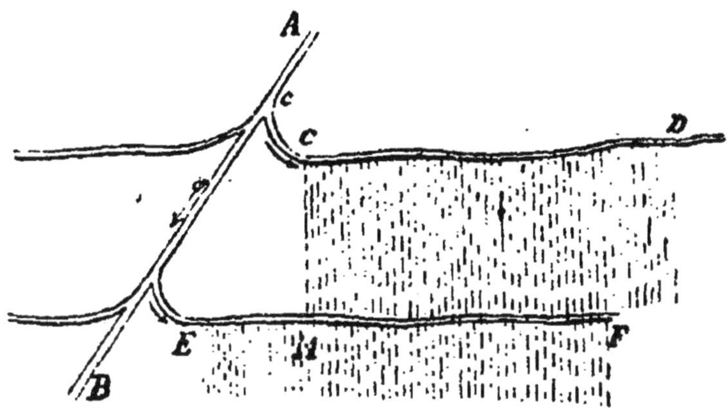

Fig. 94. — Rigole de distribution oblique par rapport aux rigoles de niveau.

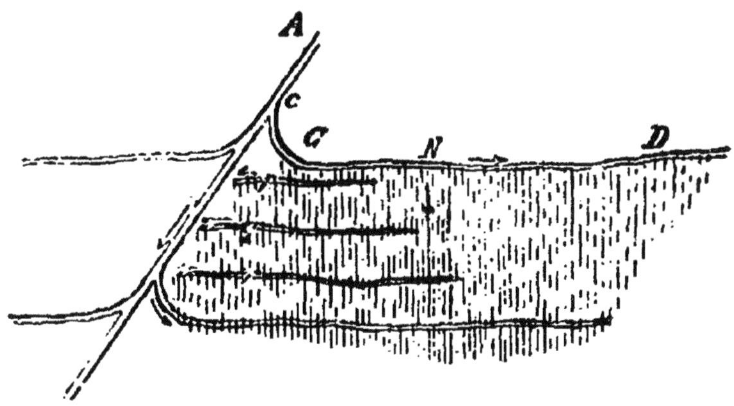

Fig. 95. — Arrosage des confins d'une rigole de distribution oblique par rapport aux rigoles de niveau.

Mais si nous traçons, comme dans la figure 95, trois petites rigoles de reprise *p*, *q*, *r*, celles-ci recevant l'eau qui déborde de C en N et la répartissant sur leurs longueurs, tout l'espace, à très peu de chose près, se trouvera parfaitement arrosé. Il ne sera pas toujours indispensable, dans la pratique, de faire les choses avec autant de perfection, et une seule rigole intermédiaire entre CD et EF suffira dans la plupart des cas.

Soit maintenant (fig. 96) une portion de la partie inférieure d'une prairie. CD est un fossé de délimitation, AB une portion

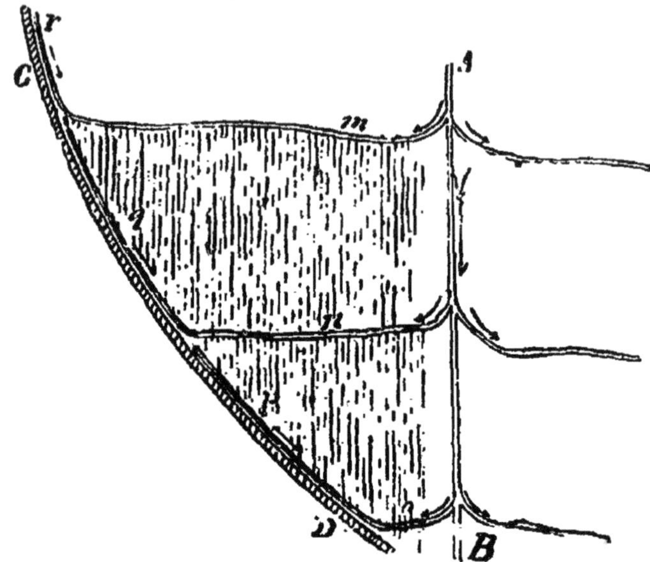

Fig. 96. — Disposition employée, vers le bas d'une prairie, pour empêcher l'eau d'irrigation d'en franchir les limites.

d'une rigole de distribution, *m*, *n*, *o*, des rigoles d'arrosage successives s'alimentant à la rigole AB. Il est facile de voir, à la seule inspection de la figure, qu'une notable portion de l'eau versée sur le pré par les petites rigoles s'en irait naturellement au fossé CD. Si l'on veut éviter cette perte, si l'on ne veut pas que la limite du pré soit franchie par l'eau d'irrigation, on relèvera, comme l'indique la figure, la rigole *m* vers *r*, la rigole *n* vers *q*, la rigole *o* vers *p*. Ces portions de rigoles de ceinture, prolongeant les rigoles de niveau, ramèneront l'eau d'une rigole de niveau à la suivante, et l'empêcheront de franchir les limites voulues.

Avantages et inconvénients de l'irrigation par rigoles de niveau. — Je me suis un peu étendu sur ce qui concerne la méthode d'irrigation par rigoles de niveau, parce que c'est une des méthodes les plus parfaites et celle qui se prête aux applications les plus nombreuses et les plus variées. Elle est admissible avec toutes les pentes, depuis des inclinaisons de moins de 3 centimètres par mètre jusqu'aux plus fortes inclinaisons sur lesquelles il soit possible d'établir des prairies dans les montagnes. Elle s'adapte aux terrains dont le périmètre est irrégulier presque aussi bien qu'à ceux de forme rectangulaire, à ceux dont la configuration est celle d'une croupe ou d'un fond de bateau aussi bien qu'à ceux dont la surface est plane. C'est la méthode avec laquelle on tirera le meilleur parti des terrains imparfaitement régularisés, de ceux qui présentent des surfaces fortement mouvementées. C'est à l'aide de ce mode d'irrigation que l'on pourra le mieux utiliser les eaux pluviales, celles qui s'écoulent des terrains drainés, les petites sources, les faibles ruisseaux ; elle permettra de transformer partout, notamment sur les coteaux et dans les montagnes, beaucoup de terrains presque improductifs en prés d'une grande valeur.

La méthode d'irrigation par rigoles de niveau donne des résultats de moins en moins satisfaisants quand la pente du sol diminue de plus en plus à partir de 3 centimètres par mètre ; elle cesse d'être applicable avec avantage quand la pente s'abaisse au-dessous de 2 centièmes. Ce n'est pas que la méthode, en elle-même, devienne inapplicable ou imparfaite dans ces circonstances ; elle irrigue, aussi bien que possible, même des terrains très plats ; seulement elle ne remédie pas au défaut de pente, qui est un obstacle à la formation de bonnes prairies. Dans ces terrains trop plats, il faut créer des pentes artificielles ; on leur applique alors une méthode que nous examinerons bientôt, et qui n'est en principe qu'une modification de celle par rigoles de niveau.

Il y a encore un cas où cette méthode ne donne pas toute satisfaction. C'est celui où l'on tient à emmener l'eau d'arrosage hors de la prairie dès qu'elle y a parcouru un très petit nombre de mètres. Dans ce cas, en effet, on remarquera qu'il existe, entre chacune des sections dans lesquelles la prairie est divisée, une petite bande non arrosée, comprise entre la rigole de colature de la section supérieure et la rigole d'arrosage de la section inférieure. Cette circonstance est insignifiante lorsque les sections de la prairie ont une certaine étendue ; mais si la prairie devait être morcelée en petites sections de 3 ou 4 mètres seulement, par exemple, les portions non arrosées prendraient beaucoup trop d'importance relative, et la méthode deviendrait, par ce fait, presque inapplicable.

Le plus grave inconvénient de l'irrigation par rigoles de niveau réside dans la difficulté du tracé des rigoles. Si l'on se sert d'un instrument à peu près semblable à un niveau de maçon, les opérations de tracé prennent un temps énorme et laissent, en définitive, beaucoup à désirer. Si l'on veut faire à la fois vite et bien, le niveau d'eau lui-même est loin de donner une entière satisfaction. Pour tracer une irrigation de quelque importance, il faut un niveau à bulle d'air et à lunette, qui est un instrument délicat et d'un certain prix. D'ailleurs, il ne suffit pas de se procurer l'instrument; il faut savoir s'en bien servir. Ce n'est pas que je considère cette difficulté comme bien grave ; un ouvrier intelligent, ne sachant même ni lire, ni écrire, pourrait apprendre en peu de jours à tracer des rigoles avec un niveau à lunette, aussi bien que pourrait le faire un ingénieur ; mais encore faudrait-il à cet homme quelqu'un pour lui servir d'instructeur. Le plus souvent, le premier établissement d'une irrigation de ce genre devra être fait sous la direction d'un ingénieur, et l'entretien devra ensuite être surveillé par une personne d'une certaine instruction. Je crains donc, malgré ma préférence bien prononcée pour les rigoles de niveau, que cette méthode ne se répande pas de longtemps dans la plupart des prairies exploitées par de simples paysans, et que, d'autre part, plus d'un propriétaire instruit hésite lui-même à adopter des dispositions qu'il craindra de voir rester incomprises et mal entretenues entre les mains d'un fermier peu intelligent.

§ 3

IRRIGATION PAR DÉVERSEMENT

208. Méthode d'irrigation par déversement. — Cette méthode a été décrite n° 122, parmi les méthodes applicables à l'irrigation des terres labourables; c'est celle que l'on emploie le plus fréquemment dans le Midi, pour les prairies dites *artificielles*, qui alternent avec d'autres cultures. Elle est également quelquefois appliquée à des prairies permanentes. Au fond, cette méthode par déversement n'est autre qu'une irrigation par rigoles de niveau ; seulement elle correspond au cas d'un sol sensiblement plan, médiocrement étendu dans le sens de la plus grande pente. L'irrigation par déversement proprement dite suppose l'emploi d'assez forts volumes d'eau.

Il y a des cas où la méthode par déversement est ce qu'il y a de plus simple. Soit par exemple une bande de terre en prairie, longeant un cours d'eau et formant un plan incliné dont le côté le plus bas est occupé par la rivière. Un petit cours d'eau, qui sera souvent une dérivation de la rivière elle-même, se trouve vers la partie supérieure du terrain. Il suffira d'établir en haut du terrain et parallèlement à la rivière une rigole bien nivelée, d'une section suffisante et d'un profil analogue à celui de la fig. 27, n° 61, pour que l'eau déversée par cette rigole arrose toute la bande de prairie. Il convient, dans les cas de ce genre, de diminuer la largeur de la rigole à mesure qu'on s'éloigne du point où elle prend l'eau.

§ 4

MÉTHODE D'IRRIGATION PAR RIGOLES INCLINÉES[1]

203. Aperçu général. — Nous venons de voir que l'irrigation des prairies au moyen des rigoles de niveau constitue presque un art spécial. Il faut, pour bien l'appliquer, des instruments de tracé, quelques notions géométriques, la connaissance ou du moins le sentiment vrai des lois du mouvement de l'eau. Il est donc évident qu'une telle méthode n'a pu se former de prime abord ni de toutes pièces, d'autant plus que l'irrigation n'a consisté, pendant longtemps, que dans un ensemble de moyens purement pratiques, imaginés et mis en œuvre par de

1. Quelquefois désignée sous le nom d'irrigation par *razes*, mot qui paraît être une corruption du mot allemand *wasse*, *rigole*.

simples habitants des campagnes. A dire vrai, la soi-disant méthode que j'ai à expliquer maintenant n'en est pas une, chacun, selon la disposition des lieux auxquels il a affaire, selon son degré d'intelligence et la tournure particulière de son esprit, ayant adopté des dispositions à lui. Il y a pourtant des points communs qui relient entre elles toutes ces manières de faire. Ainsi, la prairie est toujours sillonnée par un réseau de rigoles ; celles-ci se tracent, à moins d'empêchement, suivant des lignes droites ; toutes ces rigoles ont une pente assez prononcée pour qu'il n'y ait pas d'hésitation sur le sens dans lequel l'eau les parcourt. Enfin on répand l'eau sur le gazon, soit à l'aide de coupures pratiquées dans les bords des rigoles, soit plutôt au moyen d'obstacles qui provoquent le débordement sur certains points. Quand la répartition de l'eau n'est pas parfaite, on modifie successivement les positions des barrages dans les rigoles, de telle manière que les moindres portions de la prairie arrivent, autant que possible, à être arrosées à leur tour.

Quand une rigole a été munie d'une série de petits barrages incomplets, formés ordinairement avec des mottes de gazon, si l'inclinaison de la rigole est un peu forte et l'eau suffisamment abondante, cette dernière s'échappe en formant comme des doubles jets horizontaux immédiatement au-dessus de chaque barrage. Un peu plus loin, l'eau s'étale davantage et disparaît presque dans le gazon, tout en y formant une nappe à peu près continue. L'ensemble de ces veines liquides, qui se détachent à droite et à gauche de la rigole principale, rappelle un épi de blé garni de ses épillets, d'où la désignation assez souvent employée d'irrigation par *rigoles en épis* ; il se peut cependant que cette désignation fasse allusion à la disposition qui résulte d'une rigole principale garnie d'embranchements obliques à droite et à gauche (voir la figure de la page 245 ci-après). Si la rigole, au lieu d'être dirigée presque suivant la pente du terrain, a, par rapport à celle-ci, une direction transversale, le déversement de l'eau n'a plus lieu que d'un côté. Alors la rigole, avec les veines liquides qui s'en échappent, affecte non plus la forme d'un épi de blé, mais celle d'un épi d'avoine à grappes.

201. Ensemble d'une irrigation. — Le type d'irrigation le plus parfait, parmi les combinaisons de rigoles inclinées, est celui qui se rapproche le plus, dans l'ensemble et dans les détails, des dispositions adoptées pour l'irrigation par rigoles de niveau. Comme dans cette dernière, des rigoles de distribution sont tracées à peu près suivant la plus grande pente de la prairie ; des rigoles d'arrosage s'en détachent également à droite et à gauche. Seulement, ces dernières rigoles, au lieu d'être tracées sensiblement de niveau en affectant des formes sinueuses déterminées par les moindres ondulations du sol, sont dirigées un peu obliquement en lignes droites, suivant des pentes prononcées, quoique faibles. Les rigoles d'arrosage, conformément aux principes exposés à propos des rigoles de niveau, vont en diminuant de largeur depuis leur insertion sur les rigoles distributrices jusqu'à leur extrémité opposée. L'ensemble de chaque rigole distributrice et de sa double rangée de rigoles d'arrosage figure assez exactement, sur un plan, une arête médiane de poisson.

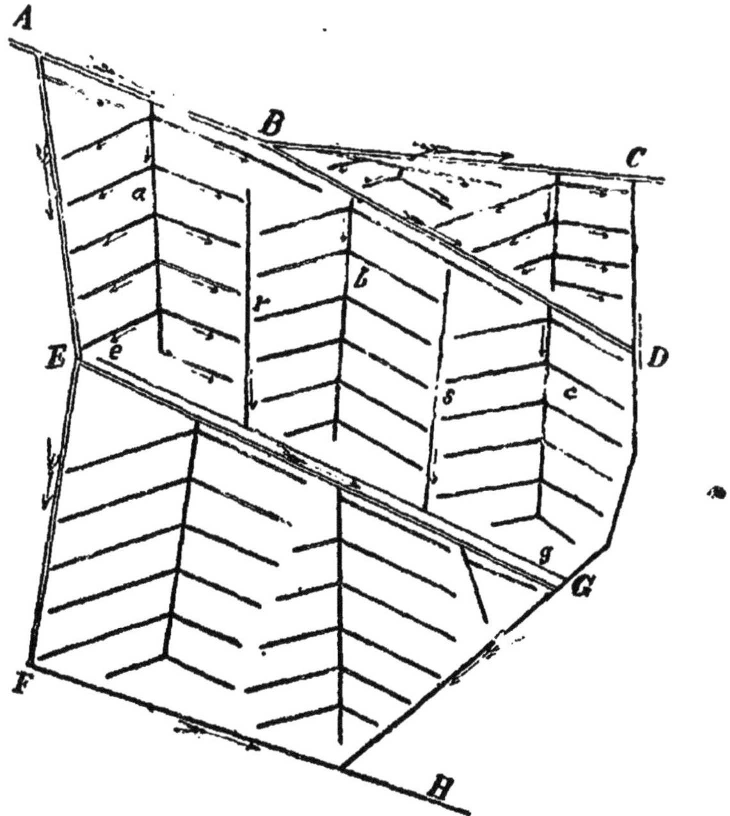

Fig. 97. — Plan d'ensemble d'une prairie irriguée par des rigoles inclinées.

La figure 97 est le plan d'une prairie irriguée d'après ce système. Tous les traits doubles représentent des canaux ou des rigoles d'irrigation. Les traits simples figurent les fossés et rigoles qui ne sont destinés qu'à l'égouttement de la prairie. La pente générale du terrain est du haut en bas du plan. L'eau arrive, au haut de la prairie, par un canal AB qui se ramifie en un certain *nombre de canaux de répartition* BC, BD, AE, EG. La prairie se trouve ainsi subdivisée en plusieurs portions d'une surface réduite, sur lesquelles il est plus facile de répandre l'eau uniformément. Sur les canaux de répartition s'embranchent les rigoles de distribution, telle que *a*, *b*, *c*. Enfin, de chacune de ces rigoles partent, à droite et à gauche, des séries de rigoles plus petites, les rigoles d'arrosage proprement dites.

Distances et longueurs des rigoles. — La disposition adoptée dans la prairie ci-dessus permet de multiplier autant qu'on le veut les rigoles de distribution, et par suite de réduire les longueurs des rigoles d'arrosage. On sera dans d'assez bonnes conditions en espaçant les rigoles de distribution de 30 à 40 et même 50 mètres, ce qui donne, pour les petites rigoles, des longueurs de 15 à 25 mètres. Quant aux distances des rigoles d'arrosage entre elles, elles sont le plus souvent de 5 à 6 mètres.

Prairies irrégulières. — Dans les terrains de forme irrégulière, ou dans les angles qui restent en dehors de l'action du principal réseau, on emploie des dispositions variées à l'infini, suivant la disposition des lieux. La figure nous montre en plusieurs endroits des exemples de ces dispositions. Si l'on remarque dans la prairie quelque partie sèche ou élevée, où l'eau ne peut se porter d'elle-même en quantité suffisante, on a soin de diriger sur ce point l'extrémité d'une rigole spéciale.

205. Rigoles d'écoulement. — Dans la division moyenne de la prairie (même figure 97), nous voyons figurées des rigoles d'écoulement *r*, *s*, séparant l'un de l'autre deux systèmes voisins. Ces rigoles d'égouttement seront utiles dans les cas où la prairie a peu de pente, où le sol mal nivelé retient dans quelques points un peu d'eau stagnante, où la nature du sous-sol favorise la conservation de l'humidité. Alors ces rigoles assurent le parfait dessèchement de la prairie pendant les intervalles des arrosages, condition dont j'ai déjà fait ressortir l'importance. Mais quand la prairie sera suffisamment inclinée et que le sol sera perméable, les rigoles dont il s'agit seront complètement inutiles. Dans le cas où l'on établira de telles rigoles, on devra les tracer les premières et les faire passer dans tous les endroits qui paraîtront avoir le plus besoin de dessèchement. Les espaces à arroser se trouveront alors forcément circonscrits, et l'on exécutera en conséquence le tracé des rigoles de distribution et d'arrosage. Dans la figure, les rigoles *r* et *s* sont représentées débouchant dans une rigole *e g* parallèle au canal EG; elles auraient pu, tout aussi bien, déboucher directement dans le canal lui-même; la rigole *e g* a été tracée en vue d'une question spéciale qui nous reste à examiner.

Emploi de l'eau plus ou moins prolongé. — Si la rigole *e g* n'existait pas, toute l'eau qui a arrosé la partie supérieure de la prairie serait reçue par le fossé EG, et pourrait, de là, passer dans les rigoles destinées à l'irrigation de la partie de la prairie située au-dessous. Or, on préfère généralement retirer l'eau de la prairie dès qu'elle a parcouru un espace regardé comme suffisant pour lui faire perdre la plus grande partie de son pouvoir fertilisant, et donner de l'eau non encore *dégraissée* aux portions suivantes. C'est ce qu'on a réalisé au moyen de la rigole *e g*, qui rassemble toutes les colatures de la partie supérieure du pré et les transporte immédiatement en G, au fossé d'écoulement. Quant au fossé EG, qui doit fournir l'eau à toute l'étendue située au-dessous de lui, il la reçoit lui-même de la rivière par l'intermédiaire de l'embranchement AE.

On remarquera que, dans tous les cas, le plan est conçu de manière qu'on puisse, selon les circonstances qui se présenteront et selon l'abondance de l'eau, irriguer à volonté soit toute la prairie, soit telle ou telle de ses parties.

206. Rigoles d'arrosage. — Les rigoles, et notamment les rigoles d'arrosage, se sont toujours faites, dans ce système d'irrigation, suivant un profil rectangulaire, c'est-à-dire à bords taillés verticalement dans le gazon. Ces rigoles s'exécutent avec les outils que je décrirai dans l'un des chapitres suivants. On s'aide le plus souvent du cordeau, pour les tracer avec plus de régularité.

J'ai déjà dit que les rigoles d'arrosage doivent avoir une largeur variable d'une extrémité à l'autre. Nous avons vu d'ailleurs que cette diminution progressive dans la largeur des rigoles d'arrosage est favorable à l'égale dispersion de l'eau. Il ne faut pas, néanmoins, trop compter sur ce moyen. La pente des rigoles est presque toujours beaucoup trop forte pour qu'on puisse obtenir un débordement dans la partie supérieure par le seul fait du rétrécissement. En réalité, c'est par des obstacles créés avec des mottes de gazon, et parfois par quelques coupures dans les rigoles, qu'on arrive au but.

207. Avantages et inconvénients de l'irrigation par rigoles à eau courante. — Le système d'irrigation par rigoles inclinées ou à eau courante, dont nous venons de donner une idée, exige moins que tout autre la présence d'un homme de l'art pour dresser les projets et en diriger l'exécution. Il peut être établi sur le terrain et à vue d'œil, sans le secours de plans et en s'aidant tout au plus des instruments les plus grossiers, tels que le cordeau et le niveau de maçon. Il se prête à l'irrigation des superficies renfermées dans les périmètres les plus irréguliers. Il permet également l'emploi des faibles ou des forts volumes d'eau. Il est appliquable aux terrains dont les pentes sont comprises dans les mêmes limites d'inclinaison que ceux qu'on arrose par rigoles de niveau. Quand on a généralement affaire, en hiver, à des eaux fortement troubles et qui déposent facilement, les rigoles à eau courante sont quelquefois préférées aux rigoles de niveau, parce que les premières portent presque tout le dépôt sur le gazon, tandis qu'avec les secondes les parties les plus grossières des matières en suspension se déposent dans les rigoles, ce qui oblige à de fréquents curages.

L'emploi des rigoles à eau courante, bien que n'exigeant ni des terrassements spéciaux, ni des terrains à superficie plane, se prête pourtant moins bien que celui des rigoles de niveau à l'irrigation des terrains très-ondulés. Quand le sol est par trop tourmenté, on ne peut plus tracer les rigoles en lignes droites ; il faut souvent contourner les éminences ou les vallonnements ; on en vient alors, définitivement, à une irrigation par rigoles de niveau mal exécutée. Toutes choses égales d'ailleurs, les rigoles à eau courante répartissent l'eau moins uniformément que les rigoles de niveau, et cela malgré l'emploi de rigoles au moins deux fois plus multipliées. C'est surtout pour ce système qu'il est vrai de dire que les bords immédiats des rigoles donnent toujours plus d'herbe que le reste de la prairie, et que plus il y a de rigoles, plus il y a de foin. C'est aussi à ce système que peut s'appliquer, avec quelque raison, le renouvellement périodique des rigoles dont il a été parlé. Enfin, la méthode dont il s'agit ne s'applique pas mieux que celle des rigoles de niveau au cas où l'on voudrait verser sur une prairie, même inclinée, de très grands volumes d'eau qui devraient être évacués après quelques mètres seulement de parcours sur le gazon.

§ 5.

MÉTHODE D'IRRIGATION PAR PLANCHES EN ADOS

208. Objet de la méthode. — Nous avons vu que les sols inclinés de 4 à 5 centimètres par mètre sont les plus favorables à l'établissement des prairies irriguées. Mais c'est surtout quand la pente diminue à partir de ces limites, et quand le terrain se rapproche de la position horizontale, que l'irrigation par rigoles de niveau ou par rigoles à eau courante devient insuffisante. Si pourtant le sol est très absorbant, si l'on dispose d'ailleurs d'une quantité d'eau qui soit en rapport avec cette faculté d'absorption, ces méthodes pourront être encore employées avec succès jusque sur les pentes de 1 ou 2 centimètres par mètre seulement. C'est qu'alors l'eau, filtrant à travers le gazon, au lieu de couler simplement à sa surface, les matières utiles contenues dans cette eau seront directement incorporées au sol ; l'influence spéciale d'un courant rapide, d'où résultent ordinairement les effets d'assimilation, n'est plus nécessaire dans ce cas.

Mais pour peu que le terrain, et surtout le sous-sol, soient argileux et compacts ; à plus forte raison si des eaux souterraines, en suintant à la surface, le rendent marécageux, il est indispensable, même bien avant d'arriver au degré inférieur de pente que j'indiquais tout à l'heure, soit d'augmenter la perméabilité du sol au moyen du drainage, soit d'augmenter artificiellement les pentes par des terrassements. C'est l'adoption de ce dernier moyen qui a donné lieu à la méthode d'irrigation que nous allons examiner.

209. Formes et dimensions les plus ordinaires des planches. — La prairie est divisée en planches rectangulaires, longues et étroites, séparées les unes des autres par des rigoles d'écoulement. Chacune de ces planches présente exactement la forme d'un toit très aplati, c'est-à-dire que le milieu de la planche, plus élevé que les bords, forme une arête saillante qui correspond au faîte de la toiture. Chacune des demi-planches que l'on appelle aussi les *flancs* ou les *ailes*, est un plan incliné qui représente un des pans du toit. Enfin, pour compléter la ressemblance, une des extrémités de la planche se termine par un troisième plan incliné triangulaire, précisément comme ce qu'on appelle la croupe d'un toit. Quant à l'autre extrémité, elle s'appuie contre le talus d'un remblai qui supporte un canal ou une rigole de distribution, chargé de fournir aux planches l'eau nécessaire pour les irriguer. La rigole d'arrosage, à déversement et sensiblement de niveau, occupe, dans chaque planche, le faîte ou l'arête médiane, et elle déverse l'eau, à la fois par l'un et l'autre de ses bords, sur les deux flancs respectifs. Les rigoles de colature, qui correspondent aux gouttières du toit, sont communes à deux planches consécutives auxquelles elles servent de séparation. Ainsi, dans ce système, l'eau débordant de la rigole d'arrosage s'étale en double nappe sur les flancs respectifs, et s'écoule suivant deux directions opposées l'une à l'autre, et perpendiculaires à celle de la longueur de la planche. La rigole de distribution doit être évidemment assez élevée pour que son fond se trouve à peu près au niveau des rigoles d'arrosage qu'elle dessert. Cette rigole passe à la tête des planches, suivant une direction perpendiculaire à leur longueur. Enfin une rigole d'écoulement collective passe au bas des planches, à l'extrémité opposée au canal de distribution ; elle recueille l'eau des rigoles séparatives mentionnées plus haut.

Sur la figure 98, AB est le canal ou la rigole de distribution. Les rigoles de déversement, situées aux faîtes des planches successives, sont en *a*, *b*, *c*. Les rigoles qui reçoivent les colatures sont *r*, *s*, *t*, *u* : elles se déchargent elles-mêmes dans la rigole d'écoulement CD. Si nous considérons la *troisième planche*, celle qui porte à son sommet la rigole *c*, nous voyons que sa surface se compose de trois plans inclinés savoir : les deux flancs ou ailes X et Y, et la croupe ou pignon Z. Du côté de la rigole de distri-

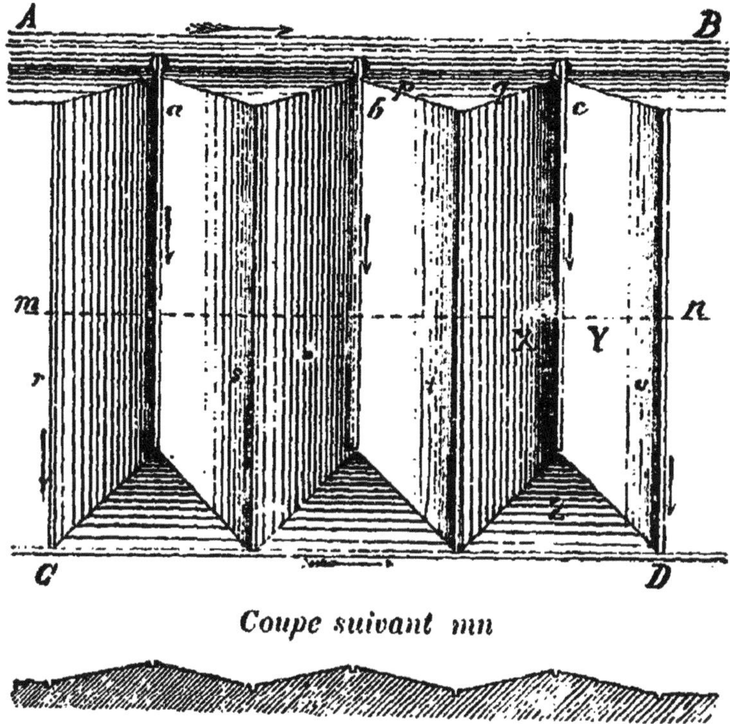

Fig. 98. — Plan et profil en travers de trois planches en ados.

AB, canal de distribution.
CD, rigole collectrice des colateurs.
X, Y, *flancs* d'une planche.
Z, *croupe* de la même planche.

bution, les flancs se terminent à leur rencontre avec le talus du remblai du canal. Lorsque le canal donne lieu à des infiltrations qui maintiennent une trop grande humidité aux extrémités des planches qui s'appuient à ce canal, on prolonge chaque rigole de colature, telle que *t*, par deux petites rigoles *p*, *q*. Nous voyons, en bas de la figure, un profil transversal des planches. Quant au profil longitudinal, il est donné par la figure 99. A est le canal d'alimentation ou de distribution ; *ab* est l'arête suivant laquelle est établie la rigole de déversement. Cette rigole, dans notre exemple, est mise en communication avec le canal par une échancrure pratiquée dans le rebord de ce dernier.

Fig. 99. — Profil en long d'une des planches représentées sur la figure 98.
A, canal de distribution,
B, rigole collectrice des rigoles de colature,
bB, profil de la croupe.

cg est la rigole de colature, B la rigole principale d'écoulement.

210. Dimensions transversales des rigoles de déversement. — L'eau se déversant successivement par dessus les bords de la rigole, il s'en suit qu'il passe bien plus d'eau dans les premières parties de la rigole voisine du canal de distribution que dans les parties de plus en plus éloignées. Il est donc rationnel de donner à la rigole une section régulièrement décroissante, depuis son origine jusqu'à l'extrémité opposée où elle se termine, et où on ne lui laisse ordinairement que quelques centimètres de largeur et autant de profondeur. Cette diminution graduelle des rigoles d'arrosage est favorable à l'égale répartition de l'eau, ainsi que je l'ai déjà fait observer en traitant des autres méthodes d'irrigation. C'est par suite de la petitesse de l'échelle que cette décroissance dans la largeur des rigoles (*a*, *b*, *c*) ne se remarque pas sur la figure 98. Lors de la première construction, on évitera de donner tout d'abord à l'extrémité qui doit recevoir l'eau des dimensions exagérées, une trentaine de centimètres de largeur sur 15 de profondeur suffisent généralement. Mais, lors des arrosages, on élargira, s'il y a lieu, les rigoles jusqu'à ce qu'elles admettent une quantité d'eau suffisante pour que les planches soient arrosées sur toute leur étendue avec l'abondance convenable.

211. Pente des rigoles de déversement. — Les bords des rigoles de déversement, telles que *ab* (fig. 99), doivent avoir une légère pente de *a* en *b*. Si cette pente n'existait pas, le débordement aurait lieu presque tout entier vers *a*. Si la pente était trop considérable, l'eau se porterait au contraire en excès en *b*. Il est vrai qu'il serait plus facile de remédier à ce dernier inconvénient qu'au premier, attendu qu'il reste toujours la ressource de ralentir le cours de l'eau par de petits barrages en gazon. Théoriquement, la pente à donner à la rigole de déversement dépendrait du plus ou moins d'abondance de l'eau introduite dans cette rigole. Or, comme la quantité d'eau est sujette à des variations, tandis que la rigole est faite une fois pour toutes, il faut, en pratique, se contenter d'un à peu près qui corresponde à un état moyen.

212. Pente des rigoles de colature. — Les rigoles de colature ayant pour objet de dessécher le pré et d'évacuer immédiatement toute l'eau qu'elles reçoivent, le but sera d'autant plus sûrement atteint que la pente de ces rigoles sera plus forte. Il conviendra que cette pente ne soit pas inférieure à deux ou trois millimètres par mètre. Mais elle pourra être plus forte si la disposition des lieux le permet. Comme l'irrigation par planches ne s'applique guère qu'à des terrains peu inclinés, le ravinement n'est pas à redouter. On voit sur la figure 99 que la ligne *cg* n'est pas parallèle à *ab*. La planche a donc plus de saillie vers son extrémité, où elle se termine en croupe, qu'elle n'en a à l'autre bout voisin du canal de distribution. Il en résulte que chacun des flancs de la planche n'est pas, rigoureusement parlant, une surface plane, mais bien ce qu'on nomme une surface gauche, surface dont l'inclinaison va en augmentant légèrement depuis la tête de la planche (du côté du canal) jusqu'à l'extrémité opposée.

Au besoin, on peut donner la pente nécessaire aux rigoles de colature en les creusant plus profondément à leur extrémité d'aval qu'à leur origine.

213. Dimension des rigoles de colature. — Les rigoles de colature, à leur origine, se font aussi petites que le permettent les outils dont on se sert pour les creuser, puis elles vont en augmentant de section jusqu'à l'extrémité des planches. On leur donne toutefois rarement plus de 25 à 30 centimètres de largeur et 20 de profondeur à l'endroit où elles se jettent dans la rigole collectrice. Quant à cette dernière, on la creuse souvent d'un fer de bêche en contre-bas des petits collateurs, et on lui donne d'ailleurs une largeur proportionnée au volume total de l'eau à écouler.

214. Inclinaison latérale et largeur des planches. — On doit donner aux flancs ou faces latérales des planches une inclinaison d'environ 5 centimètres par mètre. Quant à la largeur, elle est extrêmement variable. Je reviendrai plus loin sur les avantages respectifs des planches larges ou étroites. J'observerai seulement ici qu'il convient de donner à chacun des flancs une largeur qui soit approximativement un multiple de la largeur de l'andain, c'est-à-dire de ce qu'on peut faucher d'un coup de faux. Cette largeur est de 1m80 à 2 mètres. Ainsi, la moindre largeur qu'on puisse donner à une planche, mesurée de milieu en milieu des rigoles mitoyennes d'écoulement, sera approximativement :

Pour un flanc....................	1m80 à	2m »
Un autre semblable..............	1 80 à	2 »
Rigole de déversement supérieure..	» 20 à	» 25
Deux demi-rigoles de colature.....	» 20 à	» 25
Total.....	4m » à	4m 50

Viendront ensuite les planches, dont chacun des flancs pourra être coupé en deux passages des faucheurs. Il faut, pour avoir leur largeur, ajouter à celle de la planche précédente deux largeurs d'andain, une pour chaque flanc, ce qui donne :

Largeur calculée précédemment....	4m » à	4m50
Une largeur d'andain en plus.......	1 80 à	2 »
Une autre —	1 80 à	2 »
Total.....	7m60 à	8m50

soit, en moyenne, environ 8 mètres. C'est là une largeur usitée et des plus convenables. Des planches ayant 12 mètres de largeur totale se fauchent en trois andains sur chaque flanc. On les rencontre un peu moins souvent que les planches plus étroites. On voit enfin des planches de 20 mètres de large et même davantage ; mais ce sont des exceptions.

215. Hauteur ou relief des planches. — La largeur des planches étant une fois fixée, la hauteur ne dépend plus que de l'inclinaison donnée aux flancs et ne varie, comme elle, que dans des limites très-restreintes. Avec 5 centimètres de pente par mètre, une largeur de flanc de 2 mètres nous donnera une différence de niveau de 10 centimètres. Telle sera, en général, la saillie des planches les plus étroites. Les planches dont chaque flanc comprend un double andain auront une hauteur de 20 centimètres environ. Enfin une planche de 20 mètres de largeur (10 mètres pour chaque pente) aura une hauteur de 50 centimètres. La pente supposée de 5 centimètres par mètre est suffisante ; mais il y a des exemples d'ados dont les pentes ont été portées à 8 centimètres par mètre. Une augmentation dans le degré de pente n'est pas nécessaire pour l'irrigation dans le cas où les larges planches sont adoptées ; elle entraînerait une augmentation proportionnelle de hauteur qui se traduirait, en fin de compte, par des terrassements dispendieux. Avec des planches étroites, au contraire, le cube total du terrassement étant bien moindre, on ne regarde pas à raidir notablement les pentes des flancs ; celles de 6 à 7 centimètres de hauteur pour 1 mètre de base sont fréquentes, et on rencontre même des planches, parmi les plus étroites, qui ont, comme les plus larges, des hauteurs totales de 30 et jusqu'à près de 50 centimètres. Ces diverses saillies, même les moindres, ne laissent pas que de présenter sur le terrain l'aspect de reliefs assez vigoureux. Par suite d'un effet physiologique de perspective, d'ailleurs bien connu, ce n'est que quand on force sur les dessins la proportion relative des dimensions verticales qu'on arrive à en exprimer la véritable physionomie.

210. Longueur des planches. — On ne peut faire des planches très courtes, de quelques mètres seulement. Une rangée de planches couvrirait alors trop peu d'espace, et pour disposer à l'irrigation une prairie de quelque étendue, il faudrait multiplier par trop les rigoles de distribution. Puis les talus qui soutiendraient ces rigoles, les croupes des planches, tous ces espaces triangulaires qui ne sont pas irrigués régulièrement, acquerraient trop d'importance relative. D'un autre côté, si une planche est par trop longue, il devient beaucoup plus difficile d'y répandre l'eau uniformément ; la planche exigeant aussi dans ce cas plus d'eau pour l'arroser, la rigole supérieure finirait par acquérir des dimensions gênantes. L'expérience a fait reconnaître que les planches de 20 à 25 mètres de longueur sont celles qui réunissent les meilleures conditions, et qu'il convient de s'éloigner le moins possible de ces dimensions. Mais on n'est pas toujours libre de fixer *a priori* la longueur des planches ; tantôt la pente du terrain, tantôt sa forme et son étendue obligent à les allonger, et l'on en rencontre de 40, de 50 mètres, et même au-delà.

217. Considérations relatives aux dimensions des planches — Au point de vue des frais de premier établissement, les planches étroites sont de beaucoup les plus économiques. Ainsi, pour un même degré d'inclinaison donné aux flancs, une planche large, qui en remplacera deux autres de moitié plus étroites, exigera un cube total de terrassement précisément double. De plus, dans la construction des planches étroites, toute la portion de terre qui n'a besoin que d'être reportée des bords de la planche vers la ligne médiane peut être mise en place d'un seul jet de pelle, ce qui n'a pas lieu pour les larges planches. Enfin les planches les plus larges, ayant le plus de hauteur, obligeront plus fréquemment à attaquer dans le déblai le sous-sol infertile. On ne remédie à cet inconvénient qu'en mettant d'abord de côté toute la terre végétale, pour la rapporter plus tard sur la planche dégrossie, travail énorme qui peut souvent être évité tout à fait par l'adoption des planches étroites.

D'un autre côté les planches très larges et aussi plates que possible, 4 pour 100 de pente environ, peuvent livrer passage aux voitures et aux instruments, tels que la faneuse et le râteau à cheval. Avec une prairie divisée en planches étroites, au contraire, il faut recourir à des combinaisons spéciales à l'effet de ménager, de distance en distance, quelques chemins praticables aux voitures qui devront enlever les récoltes.

Une considération des plus importantes, quand il s'agit de fixer la largeur des planches, est celle de la nature du sol et du sous-sol. Si ce dernier est tel que la prairie ne conserve jamais d'eau stagnante, on pourra y employer les larges planches. Mais, dans le cas contraire, les planches étroites auront une immense supériorité ; la multiplicité et le grand rapprochement des rigoles d'égouttement, la plus forte inclinaison que l'on peut donner aux flancs gazonnés des planches, non seulement assurent l'écoulement des eaux superficielles, mais encore équivalent à une sorte de drainage qui étend son action à une certaine profondeur. Ces planches étroites conviennent d'une manière particulière aux arrosages à grands volumes d'eau, qui exercent une action oxydante si énergique et si favorable aux sols naturellement perméables. Au moyen de planches de 3m50 à 4 mètres de largeur totale, et de 40 à 50 centimètres de hauteur, ce qui correspond à des pentes latérales de près de 30 centimètres par mètre, on arrive à transformer en prairies assez satisfaisantes de véritables marais, et même des marais tourbeux, c'est-à-dire un des terrains les plus rebelles à toute espèce d'amélioration. Il est vrai qu'il faut, pour obtenir de tels résultats, disposer de beaucoup d'eau relativement à l'étendue irriguée.

Si les planches étroites sont les seules convenables pour les arrosages à très grands volumes, elles permettent aussi, au besoin, l'emploi de quantités d'eau plus modestes. Il est vrai que les rigoles d'arrosage sont plus nombreuses que dans les prairies disposées en larges planches, et qu'on ne peut pas restreindre beaucoup le volume d'eau versé dans un temps donné par chacune de ces rigoles ; mais on a des combinaisons qui permettent de faire repasser successivement sur d'autres planches l'eau qui en a arrosé une première, et, grâce à ce systèmes de reprises, on peut pousser l'économie d'eau aussi loin qu'on peut le désirer.

La longueur des planches est le plus souvent dirigée à peu près suivant la plus grande pente du terrain. Comme il faut, lors de la construction des planches, que le déblai compense le remblai, on est obligé de placer celles-ci de telle sorte que d'une part le sommet de la planche à l'extrémité la plus voisine du canal de distribution, et d'autre part la base de la croupe ou pignon, soient dans le plan du sol naturel primitif. Mais alors la pente du terrain est exprimée par le rapport de la hauteur de la planche à sa longueur. D'où il suit que la longueur des planches n'est point arbitraire, et qu'une fois qu'on a fixé la largeur et l'inclinaison des flancs, et par suite la hauteur, la longueur se trouve aussi forcément déterminée. Si l'inclinaison du sol primitif est de 3 centimètres par mètre et qu'on veuille construire une planche ayant un relief de 30 centimètres, il faudra lui donner 10 mètres de longueur, car à raison de 3 centimètres par mètre mesuré dans le sens de la pente, à 10 mètres le sol sera abaissé de 30 centimètres, hauteur de la planche ; si l'on allongeait davantage cette dernière, le sol continuant à baisser, tandis que le faîte de la planche resterait au même niveau, la hauteur dépasserait la limite assignée. Il y a donc certaines relations forcées entre les diverses dimensions des planches ; des trois quantités, hauteur, largeur et inclinaison des flancs, deux étant données, on en déduit la troisième. En outre, quand le terrain a une pente dans le sens de la longueur, les quantités hauteur, longueur et inclinaison du terrain sont liées par une relation qui ne laisse plus rien à l'arbitraire. Plus le terrain a de pente, plus les planches sont courtes ; plus il est plat, plus elles sont longues. Dans les cas, au contraire, où l'on place les planches dans une direction transversale à la pente, on est libre de les allonger autant qu'on le juge à propos. Il faut se bien pénétrer de ces conditions, ainsi que des dispositions du terrain, pour pouvoir équilibrer le mieux possible les diverses proportions du projet.

218. Principaux modes de groupement des planches. — *Planches dirigées transversalement à la pente.* — Une disposition peu usitée, employée par Keelhoff dans la Campine belge, paraît assez heureuse quand la pente générale du terrain est peu considérable. Elle consiste à diriger la longueur des planches transversalement à la pente du sol : considérons la portion de plan donnée par la figure 100, et admettons que le sol naturel va

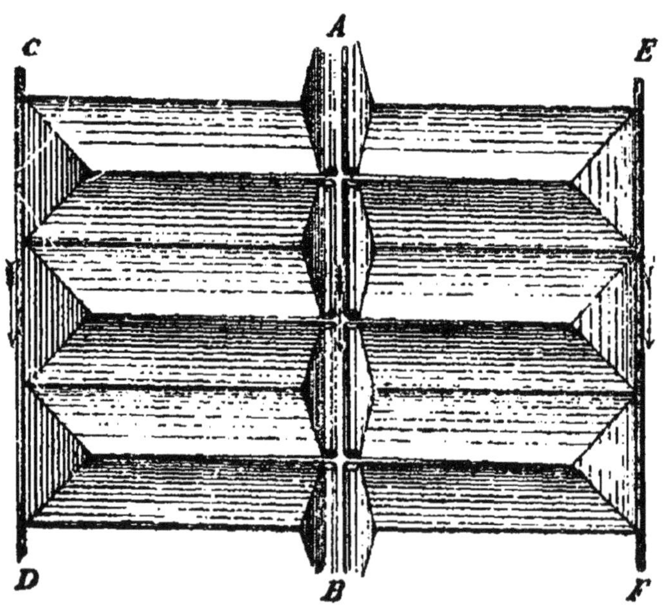

Fig. 100. — Plan d'une double rangée de planches en ados, avec rigole de distribution commune.

en descendant légèrement du haut en bas de la figure. La rigole de distribution AB est tracée suivant la pente. La disposition du sol étant symétrique par rapport à cette rigole, on a pu disposer, à droite et à gauche, une double rangée de planches. Rien, d'ailleurs, ne nous limitant dans la longueur à donner aux planches, on a sous ce rapport une liberté que les autres dispositions plus souvent suivies ne sauraient donner.

Concevons maintenant une prairie assez étendue. Le canal principal, qui n'a pas été indiqué sur la figure, sera tracé au-dessus et dirigé de gauche à droite. Plusieurs rigoles distributrices, semblables à AB, s'embrancheront sur ce canal et descendront parallèlement les unes aux autres du haut en bas du plan. Chacune de ces rigoles desservira une double rangée de planches, jusqu'à la limite inférieure de la prairie. En bas du plan, et dirigé de gauche à droite comme le canal principal, se trouvera le fossé d'évacuation recevant les rigoles d'écoulement telles que CD, EF.

Les rigoles d'écoulement pourraient être communes à deux séries de planches consécutives. Mais on peut aussi, et ce n'est pas un des moindres avantages de cette disposition, donner à chaque rangée de planches des rigoles d'écoulement indépendantes, et laisser alors entre les deux rigoles d'écoulement parallèles appartenant à deux séries qui se suivent un espace libre destiné à servir de chemin praticable aux voitures pour l'enlèvement des fourrages. Ces chemins pourront recevoir une double ligne de plantations. Ceux qui serviront de voie de communication ordinaire pour le service général de l'exploitation agricole seront macadamisés et traverseront le canal principal, ainsi que le fossé d'écoulement, sur de petits ponceaux. Quant à ceux qui ne devront servir qu'à l'enlèvement du foin, on peut leur donner une surface un peu bombée, y tracer quelques rigoles de niveau, et les mettre en herbe comme le reste de la prairie ; un filet d'eau, emprunté au canal supérieur, permettra de les arroser.

On remarquera que les planches sont construites, sur toute leur longueur, moitié en sol naturel par voie d'enlèvement des parties en trop, moitié en remblai rapporté. Il en résulte d'abord qu'il n'y a pas de transport à opérer d'une extrémité des planches sur l'autre, condition économique de premier établissement. Il en résulte encore que les chemins d'exploitation seront établis sur le sol naturel, et se trouveront au niveau de la demi-hauteur des planches ; ils seront donc notablement plus élevés que les petits fossés d'écoulement qui les bordent, condition favorable à leur assèchement et à leur entretien. Les grandes rigoles distributrices telles que AB sont élevées sur remblai ; il doit en être de même du canal principal qui alimente ces rigoles, à moins qu'il ne se trouve situé dans un terrain naturellement plus élevé que celui de la prairie.

La pente des petites rigoles de colature qui séparent les planches est obtenue, comme toujours, en déblayant un peu moins à l'origine de ces rigoles qu'à l'extrémité où elles versent leur eau, ce qui gauchit légèrement les surfaces formant les flancs des planches.

Comme le terrain n'est pas rigoureusement horizontal, mais est censé, au contraire, avoir une légère pente du haut en bas de notre plan, le profil transversal des planches ne sera pas toujours exactement symétrique à droite et à gauche de la rigole d'arrosage. Si l'on veut que les flancs aient un degré d'inclinaison égal de part et d'autre, la rigole devra, au lieu de rester au milieu de la planche, être un peu reportée du côté du haut de la prairie. Cette circonstance, qu'il est bon de signaler au point de vue du tracé des planches, n'a aucune importance quant à l'irrigation.

Autre disposition de planches en terrain horizontal. — La disposition que nous venons d'étudier est certainement une des plus élégantes qu'on puisse appliquer à tous les terrains dont la pente est insensible, comme on en rencontre tant sur les dépôts d'alluvions qui forment le fond des vallées où serpentent les fleuves. Voici toutefois un autre plan qui montrera la variété des moyens dont peut disposer l'irrigateur : AA', figure 101, est un canal de distribution qui coule de haut en bas du plan ; l'embranchement AB s'en détache et se prolonge suivant la rigole distributrice BB', parallèle à AA', qui alimente une seconde série de planches. La rigole collectrice des colatures de la première série de planches est DE ; elle va se jeter en F dans la rigole principale d'écoulement CC' qui reçoit directement les petites rigoles de colature de la seconde série.

Le profil placé au bas de la figure montre que les rigoles de distribution sont complètement en saillie sur le reste de la prairie.

Les planches ne seraient facilement abordables aux voitures que par la partie droite du fossé d'écoulement CC', où un chemin permanent pourrait être établi. Il serait possible de ménager aussi un chemin de service pour l'autre série de planches, entre la rigole d'écoulement DE et le talus du canal BB'.

L'embranchement BB' du canal répartiteur a été arrêté en B';

mais on aurait pu le prolonger, soit pour alimenter une plus longue série de planches, soit pour tout autre motif ; dans ce cas,

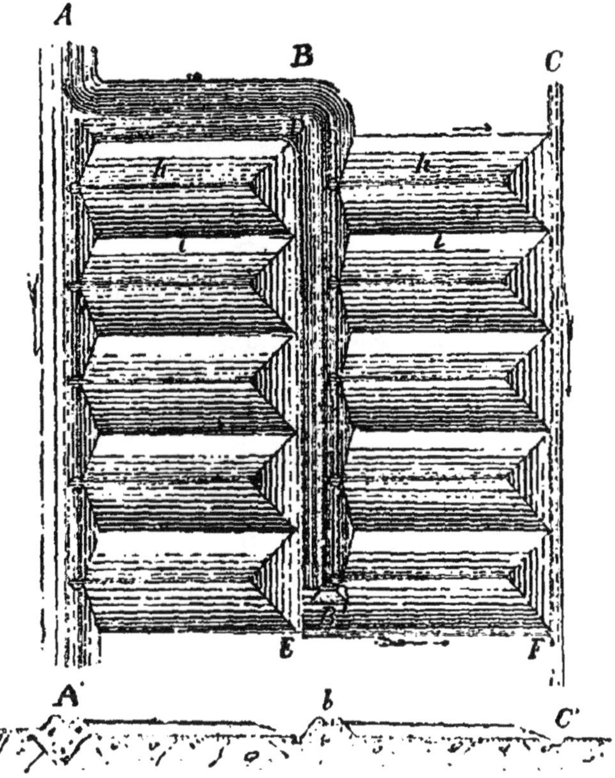

Fig. 101. — Plan et profil d'un ensemble de planches en ados, établies sur un terrain presque horizontal.

A, A', BB', rigoles de distribution.
A' b, les mêmes rigoles en profil.
h, h, rigoles d'arrosage occupant l'arête supérieure des planches.
i, i, rigoles d'égouttement séparant les planches et recevant les colatures.
D E F, rigole collectrice des colatures de la rangée de planches de gauche.
C C', rigole principale d'écoulement.

on l'aurait fait passer par dessus la rigole d'écoulement EF qui se trouve à un niveau inférieur. La figure 102 donne, comme exemple, un des dispositifs que l'on peut employer pour un tel croisement de rigoles.

Planches dirigées dans le sens de la pente de la prairie. — De toutes les dispositions de planches en ados, celle que l'on rencontre le plus souvent se rapporte à des terrains plus ou moins inclinés ; les planches sont disposées par rangées, les unes au-

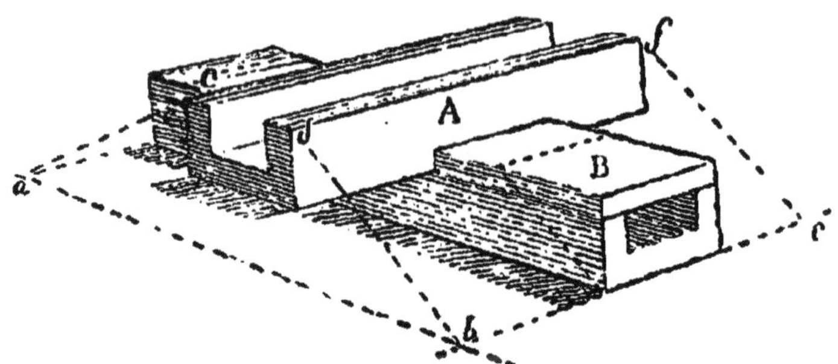

Fig. 102. — Dispositif pour le croisement de deux rigoles de niveaux différents :
A. Caniveau découvert, en pierre, pour le passage de la rigole supérieure.
B, C, dalles recouvrant le caniveau inférieur.
abcd, fe, profils indiquant la forme du remblai qui supporte la rigole supérieure.

dessous des autres et leur longueur est dirigée suivant leur plus grande pente. La figure 103 représente, en profil et en plan, une

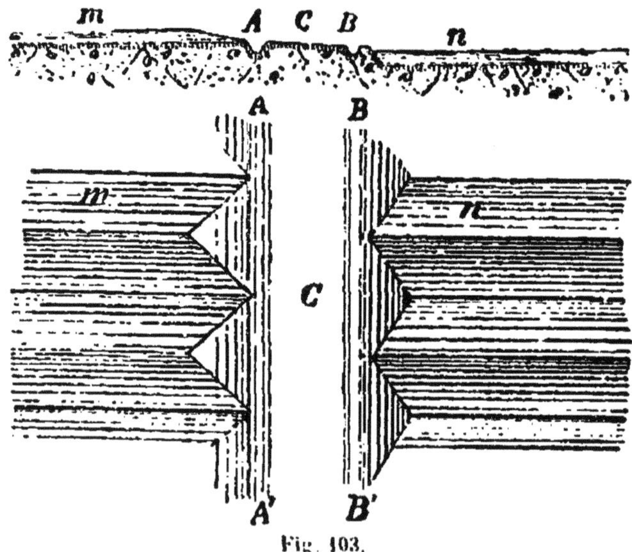

Fig. 103.

portion seulement du terrain où se terminent les planches de l'étage supérieur et où commencent celles de l'étage inférieur. La pente du terrain est ici de gauche à droite. Il nous faut supposer, à gauche de la figure, un canal de distribution dirigé du haut en bas de la page et alimentant les rigoles de déversement de la première série de planches telles que *m*. AA' est la rigole où se réunissent les colatures de ces planches supérieures. BB' est la rigole distributrice qui alimente les rigoles de déversement des planches *n* de l'étage inférieur. C est un chemin suffisant pour le passage des voitures en temps de fenaison. A droite de la figure se trouve la rigole collectrice des colatures provenant des planches de l'étage inférieur. Ces premières données étant comprises, plusieurs cas peuvent se présenter.

Si l'on veut que l'eau ne serve qu'une fois, les colatures des planches supérieures doivent être évacuées. Dans ce cas, la rigole AA' va rejoindre, plus bas que notre figure, un fossé d'écoulement, et le canal BB' qui doit donner de l'eau *neuve* aux planches de l'étage inférieur s'embranche, plus haut que la figure, avec les autres canaux de distribution.

Beaucoup plus ordinairement, on ne veut perdre l'eau qu'après un certain nombre de reprise, et ce sont alors les colatures des planches supérieures qui doivent irriguer les planches de l'autre étage. Dans ce cas, AA' n'est qu'une petite rigole de très peu de profondeur, mais située, ainsi que le chemin C, un peu en contre-bas des petites rigoles d'égouttement des planches de gauche, afin que ces dernières soient toujours bien libres. La petite rigole AA' ne tarde pas à déborder par dessus le chemin, qui présente une pente transversale, comme on le voit sur le profil. Ce chemin, gazonné, bien entendu, se trouve ainsi arrosé, et l'eau se rassemble finalement dans la rigole distributrice B des planches inférieures. Une petite coupure faite en travers du chemin C, et que l'on barre à volonté avec une motte, conduit l'eau de la rigole AA' à BB' quand on ne veut pas arroser le chemin C.

Si le chemin figuré sur le plan n'était pas jugé nécessaire, on conçoit que rien ne serait plus facile que de le supprimer, et de confondre les deux rigoles AA', BB' en une seule, qui serait rigole de colature par rapport aux planches supérieures, et rigole de distribution pour l'étage inférieur.

Il existe des exemples de prairies où un très grand nombre d'étages, jusqu'à trente et peut-être plus, sont ainsi superposés et où l'eau est employée par reprises successives autant de fois qu'il y a d'étages. Il est toutefois à peu près indispensable, dans une prairie ainsi irriguée, que l'on puisse, au moins de temps en temps, donner de l'eau neuve à chaque série de planches. A cet effet, un embranchement du canal principal doit longer du haut en bas un des bords de la prairie, de telle sorte qu'il puisse être mis en communication avec une quelconque des rigoles distributrices.

219. Modifications dont la forme des planches est susceptible. — *Planches de grande dimension.* — Quand les planches ont une grande largeur, 20 mètres et plus par exemple, elles ont besoin de beaucoup d'eau. La rigole située au sommet de la planche doit dès lors être large et avoir une inclinaison un peu plus forte que dans les cas ordinaires. Dans ces conditions, l'égale répartition de l'eau sur toute la planche est moins facile qu'avec des planches plus étroites. Il arrive alors généralement qu'on irrigue chaque flanc de la planche en question par la méthode des rigoles de niveau.

A cause de la forme de surface gauche qu'affecte la superficie à arroser, les rigoles de niveau ne sont pas exactement parallèles à la rigole médiane et aux rigoles de colature; on doit les tracer directement avec le niveau. La figure 104 montre cette disposition. Sur chaque flanc une première rigole, parfaitement nivelée, longe la rigole principale supérieure. Une autre rigole se trouve à peu près au milieu de la largeur du flanc; pour qu'on puisse, au besoin, donner de l'eau neuve à cette dernière, elle est mise en communication, de distance en distance, avec la rigole supérieure par d'autres petites rigoles perpendiculaires aux premières. Enfin des rigoles sont disposées pour que la croupe triangulaire qui termine la planche puisse aussi être arrosée régulièrement dans toutes ses parties. La rigole qui suit le faîte de la planche, ne servant point directement à l'arrosage, devient une rigole de distribution qui peut avoir telles proportions qu'on voudra; on peut donc, si l'on

Plan

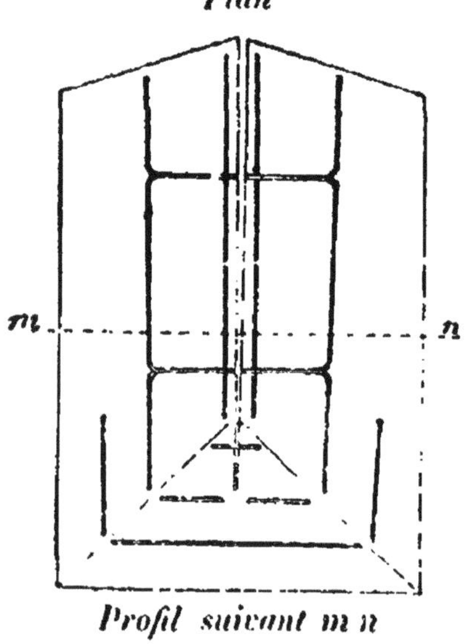

Profil suivant m n

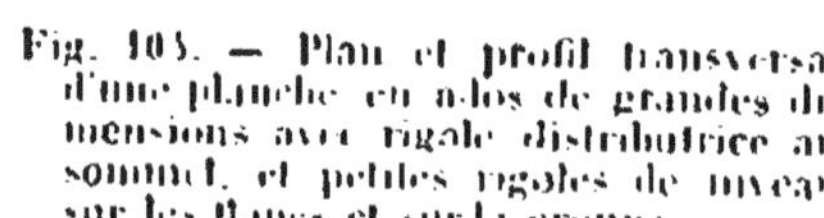

Fig. 104. — Plan et profil transversal d'une planche en ados de grandes dimensions avec rigole distributrice au sommet, et petites rigoles de niveau sur les flancs et sur la croupe.

a assez d'eau et que les dispositions locales s'y prêtent, donner à la planche une longueur pour ainsi dire indéfinie.

Ces grands ados exigent, à égalité d'inclinaison des flancs, plus de terrassements que les petits. Ils ne paraissent pas présenter d'ailleurs d'avantages spéciaux, et je ne leur vois de véritable raison d'être que lorsque leur construction se trouve pour ainsi dire indiquée d'avance par la disposition du sol de la prairie.

Planches en gradins, arrosées par parties successives. — Nous avons vu que les planches ordinaires, quand on les dirige suivant la pente du terrain, se terminent brusquement par une croupe, à une distance déterminée par l'inclinaison du sol, et que pour irriguer une prairie un peu étendue dans le sens de la pente on a recours à plusieurs étages de planches complètement distincts.

Fig. 105. — Profil en long d'une longue planche en gradins séparés par des ressauts.

Les planches longues, en gradins, ne sont qu'une modification de cette disposition, consistant à supprimer entre deux étages consécutifs la rigole d'écoulement, le chemin et la rigole distributrice que représentait la fig. 103. Le profil en long des planches successives, réunies en quelque sorte en une seule, devient celui de la figure 106, dans laquelle la ligne AB indique la

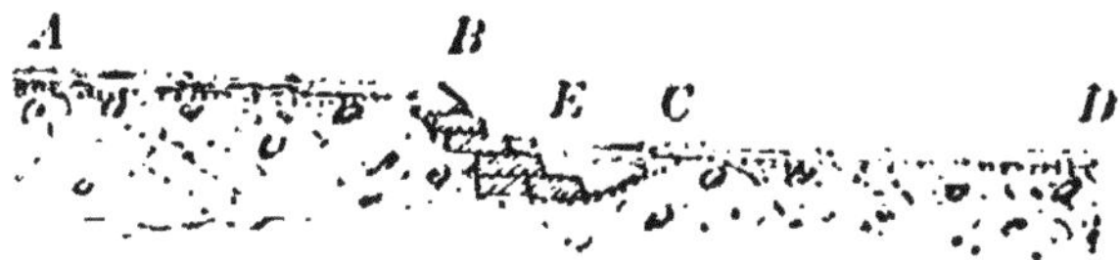

Fig. 106. — Coupe en long d'un ressaut dans une planche en gradins :
A B, rigole d'arrosage du gradin supérieur.
C D, rigole d'arrosage du gradin inférieur.
E, petit bassin dans lequel s'amortit le choc de l'eau tombant en cascade.

surface primitive du sol. Les rigoles d'égouttement, séparatives des planches, sont continues sans ressauts, et courent d'un bout à l'autre de la série des gradins. Vers le sommet des planches, les étages sont séparés par de petits talus formant ressauts et qui, en descendant suivant la pente du flanc, vont en diminuant pour finir à rien au niveau des rigoles d'égouttage. La rigole d'arrosage suit la planche d'un bout à l'autre, en faisant une petite cascade à chaque ressaut.

Pour que l'eau, dans sa chute, ne dégrade pas le terrain, on la fait couler le long d'un petit plan incliné garni en pierres sèches, figure 106, et l'eau contenue dans un petit creux pratiqué au-dessous de la cascade en amortit le choc.

Ce qui caractérise cette disposition, c'est que les arrosages se donnent par gradins successifs. Ainsi, pour arroser le gradin supérieur, on barre aves des mottes de gazon la rigole d'arrosage immédiatement au-dessus du premier ressaut, et de même pour les gradins suivants.

Cette méthode convient aux prairies très peu inclinées, dans lesquelles les planches ordinaires, pour peu qu'elles aient de hauteur (voyez p. 257), devraient avoir de trop grandes longueurs. Ici on est maître de donner à chaque gradin précisément telle longueur que l'on voudra ; il n'y a que la hauteur des ressauts qui varie. Si l'ensemble du sol est presque horizontal, les ressauts sont très petits. Quand le terrain s'incline davantage, ils s'agrandissent ; mais dans ce dernier cas, les rigoles latérales d'égouttement qui forment la base commune des différents étages restant toujours continues, le gauchissement des surfaces qui forment les flancs des planches va en augmentant, et il arrive bientôt un moment où les pentes ne seraient plus assez régulières pour une bonne irrigation et où la méthode cesse d'être applicable.

Les planches en gradins sont à peu près les seules que l'on puisse établir sur des terrains presque plats, allongés dans un sens et resserrés dans l'autre entre d'étroites limites, en sorte qu'on n'aurait pas l'espace nécessaire pour y développer les combinaisons de planches décrites ci-dessus. Ces conditions se rencontrent fréquemment au fond des gorges étroites des pays de montagnes.

Planches en gradins avec reprises d'eau. — Quand la pente générale du sol devient un peu trop forte pour une application convenable de la méthode décrite ci-dessus, on modifie la construction des planches en étages de la manière suivante.

Les planches sont interrompues de distance en distance par des plans inclinés. Ceux-ci sont plus ou moins longs, de telle manière que les deux rigoles d'égouttement d'un gradin soient au niveau de la rigole d'arrosage du gradin suivant ; chacune des rigoles d'égouttement est prolongée de biais, de manière à rejoindre l'autre à l'origine de la rigole d'arrosage suivante, qu'elles alimentent. C'est une combinaison très simple, qui se comprend aisément sans le secours d'un dessin.

Cette méthode d'irrigation, bien que très convenable lorsqu'elle est appliquée à propos selon la disposition des lieux, n'a pas en elle-même une raison d'être absolue, car les plans inclinés et les rigoles obliques pourraient être remplacés par des dispositions analogues à ceux de la figure 103, page 262.

Dans l'irrigation par planches avec ressauts et cascades, on n'arrose pas ordinairement plusieurs étages de chaque planche à la fois. Soit qu'on veuille arroser plusieurs étages à la fois, soit plutôt qu'on arrose simultanément les étages correspondants de plusieurs planches contiguës, il faut toujours augmenter le volume d'eau proportionnellement à la superficie arrosée. Dans la seconde méthode, au contraire, basée sur le principe des reprises d'eau, le volume strictement nécessaire pour l'arrosage d'un étage se trouve arroser aussi tous les étages inférieurs. La disposition est donc éminemment favorable à l'économie d'eau. Mais si l'on voulait trop profiter de cette facilité, ou si l'on ne donnait pas des arrosages très abondants, les étages inférieurs ne tarderaient pas à se ressentir de l'épuisement des matières fertilisantes.

Planches à flancs inégaux. — Les planches dont la longueur est dirigée transversalement à la pente générale de la prairie perdent leur symétrie.

Alors même que l'ensemble principal des planches qui entrent dans une prairie est dirigé dans le sens de la plus grande pente, il peut arriver que, le sol naturel n'ayant pas une surface entièrement plane, la pente se modifie d'un point à un autre, et que l'inclinaison devienne transversale par rapport à quelques planches, celles des bords plus particulièrement. On admet alors des planches à profil non symétrique, plutôt que de recourir à des combinaisons compliquées de planches dirigées dans diverses directions.

A partir d'une certaine limite d'inclinaison du sol, le flanc CB, de plus en plus réduit, devient insignifiant ; on le supprime alors pour le remplacer par un petit talus très raide.

Fig. 107. — Profil transversal d'une planche à un seul versant, dite demi-planche.

Dans la figure 107, la rigole d'arrosage C est disposée pour ne plus verser l'eau que du côté du flanc unique CA. La planche voisine s'égoutte par la rigole B.

Ces planches à une seule pente sont souvent désignées sous la dénomination de demi-planches.

Irrigation par demi-planches. — Les demi-planches, au lieu de se trouver accidentellement accolées aux planches ordinaires, peuvent être employées d'une manière exclusive sur certaines étendues de prairies. Elles sont toujours dirigées transversalement à la plus grande pente du terrain. Le profil figure 108 donne une idée de cette disposition.

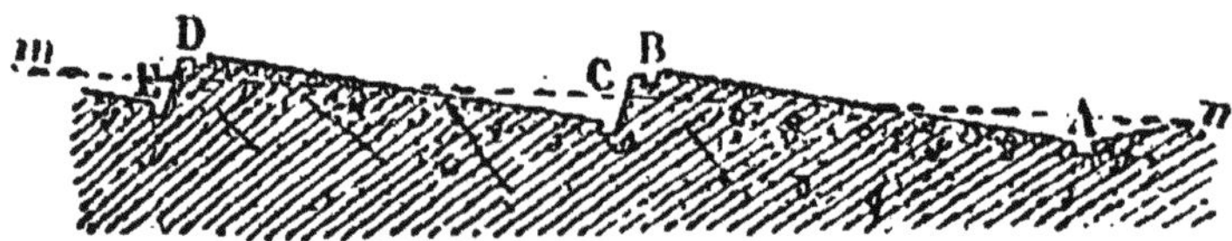

Fig. 108. — Demi-planches superposées.
m n, surface primitive du sol.
B, D, rigoles d'arrosage.
A, C, E, rigoles d'égouttement.

La ligne ponctuée *m n* indique la surface primitive du sol. Nous voyons que les planches ont été construites en reportant la terre d'un côté à l'autre de chaque planche, dans le sens de la largeur ; il y a donc eu peu de mouvements de terrain. On comprend d'ailleurs, même sans le secours d'un plan, que la rigole distributrice, suffisamment élevée et ayant une pente égale à celle du sol lui-même, règne, comme dans le cas de planches ordinaires, à une extrémité des planches, et que la rigole collectrice des petites rigoles d'égouttage court parallèlement à la première, à l'extrémité opposée.

La disposition dont il vient d'être question est peu usitée ; elle ne possède pas en effet d'avantages spéciaux, et peut le plus souvent être remplacée par des planches ordinaires à deux versants, dirigés dans le sens de la pente. Seulement, comme la surface d'une prairie peut présenter des pentes en sens divers, comme son périmètre peut être très irrégulier, comme la position de la prise d'eau, celle du canal d'évacuation et d'autres conditions encore sont le plus souvent imposées à l'irrigateur, celui-ci ne saurait posséder trop de ressources pour conformer les diverses parties d'un projet à ces nombreuses exigences locales.

Planches sur plan irrégulier. — On a supposé, dans tout ce qui précède, que les planches occupaient toujours sur le sol une superficie de forme rectangulaire. Il n'en est pas toujours ainsi. La rigole distributrice, au lieu d'être exactement perpendiculaire à la longueur des planches, peut avoir par rapport à celles-ci une direction quelque peu oblique. Il en est de même de la rigole d'écoulement qui règne à l'extrémité opposée des planches. Par suite de ces circonstances, des planches accolées les unes aux autres dans une même rangée peuvent se trouver de longueurs inégales.

Les planches peuvent aussi aller en augmentant ou en diminuant un peu de largeur d'une extrémité à l'autre, ce qui modifie légèrement la forme de la surface gauche qu'affectent les flancs.

Tant que ces irrégularités ne sont pas trop considérables, elles ne nuisent en rien à la perfection de l'irrigation, et elles donnent une liberté très utile dans la rédaction des projets.

On peut concevoir à la rigueur des planches légèrement courbes, dans lesquelles les rigoles d'irrigation qui se trouvent sur les lignes de faîte, aussi bien que les rigoles d'égouttement qui séparent les planches, seraient par exemple des arcs de cercle d'un assez grand rayon, au lieu d'être des lignes droites. Mais le tracé et la construction de telles planches sont trop compliqués pour qu'on puisse les admettre dans un projet, à moins d'une utilité bien démontrée en raison de la configuration de la prairie.

220. Dispositions particulières relatives aux rigoles distributrices. — Afin de simplifier les figures et les descriptions, on a admis une communication directe des rigoles distributrices avec chacune des rigoles d'arrosage placées aux sommets des planches. Mais cette disposition, malgré sa simplicité apparente, n'est pas exempte de quelques inconvénients, du moins quand la rigole distributrice doit desservir une grande étendue de prairie et prend l'importance d'un petit canal de répartition. Si l'on faisait dans les berges de ce canal, contenant un grand volume d'eau, autant d'échancrures qu'il y a de planches, il ne serait pas facile de tenir toutes ces brèches fermées à l'aide de simples mottes de gazon. Placer à toutes ces ouvertures des bondes ou des vannes, ce serait multiplier à l'infini ces appareils toujours un peu dispendieux. D'un autre côté, un canal tant soit peu large et profond doit avoir, autant que possible, une pente uniforme et généralement plus réduite que celle des rigoles d'un ordre inférieur. Au lieu de cela, une rigole distributrice doit se prêter parfois à des variations de pente résultant de ce que les planches, ayant des hauteurs égales au-dessus du sol primitif, n'ont pas leurs sommets au même niveau. Pour ces divers motifs, il arrive souvent que l'on détache de la rigole principale, considérée comme canal de répartition, un certain nombre de plus petites rigoles distributrices, longeant ce canal, et chargées chacune d'alimenter l'eau des rigoles d'arrosage d'un petit nombre de planches voisines. La figure 109 fera comprendre cette disposition.

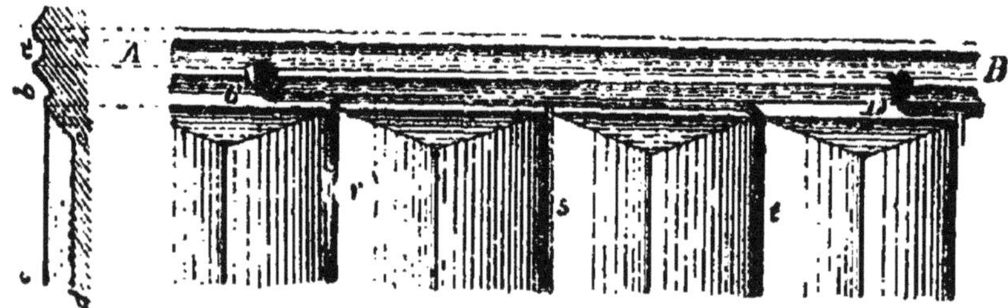

Fig. 109. — Plan et profil d'une rigole distributrice affectée à un petit groupe de planches et courant parallèlement au canal de répartition :

A B, canal de répartition, en plan,
a, canal de répartition, en coupe transversale,
C, prise d'eau de la petite rigole distributrice,
D, autre prise d'eau semblable pour les planches suivantes,
b, rigole distributrice,
r, s, t, bc, rigoles d'arrosage,
d c, rigole d'égouttement.

A B est le canal de répartition ; il est un peu plus élevé que les planches qu'il s'agit d'irriguer. En C s'ouvre, dans la paroi de ce canal, l'orifice par lequel il peut être mis en communication avec la rigole distributrice particulière, qui doit alimenter les rigoles *r*, *s*, *t*, situées au sommet de trois planches consécutives. Cette rigole de distribution n'a que la largeur nécessaire pour le volume d'eau qu'elle est appelée à fournir aux planches qu'elle dessert. Elle se trouve au même niveau que les rigoles *r*, *s*, *t*, et a sensiblement la même profondeur. Ces trois planches desservies par la rigole étant d'ailleurs destinées à être arrosées simultanément, les communications entre la rigole distributrice et les rigoles *r*, *s*, *t* restent toujours libres. Il ne s'agit, selon les besoins de l'irrigation, que de fermer ou d'ouvrir plus ou moins l'ouverture C. En D, nous voyons une autre ouverture semblable, qui se trouve à l'origine d'une rigole distributrice afférente à un autre système de planches situé au delà de la figure.

C'est à dessein qu'on n'a pas placé la prise d'eau C en face de la première des rigoles, *r*, qu'il s'agit d'alimenter. Si cette précaution avait été omise, l'eau, se précipitant par l'ouverture de la digue, se dirigerait avec sa vitesse acquise dans la rigole d'irrigation faisant face à la prise, et cette rigole recevrait alors beaucoup plus d'eau que les rigoles *s* et *t* plus éloignées.

La situation du canal répartiteur A B, dont le fond est un peu plus élevé que les sommets des planches, est particulièrement commandée dans le cas où l'on fait habituellement usage d'eaux troubles. Il arrive alors, dans beaucoup de prairies, que la surface du gazon s'élève, avec le temps, par l'accumulation successive des dépôts. Il pourrait donc se faire, si les canaux avaient été établis dans l'origine aux niveaux strictement nécessaires, qu'à une certaine époque ils devinssent impropres à verser le volume d'eau voulu sur la prairie.

Enfin, pour faciliter l'ouverture et la fermeture des prises d'eau, telles que C et D de la figure ci-dessus, on substitue, dans les irrigations bien établies, des buses munies de bondes ou de petites vannes aux simples brèches pratiquées dans le talus du canal répartiteur.

La figure 110 indique une des dispositions qu'on peut employer. Cette coupe est faite en travers du canal de répartition A ; C est la rigole distributrice qui lui est parallèle ; B est une buse rectangulaire en bois formée de fortes planches clouées ensemble. La buse est terminée, du côté du canal, par un plateau qui en ferme l'extrémité ; dans ce plateau est percée une ouver-

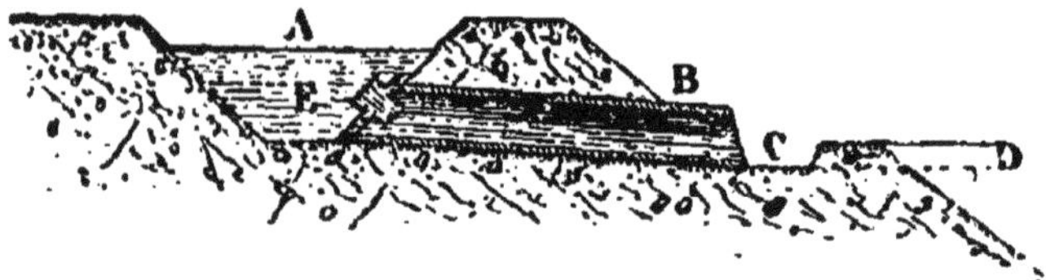

Fig. 110. — Prise d'eau à un canal de répartition.

A, canal de répartition,
C. rigole distributrice.
C D, rigole d'arrosage.
B, buse en bois.
E, bonde.

ture circulaire qui peut avoir de 8 à 15 centimètres de diamètre, et qui se ferme avec une bonde conique en bois E, que l'on place ou retire avec la main. Comme la pression de l'eau tend toujours à maintenir la bonde appliquée contre l'orifice, il ne faut pas la forcer dans l'ouverture au point d'en rendre l'extraction difficile. D'autres dispositifs peuvent remplacer celui-ci ; par exemple on peut substituer au plateau de fermeture, et à la bonde F, une planchette servant de vanne, qu'on engage dans une feuillure.

On établit aussi des buses en pierre de taille, formées d'une espèce d'auge renversée (A) sur une dalle (C) ; voici les coupes longitudinale et transversale d'une buse de cette espèce, fermée par une bonde E.

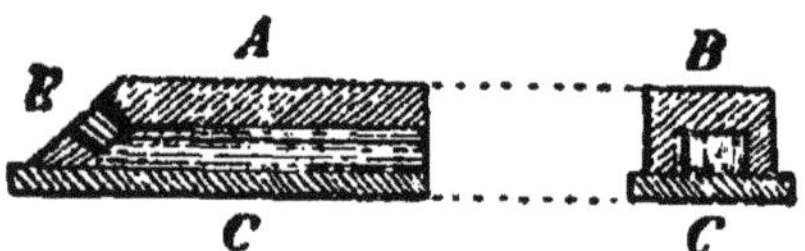

Fig. 111. — Buse en pierre.

Pour les prises d'eau les plus minimes, on se contente parfois de traverser les parois en terre qui soutiennent le canal par des tuyaux en poterie à emboîtement, ou même de simples tuyaux de drainage. C'est ce qu'indique la figure 112. Il n'y a plus ici ni

Fig. 112. — Prise d'eau à une rigole au moyen de tuyaux en poterie

vanne, ni bonde; un tampon de foin enveloppé dans un chiffon ou même une simple motte de gazon suffisent pour fermer, quand il le faut, l'orifice du tuyau.

Fig. 113. — Prise d'eau à une rigole de distribution.

La figure 113 est relative à une variante des dispositions précédentes. Le canal est plus élevé au-dessus du terrain à irriguer qu'il ne l'était dans la figure 110. La bonde s'ouvre au fond du canal, au lieu de se trouver sur la paroi latérale inclinée.

221. Dispositions d'ensemble d'une prairie irriguée par planches. — On a indiqué les diverses formes des planches et les manières de les grouper. Il ne reste plus qu'à combiner ensemble, selon les dispositions locales qui varient à l'infini, les divers éléments qui sont maintenant à notre disposition.

Dans l'agencement du réseau des canaux et rigoles de répartition et de distribution, on devra particulièrement se préoccuper de faire en sorte que l'espace total à irriguer puisse se fractionner sans difficulté en petits groupes de planches, à chacun desquels on puisse donner l'eau indépendamment de tous les autres groupes. Il n'y a d'exception que pour le cas où la prairie est peu étendue et où l'on a assez d'eau pour être sûr de pouvoir toujours l'arroser tout entière. Le plus souvent, la quantité d'eau disponible est variable selon les années et les saisons; et quelque étude qu'on ait pu faire préalablement sur les quantités d'eau nécessaires aux irrigations, il sera bien difficile de fixer exactement, *a priori*, ce que l'on donnera à telle ou telle partie de prairie. C'est donc, en définitive, lors même des arrosages, que l'on augmentera ou restreindra l'étendue arrosée, d'après le fonctionnement même de l'irrigation. En général, il vaut beaucoup mieux arroser largement, par petites surfaces successives, sauf à ne faire revenir l'eau à la même place qu'après un long intervalle, que de la disséminer sur de trop grands espaces qu'elle ne peut qu'humecter.

Si au lieu d'arroser par parties successives ayant chacune leur rigole d'écoulement qui emporte l'eau hors de la prairie, on se propose de faire resservir les colatures un certain nombre de fois, il n'en sera pas moins utile de pouvoir porter, au moins de temps à autre, de l'eau neuve sur les différentes parties de la prairie.

Pour aider à déterminer le nombre et l'étendue des planches qui peuvent être alimentées par une même prise d'eau partielle, j'indiquerai ici cette règle pratique qui paraît résumer celles des irrigateurs allemands les plus accrédités, savoir : qu'un écoulement de 1 litre par seconde peut alimenter *tout au plus* 30 mètres de rigole d'arrosage versant l'eau des deux côtés à la fois. Je considère cette évaluation comme correspondant, en fait d'économie d'eau, à peu près à la dernière limite du possible, et je crois qu'il sera généralement plus avantageux de ne donner à chaque litre fourni en une seconde par la prise que le service de 20 mètres de rigoles, ou même moins si l'on peut. Il est vrai que si on rejetait l'eau après son passage sur une seule planche très étroite, on arriverait par cette règle à l'emploi de volumes d'eau qui seraient encore considérables relativement à la surface arrosée. Mais on peut faire quelques reprises, et cela vaut mieux, généralement, que d'employer l'eau avec tant de parcimonie qu'elle puisse à peine couler sur les flancs des planches.

Lorsque la prairie est un peu considérable, et comprend des terrains dont la configuration et la pente varient notablement d'un point à un autre, on peut irriguer certains endroits par rigoles de niveau et construire des planches dans d'autres. Naturellement les parties de prairie traitées par la première méthode seront celles où la pente naturelle est la plus forte, tandis que les planches occuperont les parties plates. Si l'eau doit être employée avec parcimonie, si le principe des reprises d'eau est adopté, on pourra alors faire arriver sur les planches l'eau qui aura arrosé le terrain incliné, ou inversement. Dans ces irrigations mixtes, il est préférable que les planches se trouvent desservies après l'irrigation par rigoles de niveau. L'irrigation par planches peut, en effet, être considérée comme une méthode énergique, à l'aide de laquelle on peut espérer produire une amélioration, même avec de l'eau ayant déjà servi, tandis qu'il n'est pas aussi sûr que l'eau qui aurait passé sur les planches fût encore bonne à être employée par les autres méthodes d'irrigation.

228. Avantages et inconvénients de l'irrigation par planches. — L'irrigation par planches en ados est la seule, parmi les méthodes sanctionnées par une longue pratique, qui permette de porter au maximum de fertilité les prairies situées sur des terrains dont l'inclinaison est inférieure à 5 pour 100. D'ailleurs plus la pente diminue, à partir de ce degré normal, plus l'avantage des planches avec pentes artificielles devient appréciable. A la rigueur, on peut éviter la construction des planches, même dans des terrains presque plats, si le sous-sol est très perméable. Mais dans les sols humides et glaiseux la supériorité de l'irrigation par planches se manifeste d'une manière éclatante et incontestable. La multiplicité des rigoles d'égouttement, que l'on peut rapprocher jusqu'à 4 mètres les unes des autres, l'élévation artificielle du sol intermédiaire au-dessus du niveau de ces rigoles, arrivent à remplacer jusqu'à un certain point le drainage, ce qui permet d'obtenir d'assez bons fourrages dans des prés qui, laissés à plat, seraient envahis, au moins par places, par les plantes de marais. A cause de ce parfait égouttage, qui est un des caractères les plus saillants de la méthode d'irrigation dont il s'agit, les planches pourront prendre place même dans des prairies d'ailleurs suffisamment inclinées, toutes les fois que par suite de la constitution du terrain l'humidité y sera persistante. Les prairies façonnées en planches, en raison du grand nombre de rigoles destinées soit à recevoir et à déverser l'eau, soit à l'enlever de la prairie, se trouvent admirablement disposées pour admettre de très grands volumes d'eau ne devant effectuer qu'un rapide et très court trajet sur le gazon. La méthode des rigoles de niveau, si parfaite lorsqu'il s'agit de répartir l'eau d'une manière uniforme sur de grandes surfaces, ne présente pas, tant s'en faut, les mêmes facilités que les planches pour l'évacuer au bout d'un très court trajet. On pourra donc être conduit à établir des planches même sur des terrains où l'inclinaison ne manque pas, si, disposant d'une grande masse d'eau, relativement à l'étendue de la prairie, on veut en profiter pour porter celle-ci avec peu d'engrais au plus haut point de fécondité. Enfin l'irrigation par planches en ados est la seule qui paraisse applicable aux prairies d'hiver, ou marcites, ce qui tient à ce qu'elle seule procure à l'eau un renouvellement assez rapide et assez complet pour qu'elle ne soit jamais totalement épuisée d'oxygène et que l'herbe ne soit pas étouffée par l'irrigation pendant les froids de longue durée qui ne permettent pas de suspendre l'arrosage. En présence de tant d'avantages, on ne peut taxer d'exagération l'opinion des auteurs qui ont déclaré la méthode d'irrigation par planches la plus parfaite de toutes celles qui peuvent être appliquées aux prairies.

Malheureusement, à côté de ces avantages, cette méthode présente des inconvénients de deux natures. D'une part, lors du premier établissement de la prairie, la construction des planches nécessite des terrassements dispendieux; d'autre part, sous le rapport de l'exploitation, les prairies disposées en planches ne permettent pas comme les autres la libre circulation des voitures chargées aux époques d'enlèvement des produits, le foin devant être rassemblé à bras sur les lisières ou le long des chemins intérieurs qu'on cherche à ménager à cet effet. L'emploi des instruments mus par des chevaux, des faucheuses mécaniques surtout, paraît devoir être dans les prairies disposées en planches, sinon impossible, du moins beaucoup plus difficile que dans celles qui sont à plat. Cette dernière considération, dont on n'avait pas autrefois à tenir compte, peut avoir de nos jours une certaine gravité pour des prairies un peu étendues surtout si l'on multiplie le nombre des rigoles, ainsi que les pentes et contre-pentes, par l'adoption des planches étroites.

Pour la confection des planches, voir chapitre VIII.

CHAPITRE HUITIÈME

CRÉATION ET ENTRETIEN DES PRAIRIES

§ 1. *Terrassements.* — § 2. *Rigoles.* — § 3. *Planches en ados.* — § 4. *Ensemencement des prairies.* — § 5. *Entretien des prairies irriguées.* — § 6. *Amendements et engrais.*

§ 1.

TERRASSEMENTS

Il serait dispendieux et tout à fait superflu de dresser le terrain suivant des plans régulièrement inclinés. On respectera toujours la forme générale primitive ; mais il existe, malgré cela, telles inégalités brusques qui rendraient l'irrigation à peu près impossible dans les parties où elles se rencontrent, et qu'il importe de faire disparaître. Nous allons donc entrer dans quelques détails au sujet des terrassements de régularisation.

223. Gros terrassements partiels. — Si le terrain présentait un ressaut brusque, comme on le voit en BC sur la figure 114, qui est un profil suivant la direction de la pente, on prendrait une portion de terre AB*d*, que l'on reporterait en *d*CD.

S'il existait un ravin dirigé dans le sens de la pente du terrain, comme celui qui est représenté figure 115, par une coupe perpendiculaire à sa direction, on chercherait s'il n'est pas possible sans trop de frais de le faire disparaître.

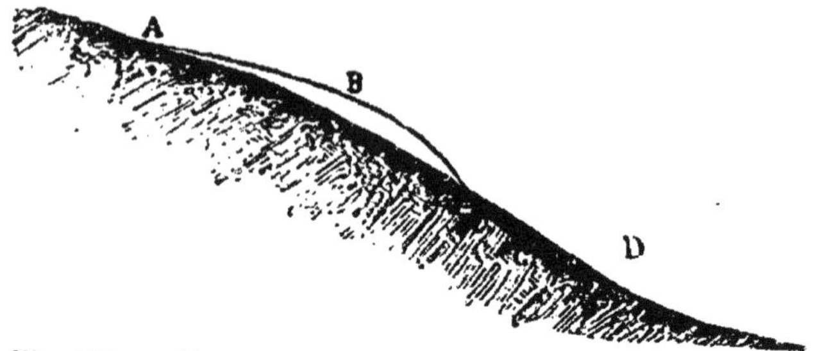

Fig. 114. — Manières d'adoucir un ressaut brusque de terrain.

Fig. 115. — Comblement d'un ravin E avec de la terre prise sur les bords.

C'est à quoi l'on réussit souvent en comblant le fond du ravin E avec la terre obtenue par un déblai très peu profond, mais exécuté sur de larges surfaces à droite et à gauche du ravin. On substituera ainsi au profil primitif une ligne continue légèrement concave et se raccordant, avec le sol non modifié, par des courbures insensibles, comme l'indique la figure. Des creux, en apparence considérables, disparaîtront ainsi tout à fait, sans qu'il soit nécessaire de recourir à des emprunts de terre faits à de grandes distances. Il faut, dans les opérations de ce genre, tenir compte du tassement que subissent toujours les terres rapportées et qui, bien qu'assez variable, peut être évalué approximativement, pour des terres non motteuses et mises en place avec quelque soin, entre le 1/5 et le 1/6 de la hauteur du remblai.

Considérons un terrain où se trouve une excavation, indiquée figure 116 par une coupe verticale dirigée suivant la plus grande pente du terrain. En abattant les bords du trou à une assez grande distance et reportant la terre dans le fond de l'excavation, on obtiendrait un profil analogue à celui que donne la ligne ponctuée de la figure. Mais ce profil présenterait vers A une partie creuse où l'eau séjournerait. Il faut alors reprendre vers *b*, en aval du point A, une nouvelle quantité de terre que l'on reportera en *c*. On remplace ainsi le premier profil rectifié par le profil haché supérieur, dont la pente est dirigée tout entière dans le même sens que celle du pré. Il ne faut pas d'ailleurs exécuter les terrassements en deux fois, ainsi qu'on l'a supposé pour rendre l'explication plus facilement saisissable.

Fig. 116. — Comblement d'une excavation située dans un terrain incliné.

Il va de soi que, dans toutes ces opérations, il faut bien se rendre compte de ce qui est possible et de ce qui ne l'est pas, eu égard aux nécessités qui concernent l'écoulement des eaux pluviales.

224. Précautions à prendre dans le cas d'un mauvais sous-sol. — Toutes les fois qu'on exécute des terrassements de ce genre, quelle que soit d'ailleurs leur importance, il ne faut pas former la partie inférieure des remblais avec la meilleure terre végétale, qui est naturellement la première attaquée dans les endroits à déblayer. On arriverait souvent ainsi à n'avoir à la surface qu'une terre de sous-sol, souvent bien peu propice à la formation du gazon. Il vaut donc mieux, généralement, ne pas reculer devant un surcroît de travail, et relever d'abord en tas, hors des limites du chantier, toute la bonne terre. On exécutera alors les gros déblais et remblais, et quand on aura obtenu à très peu près la forme voulue, on rapporte la bonne terre dont on fera une couche sur toute la surface. On va quelquefois plus loin encore, quand on opère dans un terrain déjà gazonné. Dans ce cas, on enlève d'abord tout le gazon que l'on met de côté, pour le replacer, par bandes ou par plaques, une fois l'ouvrage terminé. On ne devra jamais opérer autrement toutes les fois qu'il s'agira d'un travail de peu d'étendue, comme par exemple de faire disparaître une petite proéminence. Alors l'enlèvement préalable du gazon ne peut entraîner à une bien grande dépense ; outre qu'on obtient ainsi immédiatement une surface susceptible de donner du fourrage, on peut de suite faire fonctionner l'irrigation. Quand il s'agit de terrassements très étendus, l'économie de main-d'œuvre est davantage à considérer ; on peut souvent alors se contenter d'enlever, pêle-mêle avec la bonne terre, le gazon pioché comme le reste, et de rapporter ensuite le tout sur l'emplacement grossièrement nivelé. On sèmera cet espace en graminées, et le gazon se reformera, tant par suite du semis que par le fait de la partie de l'herbe ancienne qui se trouvera peu enterrée.

225. Cas où les plantes préexistantes sont de mauvaise nature. — Si l'on se décide au défrichement, et il n'y a pas à balancer toutes les fois que le terrain est couvert de bruyères, d'ajoncs ou de toutes autres plantes vivaces non fourragères et d'une destruction difficile, il convient de soumettre le terrain à la culture pendant au moins deux années, avant d'établir la prairie. On fera bien, dans ce cas, d'employer, si on le peut, une charrue tourne-oreille, afin de ne pas créer des planches qu'il faudrait détruire plus tard, et de n'avoir tout au plus qu'à reporter dans le dernier sillon la première bande de terre tournée par la charrue. On sait que, dans les terrains non calcaires, il suffit de retourner la couche végétale par un seul labour pour obtenir, à l'aide du noir animal ou des phosphates fossiles, une abondante récolte de seigle, qui peut être suivie d'une avoine semée, sans nouveau labour, sur un hersage énergique. Cette manière d'opérer a l'avantage que les plantes, retournées avec la terre du champ, ont le temps d'être étouffées et en grande partie décomposées avant qu'un nouveau labour les ramène à la surface. On laboure aussitôt après l'enlèvement de l'avoine, et une troisième récolte de céréale peut être obtenue avec l'addition d'engrais phosphatés. Après ces trois récoltes, la terre sera presque toujours suffisamment purgée de plantes sauvages pour que l'herbe puisse y être semée. Il ne reste plus, auparavant, qu'à terminer l'égalisation du sol. Si quelques mauvaises plantes reparaissent plus tard, l'irrigation et quelques soins d'entretien suffiront pour en débarrasser définitivement la prairie.

226. Cas d'un terrain qui a été cultivé à la charrue. — Soit qu'il s'agisse d'un terrain traité comme il vient d'être dit, soit qu'on ait affaire à une ancienne terre labourée, il importe de faire disparaître complètement les raies et les ados que le labourage a formés. Ces petites inégalités multipliées sont bien autrement nuisibles à l'irrigation que les larges ondulations de terrain qui embrassent de grandes superficie. Ce serait une erreur profonde que de croire que le temps seul, ou même des hersages réitérés, pourraient rétablir le sol dans son état primitif. Il est bon de se bien rendre compte de l'effet de la charrue à versoir relativement au sol labouré. Supposons d'abord une charrue tourne-oreille, autrement dit versant toujours du même côté du champ. A chaque nouvelle raie ouverte, une bande de terre est déplacée latéralement d'une quantité égale à sa largeur ; quand on a répété cette opération sur toute l'étendue du champ, le résultat est exactement le même, sous le rapport de la distribution de la terre remuée, que si l'on eût pris la terre contenue dans le dernier sillon et qu'on l'eût transportée sur la lisière opposée du champ, où a été versée la première bande tournée par la charrue. On conçoit dès lors qu'on ne peut rétablir le sol dans son état primitif qu'en prenant cette première bande, qui maintenant fait saillie, et en la transportant dans la dernière raie restée ouverte, qu'elle servira à recombler. Si nous passons maintenant à un champ qui a été labouré avec la charrue à versoir fixe, nous concevons immédiatement que chaque demi-planche s'y trouve dans les mêmes conditions où se trouvait le champ entier considéré en premier lieu. Il faut donc, pour que ce champ redevienne plat, que la terre du milieu des planches soit transportée, de part et d'autre, dans les raies séparatrices ; c'est ce que la herse ne peut pas faire, car elle ne traine généralement pas la terre et ne peut qu'adoucir, par une sorte d'effet d'éboulement, les inégalités trop brusques. D'un autre côté, on constate journellement, et cela se conçoit, que les planches restent visibles dans un terrain qu'on cesse de cultiver pendant un temps indéfini. C'est donc uniquement aux divers outils ou appareils de terrassement qu'il faut recourir pour niveler un terrain anciennement ou nouvellement labouré.

227. Moyens d'exécution des terrassements. — Pour égaliser un terrain, il faut d'abord désagréger les portions de terre qui doivent être déplacées. La pioche est l'outil le plus généralement employé ; cependant on doit chercher à remplacer autant que possible le travail de l'homme par celui des animaux de trait et des machines. Nulle part ce genre d'économie n'est plus sensible que dans la préparation des grandes surfaces destinées aux prairies. Ainsi on pourra, presque toujours, ameublir une certaine épaisseur de terre au moyen de coups croisés de scarificateur, alternant au besoin avec un rouleau pesant. L'effet des roulages énergiques et des scarifiages ou hersages alternatifs est tout-puissant pour pulvériser les mottes ; le rouleau écrase celles qui se trouvent en saillie ; l'autre instrument relève celles qui, trop enfoncées dans le sol, étaient soustraites à l'action du rouleau.

Une fois le sol ameubli, les terrassements s'achèvent assez économiquement à bras, lorsqu'il est possible de porter la terre d'un seul jet de pelle à la place qu'elle doit définitivement occuper; c'est ce qui arrive toutes les fois qu'il s'agit, par exemple, de faire disparaître des ados étroits. Mais un très-bon instrument, d'un emploi économique, et tout particulièrement approprié aux mouvements de terre que l'on peut avoir à exécuter à de moyennes distances, dans l'étendue d'une prairie, c'est la *ravale* ou pelle à cheval, figure 117.

Fig. 117. — Ravale ou pelle à cheval.

Cette espèce de pelle se charge par l'effet de la traction du cheval. Lorsqu'on pèse un peu sur les manches, la pelle glisse sur son fond en forte tôle, un peu cintré; quand on les relève brusquement, le tranchant antérieur pique dans le sol, l'instrument bascule complètement et se décharge[1]. Lorsque la terre a été mise à peu près à la place qu'elle doit occuper, soit au moyen du jet de pelle, de la brouette ou de la ravale, on se sert avec avantage, pour étendre les charges et achever d'égaliser le terrain, de l'instrument représenté par la figure 118, appelé *charrue-planche* ou charrue *niveleuse, qui se place sur un avant-train ordinaire de charrue.*

On a quelquefois essayé de se servir de cette charrue, à l'exclusion de la brouette et de la ravale, pour faire disparaître les

1. Cet instrument, bien connu, a reçu diverses modifications. La ravale culbuteuse de M. Hallié, de Bordeaux, est décrite et figurée dans le *Journal d'agriculture pratique* et dans l'ouvrage de M. Barral: *Drainage, irrigations*, etc., t. IV, p. 376.

ados dans les terres qui ont été labourées. Mais cet instrument, ainsi employé, laisse à désirer et est d'un maniement pénible.

Figure 118. — Charrue niveleuse, dite aussi charrue-planche.

Il serait possible de construire un véritable *rabot* du terrain, qui, traîné par un cheval, dresserait de lui-même une surface préalablement ameublie. Concevons un traîneau ayant la forme d'un cadre rectangulaire allongé, de 1^{m} à $1^{m}50$ de largeur et de 4 à 6 mètres de long, dont les deux longs côtés parallèles, servant de patins, seraient prolongés dans la direction de l'avant par des portions courbes relevées permettant à l'appareil de franchir les inégalités du terrain au lieu de buter contre elles. Concevons encore qu'entre ces deux patins, et à peu près au milieu de leur longueur, se trouve fixé transversalement une planche inclinée B, garnie d'une lame de fer D, à peu près suivant les dispositions du profil ci-dessous, fig. 119. Supposons que la lame dépasse inférieurement, de 3 ou 4 centimètres, le dessous des patins. Si l'on traîne cet instrument en travers d'une série de planches bombées, la lame mordra en passant sur les sommets des planches ; la terre s'accumulera contre la planche qui la poussera devant elle. Mais lorsque cette planche viendra ensuite à passer devant une des dépressions qui se trouvent à la li-

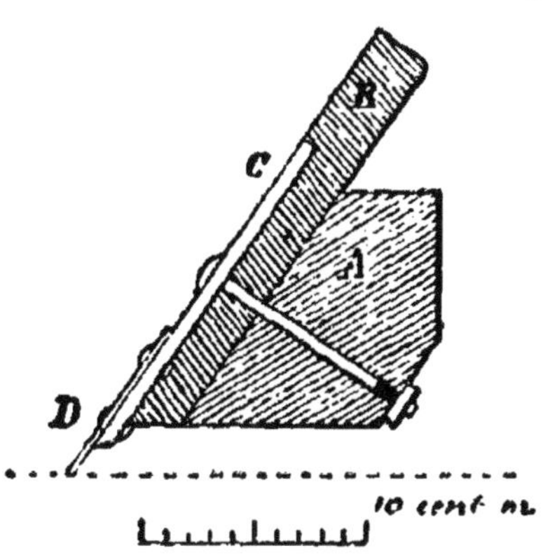

Fig. 119. — Planche ferrée formant l'organe essentiel de toutes les machines à régaler les terres.

mite des ados, les patins ne pouvant descendre à cause de leur longueur, la planche restera en l'air, et la terre qu'elle traînait tombera au fond de la cavité. En faisant aller et venir l'instrument à plusieurs reprises, on arriverait à un nivellement parfait. Seulement, il serait nécessaire que la planche fût susceptible d'être élevée ou abaissée, de manière qu'on pût régler la saillie de la lame selon la nature du sol et l'état d'avancement du travail.

228. Enlèvement et repose du gazon. — J'ai parlé d'enlever le gazon avant certains travaux de terrassement, et de le replacer pour terminer le travail. Quelques indications sur la manière de s'y prendre pourront avoir leur utilité. Le gazon s'enlève par plaques carrées de 25 à 30 centimètres de largeur, ou par bandes de même largeur, et de 2 ou 3 mètres et même plus de longueur. Le travail d'enlèvement se fait le plus souvent à la main ; il se divise en deux opérations distinctes : la division préalable en bandes ou en carrés réguliers, qui s'opère en tranchant le gazon verticalement ; 2e le détachement d'avec le terrain sous-jacent. Pour couper verticalement le gazon, aucun autre instrument à bras ne peut lutter de célérité avec la hache spéciale dite *tranche-gazon*, représentée par la fig. 120, et dont la figure 121 donne, au dixième de la grandeur d'exécution, le fer vu de plat et de profil. Ce fer pèse 2 kil. 50.

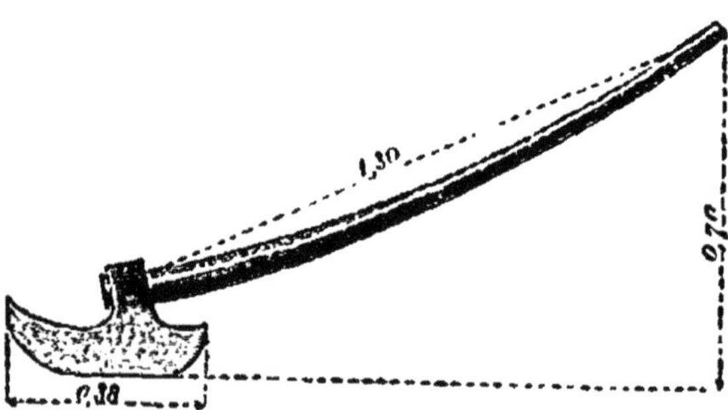

Fig. 120. — Hache dite tranche-gazon[1]

Un peu d'habitude est nécessaire pour manœuvrer parfaitement cette hache, avec laquelle on frappe en la tenant à deux mains. On se guide d'après un cordeau pour diviser le gazon ré-

1. Le dessous de l'outil, au centre, doit être établi suivant une courbe continue, plus aplatie que les parties voisines, mais non rectiligne.

gulièrement ; mais pour ne pas risquer de couper le cordeau, on le tend ordinairement à une certaine distance, 10 centimètres par exemple, de la ligne suivant laquelle on veut faire la section[1].

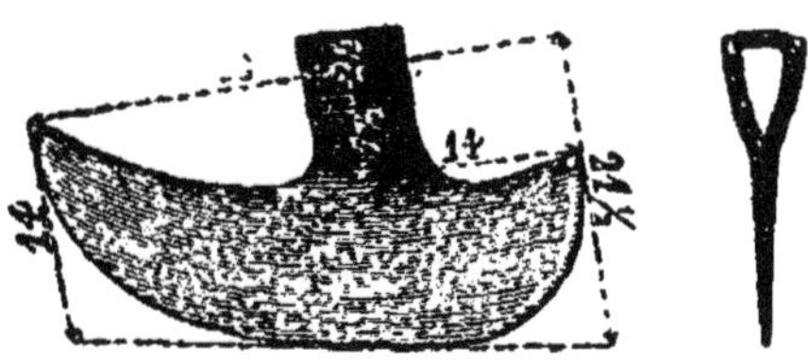

Fig. 121. — Fer de la hache représentée ci-dessus, vu de face et de profil, au dixième de la grandeur d'exécution.

Pour détacher le gazon, le meilleur outil est une pioche, dont on fait pénétrer la lame tranchante horizontalement sous le gazon. La pioche employée doit avoir un fer ou lame de 10 ou 12 centimètres de largeur et de 30 centimètres de longueur. Cette lame est légèrement cintrée, et fait avec le manche un angle un peu plus petit que l'angle droit. On peut aussi se servir d'une pelle aciérée et tranchante, longue et étroite, 15 centimètres au plus de largeur sur environ 40 de longueur. Cette pelle doit avoir une certaine courbure, ainsi que son manche, de telle sorte que, tandis que l'extrémité de la lame pénètre horizontalement sous le gazon, le manche se trouve dans une position convenable et bien à portée des mains de l'ouvrier, qui se tient debout, légèrement penché en avant. L'ouvrier qui détache le gazon ne peut attaquer une nouvelle plaque ou une nouvelle bande qu'autant qu'un autre ouvrier, qui l'accompagne, a enlevé le gazon précédemment détaché à côté de celui qu'il s'agit de détacher à son tour.

Pour changer les gazons de place, les charger dans des brouettes ou des tombereaux, les décharger, les remettre en place, rien n'est aussi commode que les fourches à quatre dents en acier fondu trempé élastique, à manche court terminé en béquille, qui

1. On fait des outils ayant la forme d'une pioche à deux tranchants, dont l'un est une *pioche proprement dite*, et dont l'autre a la forme d'une hache. On ne peut, dans ces outils à deux fins, combiner le poids du fer, la longueur et la courbure du manche, etc., de manière à les rendre *bons pour leur double destination*. Ces outils devront être rejetés quand il s'agira de la confection d'une quantité un peu importante de rigoles. Mais un de ces outils à deux fins, très-portatif, sera extrêmement commode pour l'irrigateur lorsqu'il fera ses tournées d'entretien, en lui permettant de faire au besoin, immédiatement, tous les petits travaux dont il reconnaîtra l'urgence.

se fabriquent en Angleterre et se trouvent aujourd'hui chez les principaux marchands d'instruments d'agriculture. Avec ces fourches légères et très solides, on prend les mottes de gazon comme au bout d'une fourchette.

Quand le terrain gazonné n'est pas par trop sec, pas trop pierrieux, on peut remplacer par la charrue les instruments à bras. Une bonne charrue ordinaire à versoir, munie d'un avant-train plutôt que montée en araire, dont le coutre et le soc sont bien ajustés et aiguisés, permet de retourner assez régulièrement des bandes de gazon de 20 à 25 centimères de largeur, n'ayant guère que l'épaisseur voulue de 10 centimètres. Une fois une certaine superficie ainsi labourée, on subdivise les bandes, soit avec la hache, soit avec une bêche.

Les gazons en carreaux rectangulaires se transportent, selon la distance, à la fourche, à la brouette ou en tombereau. Ceux en bandes plus ou moins longues ne peuvent se manier que lorsque le gazon est de très bonne qualité. Dans ce cas, on les roule sur eux-mêmes, l'herbe en dedans, et on peut transporter les rouleaux à l'aide d'un bâton passé au centre.

L'endroit où l'on doit replacer les gazons a dû être disposé en tenant compte de leur épaisseur. Il ne faut pas se figurer qu'en pilonnant ces gazons on les fera pénétrer dans un terrain, même meuble, de manière à ce qu'il n'y ait pas d'exhaussement sensible. Les plaques étant posées les unes à côté des autres, si l'on dispose d'un peu de terre bien meuble, on en garnira les joints, puis on battra légèrement le tout avec une batte rectangulaire formée d'un plateau de bois de quelques centimètres d'épaisseur, au milieu duquel un manche d'un mètre de longueur est implanté obliquement.

Quand les gazons que l'on a pu conserver sont insuffisants pour regarnir toutes les surfaces dénudées, on place les carreaux de gazon en quinconce, comme les cases noires d'un damier, et on remplit les cases blanches avec de la terre réservée à cet effet. On répand alors un peu de graine de graminées, pour amener dans le terrain de bonnes espèces et contribuer à le garnir, indépendamment du tallage des gazons rapportés. Il faut avant tout réserver le gazon disponible pour les talus des canaux en remblais, pour les parois des rigoles de distribution dirigées suivant la plus grande pente du terrain, en un mot pour tous les endroits exposés à être dégradés par les eaux, les surfaces planes pouvant le mieux se gazonner par voie d'ensemencement.

Il faut éviter autant que possible d'avoir à exécuter des gazonnements trop tard à l'automne ou au printemps, les fortes gelées, comme les grandes sécheresses, étant préjudiciables aux gazons rapportés quand les racines n'ont point le temps de s'implanter dans le sol.

§ 2.

RIGOLES

229. Confection des rigoles d'arrosage. — *Petites rigoles rectangulaires.* — Les rigoles de niveau et la plupart des rigoles employées dans les diverses méthodes d'irrigation se font, le plus généralement, suivant un profil rectangulaire avec bords verticaux. On ne donne aux plus petites de ces rigoles que 15 centimètres environ de largeur, la profondeur étant égale à celle d'une motte de gazon. Toutes les fois qu'on aura à exécuter ces rigoles dans un terrain gazonné, on s'y prendra de la manière suivante : un des bords de la rigole sera d'abord déterminé, par un cordeau si elle doit être rectiligne, par une série de petits piquets si elle doit être courbe. Dans cet dernier cas, il sera préférable qu'une légère trace continue ait été faite sur le gazon à l'aide d'un outil quelconque. L'ouvrier coupe alors un des côtés de la rigole avec la hache décrite ci-dessus. Il doit commencer de préférence par le bord qui n'est pas celui du tracé, afin de ne pas être gêné par le cordeau ou par les piquets ; un peu d'habitude lui fait juger la largeur qu'il doit donner à la rigole. Le premier bord étant ainsi taillé sur toute la longueur, on taille l'autre de la même manière, après avoir enlevé cordeau et piquets, et en se guidant sur la première tranchée faite par la hache. Cela fait, on divise à l'aide d'une bêche, en morceaux de 25 centimètres de longueur, la bande encore adhérente au sol comprise entre les deux entailles. Enfin on détache successivement les gazons, en commençant par un bout de la rigole, avec une pioche que représente la figure 122, et du poids de 1 kil. 75.

La pioche sert aussi à soulever les gazons à mesure qu'elle les a détachés du sol et à les disposer le long de la rigole. Un homme tant soit peu exercé peut faire, avec les outils indiqués,

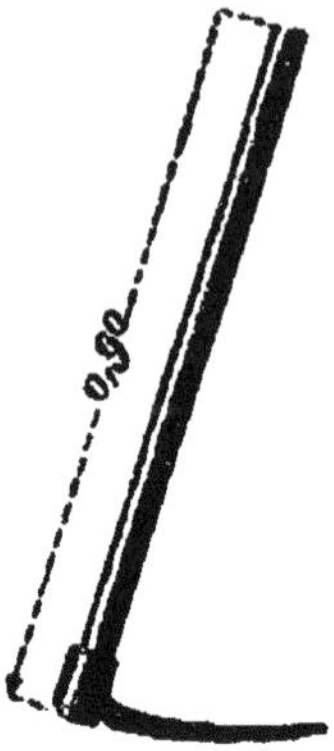

Fig. 122. — Pioche pour vider les rigoles après que les bords ont été tranchés avec la hache.

Fig. 123. — Fer de la pioche représentée figure ci-contre, au dixième de la grandeur d'exécution.

au moins 300 mètres de rigoles dans une journée de dix heures. Mais l'enlèvement des mottes de gazon, selon la destination qu'on leur donnera, peut coûter autant et plus que le creusement des rigoles.

230. Emploi du gazon provenant des rigoles. — Il faut toujours avoir soin de laisser sur le bord des rigoles, et surtout près des embranchements, un certain nombre de mottes de gazon, qui seront très utiles pour former de petits barrages lors du fonctionnement de l'irrigation. Si l'on a, au moment de la confection des petites rigoles, quelques travaux de terrassement dans la prairie ou quelques canaux à établir, on trouvera toujours aux plaques de gazon un emploi utile, surtout dans le cas où quelques parties de rigoles devraient se trouver sur remblai ; il faudrait bien pilonner celui-ci et le gazonner soigneusement. Dans le cas contraire, ce qu'il y a de mieux à faire, c'est de rassembler les plaques de gazon dans la prairie même en tas coniques, l'herbe cachée à l'intérieur du tas, autant que possible. Au bout d'une saison passée ainsi en tas, l'herbe sera en partie décomposée, et on pourra recouper les tas à la pioche. On y mélangera alors les engrais dont on pourra disposer, soit de la chaux, soit des phosphates fossiles, soit du fumier de volailles, des balayures de cour, etc., en ayant soin toutefois de ne pas mélanger la chaux aux autres substances et de ne l'employer qu'à leur défaut. Les phosphates, au contraire, peuvent être avantageusement mêlés aux substances animales. Les tas étant relevés et laissés quelque temps en cet état, on en répandra la substance sur la prairie en mars ou en septembre.

231. Charrue rigoleuse. — Quand les rigoles sont tracées suivant des lignes droites, ou du moins présentent peu de sinuosités, on peut les exécuter avec beaucoup de rapidité et de perfection à l'aide d'une charrue légère montée en araire, munie d'un soc plat à tranchant oblique et bien coupant, et de deux coutres précédant un peu le soc, fixés l'un à droite, l'autre à gauche, qui coupent les deux bords verticaux de la rigole. Le versoir, en bois, doit se composer de deux parties, un plan incliné qui soulève la bande de gazon jusqu'au-dessus du pré et une petite oreille qui pousse simplement cette bande de côté ou, si on le préfère, la renverse[1]. En général, un homme doit conduire les chevaux sur le tracé pendant qu'un autre tient les manches. Cette méthode laisse à désirer pour le creusement des rigoles de niveau, parce que ces rigoles sont ordinairement très sinueuses, ce qui fait qu'il est par trop difficile d'en suivre exactement tous les contours avec la charrue, et l'on est presque toujours obligé à quelques retouches. Si l'on n'a pas une quantité de rigoles très considérable à faire à la fois, on préférera souvent l'emploi des outils à main, qui donnent immédiatement une exécution en tous points conforme au tracé, quelle qu'en puisse être la complication.

232. Rigoles dans les terres non encore gazonnées. — Très souvent, dans une prairie de construction nouvelle, on ne fait les rigoles que l'année qui suit l'ensemencement. On préfère en effet faire le travail dans un terrain gazonné, et il est certain que les rigoles s'y font bien plus nettement que dans la terre nue et y sont moins sujettes à se détériorer. Mais, d'un autre côté, il y a un intérêt réel à disposer du réseau d'irrigation

1. Les charrues rigoleuses construites autrefois à Grignon étaient trop lourdes pour les petites rigoles dont il s'agit ici ; en somme, il vaut mieux opérer comme on l'a dit au commencement du paragraphe, à moins qu'on n'ait un travail très considérable à faire.

dès le moment du semis et à pouvoir, dès que l'herbe sera levée et bien enracinée, répandre assez d'eau pour entretenir la fraîcheur du jeune gazon, ce qui favorisera énormément sa croissance. Dans le terrain non gazonné, les outils ordinaires du terrassier suffiront généralement pour l'exécution des rigoles. Si on se propose d'adopter pour les rigoles de niveau le profil ordinaire à bords verticaux, on ne devra faire d'abord qu'un petit sillon à talus inclinés, seulement de quoi recevoir un filet d'eau, et on se réservera ainsi de retailler les rigoles quand le terrain sera consolidé par le gazon.

233. Exécution des rigoles de distribution. — Si l'on opère dans un terrain gazonné, il est essentiel de mettre à part le gazon pour le replacer après l'enlèvement de la quantité voulue de terre. Ces rigoles, dirigées suivant la plus grande pente de la prairie, sont en effet sujettes à être ravinées par l'eau toutes les fois qu'elles ne sont pas garnies de gazon. Quand on opérera dans un terrain dépourvu d'herbe, on devra chercher à se procurer du gazon pour garnir, au moins en partie, les rigoles de distribution. Enfin, si on ne peut pas mieux faire, on sèmera ces rigoles un peu dru, et on hâtera la croissance de l'herbe par quelques engrais actifs.

234. Tracé des rigoles de niveau. — *Emploi du niveau à lunette.* — Je supposerai d'abord que la personne qui veut tracer les rigoles de niveau[1] dans une prairie se sert d'un niveau à bulle d'air et à lunette. Je ne puis donner ici la description des niveaux de divers modèles, ni la manière de les rectifier et de s'en servir. Je supposerai qu'il s'agisse de tracer, dans une prairie, une série de rigoles de niveau étagées depuis le haut jusqu'au bas de cette prairie, et telles d'ailleurs que chacune traverse la prairie dans toute sa largeur. On peut commencer l'opération par le haut ou par le bas de la prairie ; supposons, pour fixer les idées, qu'on commence par le haut. D'après la disposition des lieux, on se donne un des points par lesquels on veut faire passer une première rigole, et on marque ce point sur le terrain. On met alors le niveau en station, en un endroit situé,

1. Voir plus loin ce qu'on dit des légères pentes qu'il peut être nécessaire de donner aux rigoles dites de niveau.

autant que possible, vers le milieu de la largeur de la prairie, et à une hauteur telle que le plan horizontal dans lequel se trouve située la lunette passe *un peu au-dessus du point marqué sur le* terrain. Lorsque le niveau a été mis convenablement en station, on doit pouvoir faire faire à la lunette un tour d'horizon, sans que la bulle d'air change notablement de position. Si d'ailleurs le niveau est juste, et il y a toujours moyen de le rectifier s'il ne l'est pas, tous les points qui se trouvent sur la ligne de visée de l'instrument, dans quelque direction que l'on vise, seront compris dans un même plan horizontal[1]. Il ne s'agit donc que de trouver, par tâtonnement, les points du sol qui sont, au-dessous de ce plan, à une même distance verticale que le point donné.

La mire ayant la forme d'une règle divisée, dont on se sert pour les nivellements ordinaires en même temps que des niveaux à lunette, est la moins commode pour le cas particulier du tracé des rigoles de niveau. Une mire à *coulisse*, dont on se sert pour niveler au niveau d'eau, est préférable. Pour éviter la dépense d'une telle mire, si on ne l'a pas d'avance à sa disposition, on peut établir, presque sans frais, une mire spéciale parfaitement suffisante. Il faut se procurer d'abord une tringle en bois léger, de 2 à 4 mètres de longueur; supposons-la carrée et de 2 centimètres 1/2 de largeur. On se procure, d'autre part, un bout de planche à peu près carré, de 10 centimètres de côté par exemple. Il ne s'agit plus que d'adapter à la planchette une sorte de coulisse, de manière qu'on puisse la faire glisser le long de la tringle et la fixer momentanément au point voulu. Chacun pourra imaginer une disposition peu coûteuse. Un simple piton ordinaire, terminé en vis à bois, peut servir de vis de pression; un ressort produisant un frottement un peu dur, en sorte que la planchette s'arrête d'elle-même au point où on l'a mise, sans qu'il soit besoin de vis de pression, est encore plus commode. Enfin, pour terminer l'instrument, on colle sur la planchette un morceau de papier blanc, et on trace horizontalement sur celui-ci un trait noir de 2 ou 3 millimètres d'épaisseur. J'appellerai l'ensemble de tout le système la *mire*, la planchette mobile *le voyant*, et le trait noir qui le divise en deux la *ligne de foi*.

1. Il arrive souvent, pendant qu'on opère, que les pieds de l'instrument venant à s'enfoncer inégalement et d'une manière imperceptible dans le sol, la bulle d'air du niveau se déplace. Il est évident que dans ce cas il faut rétablir de temps en temps l'aplomb de l'instrument, à l'aide des vis à caler destinées à cet usage.

Revenons maintenant à notre prairie où nous avons laissé le niveau en place. Un aide prend la mire et, la tenant verticalement, pose un bout de la tringle sur le sol à l'endroit qui a été marqué. L'opérateur principal, qui est au niveau, dirige la lunette dans la direction de la mire et fait signe à l'aide d'élever ou d'abaisser le voyant, jusqu'à ce qu'il voie dans la lunette la ligne de foi de la mire coïncider avec le fil horizontal qui est tendu en travers de la lunette. Ce résultat étant obtenu, le voyant ne doit plus changer de place sur la tige de la mire pendant tout le tracé de la rigole. L'aide se transporte dans la direction présumée de la rigole, à quelques pas du point de départ, et il pose de nouveau à terre le pied de la mire. L'opérateur, qui a dirigé de nouveau la lunette sur la mire, voit si le voyant se trouve au-dessus ou au-dessous de la ligne de visée, et en conséquence il fait signe de déplacer la mire en la portant soit du côté du bas, soit du côté du haut de la prairie. On tâtonne ainsi jusqu'à ce que le porteur de la mire ait trouvé un point du gazon pour lequel la ligne de foi soit vue de nouveau en coïncidence avec le fil de la lunette; le point trouvé est alors marqué de manière qu'on puisse le retrouver plus tard. Un aide intelligent acquiert bien vite une justesse de coup d'œil qui lui fait trouver très rapidement l'endroit où il doit mettre sa mire. Un point important, c'est de placer toujours la mire sur un point du sol de la prairie qui appartienne bien à sa surface moyenne. On conçoit en effet que si la mire se trouvait placée, par exemple, sur une taupinière, et que l'on marquât le point ainsi déterminé, on commettrait, relativement au niveau de la rigole, une erreur égale à toute la hauteur de la taupinière. On ferait une erreur analogue, mais en sens inverse, si le pied de la mire se trouvait placé dans un trou. Or, quand on a affaire à un terrain qui présente beaucoup de petites inégalités rapprochées, et surtout quand celles-ci sont un peu cachées par l'herbe, il faut beaucoup d'attention et un peu d'intelligence au porteur de la mire pour ne la poser qu'en des points convenables. C'est de là que vient le plus ou moins d'exactitude du tracé des rigoles de niveau. Quant au niveau lui-même, quand on emploie celui à lunette, comme je le suppose, il permettrait de partager à distance un centimètre en deux ou en quatre; sans même recourir à des précautions minutieuses, on ne peut guère commettre une erreur de nivellement de plus d'un centimètre, lors même que la mire est éloignée de l'instrument d'une centaine de mètres ; c'est dire que les erreurs du nivellement proprement dit disparaissent complètement vis-à-vis des inégalités du terrain.

Dans l'opération que je décris en ce moment, les points déterminés sont ceux où doit passer le bord le plus bas de la rigole, celui qui doit déverser l'eau. Pour marquer les points à mesure qu'ils sont trouvés, rien n'est plus commode que des *fiches* ou piquets de la grosseur du petit doigt et d'environ 33 centimètres de longueur, en pointe d'un bout. On fait ces fiches avec des baguettes de coudrier ou de bourdaine, même avec des tiges de roseaux, en un mot avec les matériaux les plus appropriés que peut fournir la localité; il en faut une provision assez considérable. L'ouvrier qui tient la mire porte avec lui ce qu'il peut de ces fiches, et chaque fois qu'un point est trouvé, il en plante une à l'endroit qu'occupait le pied de la mire. Les fiches sont simplement enfoncées, à la main, de quelques centimètres dans le gazon. On doit chercher à espacer à peu près uniformément les points marqués ; une distance moyenne de 4 mètres entre les fiches est une des plus convenables. On conçoit néanmoins que, dans des endroits où le terrain serait exceptionnellement accidenté, il serait bon de déterminer des points plus rapprochés, tandis qu'au contraire on pourra les écarter un peu plus dans les parties très plates et très unies.

Quand on a tracé par points une première courbe de niveau destinée à devenir un bord de rigole, et atteignant de part et d'autre les limites de la prairie, on passe immédiatement au tracé d'une seconde courbe analogue, située à un niveau plus bas, et dont on se donne arbitrairement un premier point, par la seule condition qu'il soit à une distance de la première ligne à peu près égale à celle qu'on se propose d'établir entre deux rigoles consécutives. On ne change pas le niveau de place ; il suffit de faire mettre de nouveau le voyant à une hauteur convenable sur la tige de la mire : c'est ce qu'on fait en posant celle-ci au point de départ choisi et en opérant comme il a été dit pour la première rigole. On peut, le plus souvent, sans changer de station, tracer trois ou quatre rigoles traversant chacune la prairie sur une largeur qui peut aller au besoin jusqu'à 200 mètres de chaque côté de la station où se trouve placé le niveau. Toutefois, le nombre de rigoles que l'on peut tracer ainsi dépend de la pente du terrain, de la longueur de la tringle de la mire et de la distance que l'on met entre les rigoles. Quand on voit que le plan horizontal dans lequel est situé le niveau passe au-dessus du sommet de la mire, on transporte le niveau le plus bas possible, et on recommence les opérations exactement comme pour la première rigole.

J'ai supposé que, sauf le cas d'une prairie extrêmement étendue dans le sens de la longueur des rigoles de niveau, on trace celles-ci d'un bord à l'autre. Il peut se faire que l'inclinaison du terrain ne soit pas la même dans toute la largeur de la prairie; dans ce cas, les courbes de niveau qu'on aura tracées, et le long desquelles seront creusées les rigoles, ne seront pas partout équidistantes; elles se rapprocheront dans les pentes rapides et s'écarteront au contraire dans les plus douces. Cette circonstance n'a pas d'inconvénient au point de vue de l'irrigation ; d'ailleurs, s'il se trouvait plus tard quelques parties de la prairie où la répartition de l'eau laissât à désirer, par suite du trop grand écartement des rigoles, rien ne serait plus facile que d'intercaler dans ces endroits quelques rigoles horizontales de reprise d'eau qui feraient disparaître cette imperfection. Par contre, au point de vue de la rapidité du tracé et de la simplicité du plan, il est bien plus avantageux de prolonger les mêmes lignes dans toute la largeur de la prairie que de fractionner les rigoles en petits tronçons indépendants les uns des autres.

235. Tracé des rigoles de distribution. — Quand la prairie est couverte, comme il vient d'être dit, d'une série de courbes de niveau indiquées par les fiches plantées dans le gazon, on en peut tirer des indications très-utiles sur la forme du terrain. La courbure des lignes rend sensibles les positions des lignes de faîte et des thalwegs, ce qui permet de poser de la manière la plus rationnelle les rigoles de distribution. Ces dernières rigoles se traceront avec des jalons de même nature que les fiches, mais de 1m30 de hauteur environ, et portant dans une fente à leur sommet un bout de papier blanc qui les rend plus visibles, afin de permettre de les aligner. On voit immédiatement si les rigoles de distribution projetées coupent les rigoles de niveau sous des angles approchant de l'angle droit ; s'il y a des rencontres par trop obliques, on modifie les premières combinaisons adoptées avant qu'aucune rigole soit exécutée. En résumé, nous voyons que l'on trace à la fois sur la prairie, au moyen de fiches et de jalons, tout le réseau des rigoles à établir.

936. Emploi du niveau d'eau. — Avant d'aller plus loin, j'observerai qu'on aurait pu, à la rigueur, faire au moyen du niveau d'eau le tracé que j'ai supposé exécuté avec un niveau à bulle d'air et à lunette. Mais le niveau d'eau se prête beaucoup plus difficilement aux opérations d'ensemble de quelque étendue. A moins qu'on ne possède une vue extrêmement bonne, le nivellement devient incertain dès qu'on se trouve à plus d'une vingtaine de mètres de la mire. Si on a à tracer une longue rigole, il faut déplacer le niveau à chaque instant, et à chaque fois faire modifier la hauteur du voyant.

L'emploi du niveau d'eau ne sera guère admissible que dans les prairies de peu d'étendue et dans les tracés de détail.

937. Emploi du niveau de maçon. — On se sert quelquefois, pour les travaux d'irrigation, de niveaux encore beaucoup plus primitifs que le niveau d'eau. Tout le monde connaît le niveau de maçon muni d'un fil-à-plomb ; ce niveau doit être légèrement modifié dans sa construction et ses dimensions, lorsqu'il est spécialement destiné à des tracés de rigoles.

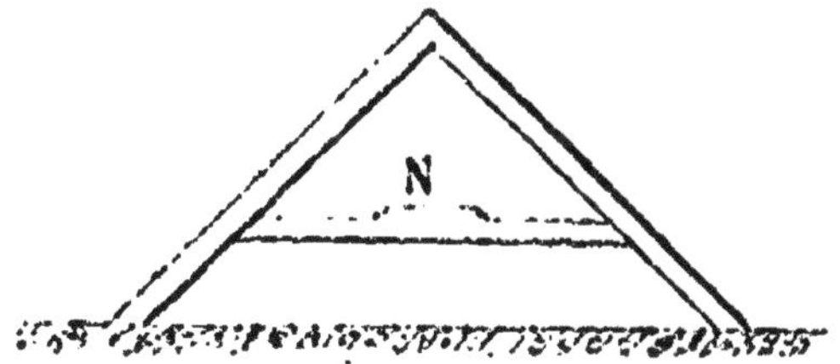

Fig. 124. — Grand niveau de maçon adapté aux travaux d'irrigation.

La figure 124 nous indique la forme générale de l'instrument. Il est fabriqué en bois léger, sur d'assez grandes dimensions pour que l'écartement des deux pieds qui reposent sur le sol soit d'environ 2 mètres ; le sommet se trouve alors à la portée de la main d'un homme qui se tient debout. Le fil-à-plomb, sans cesse oscillant et des plus incommodes, surtout quand on se trouve exposé au vent, est ici remplacé par un de ces niveaux à bulle d'air montés en laiton que l'on trouve maintenant presque partout à des prix assez modiques ; ce niveau est fixé en N sur la traverse. Notons que ces niveaux communs sont bien loin d'avoir la précision et la sensibilité de ceux de même forme qui sont joints aux instruments à lunettes ; mais ils sont suffisants pour les résultats qu'on peut espérer de l'ensemble de l'instrument qui nous occupe en ce moment ; une bulle d'air trop sensible, dans les circonstances actuelles, paraîtrait folle et serait d'un emploi presque impossible.

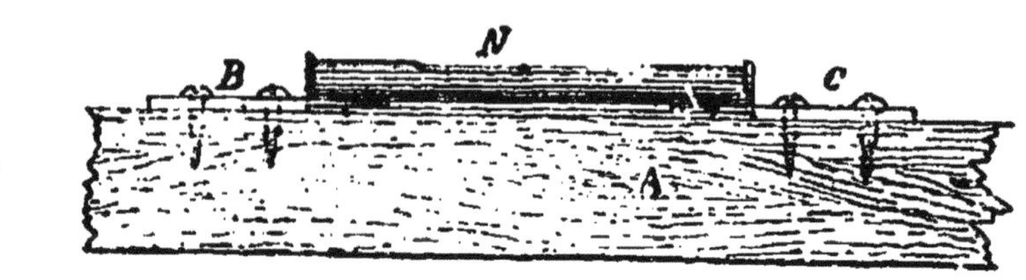

Fig. 125. — Niveau à bulle d'air fixé sur la traverse de l'instrument.

La figure 125 nous fait voir sur une plus grande échelle le niveau N, et indique son mode d'attache sur la traverse A. Deux petites pièces de bois, semblables à deux bouts de lattes, sont fixées par des vis à bois à la traverse. Chacune d'elles est creusée d'une petite entaille dans laquelle est logée l'extrémité correspondante de la semelle en cuivre du niveau. Lorsque l'instrument a besoin d'être rectifié, on desserre les vis du côté où le petit niveau demande à être soulevé, et on introduit entre la semelle et la traverse un bout de papier plié en plus ou moins de doubles. La vérification de l'instrument se fait de la manière suivante : on pose les deux extrémités ou pieds sur des cales dont on augmente ou diminue la hauteur à volonté, et l'on cherche d'abord à mettre les deux cales exactement de niveau ; cette condition se trouve remplie, quel que soit d'ailleurs l'état de l'instrument, quand, en le retournant tout entier bout pour bout, la bulle d'air revient au même point du tube où elle s'était arrêtée avant le retournement. Une fois qu'on est ainsi parvenu à poser au même niveau les deux pieds du triangle de bois, on modifie s'il y a lieu le calage du niveau proprement dit, de manière à ramener la bulle d'air exactement au milieu du tube.

Pour tracer par points une rigole horizontale, on se sert du niveau qui vient d'être décrit comme d'un compas. Un premier point étant donné, on y pose un des pieds de l'instrument, et l'on fait décrire à l'autre un arc de cercle jusqu'à ce que la bulle d'air indique l'horizontalité ; on arrête alors le mouvement ; on marque le point trouvé, et on cherche un troisième point, comme on a fait pour le second. Dans cette méthode, chaque point n'est déterminé que par rapport à celui qui le précède immédiatement ; il en résulte que toute erreur, quelle qu'elle soit, se trouve influencer tous les points suivants ; et les erreurs s'accumulent ainsi à mesure qu'on allonge le tracé, ce qui n'a pas lieu dans les méthodes précédemment décrites ; c'est là surtout ce qui rend l'emploi de cet instrument très défectueux. Je n'admets pas qu'on puisse, par ce moyen, tracer convenablement un ensemble d'irrigations. Ce niveau, que l'on peut mettre entre les mains des ouvriers, est commode pour l'exécution des travaux de détail, par exemple pour déterminer la correction qu'il faut faire subir à une rigole qui, par suite d'une faute dans le premier tracé ou dans l'exécution, se trouve défectueuse sur quelques mètres de longueur seulement.

238. Achèvement du tracé des rigoles de niveau. — J'ai supposé jusqu'ici qu'un des bords d'une rigole de niveau était indiqué par une série de fiches plantées de distance en distance dans le gazon. Or, quelque unie que puisse paraître la surface d'une prairie, il existe presque toujours des ondulations de terrain, appréciables au niveau, et qui déterminent des ondulations correspondantes dans le tracé des rigoles. Les points donnés par le nivellement et marqués par les fiches, tels que A, B, C, D, E, F, G, figure 126, ne sont donc presque jamais alignés.

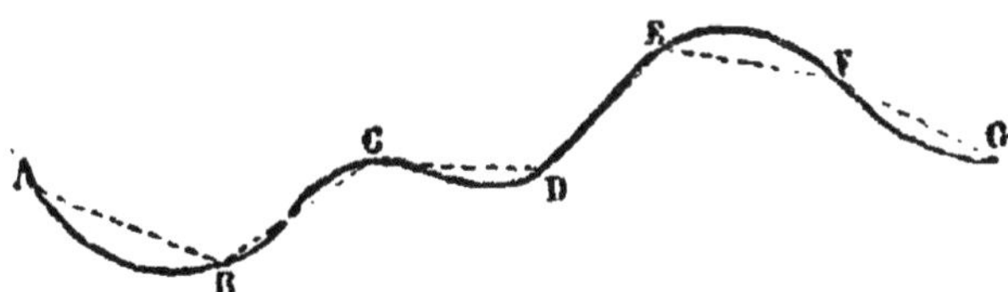

Fig. 126. — Tracé d'une rigole de niveau d'après une série de points isolés.

Or, si l'on abandonne les ouvriers à eux-mêmes lors du creusement des rigoles, ils iront généralement en ligne droite de chaque point au suivant, ce qui donnera la ligne brisée ponctuée sur la figure. Mais les coudes brusques ont l'inconvénient de ralentir la circulation de l'eau dans les rigoles et il convient de faire passer par les points A, B, C..... une courbe onduleuse continue, comme l'indique le trait plein de la figure. Ce tracé ne peut guère être fait que par celui qui dirige l'ensemble des travaux ou par un aide intelligent. Armé d'une bêche légère, ou mieux encore d'une espèce de spatule en fer emmanchée droite au bout d'un bâton, on imprime à vue d'œil une légère trace sur le gazon ; on la corrige si le premier jet ne paraît pas satisfaisant, et on finit en renforçant le bon trait de manière à le rendre visible, sans chercher toutefois à couper le gazon dans toute son épaisseur. *C'est à ce même moment qu'on trace les courbes de raccordement des rigoles de niveau avec les rigoles distributrices.* On enlève en même temps les fiches des parties où les rigoles ne doivent pas être creusées ; on achève en un mot le tracé. On apprend vite à faire rapidement ce travail, et les ouvriers chargés du creusement des rigoles n'ont qu'à suivre une trace continue ; ils opèrent alors vite et bien.

239. Manière de donner de la pente aux rigoles. — On a supposé pour plus de simplicité, dans tout ce qui précède, que les rigoles sont rigoureusement de niveau. Cependant, particulièrement pour celles destinées à prendre l'eau dans les rigoles distributrices, il faut une légère pente pour faciliter la marche de l'eau. Or, voici comment on donne cette pente avec beaucoup de facilité, tout en se basant sur le piquetage qui a été fait suivant des courbes à niveau parfait.

Fig. 127. — Manière de donner de la pente à une rigole.

Supposons que A, B, C, D..... M soit la suite des points obtenus par le nivellement, et qui sont marqués par des fiches sur une longueur A M d'une trentaine de mètres. Je veux établir une rigole partant de A et se dirigeant vers M avec une pente de 1 millimètre 1/2 par mètre. La pente voulue nous donne pour 30 mètres une descente totale de 45 millimètres. Or, le point M étant exactement au même niveau que le point A, si je détermine à la surface de la prairie un point M' qui soit à 4 centimètres 1/2 plus bas que M, ce point pourra être pris pour l'extrémité de la rigole. Un coup de niveau ferait trouver un tel point exactement ; mais souvent il ne sera pas même nécessaire de recourir à ce moyen ; il suffit en effet qu'on sache quelle est à peu près la pente de la prairie, pour qu'on puisse en déduire, par un calcul des plus simples, la distance M M' qui correspond à un abaissement de 4 à 5 centimètres. Quelle que soit, au surplus, la méthode employée, le point M' étant marqué d'une fiche, supposons que la distance M M' soit de 80 centimètres. Je remarque que les fiches partagent la longueur du tracé en 10 parties à peu près égales ; je divise alors par 10 les 80 centimètres, ce qui me donne pour quotient 8 centimètres. D'après cela, je descends la fiche B de 8 centimètres, ce qui la porte en B' ; je descends la fiche C de 16 centimètres, ce qui la porte en C' ; je continue, en descendant D de 24 centimètres, E de 32, et ainsi de suite. La ligne courbe AM', passant par les points ainsi déterminés, sera, avec une approximation suffisante, le tracé du bord de la rigole demandée. L'opération se fera très rapidement et le plus souvent à vue, sans qu'il soit nécessaire de recourir aux mesures exactes ; il est bien entendu que cette opération doit précéder le tracé définitif, par une ligne continue, décrit précédemment.

Il est facile de comprendre qu'à l'aide d'un plan exact de la prairie, avec courbes de niveau, on pourra, dans le cabinet, faire une étude offrant plus de garanties d'exactitude que l'étude directe sur le terrain ; les tracés ainsi établis seront ensuite reportés sur place (voir *Lever des plans et Nivellement*, par Durand-Claye, dans l'Encyclopédie des travaux publics).

§ 3.

PLANCHES EN ADOS

240. Construction des planches en ados. — *Étude d'ensemble.* — Pour établir une irrigation par planches en ados, la première chose à faire doit être d'étudier l'ensemble des dispositions à adopter. Sous ce rapport, la difficulté est bien plus grande que dans les autres méthodes d'irrigation. Il faut choisir entre les planches larges ou étroites, décider si on dirigera leur longueur suivant la pente de la prairie ou dans le sens transversal, calculer les longueurs des planches, le nombre des étages d'après la pente du terrain, combiner le double réseau des rigoles de distribution et des rigoles d'écoulement, ménager des chemins pour les voitures, se rendre compte de la compensation des déblais et des remblais. La rédaction d'un tel projet est parfois assez compliquée et assez difficile ; c'est donc surtout pour ce genre d'irrigation que la confection d'un plan régulier est à recommander. La position du canal d'amenée et de ses principaux embranchements, ainsi que celle du canal général d'évacuation, sont les éléments principaux que l'on ne peut généralement modifier que dans des limites restreintes, et de la fixation desquels dépendent en grande partie les autres dispositions du projet.

Méthode simplifiée pour la formation des planches. — Quand on veut établir des planches en ados dans une prairie existante, mais non encore irriguée par cette méthode, si le terrain est d'ailleurs assez plat et peu accidenté, on procède souvent de la manière suivante, qui n'entraîne pas le remaniement complet de la surface gazonnée. Supposons qu'on ait tracé, à l'aide de jalons et de piquets, le réseau des rigoles, et qu'il n'y ait plus qu'à exécuter les terrassements. On commence par ouvrir les rigoles d'écoulement, séparatives des planches, et l'on en dispose les mottes de gazon au milieu en deux rangées parallèles pour former les deux parois latérales de la rigole d'arrosage. On enlève ensuite des mottes prismatiques latéralement aux rigoles d'écoulement, puis on approfondit celles-ci ; on a ainsi de nouveaux gazons et de la terre, avec lesquels on renforce la rigole d'arrosage ; on consolide par un léger battage toutes les parties rapportées. A mesure qu'on se rapproche de l'extrémité des planches, on creuse davantage les rigoles d'écoulement, afin de leur procurer plus de pente ; il en résulte un surplus de terre qu'on reporte au milieu de la planche, ce qui tend à rapprocher son sommet de l'horizontalité qu'il devrait avoir. L'herbe a bientôt repoussé de manière à consolider les gazons et les terres rapportées, et le produit de la prairie éprouve peu de diminution, même la première année. A l'aide des matériaux que fournissent les curages successifs des rigoles, on régularise de plus en plus la forme des planches. — Cette méthode, appelée par quelques auteurs *méthode des ados naturels*, n'est pas applicable à des terrains ayant une notable pente ; elle ne se prête pas non plus à la formation des planches d'un fort relief. Enfin, à moins qu'on n'emploie habituellement des eaux troubles dont les dépôts puissent servir à régulariser les planches, celles-ci restent incorrectes, irrégulières. Quand les planches doivent être un peu longues, on est naturellement conduit par cette méthode à adopter le système des planches en gradins dont nous avons parlé ailleurs. Malgré l'économie de premier établissement, cette méthode ne peut, en somme, être indiquée qu'avec réserve.

211. Méthode de réfection totale des prairies. — La méthode la plus parfaite pour l'établissement de l'irrigation par planches en ados consiste à étudier son projet en toute liberté, et à exécuter ensuite les terrassements nécessaires pour le réaliser complètement. Deux cas peuvent se présenter, selon qu'on veut établir une prairie sur un terrain nu ou mettre une prairie déjà existante en état de recevoir une irrigation perfectionnée. Les opérations sont exactement les mêmes dans les deux cas, sauf que si le sol est déjà gazonné, on entreprend souvent d'enlever préalablement le gazon, pour le reposer ensuite sur la surface modifiée dans ses reliefs. Dans ce cas, le travail s'exécute par planches successives, afin que les bonnes terres et les gazons, qu'il faut manier deux fois, n'aient à subir que des déplacements modérés.

Si le terrain était de bonne qualité sur une assez grande épaisseur, il y aurait avantage, au point de vue économique, à sacrifier le gazon et à ressemer ensuite la prairie, car on éviterait ainsi beaucoup de main-d'œuvre et de complication dans le travail.

212. Compensation des déblais et remblais. — Dans l'établissement de l'irrigation par planches en ados, la question la plus délicate et la plus importante est celle de la compensation des déblais avec les remblais. C'est particulièrement sous ce rapport qu'un bon plan coté, avec courbes de niveau permettant de juger de la hauteur du sol en un point quelconque, sera d'un très grand secours. Au reste, quel qu'ait été le soin apporté à la rédaction du projet, il faudra, lors de l'exécution, ne pas perdre de vue cette compensation, et y arriver même en modifiant légèrement, s'il le faut, les mesures arrêtées *a priori*. C'est ainsi, par exemple, qu'en donnant à des planches quelques centimètres de bombement de plus ou de moins, on arrivera toujours à les exécuter avec la terre que peut fournir le déblai. Il faut aussi se rappeler que la terre remuée foisonne toujours, et qu'elle se tasse ensuite de nouveau, mais très lentement. Dans les terrains soumis à l'irrigation, le tassement est plus complet que dans ceux qui restent à sec. Il faut donc, au moment de la construction, exagérer un peu les reliefs des parties en remblai.

Dans la construction d'un ados sur un sol relativement plan, il y a d'abord déblai sur les deux bords de l'ados et remblai dans la partie médiane, par conséquent transport de terre dans le sens de la largeur. — En supposant au terrain une pente dans le sens de la longueur de l'ados, ce qui est le cas le plus général, il faut, pour ramener la planche à peu près à l'horizontalité, déblayer davantage à un bout et forcer au contraire le remblai en approchant à l'autre extrémité, ce qui occasionne un transport de terre dans le sens de la longueur de la planche et de la pente générale du terrain. Dans ce double mouvement de terre, *le déblai égalera exactement le remblai,* abstraction faite toutefois du foisonnement, *lorsqu'au milieu de la longueur de la planche en ados la surface du sol naturel passera au milieu de sa hauteur.*

Fig. 128. — Profil transversal par le milieu des planches en ados, indiquant le déblai et le remblai.

Soit, en effet, figure 128, une coupe transversale faite par le milieu de la longueur dans une série d'ados. *m o n* est le niveau primitif du terrain ; AH est la hauteur des ados. Or, si A*o* est égal à *o*H, il sera aussi égal à *p*D. Par suite, le triangle DBE est égal au triangle ABC. Donc, dans la section représentée dans la figure, le déblai est égal au remblai ; et si le sol primitif n'avait point de pente, toutes les sections transversales se trouvant identiques à celle-ci, le déblai total égalerait le remblai.

Voyons maintenant ce qui a lieu quand le terrain a une inclinaison dans le sens de la longueur de l'ados. La figure 129 est supposée tracée dans le plan vertical qui passe par l'arête longitudinale supérieure de l'ados ; AB est cette arête ; CD est le niveau de la base de l'ados ou du fond du déblai ; EF est la trace de la surface inclinée du sol naturel ; XY est la trace du plan horizontal qui divise la hauteur de l'ados en deux parties égales, et qui rencontre EF en un point O, situé par hypothèse au milieu de la longueur de l'ados.

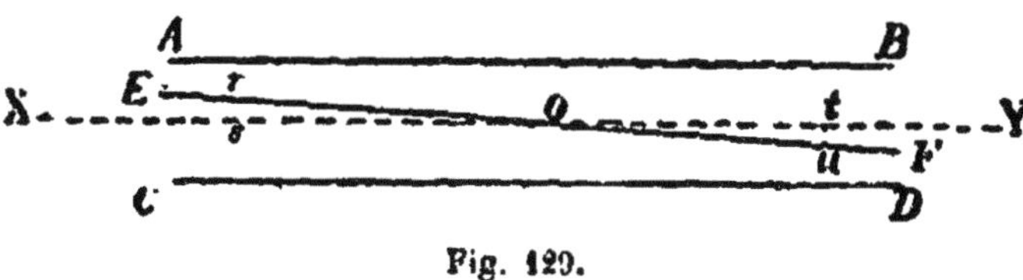

Fig. 120.

Cela posé, nous pouvons concevoir la planche en ados comme composée d'une série de tranches déterminées par des sections perpendiculaires à sa longueur. Considérons deux quelconques de ces tranches situées à égale distance du milieu, à la distance Os égale à Ot, par exemple ; il est évident que, pour ces deux tranches, *rs* égale *tu*, c'est-à-dire que dans l'une le niveau du sol naturel se trouve au-dessus du milieu de la hauteur, et que dans l'autre il se trouve au-dessous d'une quantité précisément égale. En effet, le déblai de la tranche qui contient les points *rs* est égal au remblai de celle qui contient *tu*, et réciproquement, en sorte que les terrassements se compenseront pour ces deux tranches. Comme d'ailleurs tout l'ados se compose de tranches situées deux à deux à égale distance du milieu O, et que la même proposition serait vraie pour chaque couple, la compensation du déblai aura lieu pour la totalité de l'ados.

243. Tracé des planches en ados. — Les planches à construire seront complètement déterminées en plan quand on aura indiqué par des piquets les deux extrémités de chaque rigole d'arrosage et de chaque rigole séparative. Ce tracé est peu compliqué, les points à fixer se trouvant généralement alignés dans deux directions. Les piquets qui représentent les rigoles d'arrosage ou, ce qui revient au même, les arêtes supérieures des ados, devront être assez longs pour dépasser un peu, en hauteur, la planche terminée. Les piquets séparatifs des planches devront, au contraire, être enfoncés assez profondément pour dépasser inférieurement la limite que doit atteindre le déblai, de telle sorte qu'on puisse exécuter ce dernier sans les déplanter tout à fait. Une étude, exécutée au besoin sur le terrain même, mais mieux sur le papier, détermine la hauteur à laquelle on veut élever le faîte des planches, la hauteur totale que doivent avoir ces mêmes planches, et la pente des rigoles d'égouttage. Tout cela est facile à traduire en cotes de hauteur mesurées à partir d'un plan horizontal de comparaison quelconque ; on inscrit ces cotes sur le plan. Cela fait, on détermine par un nivellement les cotes de hauteur des têtes de tous les piquets par rapport au même plan de comparaison ; les nouveaux chiffres obtenus sont inscrits sur le plan au-dessus des autres en ayant soin, pour rendre toute confusion impossible, d'écrire les nouveaux chiffres au crayon ou à l'encre rouge, si les premiers ont été inscrits à l'encre noire. Pour chaque piquet, on soustrait l'un de l'autre les deux chiffres qui s'y rapportent, et on inscrit la différence. Ces différences expriment à quelle distance au-dessous de la tête du piquet devra arriver le terrain une fois le travail de terrassement terminé. Enfin on fait une revue de tous les piquets, le plan qui porte les cotes à la main, et d'après ses indications on fait à chacun, à l'aide d'un couteau et d'une mesure divisée en centimètres, un cran au niveau que doit atteindre le sol. L'indication du travail est alors complète et les ouvriers peuvent l'exécuter sans tâtonnements.

Dans le cas où le projet aurait été étudié directement sur le terrain, sans le secours d'un plan exact de la prairie, on n'en procéderait pas moins à peu près comme il est expliqué ci-dessus. Une sorte de croquis ou plan à vue indiquera les positions de tous les piquets posés, et recevra les indications et annotations particulières relatives à chacun d'eux.

§ 4.

ENSEMENCEMENT DES PRAIRIES

Toutes les fois que le sol destiné à une prairie a subi des remaniements quelconques et n'a pas été entièrement recouvert de gazon rapporté, il faut avoir recours à l'ensemencement. Si dans ce cas la jouissance de la prairie se fait un peu attendre, on a par contre l'avantage d'obtenir un gazon composé de végétaux choisis, à l'exclusion de toutes les plantes nuisibles que les vieux gazons contiennent souvent en abondance.

244. Emploi des fonds de fenils. — Autrefois, on employait comme semence ces fonds de magasins à fourrage qui se composent de graines mélangées de poussière et de débris végétaux. On trouve encore dans le commerce, sous le nom de graine de foin épurée, de ces mêmes fonds de fenils plus ou moins nettoyés et criblés. Il en faut, pour un hectare, environ 400 kilogrammes, formant quelque chose comme une douzaine d'hectolitres. On s'explique facilement ce grand volume ; en effet, presque toutes les semences des plantes les plus précoces s'égrainent dans le pré pendant la fenaison, et ce ne sont plus, pour ainsi dire, que des balles qu'elles répandent plus tard dans les fenils. Certains végétaux tardifs, au contraire, sont coupés avant d'avoir mûri leurs graines et, par suite, un très petit nombre de celles-ci se trouvent susceptibles de lever. Il résulte de ces faits cette autre conséquence importante à noter : que le mélange de graines recueilli comme il vient d'être dit est loin de représenter, comme espèces et comme proportions numériques, la composition de la prairie où le foin a été récolté. Enfin, observons que les semences de plantes inutiles ou nuisibles se trouvent dans la graine de foin aussi bien que celles des meilleures espèces, et quelquefois même en plus grande proportion.

245. Emploi des graines récoltées spécialement pour semence. — Il résulte des diverses considérations qui précèdent qu'il est infiniment préférable de composer soi-même un mélange, avec des semences pures de diverses graminées auxquelles on associe quelques légumineuses. Vilmorin est, je crois, le premier qui ait cultivé spécialement les meilleures graminées des prairies sur une assez grande échelle, afin d'en récolter les graines pour chaque espèce séparément et au point le plus convenable de maturité. On trouve aujourd'hui de ces semences dans toutes les maisons de commerce de graines de quelque importance. Une cinquantaine de kilogrammes en moyenne suffisent pour garnir un hectare et coûtent environ 70 francs d'achat. Pour la composition du mélange, on tiendra compte de la nature argileuse, sablonneuse ou très calcaire du sol de la prairie, de son degré de fraîcheur et de fertilité. On pourra voir quelles sont, parmi les meilleures graminées connues, celles qui croissent spontanémen dans les terres analogues à celle que l'on veut ensemencer, et les choisir de préférence. Il ne faut pas, au surplus, s'exagérer l'importance de cette composition ; l'essentiel est d'avoir une bonne herbe qui garnisse immédiatement le terrain ; il arrivera presque toujours, quoi qu'on ait pu faire, que certaines espèces semées finiront par disparaître, et que d'autres apparaîtront au contraire sans avoir été apportées intentionnellement. La principale considération pour une prairie destinée à être fauchée, c'est qu'elle contienne en grande majorité des plantes dont la maturité coïncide approximativement avec l'époque de la fenaison. On devra généralement préférer les plantes un peu précoces à celles qui sont trop tardives. Voici quelques exemples de mélanges de graines, pouvant convenir pour former de bonnes prairies irriguées dans les terrains indiqués ; nous donnons les quantités en kilogrammes par hectare :

Mélange pour un terrain argilo-siliceux

Premier semis (herser fortement)		*Second semis (herser légèrement)*	
Ray-grass anglais..........	10 k.	Canche flexueuse...........	4 k.
Vulpin des prés............	2	Agrostis commune..........	3
Dactyle pelotonné..........	5	Pâturin des prés............	4
Fromental............... .	4	Timothy..................	3
Brome des prés............	6	Flouve odorante............	1
Fétuque des prés..........	4	Trèfle blanc..............	2 1/2
Fétuque ovine.............	4	Trèfle hybride.............	1/2
Houque laineuse...........	7		

Mélange pour un terrain argilo-calcaire

Premier semis (herser fortement)		*Second semis (herser légèrement)*	
Ray-grass anglais..........	10 k.	Flouve odorante............	1 k.
Fromental..................	8	Centaurée des prés.........	1
Fétuque rouge..............	8	Lotier corniculé...........	1
Dactyle pelotonné..........	5	Canche flexueuse...........	0
Brome des prés............	6	Crételle..................	2
		Pâturin des prés...........	4
		Agrostis commune..........	2
		Achillée mille feuilles.......	1/2
		Trèfle blanc...............	2 1/2

Mélange pour sol très argileux

Premier semis (herser fortement)		*Second semis (rouler seulement)*	
Fétuque élevée.............	10 k.	Lotier velu................	2 k.
Ray-grass anglais..........	8	Trèfle hybride.............	3 1/2
Vulpin des prés............	3	Timothy..................	6
Houque laineuse...........	18	Canche élevée.............	5
		Achillée mille feuilles.......	1/2
		Paturin commun...........	4 1/2

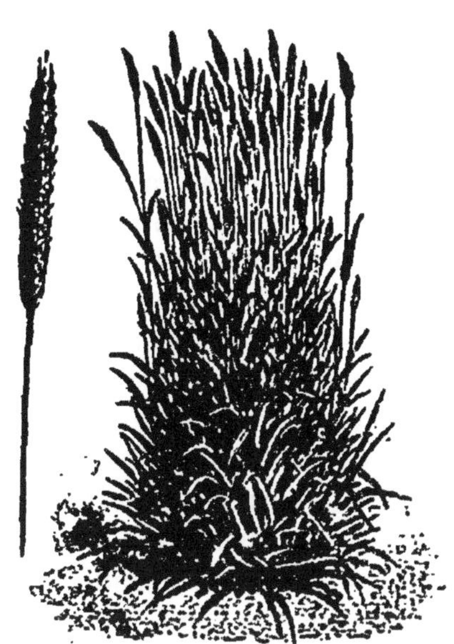

Fig. 130.

Vulpin des prés. Brome des prés.

On pourrait généralement forcer la proportion du ray-grass, qui ne résiste pas toujours longtemps, mais qui garnit et donne des produits promptement.

246. Époque de la semaille. — Le printemps est l'époque le plus généralement choisie pour les ensemencements de prairies. On réussit aussi assez souvent en semant en août. On profite alors de la chaleur de cette partie de l'année et de toutes les pluies de la fin de l'été et de l'automne. Les plantes acquièrent généralement assez de force avant l'hiver pour résister aux intempéries de cette saison.

247. Soins à donner après la semaille. — Les plantes des prairies croissent et tallent très-lentement, dans leur premier âge surtout. Il ne faut pas s'effrayer de l'apparence claire que présente le semis au moment de la levée ; ce n'est guère que dans l'année qui suit celle de la semaille que le terrain commence à se gazonner sérieusement. Si la terre est sale, si des herbes adventices annuelles viennent à garnir le terrain et à prendre le dessus sur les plantes semées, il faut peu s'en inquiéter ; ces plantes disparaîtront après avoir parcouru leur période d'existence, et les graminées se retrouveront. Je conseillerai toutefois, dans les cas dont il s'agit, de passer assez fréquemment la faux sur les jeunes prairies ; les mauvaises herbes seront en grande partie détruites, ou du moins retardées dans leur croissance, et leurs semences ne pourront se produire qu'en petite quantité ; les jeunes graminées, au contraire, ne souffriront pas sensiblement de l'opération.

Si la prairie a été, dès l'époque de son ensemencement, munie de quelques rigoles, de manière qu'il soit possible d'y introduire l'eau, on devra le faire de temps en temps, à partir du moment où l'herbe sera levée. On peut parfois éviter ainsi l'effet désastreux d'une sécheresse qui vient sécher les jeunes plantes avant qu'elles soient suffisamment enracinées. D'ailleurs, si l'eau est de bonne qualité, son effet fertilisant ne tardera pas à se faire sentir. En définitive, des arrosages modérés activeront la croissance et le tallement de l'herbe, et lui procureront une grande vigueur. Il faut seulement bien prendre garde que l'eau, en ruisselant sur la terre nue, est sujette à raviner et peut détériorer la surface qu'on a nivelée avec peine, déraciner et entraîner une partie de l'herbe. On ne devra donc donner l'eau qu'avec beaucoup de réserve et de prudence, en suivant attentivement ses effets, et en ne l'introduisant le plus souvent sur la prairie que sous la forme d'un faible filet.

Quand l'herbe aura acquis assez d'épaisseur pour que ses racines soient un soutien pour le terrain, on achèvera et perfectionnera les rigoles, et l'on pourra faire fonctionner régulièrement l'irrigation, tout en modérant l'eau dans les endroits qui ne seraient pas suffisamment consolidés.

Il est presque superflu d'ajouter que lorsqu'on prépare un terrain complètement privé de végétation à recevoir un semis de prairie, on fera bien de profiter des façons que nécessitera la régularisation de la surface pour y incorporer toutes les matières améliorantes dont l'efficacité a été reconnue, pour des sols de même nature.

§ 5

ENTRETIEN DES PRAIRIES IRRIGUÉES

248. Nécessité d'un bon entretien. — Quand, rectifiant par le nivellement les appréciations trompeuses des yeux, on a fait arriver l'eau sur les terrains susceptibles de la recevoir et qui en avaient été jusqu'alors privés ; quand, par des rigoles habilement tracées conformément aux règles de l'art, on s'est mis en mesure de répandre cette eau sur toutes les parties de ces terrains ; quand on y a en outre répandu la semence des meilleures plantes fourragères, on se tromperait étrangement si l'on croyait posséder une bonne prairie et n'avoir plus qu'à se reposer sur son œuvre. Je n'apprendrai rien aux lecteurs de ce traité en disant que l'eau, amenée par les canaux et rigoles, puis abandonnée complètement à elle-même, ne tarderait pas à faire disparaître les meilleures plantes, à faire croître le jonc et à transformer la prairie en marécage. C'est donc, en définitive, de la bonne direction de l'irrigation que dépend le succès, et je pourrais dire des prairies irriguées qu'elles valent ce que valent les soins d'entretien qu'on leur donne.

249. Condition essentielle. — Une irrigation de prairie exige une surveillance, pour ainsi dire, de tous les instants. Nous avons vu que l'arrivée de l'eau doit quelquefois être suspendue, que dans tous les cas elle doit être dirigée tantôt sur un point, tantôt sur un autre ; il y a donc très fréquemment des manœuvres de vannes ou de barrages à opérer sur le parcours des canaux et rigoles principales. Mais, dans la répartition des arrosages, il faut tenir compte de l'abondance variable de l'eau, de l'état de la végétation, de la saison, et enfin des circonstances météorologiques qui changent d'un jour à l'autre. Il faut donc que l'irrigateur ait présente à la mémoire la marche antérieure de l'irrigation ; il faut qu'il connaisse sa prairie, qu'il la parcoure presque journellement, afin d'être à même de juger des endroits qui ont besoin d'être arrosés, de ceux qui réclament de l'eau neuve, de ceux qui souffrent momentanément de l'humidité. L'épandage uniforme de l'eau ne se fait pas non plus absolument tout seul; l'irrigateur doit être souvent présent pendant les arrosages pour diriger l'eau, tantôt en lui créant des obstacles, tantôt en facilitant son cours dans certaines directions. Les canaux et les rigoles donnent lieu à des réparations et à des curages assez fréquents; il ne suffit pas, d'ailleurs, de faire ces travaux; il faut les faire à temps et prévenir par de petits soins opportuns des dégradations plus considérables. Les changements rapides dans le volume des eaux obligent à modifier toutes les combinaisons faites antérieurement et à prendre promptement des mesures nouvelles. En pareille circonstance, il n'y a pas à remettre à une autre fois le soin d'enlever ou de rétablir certains barrages, de diviser ou de réunir certaines branches du cours d'eau, etc.; ni le temps, quel qu'il soit, ni la pluie, ni les jours fériés ne doivent alors arrêter. On conçoit qu'un travail de ce genre ne peut être que mal fait quand il est fait sans suite, tantôt par un journalier, tantôt par un autre. Il faut un homme spécialement chargé des prairies et de l'irrigation, comme il en faut un chargé du soin d'un troupeau; et un bon irrigateur est celui qui s'intéresse à sa prairie comme un bon berger s'intéresse à ses brebis.

Un homme peut surveiller et entretenir de 15 à 20 hectares. Si la prairie est de peu d'importance, on donnera à l'irrigateur un autre travail pour employer son temps quand le pré ne réclame pas sa présence. Si au contraire la prairie est trop considérable, on donnera à celui qui en est chargé quelques journaliers sous sa direction, aux époques des plus grands travaux.

230. Travaux de l'irrigateur de prairies suivant les saisons. — Tous les ans, à l'automne, on doit réparer et curer tous les canaux, fossés et rigoles, sans exception. Il importe que la prairie soit en état de profiter le plus complètement possible des crues ou des pluies de cette saison. Les premières eaux abondantes qui viennent après l'été et qui lavent partout sur leur passage les champs, les chemins et les alentours des fermes et des habitations, sont les plus fertiles. Cette époque de l'année est d'ailleurs favorable à leur action; point d'herbe haute qui puisse entraver l'irrigation, nulle crainte de salir le gazon par les eaux troubles; une température encore douce, un reste d'activité végétative dans les plantes, paraissent favoriser particulièrement l'absorption des matières utiles contenues dans l'eau. On peut discuter l'opportunité de l'irrigation au cœur de l'hiver; mais quant aux irrigations d'automne, tous les auteurs, aussi bien que les praticiens, sont d'accord pour reconnaître leur importance prépondérante.

C'est l'enlèvement de la coupe de regain ou la cessation du pâturage qui déterminent le commencement de l'irrigation, car on peut difficilement arroser pendant que les bestiaux sont dans les prés. Les gros travaux, les réparations des canaux et fossés doivent être faits d'avance, de manière qu'au moment où la prairie devient libre il n'y ait plus qu'à curer les rigoles intérieures, ce qui peut d'ailleurs se faire successivement, même pendant l'irrigation, puisqu'on n'arrose presque jamais que par parties successives.

Lorsqu'une prairie contient des arbres ou se trouve bordée par des bois, on est dans l'usage d'enlever, à l'aide d'un râteau, les feuilles mortes tombées sur le gazon. Les feuilles de chêne et de noyer ont particulièrement mauvaise réputation. Il n'est pas encore démontré, surtout pour les feuilles moins chargées de tannin que celles des arbres précités, qu'il convienne réellement de râtisser ces feuilles avant le printemps. La présence des matières végétales, en couverture sur les prés pendant l'hiver, est incontestablement avantageuse dans certains cas. Ainsi, dans quelques contrées où l'on cultive beaucoup de sarrazin, la paille de cette plante, qui a peu de valeur, est souvent disposée sur la prairie à l'entrée de l'hiver, et on obtient de cette pratique de très bons effets. L'influence d'une couverture ne peut qu'être favorable en modérant l'action des gelées; mais en outre le lavage de cette couverture, et la dissolution, par les eaux de pluie et d'irrigation, d'une partie des substances qu'elle renferme, doit contribuer à l'amélioration constatée. Au printemps, on enlève les restes de la paille en partie décomposé, et on l'utilise comme litière ou comme matière propre à entrer dans des composts pour les prés ou pour le jardin. Le râteau à cheval est propre à faciliter, dans ces circonstances, le nettoyage de la prairie.

Les rejetons de bois, les saules produits par la graine que le vent répand parfois sur les prairies, les ronces, les épines, doivent être arrachés avec soin pendant toute la durée de la morte saison.

C'est au printemps, et surtout lors des sécheresses qui ont lieu le plus souvent en mars, qu'il convient de donner à la superficie de la prairie la plus grande partie des soins d'entretien qu'elle réclame. On égalise alors les taupinières et les fourmilières ; on enlève les pierres, bois, feuilles et autres matériaux qui pourraient se trouver dans la prairie ; on achève d'arracher les plantes nuisibles ; on fait une dernière revue des rigoles, et si quelques-unes ont besoin d'être partiellement curées, on emploie les produits de l'opération à combler les ornières, les trous faits par le pied des animaux et les endroits trop bas. C'est aussi alors, le plus généralement, qu'on répand sur les prés les cendres, composts, bonnes terres, les engrais pulvérulents de toute nature.

A partir de mai, ou même quelquefois du courant d'avril, l'herbe envahit une partie des rigoles et s'élève d'ailleurs assez haut pour qu'on ne puisse plus parcourir la prairie sans causer de graves dommages. Il faut alors faucher un andain étroit tout le long des rigoles de distribution, et faire consommer en vert l'herbe recueillie dans cette opération ; on découvre ainsi les rigoles les plus importantes, tout en créant un sentier pour l'irrigateur, qui peut alors désobstruer au besoin les rigoles, déplacer les barrages, en un mot, s'il y a encore de l'eau à cette époque, continuer l'irrigation, qui sans cela deviendrait impossible, ou du moins plus nuisible qu'utile, ne pouvant plus être surveillée ni dirigée. Si la coupe le long des rigoles n'est pas faite trop tardivement, ces parties de gazon qui sont les plus fertiles repousseront avant la fenaison, et le peu de foin perdu sera plus que compensé par le surplus de produit de l'ensemble de la prairie.

Huit jours au moins avant la fauchaison, on suspend toute irrigation pour laisser le terrain se bien ressuyer. Si pourtant le temps est très sec, et qu'on ait encore de l'eau à sa disposition, on arrosera à grande eau quelques heures seulement avant l'arrivée des faucheurs ; le pied de l'herbe étant mouillé, la coupe sera plus facile, et l'on fauchera plus également et plus ras. C'est dans le courant de l'été, jusqu'à la reprise des travaux indiqués pour l'automne, qu'il y a le moins à faire aux prairies.

251. Surveillance des arrosages. — Pour arroser, il faut disposer les divers barrages de manière à bien diriger l'eau, successivement, sur les diverses parties de la prairie. Mais l'irrigateur doit en outre suivre l'eau dans sa marche et vérifier si l'irrigation fonctionne convenablement. Si quelques portions de rigoles se trouvent trop réduites, par suite de l'accumulation des dépôts, pour recevoir toute l'eau qu'on leur destine, il faut les curer immédiatement. Si quelque brèche ou affaissement laisse échapper par un point d'une rigole d'arrosage une grande partie de l'eau qui devrait se déverser sur toute sa longueur, il faut combler les brèches ou relever le bord de la rigole avec les produits du curage dont il vient d'être question. Si l'eau se porte trop fortement à l'extrémité d'une rigole d'arrosage, il faut en ralentir le cours par des mottes de gazon placées de distance en distance dans la rigole. Si les taupes ont perforé les rigoles par leurs galeries, il faut rechercher patiemment les fuites et tâcher de les obstruer avec de la terre, de l'herbe ou des mottes de gazon.

252. Petits barrages pour les rigoles des prairies. — Pour diriger l'eau pendant les arrosages, et pour la transporter successivement sur tous les points de la prairie, il faut un grand nombre de petits barrages mobiles, surtout dans les méthodes d'irrigation autres que celle des planches en ados (*voir* art. 70 et 120). Toutefois, ces divers objets ont une valeur qui, en raison du grand nombre nécessaire, n'est pas tout à fait négligeable ; la perte d'une partie de ces objets est presque inévitable ; enfin, si l'on n'a pas la précaution de les ramasser tous et de les rentrer avant la récolte, ils gênent les faucheurs et font surtout obstacle à l'emploi de tous les instruments tels que faucheuse et faneuse. Il convient donc de réserver les vannes en tôle pour quelques points des canaux de répartition, et de s'en tenir pour tout le reste aux simples mottes de gazon qui, posées dans la rigole, sur plusieurs épaisseurs s'il le faut, et pressées avec le pied, constituent des barrages aussi bons qu'économiques. Quand on fait des rigoles neuves, on doit toujours réserver une partie des gazons qui en proviennent pour la confection de ces barrages. Quand cette ressource manque, voici ce qu'il faut faire. On enlève avec la bêche, à proximité de l'endroit où on doit l'employer, la plaque de gazon dont on a besoin ; on a soin de choisir de préférence, s'il est possible, un endroit où le sol forme une saillie ; on prend alors de la vase dans la rigole la plus proche, et on en remplit le trou formé par l'enlèvement du gazon. L'herbe aura bientôt gagné ce petit remblai, dont il ne restera pas de traces. Si la vase manque dans l'endroit où l'on se trouve, on fait un trou au fond de la rigole pour avoir la terre nécessaire ; ce trou sera comblé en peu de temps par les matières que l'eau charrie.

258. Taupinières. — Les taupes sont les ennemies de l'irrigateur ; elles bouleversent sans cesse ses travaux, qu'il faut recommencer comme l'ouvrage de Pénélope ; et par leurs longues galeries, qui se dérobent à sa vue, elles lui créent des difficultés sans fin lorsqu'il veut répandre l'eau uniformément. Hâtons-nous de dire que, réciproquement, l'irrigation est le plus grand des fléaux pour les taupes, que celles-ci disparaissent presque des prés où l'on emploie beaucoup d'eau, et qu'elles sont forcées en tout cas d'abandonner les points actuellement arrosés pour se réfugier dans les endroits les plus secs. J'observerai en passant que si les taupes sont nuisibles au point de vue des facilités de l'irrition, elles ont aussi leur utilité : elles détruisent beaucoup d'insectes, parmi lesquels les courtilières ; elles font directement peu de mal aux herbes des prairies, et l'espèce de culture qu'elles donnent au sol est plutôt favorable que nuisible à sa fertilité, pourvu que la terre meuble des taupinières soit souvent répandue sur le pré.

Quoi qu'il en soit de l'opportunité contestée de détruire les taupes elles-mêmes, jamais une des buttes qu'elles forment ne devrait subsister d'une année à l'autre dans une prairie bien entretenue ; par suite aucune ne devrait se revêtir d'un gazon consistant. C'est au printemps avant la pousse de l'herbe, et en été avant que le regain ne commence à monter, qu'on doit égaliser les taupinières ; cette opération se fait assez rapidement, en dispersant la butte de terre avec une pelle. Cependant, si on peut disposer d'un cheval, l'opération peut se faire encore plus vite, et en même temps avec plus de perfection. On a construit des *rabots de prés* de plusieurs modèles, qui tous fonctionnent assez bien ; j'en donne un ici que je considère comme un des plus perfectionnés, et que chacun peut faire construire dans sa localité. La figure 131 représente l'instrument en plan, vu en dessus. Au-dessous de la même figure se trouve une coupe longitudinale.

Ce rabot est, comme on le voit, un cadre rectangulaire en bois. Deux côtés A, B servent de patins, et sont destinés à traîner sur le sol. La traverse antérieure C, jointe par des boulons avec les pièces longitudinales A et B, est située au-dessus d'elles, par conséquent ne touche pas le sol ; elle ne peut qu'abat-

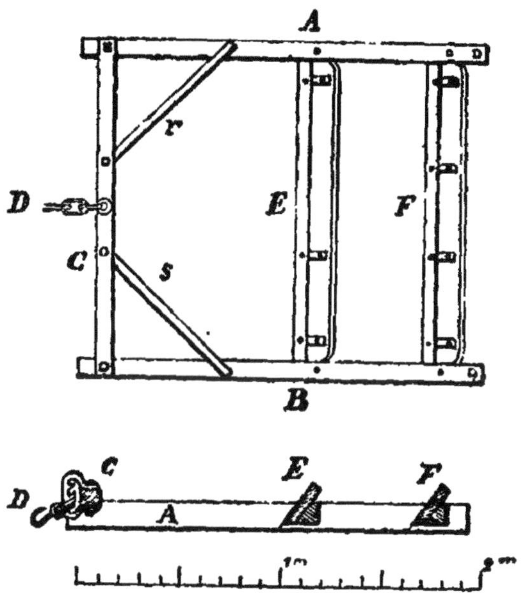

Fig. 131. — Rabot de prairie pour abattre les taupinières.

tre, en passant, le sommet des taupinières les plus élevées. Au milieu de cette traverse est le crochet d'attelage D ; il lui est relié par l'intermédiaire d'une crémaillère, afin qu'on puisse plus facilement régler le tirage et faire en sorte que les patins suivent le sol, sans relever ni du devant, ni du derrière. Deux petits barreaux de fer méplat *r*, *s*, fixés diagonalement, maintiennent le châssis dans sa forme rectangulaire. Deux traverses postérieures, E et F, ont leur face inférieure à environ 3 centimètres plus haut que celles des patins, ce qui fait que ces traverses ne touchent pas le sol ; ces mêmes traverses sont renforcées par deux planches inclinées qui elles-mêmes sont prolongées inférieurement jusqu'au niveau des patins, et par conséquent du sol, par deux lames en fer.

Le mode d'action de cet instrument est le suivant : les taupinières et autres aspérités, déjà rabattues par le passage de la traverse de devant, sont complètement rasées par les lames, au niveau même du sol moyen sur lequel glissent les patins. Ce qui aurait échappé à la première lame est repris par la seconde, qui toutefois n'est pas absolument indispensable. La terre des taupinières, poussée en avant par la planche sur laquelle elle s'accumule, s'étale plus ou moins ; puis elle est déposée, au fur et à mesure de l'avancement de l'instrument, dans les creux que présente la surface du gazon.

Les lames consistent en une simple bande de fer dit *feuillard*, de 7 à 8 centimètres de largeur, ou mieux en une bande d'acier laminé de même échantillon ; de celui qui sert à faire les ressorts de voiture. La figure 132, qui est une coupe (sur une moins petite échelle que la figure précédente) de la partie travaillante de l'instrument, fait voir le mode d'attache des lames. La lame D porte quatre pattes en fer, formées de simples bouts de fer méplat, sans aucune façon spéciale, qui lui sont fixées par des rivets. Chacune de ces pattes C est incrustée dans la planche B, et fixée par un boulon à la traverse de bois A contre laquelle est clouée la planche. Pour enlever la lame, il suffit d'enlever d'abord les quatre boulons qui traversent les pattes.

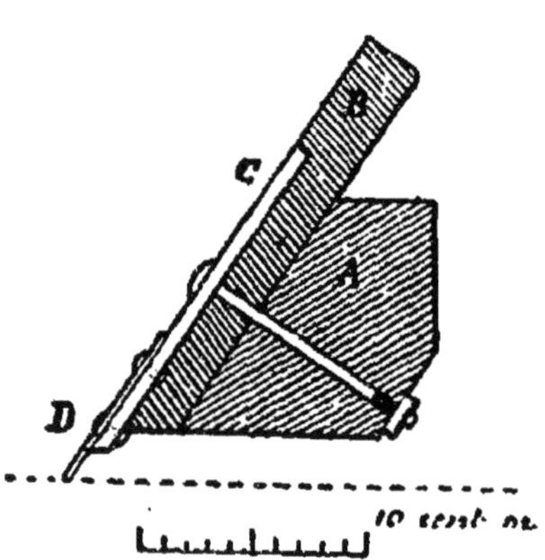

Fig. 132. — Coupe transversale d'une des planches, garnie de sa lame.

La figure 133 représente l'instrument vu de profil. Le dessous

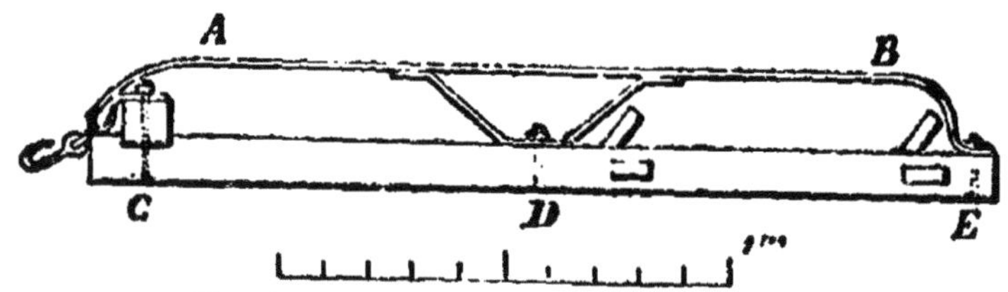

Fig. 133. — Vue latérale du rabot des prés.

des patins est garni de semelles en fer, pour éviter une usure trop rapide. Ces semelles sont des bandes de feuillard de 8 centimètres de large sur 2 ou 3 millimètres d'épaisseur ; elles sont simplement attachées avec quelques vieux clous rasés de fer à cheval, dont la tête se noie dans l'épaisseur du fer. Les trois boulons C, D, E, qui appartiennent au bâtis de l'instrument, ont leurs têtes carrées et incrustées dans le bois ; afin qu'on puisse facilement, en cas de réparations, enlever ces boulons sans même déclouer les semelles des patins, ces dernières sont percées au droit de chaque boulon d'un trou suffisant pour en laisser librement passer la tête. Pour transporter facilement l'instrument, même sur les chemins empierrés, de la ferme au pré et d'un pré à l'autre, on le retourne sens dessus dessous ; deux traîneaux assez légers en fer méplat, que la figure représente en AB, sont fixés à cet effet au-dessus de chacun des patins en bois.

254. Destruction des plantes nuisibles. — De même que l'irrigation exagérée, ou pour mieux dire mal dirigée, fait croître des joncs et autres plantes aquatiques, de même aussi l'irrigation bien conduite et secondée par l'action d'engrais appropriés aux besoins du sol est le plus puissant moyen de faire disparaître peu à peu les plus mauvaises herbes des prairies. Beaucoup de plantes qui peuvent se montrer accidentellement dans une prairie (tel serait le *chardon* par exemple) ne résistent pas à la coupe réitérée opérée par la faux, pourvu qu'elle ait lieu avant leur floraison. Il n'y a donc guère lieu de s'occuper de ces sortes de plantes, si ce n'est pour avancer au besoin la fauchaison des parties de pré qui en sont infestées. La multiplication du *rinanthe crête de coq*, parasite spécial aux prairies, me paraît devoir être combattue par ce même moyen. La *bruyère* ne résiste pas à l'irrigation. Le *genêt d'Angleterre*, petite plante garnie d'aiguillons aigus, et très-nuisible dans le foin, disparaît en peu d'années par l'effet combiné de l'irrigation et des autres soins qui font les bonnes prairies. La *fougère* a ses racines principales situées à 40 centimètres au moins au-dessous de la superficie du sol, ce qui la rend très difficile à attaquer ; en ne la laissant pas se développer complètement, la fauchant le plus souvent possible, brisant les jeunes pousses à coup de bâton, on finit par la faire périr. Un propriétaire de l'Ouest, M. de Kergorlay, a fait disparaître la fougère de sa propriété en payant des infirmes et des mendiants pour les bâtonner. La *patience* doit s'arracher tous les ans au printemps, en choisissant les moments où la terre est le plus profondément détrempée ; les plus jeunes pieds viennent à la main ; pour les vieux, on s'aide d'une bêche que l'on enfonce obliquement à côté de la racine, et avec laquelle on fait levier, pendant qu'on tire le collet de la plante avec l'autre main. Le *colchique* doit être pris à la même époque dans les même conditions ; on tire à la main les feuilles qui se détachent du bulbe, et la plante souffre assez de cette opération pour qu'en la réitérant au besoin elle en meure. Il serait bon d'enlever aussi les fleurs de colchique, qui paraissent en automne, afin de ne pas laisser se développer de nouvelles graines. L'*ajonc nain* souffre peu de l'irrigation ; il faut l'arracher à la pioche, en coupant les racines le plus profondément possible ; lorsque la souche proprement dite a été enlevée, les bouts de racines ne repoussent pas. Le *genêt à balais*, lorsqu'il a existé dans les terrains que l'on transforme en prairie, y laisse une innombrable multitude de graines qui lèvent successivement pendant un grand nombre d'années, quelquefois comme un véritable semis ; ces jeunes plants ont beau être coupés par la faux, ils n'en continuent pas moins à végéter de nouveau. Le genêt a une mince racine pivotante, qui s'enfonce verticalement assez profondément. Il faut, au printemps et à l'automne, prendre les moments où le terrain est profondément détrempé pour arracher les jeunes genêts, que l'on parvient alors à extraire en tirant verticalement avec les mains.

255. Époque de la fenaison. — Les prairies irriguées, mais bien égouttées, convenablement amendées et soignées, sont relativement précoces. D'un autre côté, les meilleurs agriculteurs se rangent aujourd'hui à l'avis qu'il ne faut pas faucher les foins mûrs. Le moment le plus favorable paraît être celui où la majorité des graminées qui composent la prairie sont en fleur, mais non encore en graine ; c'est ce qui arrive dans les premiers jours de juin pour la France centrale. Mais si on a une étendue de prairie un peu considérable, il ne faut pas même attendre le moment indiqué pour commencer à mettre la faux dans les prés ; sinon, les dernières parties récoltées seront à un état trop avancé : les graines arrivées à maturité tomberont à terre, emportant avec elles les éléments les plus nourrissants de la plante, et il ne restera des graminées en quelque sorte que la paille. Le plus grave inconvénient des fauchaisons tardives, qui n'a pas encore été signalé que je sache, est le suivant. Tant que les plantes qui composent une prairie sont encore éloignées du terme de leur maturité, elles continuent à végéter, et dans cet état elles conservent, même séparées de la racine, une résistance vitale particulière ; elles peuvent alors rester deux et jusqu'à près de trois semaines en andains et recevoir ainsi des pluies prolongées, en conservant presque toute leur verdeur et sans s'avarier notablement. On peut donc, lorsqu'on fauche pendant que les plantes sont en pleine végétation, faucher quelque temps qu'il fasse, en se gardant bien de toucher aux andains par des temps douteux. Viennent quelques belles journées de soleil (et il finit toujours par en venir dans cette saison), on a de l'ouvrage devant soi : il n'y a qu'à faner ; les plantes, quoique vertes, sont arrivées à un certain état où elles sèchent beaucoup plus facilement que si elles étoient tout fraîchement coupées ; ce que l'on secoue pour la première fois le matin peut généralement, à la rigueur, être rentré le soir même. La besogne avance donc avec une merveilleuse célérité, et on est sûr de rentrer du foin au moins passable, même dans les années les plus défavorables. Les choses se passent tout autrement quand on n'entreprend la fenaison que lorsque l'herbe atteint à peu près le point de maturation des graines ; dans ce cas, les tiges et les feuilles sont bien près d'être arrivées à l'état pailleux. Dans ces conditions, il suffit d'une seule ondée ou même d'une simple rosée survenue pendant que le temps est très-chaud, pour déterminer, à la surface des plantes, une abondante végétation cryptogamique, une sorte de moisissure qui noircit le foin et lui ôte toute qualité. Par conséquent, si on est pris, pendant la durée de la fenaison, par des temps pluvieux, on est sûr de récolter plus ou moins de foin presque sans valeur, malgré une grande augmentation de main-d'œuvre et les peines infinies que l'on se donne en vain pour tâcher de sauver sa récolte. J'ai vu plusieurs fois des foins, trop attardés, noircir complètement sur pied avant d'être fauchés. Ces observations n'ont qu'une minime importance pour la région méridionale, où le beau temps a une fixité bien plus grande que dans le reste de la France.

250. Pâturage des prairies irriguées. — Les prairies soumises à l'irrigation se prêtent mieux à *la confection du foin* qu'au pâturage. Les pieds des animaux dégradent toujours les rigoles, et quand le terrain est couvert d'eau, ou seulement détrempé par des arrosages fréquents, le mal peut s'étendre à toute la superficie du gazon. Cet effet est beaucoup plus prononcé quand le sous-sol est d'une nature imperméable que dans le cas contraire, et d'autant plus que les animaux ont plus de poids. Aussi, à ce point de vue, les bêtes bovines sont plus préjudiciables que les moutons, et les animaux de grandes races plus que ceux d'un moindre volume. Les trous faits par les pieds des vaches dans un sol mou ne font pas seulement perdre de l'herbe ; ils deviennent autant de cuvettes qui se remplissent d'eau stagnante, et l'égouttage n'a plus lieu qu'imparfaitement. C'est surtout par suite de cet effet que la prairie peut être gravement détériorée.

Si l'on n'arrose pas pendant l'été, on peut, la première coupe de foin une fois enlevée, mettre dans la praire les animaux, quels qu'ils soient, jusqu'au moment où l'on recommence les irrigations d'automne. A partir de ce moment, les bêtes bovines doivent être rigoureusement exclues.

Alors même qu'on arrose légèrement de temps à autre pendant l'été, on peut à la rigueur faire pacager pendant cette saison ; il suffit de s'astreindre à retirer les animaux pendant le temps des arrosages et pendant celui qui est nécessaire pour que le sol s'égoutte suffisamment. Si même la prairie est un peu étendue, comme elle ne sera alors arrosée que par parties successives, le pâturage pourra être continu ; il sera indispensable toutefois que les animaux soient gardés, ou confinés dans des compartiments limités par des clôtures.

Les moutons, dont le pied est moins destructeur pour le gazon que celui des gros animaux, peuvent être conduits dans les prairies irriguées pendant tout l'hiver, jusque vers le 1er mars. A partir de ce moment, l'herbe commence à végéter, et il faut se garder de laisser attaquer les jeunes pousses par les animaux.

S'il entre nécessairement dans le système cultural adopté d'avoir pendant toute l'année des bestiaux en liberté dans les pâturages, le mieux est de diviser la prairie en plusieurs parties soumises à une rotation. Supposons qu'on ait trois enclos de pré, dont un consacré chaque année au pâturage ; dans cet enclos on n'irriguera que très-modérément et seulement dans des moments de sécheresse par trop prolongée, et de manière à maintenir un peu de fraîcheur dans le terrain. Dans les autres parties, on entretiendra les rigoles, on soignera l'irrigation, et on fera du foin.

En résumé, le pâturage n'est pas absolument inconciliable avec l'irrigation, mais il entraîne un surcroît dans la main-d'œuvre d'entretien de la prairie.

J'ai parlé de mener les moutons dans les prairies. Je sais que, dans beaucoup de localités, on repousse d'une manière absolue une telle pratique. Je sais que les animaux d'espèce ovine recherchent avec obstination les endroits des prairies où le fourrage est le plus fin, et qu'ils choisissent dans ces parties les plantes qui leur plaisent plus particulièrement, enfin qu'ils tondent parfois l'herbe jusqu'au-dessous du collet des plantes. Il faut pourtant, en ceci comme en toutes choses, distinguer l'abus de l'usage. Certainement, si on met dans un pré un troupeau de moutons qui ne reçoivent pas d'autre nourriture, si leur nombre et la durée du pâturage sont disproportionnés à son étendue et à ses produits, les moutons finiront par ronger les plantes jusqu'au point de n'en laisser subsister que les racines et de transformer le gazon en une terre nue ; la prairie sera alors ruinée. Mais si au contraire les moutons, nourris au besoin en partie à la bergerie, sont bien conduits, si on les force à circuler dans toute la prairie, si on ne les y laisse que le temps convenable, je ne pense pas qu'ils y fassent plus de mal que d'autres animaux. Le tout est de n'en mettre qu'un nombre raisonnable, de ne pas les laisser s'arrêter sur une même place, et surtout de suspendre tout à fait ce pâturage dès que l'herbe est suffisamment tondue.

La quantité totale de fourrage qu'on peut récolter annuellement, sur une étendue déterminée, est une quantité sensiblement fixe, résultant de l'état de fertilité du sol et indépendante des combinaisons culturales et des époques des récoltes. Ainsi, tout pâturage pris à l'automne ou au printemps a pour conséquence de diminuer le produit de la coupe de foin suivante. Plus le pâturage est prolongé, plus l'effet est sensible ; parfois un pré se trouve en automne très incomplètement rasé par les animaux, et si l'on ne fait pas consommer ce qui reste d'herbe, il semble que ce soit un produit perdu. Cependant de judicieux observateurs ont cru reconnaître que l'on en retrouve l'équivalent dans un excédant de produits de la coupe suivante.

§ 6

AMENDEMENTS ET ENGRAIS

257. Amélioration d'un terrain déjà gazonné. — L'amélioration d'un terrain gazonné, autre que celle que procure l'irrigation, s'obtient surtout à l'aide d'amendements et d'engrais bien choisis et convenablement employés : marne, phosphates, cendres. Celles-ci sont ou vives ou lessivées ; les premières sont plus riches (phosphate et potasse), mais leur effet n'est pas immédiat ; les secondes équivalent au phosphate fossile. Celui-ci, pulvérisé, vaut le superphosphate ; on peut le remplacer par des scories de déphosphorisation provenant de la fabrication de l'acier (Creusot), broyées finement. Citons encore : l'emploi du plâtre sur les prairies *artificielles*, et celui du chlorure double de potassium et de magnésium et autre sels des mines de Stassfurt. Ce gisement « a une très grande importance au point de vue « agricole et au point de vue industriel. Sa mise en exploitation « a amené une véritable perturbation dans le commerce des « sels de potasse, dont les prix ont considérablement baissé » (NIVOIT, *Géologie appliquée à l'art de l'ingénieur*).

Le phosphate fossile pulvérisé peut être employé presque en toute saison ; mais les engrais très solubles doivent l'être de préférence au printemps, avant la pousse. On peut utiliser les purins des fermes, entr'autres procédés, en les mêlant à l'eau des rigoles disposées pour l'irrigation.

Pour le choix des amendements et engrais à employer pour l'amélioration des prairies qui souffrent, on peut dire :

Que les phosphates sont particulièrement indiqués lorsque le trèfle, les légumineuses disparaissent d'une prairie ;

Que les engrais azotés sont nécessaires quand l'herbe est maigre, chétive.

Au contraire, il y a surabondance d'azote lorsque l'herbe verse, ou quand se multiplient les orties, les panais sauvages (ou berce branche-ursine) ; le phosphate et la chaux sont dès lors à employer.

Question du réensemencement des prairies. — L'emploi bien raisonné des amendements permet presque toujours de prévenir la nécessité du réensemencement, ou du moins éloigne beaucoup les époques où il faut en venir au rajeunissement des herbes des prairies.

CHAPITRE NEUVIÈME

DESSÈCHEMENTS, COLMATAGE, DRAINAGE, CURAGES, ETC.

---

§ 1. *Dessèchements.* — § 2. *Dessalage.* — § 3. *Limonage et colmatage.* — § 4. *Drainage.* — § 5. *Curages.*

§ 1.

DESSÈCHEMENTS

258. Assainissement d'une vallée marécageuse. — Les irrégularités du sol sont souvent, dans une vallée, la seule cause de la stagnation des eaux. Le dépôt, sur les bords de la rivière, des produits des curages contribue à retenir les eaux pluviales et celles qui peuvent provenir des débordements des crues. Dans une telle situation, il n'y a qu'à ouvrir les bourrelets latéraux et à combler des excavations. Mais s'il s'agit d'une vallée à sol déprimé vers les coteaux, des canaux d'assèchement deviennent nécessaires.

259. Lacs, étangs et terrains en forme de bassin. — D'autres fois, le terrain à dessécher présente, dans son ensemble, la forme d'un bassin dominé de plusieurs côtés ou même de toutes parts par les terrains voisins. Ce cas se présente notamment lorsqu'il s'agit de dessécher un lac ou un étang. Le premier travail, dans ce cas, consiste généralement à creuser un canal, ou tout au moins un fossé de ceinture, ayant pour objet principal d'isoler le terrain à dessécher, et d'intercepter toutes les eaux d'origine pluviale, d'inondation, de sources, etc., qui pourraient provenir des terrains voisins. On conçoit que, selon la disposition des lieux, le fossé dont il s'agit devra former une ceinture complète, ou bien qu'il suffira de le faire régner sur les côtés où le terrain dont on s'occupe se trouve dominé. Le dessèchement proprement dit sera opéré à l'aide d'un réseau intérieur de canaux ou fossés, réseau dont l'importance sera en rapport avec l'étendue à dessécher. La terre provenant de ces divers déblais sera transportée et étendue dans les cavités les plus profondes, qui se trouveront ainsi en parties comblées. Les canaux intérieurs devront, bien entendu, être tracés de manière à passer dans les bas-fonds, et à pouvoir emporter toutes les eaux. Ces canaux de dessèchement se réuniront finalement à un canal d'écoulement principal, auquel il ne s'agira plus que de trouver une issue. Quelquefois rien ne sera plus facile que de prolonger ce canal jusqu'à un ravin ou jusqu'à un cours d'eau. Mais il existe aussi des localités où ce canal d'écoulement a besoin d'être profondément creusé sur certaines portions de son parcours et prolongé très-loin pour qu'on puisse obtenir un écoulement suffisant sans nuire aux héritages voisins. On a même des exemples de dessèchements dans lesquels on s'est vu dans l'obligation de creuser une partie du canal d'écoulement en galerie souterraine, par dessous une colline ou une crête. Mais les travaux de cette importance ne sont pas de ceux que j'ai à décrire ici.

Le plus souvent, dans un bassin tel que celui dont il vient d'être question, il se trouve un cours d'eau, petit ou grand, dont on devra profiter pour irriguer le terrain conquis à la culture.

280. Dessèchement des étangs salés situés près des côtes. — Il arrive encore que les terrains à dessécher sont situés au bord de la mer, à un niveau un peu plus bas que celui de la haute mer. De grandes superficies de terrains se trouvent dans cette situation, soit sur bords de la mer du Nord dans les Flandres française ou belge, soit sur les côtes de la Méditerranée en France et en Italie. On est obligé, dans les cas dont il s'agit, d'établir une digue dans toute la partie du pourtour par laquelle la mer peut faire invasion. Cette digue doit être beaucoup plus large à sa base qu'elle n'est haute et, pour qu'elle ne soit pas trop facilement démolie par les vagues, elle devra présenter du côté de la mer un talus extrêmement doux et sensiblement concave, dont la base soit égale à sept ou huit fois la hauteur. Une fois l'endiguement opéré, le terrain rentre, par sa disposition, dans la catégorie que nous venons d'examiner en dernier lieu. Le fossé de ceinture, le réseau des canaux intérieurs, le canal de distribution d'eau douce pour les irrigations, ne présenteront dans leurs dispositions aucune particularité remarquable. Ici la terre provenant des déblais sera en grande partie employée à l'exécution de la digue. On devra, en général, placer le principal canal intérieur à un niveau tel qu'il puisse naturellement faire écouler à la mer l'eau qu'il contient, du moins dans certains moments, c'est-à-dire, s'il s'agit de l'Océan, à la marée basse, et pour nos côtes de la Méditerranée lorsque le vent du nord souffle fortement. Le canal, à cet effet, débouchera à la mer, à travers la digue, par un chenal muni d'une ventelle disposée de manière à s'ouvrir de dedans en dehors pour laisser passer l'eau douce quand la mer est basse; mais ne pouvant s'ouvir en sens contraire, afin de prévenir la rentrée de l'eau de mer. Une partie du terrain à dessécher s'égouttera, en vertu des pentes naturelles, dans le canal de décharge dont il vient d'être question. Quant aux eaux des parties plus basses que ce canal, elles se réuniront dans un ou plusieurs canaux secondaires, établis à un niveau convenable, qui les amèneront dans un bassin situé à proximité du canal de décharge, en contre-bas de ce dernier. Des appareils élévatoires puiseront l'eau dans ce bassin et la déverseront dans le canal de décharge. Enfin, lorsque, par suite de l'état de la mer, l'écoulement naturel ne pourra avoir lieu à travers la digue, une autre machine élévatoire prendra l'eau du canal de décharge et la jettera à la mer par dessus la digue. Une fois le premier dessèchement opéré, les mêmes dispositions seront conservées, et les mêmes moyens serviront à procurer l'évacuation des eaux pluviales, ainsi que de celles qui auront été amenées pour les besoins de l'irrigation. Quant aux machines d'épuisement, elles varieront selon l'importance des volumes d'eau et selon les hauteurs où il faudra les élever. On pourra appliquer, selon ces diverses circonstances, depuis les plus modestes appareils à manèges jusqu'aux pompes les plus puissantes mues par la vapeur. Le vent est souvent le moteur préféré, parce que son travail est presque gratuit, et que, d'ailleurs, la régularité du moteur n'est pas une condition nécessaire dans ces appareils d'épuisement.

§ 2.

DESSALAGE

261. Cas ordinaires. — Lorsqu'on a desséché, par les procédés qui viennent d'être indiqués, des terrains qui ont été recouverts par l'eau de la mer, il est indispensable de les dessaler avant de les livrer à la culture. Le même cas se présente même quelquefois pour des terrains émergés depuis l'origine des temps historiques.

Dans les terrains conquis sur la mer au nord de la France, en Belgique et en Hollande, des irrigations répétées enlèvent la salure pour toujours. Le lavage naturel par les eaux pluviales est même parfois suffisant. Dans le midi de la France, au contraire, il y a de nombreux terrains d'où l'on n'a pu parvenir à faire disparaître le sel d'une manière définitive.

262. Bords de la Méditerranée. Camargue. — L'amélioration des terrains bas voisins de la Méditerranée, aux environs de l'embouchure du Rhône et sur de grandes surfaces vers l'ouest, est très difficile, en elle-même et à cause des nombreux intérêts qu'il faudrait concilier. Beaucoup de propriétaires, se contentant des revenus actuels, sont peu disposés à entrer dans les associations qui seraient nécessaires pour les travaux d'ensemble qu'exigerait l'intérêt de la salubrité générale en même temps que celui de l'agriculture. Le problème se trouve fâcheusement compliqué par la salure du sol. En été, « lorsque, par le fait de l'évaporation, dit M. Duponchel (Hydraulique et géologie agricoles, page 286), l'eau qui remplissait une partie des pores supérieurs vient à disparaître, l'eau des couches inférieures, remontant par les interstices capillaires qui séparent les molécules, arrive à la surface ; elle s'évapore à son tour et est nécessairement remplacée par le liquide des couches plus basses. Le sel, dans ces conditions, se concentre à la surface et se manifeste même au dehors par des efflorescences cristallines. Lorsque survient la période d'humidité, un fait inverse se produit : la première eau qui tombe à la surface du sol dissout le sel et pénètre avec lui dans les conduits capillaires des couches inférieures où, par l'effet de sa plus grande pesanteur, elle est retenue jusqu'à ce qu'une nouvelle évaporation la ramène au dehors ».

On conçoit, d'après cela, que l'irrigation soit insuffisante pour transformer ces terrains ; il faut y ajouter le drainage, seul moyen d'évacuer le sel en évacuant l'eau qui a traversé le sol ; mais dans bien des cas le produit des drains devra être réuni dans des réservoirs où il faudra le reprendre à l'aide de machines. Telle est la seule méthode de dessalage qui puisse toujours réussir dans nos contrées méridionales, tandis que l'irrigation ou simplement l'action des pluies suffit dans le nord. Dans la Camargue, on conduit les eaux de drainage dans le Valcarès, étang de 6.000 hectares, séparé de la Méditerranée par une digue éclusée, par laquelle son trop-plein s'écoule lorsque le niveau de la mer est au plus bas. Les irrigations sont faites à l'aide d'eaux puisées dans les deux bras du Rhône, et élevées par des pompes mues par des locomobiles, par des machines fixes, ou par des machines flottantes.

L'irrigation et le drainage produisent d'excellents résultats, car nous lisons dans un compte rendu des travaux de la Camargue, de M. Jules Laverrière, que la vigne « a établi l'un de ses centres de prédilection sur les points assainis de la Camargue, submersibles par les eaux du Rhône. En 1885, elle occupait déjà 3.580 hectares, dont 2.017 sont soumis à une submersion régulière, dont les frais se montent par hectare à 45 francs ». Il faut compter 1.500 fr. pour la plantation de la vigne, y compris les labours, fumures, binages, etc., jusqu'à la quatrième feuille, et ajouter les frais relatifs à la machine élévatoire, etc.; mais en somme l'opération paraît devoir être fructueuse. « Les fourrages artificiels et les prairies naturelles commencent à faire leur apparition sur ces terres restaurées, les pâturages sont en voie d'amélioration sensibles surtout depuis l'introduction, d'après les indications de M. Prilliaux, professeur à l'Institut agronomique, de deux espèces australiennes de Salt-Bush (*Kochia villosa* et *Chenopodium nitrariaceum*), qui ont la propriété de végéter vigoureusement dans les localités encore imprégnées de sel. Grâce à ces végétaux précieux, qui forment de petits buissons, de 0,30 à 0,40 de hauteur, chargés de feuilles et insensibles aux plus fortes ardeurs estivales, les bêtes à laine de la Camargue, au nombre de 200.000, ne tarderont pas à trouver une nourriture abondante pendant la saison chaude. »

§ 3

LIMONAGE ET COLMATAGE

263. Principe des limonages. — Il peut arriver qu'il convienne d'employer l'eau spécialement en vue des matières solides qu'elle tient en suspension, matières dont on favorise le dépôt et que l'on fait servir à l'amélioration définitive de certaines étendues de terrain.

Dans les contrées où l'eau est fournie aux cultivateurs par des canaux créés en vue des irrigations, il se trouve que c'est en hiver et au printemps, c'est-à-dire précisément quand on arrose le moins, que l'eau est la plus abondante et les canaux le plus largement alimentés. Le plus souvent, à cette époque, toute cette eau reste à peu près sans emploi. Cependant, fait bien digne de remarque, c'est pendant ces temps d'abondance que l'eau est le plus chargée de troubles, et c'est alors que se produisent les grandes crues des rivières, pendant lesquelles la proportion des limons charriés atteint son maximum.

Quand des champs sont disposés de manière à pouvoir être arrosés par submersion, on doit, chaque fois que l'on a de l'eau trouble à sa disposition, en profiter pour opérer un *limonage*, c'est-à-dire couvrir le terrain d'une couche d'eau, laisser reposer jusqu'à ce que celle-ci se soit éclaircie, enfin faire écouler doucement cette eau claire. Le dépôt obtenu, fertilisant dans tous les cas, finira souvent par devenir assez considérable pour qu'il en résulte une grande amélioration foncière.

Il est bien entendu qu'on ne pratiquera pas cette opération sur des terres chargées de récoltes. Mais on opérera, si l'occasion s'en présente, en hiver, sur des terres non ensemencées destinées à être cultivées au printemps. On peut encore appliquer en hiver le procédé en question aux terres occupées par les prairies de graminées, et cela tant que l'herbe n'aura pas commencé à monter. Il peut enfin se rencontrer quelques cas où l'on pourra opérer, avec réserve, même sur des champs couverts de divers genres de récoltes.

264. Différentes méthodes de limonage. — Quoique la submersion soit peut-être le moyen de recueillir le plus complètement possible les troubles contenus dans l'eau, toutes les autres dispositions prises en vue de l'arrosage d'un terrain pourront, dans une certaine mesure, être mises à profit dans le même but. En faisant couler l'eau trouble lentement, et autant que possible en nappe très-mince et très-large, sur une surface légèrement inclinée, une partie des limons se déposera en passant. On pourra d'ailleurs, dans bien des cas, et sans frais considérables, établir dans le terrain à limoner une série de petites digues ou bourrelets provisoires et de peu de relief, destinées à retenir l'eau. Il faut remarquer que, dans les champs *en culture*, on est obligé, pour la facilité du labourage et des autres travaux agricoles, de conserver d'assez grands espaces libres et sans obstacles. Dès lors, pour peu que le champ soit incliné, les digues situées au bas de celui-ci doivent avoir une assez grande hauteur, et sont, par suite, d'une construction dispendieuse. C'est là un des inconvénients de la submersion dans le cas des irrigations proprement dites. Mais lorsqu'il ne s'agit que de dispositions provisoires, prises en vue de retenir l'eau à une époque où le terrain n'est pas cultivé, rien ne s'oppose plus à ce qu'on subdivise celui-ci en compartiments aussi étroits qu'on le juge à propos ; et dès lors les digues peuvent être réduites à de simples bourrelets, de 1 ou 2 décimètres de hauteur tout au plus, que la charrue et la herse effaceront lors des cultures.

265. Limonage des sols infertiles. — C'est surtout lorsque le sol est naturellement infertile, et tout particulièrement lorsqu'il est tourbeux ou sablonneux, que l'opération du limonage acquiert une très grande importance, car elle finit par transformer en sols fertiles des terrains à peu près impropres à la culture. Le mélange des particules très fines, qui constituent les limons, et qui renferme toujours du calcaire, de la silice et de l'argile, outre une foule d'autres matières minérales en moindres quantités, constitue pour l'une et l'autre des terres en question un excellent amendement, que la charrue mélangera peu à peu avec le sol naturel.

266. Terres arides converties en prairies par le limonage. — Si le terrain était tellement impropre à la culture qu'on ne pût espérer l'améliorer suffisamment par un simple mélange de limon; si, par exemple, on avait affaire à des sables purs, ou à des graviers comme on en rencontre si souvent sur le bord des fleuves; si d'autre part on trouvait trop long d'attendre la formation d'une couche de limon assez épaisse pour qu'on pût la labourer sans atteindre avec la charrue le sol primitif, on pourrait tirer parti de ce terrain et en obtenir assez promptement un produit, en en faisant une prairie permanente. Cette dernière, dont la végétation est très superficielle, est en effet fort peu exigeante au point de vue du sous sol, et réussit à l'aide de l'irrigation partout où l'on peut créer à la surface une couche si mince qu'elle soit de bonne terre végétale. Or, convertir en prairies des grèves stériles, c'est déjà une assez belle opération, dont la possibilité pourtant n'a rien d'hypothétique, et dont on rencontre des exemples sous tous les climats, aussi bien dans la région méditerranéenne qu'en Lorraine, en Allemagne, etc.

267. Exécution des limonages. — Quant à l'exécution, la première chose à faire sera de régulariser, dans une certaine mesure, la surface du sol. Ainsi les buttes ou sommités qui, en raison de leur élévation, ne pourraient être recouvertes par les eaux limoneuses, devront être abaissées, et la terre ainsi obtenue servira à combler les endroits les plus creux. En général il conviendra d'étudier d'avance la disposition à donner à la prairie, et tous les principaux mouvements de terre reconnus inévitables devront être exécutés, de préférence, avant le limonage. En agissant ainsi, on ne se trouvera pas plus tard dans la nécessité d'enlever entièrement, sur certains points, la couche de limons fertiles déjà déposée, et d'enfouir ailleurs cette couche sous des remblais stériles. Les terrassements préliminaires étant effectués, on établira les bourrelets nécessaires pour retenir l'eau, et on commencera à procéder au *limonage*. Mais aussitôt qu'on aura obtenu une couche de dépôt suffisante pour recouvrir les sables ou graviers et permettre à la jeune herbe de prendre racine, on pourra suspendre l'opération. On rabattra les bourrelets provisoires, on établira les rigoles de distribution et d'arrosage, puis on ensemencera le terrain en graminées mélangées. On introduira alors *fréquemment* dans les rigoles une faible quantité d'eau, de manière à entretenir, par simple infiltration, l'humidité nécessaire à la germination, à la levée et au premier développement des plantes. Une fois l'herbe bien enracinée, on pourra commencer à faire couler l'eau avec précaution à la surface du sol, ce qui favorisera la croissance et le tallage de l'herbe. Enfin, une fois le gazonnement obtenu à un degré jugé suffisant, l'opération entrera dans une troisième phase, celle où l'on commencera à tirer parti du sol par l'exploitation de la prairie, tout en continuant l'œuvre d'amélioration foncière au moyen des limons. La marche à suivre consistera simplement à arroser la prairie avec les eaux troubles, en faisant couler à sa surface une couche de cette eau, également répartie et aussi mince que possible. Pendant le repos hivernal de la végétation, on pourra mettre l'eau sur toute la prairie pendant plusieurs semaines consécutives. Mais, à partir du moment où l'herbe entrera en végétation active, il conviendra, pour procurer au sol l'aérage dont il a besoin et ne pas le rendre marécageux, de diviser la prairie en trois ou quatre parties, dont chacune sera arrosée à son tour, pendant que les autres se ressuieront. On pourra procéder ainsi toute l'année, sauf au moment de la maturité de l'herbe. Dans l'irrigation ordinaire des prairies, on ne craint pas de verser à la fois sur celles-ci des masses d'eau considérables, si on les a à sa disposition. Mais, dans le cas particulier que nous avons ici en vue, on devra modérer l'écoulement le plus possible, de manière que l'eau, étendue en couche très mince, ne prenne jamais dans son passage sur le gazon qu'une faible vitesse. Dans ces conditions, le dépôt des particules terreuses pourra s'effectuer même malgré une pente du sol assez prononcée. L'herbe, en ralentissant la vitesse, aidera puissamment au résultat ; et d'autre part, le pied seul des plantes étant mouillé, les feuilles et les tiges destinées à être converties en foin ne seront point salies par l'eau trouble. On reconnaîtra, d'ailleurs, que l'opération marche bien quand on verra l'eau s'échapper au bas de la prairie sensiblement plus limpide qu'elle ne l'était à son entrée. Alors le sol s'exhaussera insensiblement. En même temps, l'herbe acquerra plus de vigueur et d'épaisseur, émettra de nouveaux rejetons qui suivront le mouvement ascensionnel de la surface. D'un autre côté, les rigoles de niveau, que l'on fera bien de multiplier même au delà des besoins d'une irrigation ordinaire, et dans lesquelles l'eau se trouvera à l'état stagnant, seront le lieu où s'accumuleront de préférence les dépôts les plus fins. Le curage périodique de ces rigoles fournira d'excellente terre qui, placée chaque fois dans les parties les plus irrégulières du pré, permettra de compléter peu à peu la régularisation parfaite de sa surface.

Lors des premiers travaux, on devra, en traçant le canal d'amenée, tenir compte de l'exhaussement que le sol est appelé à prendre par la suite, et par suite, le plus souvent, disposer ce canal en remblai.

Si cette mise en valeur des terrains arides, par la prairie, est opérée parfois avec des eaux qui ne déposent annuellement qu'une très faible épaisseur de limon, il faut bien remarquer, par contre, que la prairie pouvant durer indéfiniment, le relèvement de la surface finira toujours par acquérir des proportions très sensibles.

268. Objet du colmatage. — J'ai supposé jusqu'ici que l'on améliore graduellement le sol, en recueillant les limons surtout aux époques de l'année où ils sont le plus abondants, sans cesser complètement de tirer parti du terrain par la culture. Il y a bien inévitablement, par l'effet des dépôts successifs, une élévation graduelle du sol; mais celle-ci, dans le cas que nous venons d'examiner, restait le plus souvent inaperçue du cultivateur. Il y a au contraire d'autres cas où l'exhaussement du sol à l'aide des eaux troubles est le but principal que l'on veut atteindre. Ainsi certains terrains présentent des dépressions sans issue et d'une certaine étendue, dans lesquelles les eaux pluviales restent stagnantes; d'autres sont, dans leur ensemble, à un niveau trop bas pour qu'il soit possible de les égoutter convenablement dans le cours d'eau le plus voisin; d'autres enfin sont submergés trop fréquemment par les crues d'une rivière sujette à déborder. De tels terrains se rencontrent en tout pays, plus particulièrement dans le voisinage des rivières et sur les plages qui bordent la mer. Or, il est possible de les transformer en terres cultivables d'une très haute fertilité, pourvu qu'on puisse y amener des eaux troubles en quantité suffisante. Il s'agit, dans ce cas, d'opérer un véritable remblai au moyen de l'accumulation des dépôts successifs. Ce genre d'opération, pratiqué en Italie depuis trois siècles, a donné lieu plus récemment en France à des applications couronnées d'un plein succès. Il y a toutefois, d'une localité à l'autre, de grandes différences dans la rapidité de l'opération. Avec certaines eaux, on ne pourra obtenir dans le cours d'une saison qu'une couche de 1 ou de 2 centimètres, tandis qu'on cite des opérations faites avec des eaux telles que celles du Var, très chargées de matières terreuses, par lesquelles on a réalisé dans l'année des exhaussements de 10 à 20 centimètres.

Ces comblements à l'aide de l'eau, ces *colmatages*, comme on les appelle[1], ont quelquefois lieu sur une vaste échelle[2] ; mais il existe aussi des cas très nombreux où des améliorations analogues peuvent être effectuées par les particuliers au moyen de l'eau que fournissent les canaux d'irrigation.

269. Circonstances favorables au colmatage. — C'est surtout aux époques des grandes eaux que l'on doit opérer, car c'est alors que les rivières charrient la plus grande quantité de matières terreuses. Quelque irrégulières que soient les époques et les durées des crues, on sait néanmoins, dans chaque pays et pour chaque cours d'eau, quelles sont les saisons où elles sont le plus probables. Elles coïncident souvent avec la fonte des neiges dans la région où est située la partie supérieure du cours de la rivière. La plupart des cours d'eau, près de leur origine, charrient non seulement des limons impalpables, mais encore des sables et même des graviers ; mais, à mesure que les rivières s'éloignent des montagnes et se rapprochent de la mer, elles coulent sur des pentes de plus en plus douces. Elles perdent alors graduellement leur vitesse, et abandonnent successivement les matériaux qu'elles charriaient, en commençant par les plus lourds, les limons étant souvent entraînés seuls jusqu'aux basses vallées et jusqu'à la mer. Si le terrain sur lequel on doit opérer n'est susceptible que d'un faible exhaussement, on ne devra admettre que des dépôts meubles et fertilisants ; mais si, au contraire, on doit effectuer des remblais considérables, on pourra chercher au début à recueillir aussi les sables. Souvent une rivière, qui ne coule pas avec assez de vitesse pour tenir les grains de sable en suspension dans l'eau, les pousse néanmoins peu à peu, en les faisant rouler

1. L'origine du mot est le verbe italien *colmare*, combler.
2. Voir l'*Hydraulique fluviale* de M. Lechalas, chapitres III et VI.

sur son fond ; pour profiter de ces sables, il sera nécessaire de faire la prise d'eau par une coupure pratiquée dans la berge de la rivière, et descendant très bas, tandis que si l'on ne veut prendre que les limons les plus fins, la prise d'eau devra au contraire être superficielle.

270. Canal d'amenée des eaux destinées au colmatage. — Il est indispensable d'observer que la pente du canal de dérivation ne saurait être réduite autant qu'elle pourrait l'être dans un canal exclusivement destiné à l'irrigation. En effet, en diminuant la pente, on diminue la vitesse de l'eau dans le canal ; et d'autre part, au-dessous d'une certaine vitesse, que l'on évalue approximativement à 30 centimètres par seconde, l'eau abandonne les sables fins qu'elle entraînait ; à partir de 15 centimètres, elle commence aussi à déposer les limons proprement dits. Si donc le canal avait une certaine longueur, en même temps qu'une très faible pente, le dépôt aurait lieu dans ce canal même, au lieu de se faire sur le terrain que l'on se propose de combler. L'inconvénient du défaut de pente sera toutefois de peu d'importance si le canal est très court, attendu que les troubles, même dans l'eau la plus tranquille, ont besoin d'un certain temps pour se déposer complètement. On ne peut d'ailleurs fixer d'une manière générale, à tant par mètre, la pente minimum indispensable, car cela dépend des dimensions du canal et du volume d'eau qu'il doit débiter. Un demi-millimètre par mètre pour les plus grands canaux, 3 ou 4 millimètres par mètre pour ceux qui se réduisent à un fossé de médiocres dimensions, telles sont à peu près les limites extrêmes entre lesquelles il suffira de se tenir dans la pratique, si toutefois on ne veut utiliser que les dépôts vaseux. Si l'on voulait que les sables fins traversassent aussi le canal sans s'y déposer, il ne faudrait pas donner moins de 2 millimètres de pente par mètre pour les canaux à grande section et entretenus exempts d'herbes aquatiques, et 1 centimètre par mètre pour les rigoles. Il va sans dire que si le terrain doit être beaucoup surélevé, il faut, dans le tracé du canal, tenir compte de l'exhaussement, et faire en sorte que l'eau puisse encore arriver sur le terrain quand le comblement touchera à son terme.

En résumé, nous voyons que, selon la disposition variable des lieux, la conduite de l'eau sur le terrain à colmater peut être des plus simples ; qu'elle peut au contraire être très difficile et très dispendieuse, ce qui aura lieu quand il faudra creuser un long canal spécial, qui souvent ne pourra être établi tout entier sur une seule propriété particulière. Un des cas les plus avantageux pour un propriétaire est celui où il peut prendre l'eau trouble à un canal existant et construit en vue des irrigations.

271. Évacuation des eaux de colmatage. — Il ne suffit pas de pouvoir, à volonté, amener l'eau trouble sur le terrain à colmater ; il faut aussi pouvoir l'évacuer lorsqu'elle se sera suffisamment purifiée par suite du dépôt des limons. Cette dernière condition pourra, comme la précédente, être rendue très facile ou très difficile à remplir par les dispositions variées du terrain. Tantôt, en effet, l'écoulement pourra avoir lieu naturellement, soit dans la rivière qui a fourni l'eau, soit dans des fossés qui se rendent à cette rivière, ou même à un autre cours d'eau voisin. Tantôt, au contraire, il sera indispensable de creuser un canal, qui sera la contre-partie du canal d'amenée, et qui ira rejoindre la rivière à une certaine distance, dans la partie inférieure de son cours.

A moins que le terrain à combler n'affecte naturellement la forme d'un bassin, on devra commencer par l'entourer, sur tout son pourtour ou du moins sur ses côtés les plus bas, par des digues destinés à retenir l'eau, exactement comme pour l'irrigation par submersion. Cela fait, il y a deux procédés employés, quant à l'opération proprement dite du *colmatage*.

272. Procédé de colmatage intermittent. — Le premier procédé, que j'appellerai *intermittent*, consiste à couvrir d'une certaine épaisseur d'eau trouble le terrain à colmater, puis à suspendre l'arrivée de l'eau, enfin à laisser écouler l'eau claire après que, par un repos suffisamment prolongé, la majeure partie des matières en suspension se sera déposée. La même série de manœuvres successives sera répétée indéfiniment, jusqu'à ce que l'exhaussement voulu ait été réalisé. Il y aura avantage à ce que l'épaisseur d'eau admise à chaque opération soit la plus grande possible, 50 centimètres, 1 mètre et plus : plus, en effet, le volume d'eau trouble sera considérable, plus il y aura de limon déposé pendant un même laps de temps. D'après cette disposition, quelles que soient les inclinaisons et les inégalités de surface présentées par le terrain au début de l'opération, les parties les *plus basses, se trouvant surmontées par la plus grande épaisseur* d'eau, seront celles qui recevront le plus de dépôt, en sorte que le terrain tendra à se niveler horizontalement.

L'évacuation de l'eau éclaircie doit avoir lieu par la surface. Si, en effet, on ouvrait tout d'abord une vanne ou une bonde de fond, l'eau, en se précipitant avec violence vers l'ouverture, produirait un courant qui raserait le fond et entraînerait certaines parties des limons qui viennent de se déposer. On évite cet inconvénient en faisant couler l'eau par de larges coupures pratiquées à la partie supérieure des digues, coupures que l'on referme ensuite par l'emploi combiné de piquets, de planches, de terre et de mottes de gazon. Un moyen plus perfectionné consiste dans l'emploi d'un barrage mobile en bois, composé de poutrelles bien équarries et bien dressées, se superposant dans deux rainures verticales, où elles doivent d'ailleurs entrer très librement. Cette disposition est suffisamment expliquée par les figures 134, 135 et 136, qui donnent la vue perspective, le plan et la coupe transversale d'un de ces barrages.

Fig. 134. — Vue perspective d'un orifice de décharge, pratiqué dans une digue en terre, avec barrage mobile composé de poutrelles superposées.

Pour opérer la vidange, on commence par enlever la poutrelle supérieure, et l'eau s'écoule par dessus le déversoir ainsi formé.

Ensuite on enlève successivement les autres poutrelles à mesure que le niveau de l'eau s'abaisse. On arrête la vidange dès qu'on remarque que l'eau s'écoule fortement trouble.

L'opération serait très longue si l'écoulement ne se faisait sur une grande largeur. Or, précisément les barrages à poutrelles se prêtent, mieux que les autres vannes, à des ouvertures pouvant aller jusqu'à 4 ou 5 mètres. Si une seule ouverture était insuffi-

Fig. 135. — Plan du barrage à poutrelles, indiquant le mode de construction des rainures.

sante, on en pratiquerait plusieurs dans la même digue. Cette fermeture au moyen d'une simple superposition de poutrelles n'est pas, il est vrai, parfaitement étanche. Mais ce sera généralement sans importance, une quantité d'eau équivalente à celle qui se perd pouvant être constamment restituée par la vanne de prise d'eau, et un très faible courant étant sans inconvénient.

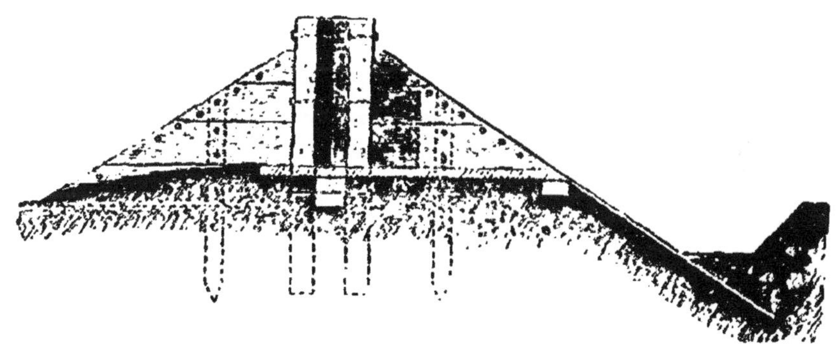

Fig. 136. — Coupe transversale de la digue. La coupe passe par le milieu de l'orifice de décharge et montre, en élévation, une des joues garnies de planches et un des poteaux de trois pièces formant rainure.

On change l'eau toutes les vingt-quatre heures ou toutes les douze heures. Si l'eau abonde et si le terrain a besoin d'être très exhaussé, on trouvera généralement avantage à renouveler l'eau souvent, sauf à ne profiter que de la partie la plus grossière des troubles, qui se précipite la première. Mais sur la fin du colmatage, en laissant à l'eau le temps de s'éclaircir plus complètement, on pourra obtenir un limon plus fin et plus fertile.

273. Avantages et inconvénients du colmatage intermittent. — Le procédé de colmatage qui vient d'être décrit, exigeant une submersion totale du terrain et produisant un remblai à surface horizontale, ne serait pas applicable à une superficie un peu étendue, présentant dans son ensemble une pente prononcée. Du moins, on ne pourrait, dans ce cas, employer cette méthode qu'après avoir subdivisé le terrain par des digues en petits compartiments distincts, dont chacun serait traité séparément. Ce procédé est, au contraire, très simple lorsqu'il est appliqué à des terrains tels que sont généralement les marais, c'est-à-dire dont la surface diffère peu d'un plan horizontal. On peut quelquefois, dans l'espace de deux ou trois ans, obtenir une couche de dépôts de 40 à 50 centimètres ; d'autres fois, il faudrait un grand nombre d'années pour arriver à un pareil résultat. Mais un relèvement modéré suffit dans bien des cas pour faciliter l'écoulement des eaux adventices, pour porter la surface du sol au-dessus des débordements les plus fréquents, pour élever la terre végétale au-dessus du niveau où l'eau reste stagnante dans les interstices du sol. A ces effets s'ajoute enfin la fertilité exceptionnelle de la terre végétale nouvellement créée. Des colmatages bien entendus ont parfois rendu à la culture et à la vie des marécages pestilentiels, des tourbières presque improductives, des landes de sable, ou enfin de vastes étendues de cailloux roulés, comme on en voit si souvent sur les bords désolés des rivières torrentielles.

274. Procédé de colmatage continu. — Le second procédé de colmatage, que j'appellerai *procédé continu*, consiste à diriger, dans un vaste espace rempli d'eau que maintiennent des digues, un courant faible, mais régulier, d'eau trouble arrivant par la surface, tandis qu'une même quantité d'eau s'échappe sans cesse par un large déversoir situé à l'extrémité du terrain opposée à l'arrivée de l'eau. Le courant, primitivement resserré dans le lit étroit du canal d'amenée, se trouvant ensuite disséminé dans la large capacité d'un bassin relativement vaste, perd presque toute sa vitesse et abandonne, dans cette nouvelle partie de son trajet, presque toutes les matières qu'il tenait en suspension. Voilà le principe ; mais dans l'application quelques artifices particuliers deviennent nécessaires.

D'abord, si on se contentait de faire arriver l'eau d'un côté d'un très large bassin, et d'en faire écouler une quantité équivalente du côté opposé, il pourrait se faire qu'un courant, direct et de largeur limitée, vint à s'établir entre le point d'entrée et le point de sortie, sans que le reste de la nappe d'eau participât au mouvement. Il y aurait dans ce cas des portions de l'espace inondé où l'eau, ne se renouvelant pas suffisamment, ne fournirait plus de nouveaux dépôts une fois qu'elle serait éclaircie. On conçoit qu'il serait facile de remédier à cet inconvénient au moyen d'un système quelconque de digues ou d'obstacles, forçant l'eau nouvelle à ne gagner le déversoir de sortie qu'après avoir fait des détours suffisants ou après s'être étalée dans toute l'étendue du terrain submergé. Un autre phénomène dont on doit tenir compte, c'est que le soleil échauffant en été l'eau qui submerge le sol, il peut en résulter, surtout quand on opère dans les contrées méridionales, la putréfaction des végétaux qui tapissent le fond et celle des matières organiques mélangées à l'eau elle-même, et par suite l'insalubrité de la contrée. Cet effet pernicieux est d'autant plus à craindre que l'eau est moins profonde et son renouvellement moins actif. Ainsi on a reconnu que tant que l'eau a une profondeur de 50 centimètres, le colmatage n'est point insalubre, même à la très faible vitesse de renouvellement de l'eau qui permet aux troubles de se déposer complètement. Mais lorsque le colmatage touche à son terme, si, ne pouvant pas élever l'eau au-dessus d'un certain niveau, on la fait passer en couche mince sur le terrain, il arrive de deux choses l'une : ou l'on continue à faire arriver dans le même temps le même volume d'eau que précédemment, et alors la section transversale de la nappe d'eau qui couvre le terrain étant beaucoup moindre qu'auparavant, la vitesse de l'eau augmente, et le dépôt des limons ne se fait plus que très incomplètement ; ou bien on réduit notablement la quantité d'eau affluente, et alors cette mince couche d'eau, qui n'est animée que d'un mouvement insensible, ne peut empêcher les exhalaisons fébrifères. Toutes ces difficultés sont évitées par la disposition suivante.

275. Cas d'un terrain horizontal. — Soit, en plan (fig. 137), BCDE la superficie que l'on veut colmater et que je supposerai d'abord sensiblement horizontale. On commencera par creuser, tout autour du terrain, un fossé de ceinture qui l'isolera des champs voisins et recevra les infiltrations qui pourraient se produire. La terre fournie par ce déblai sera placée sur le bord du fossé, du côté du terrain à colmater, et servira à former une digue de 60 à 70 centimètres de hauteur moyenne, destinée à contenir l'eau.

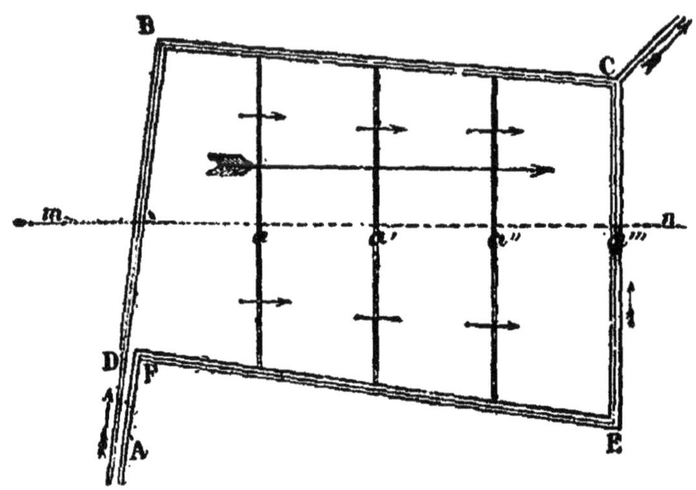

Fig. 137. — Plan d'un champ, en terrain horizontal, disposé pour le colmatage.

L'espèce de vaste bassin ainsi formé sera ensuite divisé en une série de compartiments successifs, au moyen de digues transversales *a*, *a'*, *a''*. Ces digues auront leurs lignes de faîte parfaitement de niveau, et toutes situées dans un même plan horizontal, plus élevé de 50 centimètres que la surface du sol. L'eau sera amenée par un canal A et pourra s'écouler, à l'extrémité opposée du terrain, par un ou plusieurs larges déversoirs ménagés dans la digue CE au niveau des digues *a*, *a'*, *a''*. On voit que les compartiments seront maintenus pleins d'eau jusqu'au niveau des digues transversales, et que l'eau se renouvellera peu à peu, en passant en nappe mince par dessus ces digues. Le premier compartiment, du côté de l'arrivée de l'eau, recueillera la plus grande partie des dépôts et sera colmaté avant les autres. Lorsqu'il aura reçu une épaisseur de limon jugée suffisante, on l'isolera des compartiments suivants en surélevant un peu la digue *a*, et on prolongera le canal d'amenée jusqu'au second compartiment, qui deviendra à son tour tête de colmatage. On continuera de la même manière jusqu'à ce que tous les compartiments soient colmatés. L'insalubrité n'est pas à craindre, puisque les compartiments qui reçoivent la première eau sont les seuls où le fond vaseux se rapproche beaucoup de la surface pendant une certaine période de l'opération ; et comme on laisse toujours arriver le même volume d'eau, la diminution de profondeur se trouve compensée par un renouvellement d'autant plus rapide. D'autre part, cette accélération du mouvement de l'eau dans le compartiment de tête est sans inconvénient, car si elle empêche la précipitation immédiate de la partie la plus ténue des troubles, celle-ci ne sera pas perdue pour cela, mais ira se déposer dans les compartiments suivants, où l'eau a une profondeur plus grande et une vitesse moindre.

276. Cas d'un terrain en plan incliné. — Je viens de supposer un terrain que l'on veut recouvrir d'une couche horizontale de terre nouvelle. Mais ce qu'il y a de remarquable dans la méthode de colmatage qui nous occupe, c'est qu'elle s'applique aussi aux terrains en pente, alors même qu'ils présentent, d'une extrémité à l'autre, une telle différence de niveau qu'on ne pourrait prétendre les ramener par le colmatage à un plan horizontal.

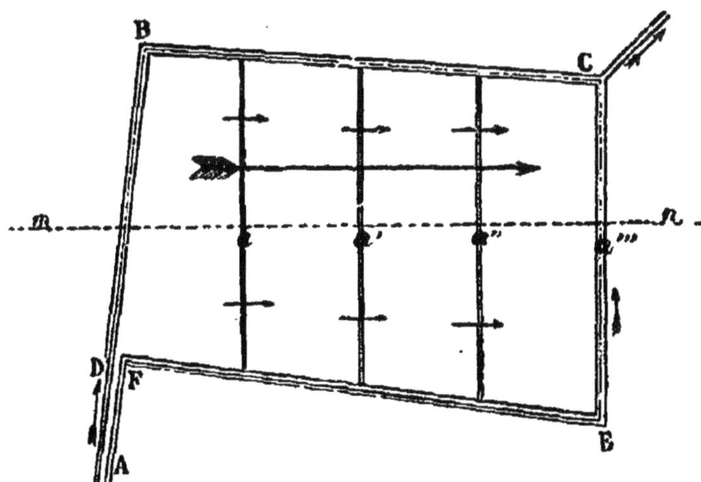

Fig. 138. — Plan d'un champ incliné de *m* en *n*, disposé pour le colmatage.

Supposons maintenant que le terrain à colmater (fig. 138) ait une inclinaison générale, dans le sens indiqué par la grande flèche.

BD est le côté du champ le plus haut, CE le côté le plus bas. J'établis, comme précédemment, les digues de ceinture BC, DE, de 60 à 70 centimètres de hauteur, en supposant qu'on veuille rehausser le terrain d'environ 50 centimètres. Ces digues latérales n'auront plus leurs lignes de faîte horizontales, mais inclinées parallèlement au sol. Je subdivise l'espace en compartiments par les digues a, a', a'', a''', dirigées transversalement à la pente, s'appuyant par leurs extrémités contre les digues de ceinture, et ayant chacune sa ligne de faîte parfaitement horizontale. Chacune de ces digues transversales aura 50 centimètres environ de hauteur.

Il résulte de cette disposition que l'arête supérieure de la digue a' sera plus basse que celle de la digue a ; celle de la digue a'' plus basse que celle de la digue a', et ainsi de suite, jusqu'à la digue terminale a''' ou CE, qui est la plus basse de toutes. On peut en outre, en multipliant plus ou moins les digues transversales, et en les rapprochant d'autant plus que le terrain présente une pente plus rapide, faire en sorte que les différences de niveau de a en a', de a' en a'', de a'' en a''', soient égales et aussi petites qu'on le voudra, de 10 centimètres par exemple.

Fig. 139. — Coupe suivant la ligne *mn* de la figure précédente.

Les figures 139 et 140 font bien comprendre la disposition du chantier.

On voit sur ces figures que l'on s'est procuré la terre nécessaire pour la construction des digues transversales, en creusant un petit fossé immédiatement en aval de l'emplacement que doit occuper chacune de ces digues.

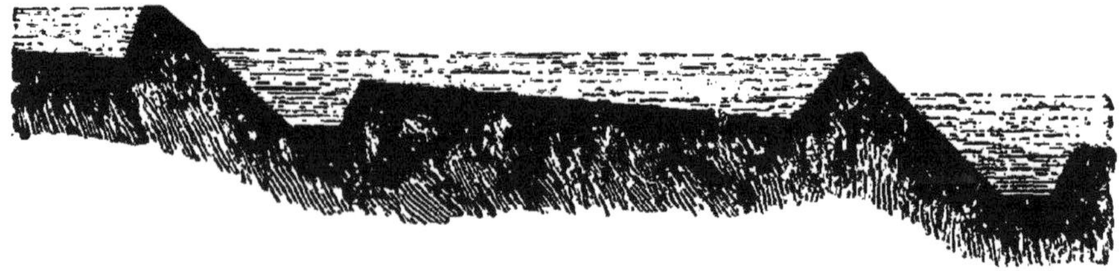

Fig. 140. — Profil agrandi, correspondant à une portion de la figure 139.

L'eau étant amenée dans le haut du terrain par le canal A (fig. 138) remplira les compartiments et passera successivement par dessus chaque digue, comme sur un déversoir, en faisant chaque fois une chute de 10 centimètres (différence de niveau admise d'une digue à l'autre). Les choses se passeront comme dans le premier exemple, à cela près que le remblai obtenu par le colmatage, au lieu d'être horizontal, formera une suite de gradins séparés par des ressauts de 10 centimètres. Les labours suffiront, une fois le colmatage terminé, pour faire disparaître ces inégalités.

277. Cas d'un terrain ayant une surface courbe quelconque. — Cette méthode, considérée dans toute sa généralité, est applicable à un terrain irrégulier, ayant un périmètre, une inclinaison et même une superficie quelconques. Figurons-nous, dans les dernières ondulations qui se trouvent au pied d'un massif montagneux, un pli en forme de vallon, parcouru par un ruisseau qui, descendant des hauteurs, roule pendant une partie de l'année des eaux limoneuses. Supposons qu'on veuille profiter de ces circonstances pour couvrir d'une nouvelle couche de terre une petite portion limitée de ce vallon, dans le double but d'en améliorer le sol et d'en régulariser la surface.

Les lignes pointillées, sur la figure 141, sont les courbes de niveau du terrain, déterminées par sa rencontre avec des plans horizontaux, distants par exemple de 20 centimètres les uns des autres. AB est le ruisseau dans son état primitif. Deux fossés de dérivation ACEGIL, ADFHKL sont tracés de manière à contourner l'espace à colmater. Ils sont destinés, soit à procurer un lit au ruisseau pendant la confection des digues qui doivent barrer la vallée ; soit à enlever les eaux, en cas de surabondance pendant la durée du colmatage ; soit à faciliter l'introduction de l'eau dans un quelconque des compartiments à colmater ; soit enfin à servir de canaux de répartition pour l'irrigation du terrain, une fois le colmatage terminé.

Des digues CD, EF, GH, IK sont tracées en plan suivant des courbes régulières ; leurs faces terminales supérieures, parfaitement nivelées, sont situées respectivement dans les mêmes plans horizontaux successifs, distants de 20 centimètres les uns des autres. La hauteur de chacune de ces digues atteint son maximum vers le milieu de la longueur, qui correspond à la partie la plus creuse du vallon : elle décroît vers les extrémités où elle se termine, de part et d'autre, à zéro. La largeur de chaque digue, proportionnelle en chaque point à la hauteur, suit les mêmes variations et atteint naturellement son maximum à la rencontre du lit primitif du ruisseau. Le terrain se trouve divisé en quatre com-

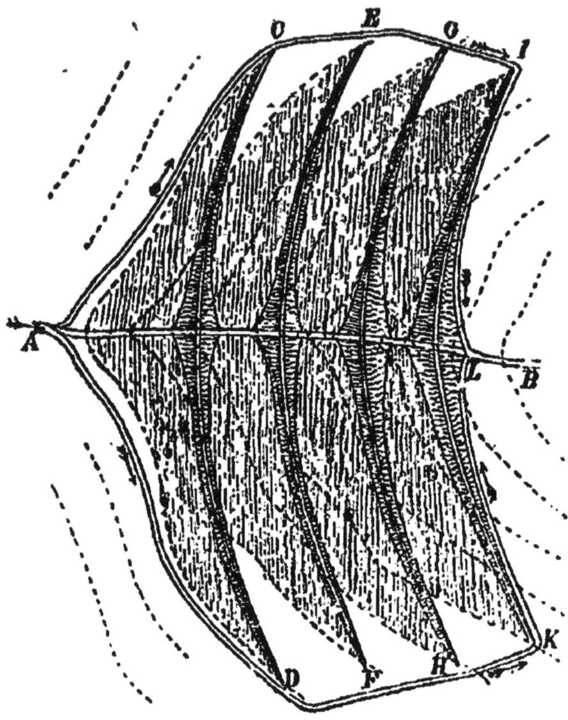

Fig. 141. — Plan d'un terrain incliné, présentant une surface courbe irrégulière, disposé pour le colmatage.

partiments, dont l'un, situé en amont de la ligne CD, n'est limité en AC, AD que par le relèvement naturel du sol suivant la pente de la vallée. C'est dans ce compartiment supérieur que l'on introduira l'eau. Une fois ce compartiment plein jusqu'au niveau du l'arête supérieure de la digue CD, l'eau débordera par dessus cette digue, et remplira le second compartiment jusqu'au niveau du faîte de la digue EF, et ainsi de suite. L'eau débordant par dessus la dernière digue IK sera reçue dans les portions du fossé de ceinture qui suivent le pied de cette digue et qui la ramèneront dans le lit LB du ruisseau. Les surfaces hachées sur le plan seront recouvertes par l'inondation et recevront les dépôts limoneux. Quant à la conduite du colmatage, elle ne différera en rien de ce qu'elle était dans l'exemple précédemment donné.

Dans le cas actuel, on voit que les arêtes supérieures des digues successives peuvent être considérées comme des lignes de niveau d'une nouvelle surface courbe, que l'on se donne arbitrairement et que l'on voudrait substituer à la surface primitive du sol. En réalité, on aura une série de gradins horizontaux, un vaste escalier dans lequel les arêtes saillantes des marches sont les sommets des digues. La hauteur des gradins n'étant d'ailleurs supposée que de 20 centimètres dans notre exemple, rien ne sera plus facile, après l'achèvement du colmatage, que d'abattre les arêtes et d'établir une surface continue.

278. Avantages du procédé de colmatage continu. — La méthode de colmatage continu à eau courante se prête mieux que la méthode intermittente à toutes les dispositions du terrain, particulièrement quand il existe une pente prononcée. Dans la méthode intermittente, il faut, au bout d'une certaine période de temps qui est rarement de moins de vingt-quatre heures, faire écouler tout le volume d'eau dont le sol est couvert, volume qui ne serait pas inférieur à 5.000 mètres cubes pour une surface d'un seul hectare recouvert de 50 centimètres d'eau. Puis, après avoir refermé les déversoirs de décharge, il faut faire revenir un égal volume d'eau par le canal d'amenée ; pendant ces opérations, l'eau sera trop agitée pour que le dépôt des limons s'effectue. Dans l'autre système, au contraire, la précipitation des matières terreuses a lieu sans interruption.

279. Moyens de tirer parti du terrain pendant le colmatage. — Afin de tirer quelque parti du terrain pendant les années employées au colmatage, on peut avoir recours à un artifice qui consiste à diviser le marais en planches étroites, ayant généralement de 2 à 5 mètres de largeur, séparées par des fossés parallèles entre eux. La terre provenant du creusement de ces fossés est rejetée sur les intervalles qui se trouvent ainsi exhaussés. D'ailleurs les dimensions des fossés doivent être assez considérables, relativement à la largeur des planches, pour que le sol de ces dernières se trouve ainsi porté à une hauteur au moins égale à celle que l'on se propose de faire acquérir, par le colmatage, à l'ensemble du terrain. Les fossés de cette première série sont reliés entre eux, de distance en distance, par d'autres fossés transversaux. C'est dans ce réseau de canaux communiquants que l'on introduit l'eau trouble destinée à les combler par ses dépôts successifs. Quant aux intervalles en assec, ils reçoivent pendant ce temps quelques cultures. M. Pareto [1] cite, d'après l'ingénieur italien Michela, des exemples d'opérations de ce genre, dans lesquelles on avait utilisé le terrain en y faisant des plantations d'osiers et d'autres variétés de saules. Une fois les fossés colmatés, on arrachait ces arbustes, et des labours énergiques achevaient de niveler et de mélanger toute la superficie. Ces oseraies peuvent être quelquefois d'un assez bon rapport.

Les deux procédés de colmatage que j'ai décrits ci-dessus sont d'ailleurs également applicables aux réseaux de canaux communiquants dont il s'agit. L'application du procédé intermittent n'offre aucune particularité nouvelle : il suffit qu'il existe un canal propre à amener les eaux troubles et un autre pour la vidange, l'un et l'autre munis de vannes. Quant au procédé continu, il ne donne pas lieu à plus de difficultés.

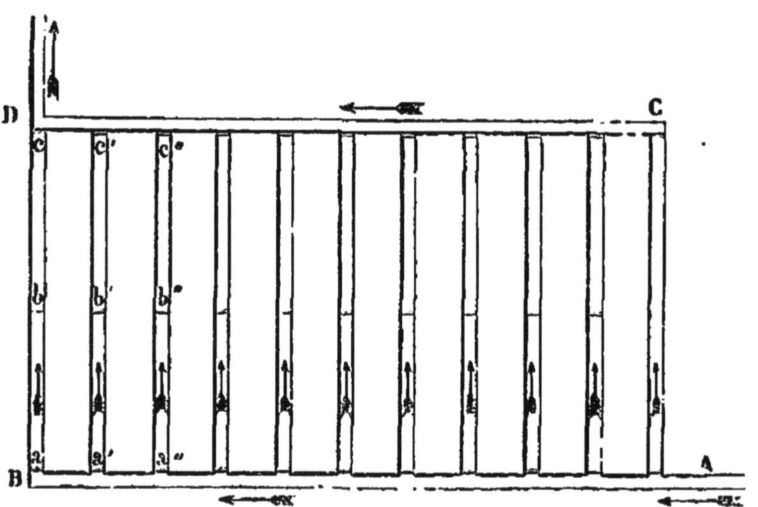

Fig. 142. — Plan d'un terrain disposé en planches surélevées, séparées par de larges fossés que l'on veut combler par le colmatage.

Soit (fig. 142) un espace rectangulaire divisé, comme on le voit, par une série de fossés parallèles reliant deux autres fossés AB, CD. L'eau trouble arrive en A. L'évacuation se fait en D. Le courant de l'eau a lieu partout dans le sens des flèches. L'eau du fossé AB venant à se répartir entre tous les fossés transversaux, tels

1. *Irrigation et assainissement des terres.*

que *ac*, *a'c'*, *a''c''*.... ces derniers étant au nombre de onze, chacun d'eux n'aura à débiter que la onzième partie de l'eau qui afflue en A ; par suite, la vitesse y sera bien moins rapide que dans le canal d'amenée, ce qui permettra aux troubles de se déposer presque complètement.

J'ai supposé que l'eau se répartissait également dans les onze fossés transversaux *ac*, *a'c'* ..... C'est ce qui arriverait vraisemblablement dans le cas représenté par la figure, car l'eau a un trajet de même longueur à parcourir, quel que soit celui des fossés transversaux dans lequel elle passe, et elle n'a pas un écoulement plus facile par l'un que par l'autre. Mais dans les diverses dispositions de terrain et de canaux qui peuvent se rencontrer dans la pratique, il pourrait se faire que l'eau eût une tendance à passer en plus grande quantité par certaines voies. On obviera dans tous les cas à cet inconvénient en établissant, aux extrémités des fossés dans lesquels se divise le courant, de petites digues *a*, *a'*, *a''*..... *c*, *c'*, *c''*...., submergées, qui s'élèveront tout au plus jusqu'à fleur d'eau, et n'auront pour effet que de rétrécir les entrées des fossés. En renforçant ou abaissant les uns ou les autres de ces barrages, on arrivera, après quelques tâtonnements, à régler en chaque point le courant comme on le voudra, et à le rendre égal dans tous les canaux. Des digues analogues pourront être encore établies, au besoin, en *b*, *b'*, *b''*.... ; dans ce cas, la plus grande partie du dépôt aura lieu dans le premier compartiment de chaque fossé, et le colmatage pourra ainsi être fait en deux fois. On comprend enfin que le terrain pourrait avoir une inclinaison sensible, sans que l'opération fût rendue beaucoup plus difficile par cette circonstance. Il suffirait de multiplier les barrages proportionnellement au degré de pente, et d'en régler les niveaux de manière à tenir l'eau, en chaque point, à la hauteur convenable.

§ 4.

DRAINAGE

280. Avantages du drainage. — Les rigoles d'assainissement ont l'inconvénient de perdre du terrain et de ne pouvoir, en général, être assez profondes pour bien conduire au but quand le sol est compact. On arrive à assainir et, en même temps, à aérer le terrain au moyen de drains ou tuyaux mis bout à bout sans garnissage, dans lesquels l'eau s'introduit par les joints ; on les pose d'autant plus profondément qu'ils sont plus espacés et que le sol est plus imperméable ; c'est aujourd'hui une opération bien connue, pratiquée partout, mais dont l'importance n'est pas encore assez appréciée. C'est au propriétaire qu'il appartient de s'en charger, car elle constitue une véritable amélioration foncière, qui parfois change complètement la valeur des terres en permettant des cultures autrefois impossibles. Le cas le plus ordinaire est celui où l'on transforme en véritables prairies des pâtures humides de peu de valeur ; mais ce n'est pas le seul, car il est souvent possible de faire de bonnes terres labourables sur les plateaux marécageux qu'on rencontre dans les formations imperméables, et alors le drainage peut créer la richesse dans une contrée pauvre et malsaine.

Bien que les terrassiers du pays soient parfois suffisants, il faut reconnaître que des spécialistes peuvent opérer à de moindres frais, car il s'agit d'ouvrir des tranchées étroites, d'en soutenir au besoin les parois à l'aide de blindages, et enfin de placer les tuyaux sur un fond où l'homme n'a pas la place nécessaire pour se tenir commodément. Il faut se servir d'outils spéciaux pour arriver au but avec un minimum de déblais, après avoir commencé la fouille avec les outils ordinaires ; on trouve maintenant ces outils spéciaux chez les constructeurs français, comme chez ceux d'Angleterre et des États-Unis. D'après Alfred Durand-Claye, on peut s'en procurer pour 46 francs une collection complète. Il y a des types belges, légers, qui valent mieux que les lourds outils anglais.

281. Tuyaux. — Toutes choses égales d'ailleurs, leur calibre doit être d'autant plus fort qu'on opère à plus grande profondeur et plus grand écartement. Un propriétaire prudent fera d'abord quelques essais, par exemple à un mètre de profondeur avec espacement de 10 mètres, d'une part : à 1^m20 et 15^m, d'autre part, et comparera les résultats, avant d'opérer en grand sur tout une pièce.

Les tuyaux sont en poterie, de 0,04 à 0,20 de diamètre intérieur ; les plus gros servent de collecteurs dans les terrains les plus humides. Les plus petits, d'un pied ($0^m,33$) de longueur chacun, pèsent environ mille kilos le mille; ceux de $0^m,10$, 3.200 kilos; ceux de $0^m,20$, 10.000 kilos. Ils reviennent respectivement, à 35 fr., 140 fr., 500 fr. le mille. On ajoutait autrefois des manchons de 0,08 environ de longueur, ou des demi-manchons, pour protéger les extrémités; c'était une notable dépense supplémentaire, qu'on se dispense généralement de faire aujourd'hui.

Nous croyons inutile d'entrer dans des détails sur la fabrication des tuyaux, qui est aujourd'hui bien connue; quant à leur qualité, elle se résume dans la nécessité de les avoir bien résistants, rendant un son clair, n'absorbant que peu d'eau lorsqu'on les immerge, ce qu'on reconnait en les pesant avant et après.

282. Tracés. — Il faut, quand la pente est faible, que les lignes de drains correspondent aux lignes de plus grande pente du terrain, pour éviter que leur profondeur ne devienne trop grande vers l'aval, puisqu'une pente notable leur est nécessaire [1] : 2 millimètres au moins, 10 centimètres au plus. Les collecteurs correspondront en général aux plis du sol superficiel. Dans les terrains plats, les drains de dernier ordre n'auront plus de direction obligée et le tracé sera établi suivant les circonstances, sans qu'aucune règle puisse être indiquée.

En dehors des essais dont il a été parlé, qui sont les plus sûrs pour fixer l'écartement des drains élémentaires quand on les fait un an d'avance, on peut opérer si l'on est pressé à l'aide de tranchées au voisinage desquelles on fait des trous, de 2 mètres en 2 mètres par exemple. La tranchée étant à la profondeur supposée d'un drain, les hauteurs d'eau dans les trous donnent une idée de ce qui se passera après les travaux; si le trou à 4^m et le trou à 6^m indiquent des niveaux d'eau égaux, cela semble prouver que l'influence de la tranchée s'arrête vers 5^m, soit 10^m pour la distance entre deux drains de la profondeur essayée.

1. On a fait observer que l'eau ne se rend pas par la ligne la plus courte au drain établi suivant la ligne de plus grande pente, ce qui aurait lieu si l'on s'établissait perpendiculairement à cette direction, d'où la possibilité d'écarter davantage les drains. Les combinaisons possibles se multiplient à mesure qu'il s'agit de pentes plus prononcées; dans un terrain à forte pente, on peut se rapprocher beaucoup de la direction des lignes de niveau de la surface, et espacer davantage les drains.

283. Détails d'exécution. — Lorsqu'on a levé le plan du terrain à drainer, nivelé, tracé les courbes de niveau sur le plan, on rédige le projet dans le cabinet et l'application sur le terrain ne donne lieu à aucune difficulté. Les ouvriers travaillent par brigades de quatre hommes, chacun creusant une partie de la profondeur; on commence à la partie haute de la tranchée, les ouvriers marchant suivant la pente du terrain, à reculons : le premier ouvrier commence l'ouverture sur $0^m,40$, il se sert d'une grande bèche de $0^m,40$ de longueur sur $0^m,15$ de largeur, puis cure à la pelle ordinaire ; le second approfondit, pendant que le premier continue plus loin, il se sert de la bèche, puis d'une pelle étroite ; le troisième opère avec la bèche de $0^m,10$, puis sans sortir de la tranchée, avec une grande drague plate ; le quatrième, qui est en même temps le contre-maître, achève la fouille avec une petite bèche et avec plusieurs petites dragues en forme de gouge, appropriées au diamètre des tuyaux. Toutes les dragues sont à manche courbé. Le chantier est muni d'un pic de terrassier, pour l'attaque des parties dures ; exceptionnellement, on peut être obligé d'employer la poudre dans quelques passages. On recommande aux 3e et 4e ouvriers d'avoir des guètres en cuir, et de défendre la veste et la culotte avec des garnitures de cuir dans les parties les plus exposées.

Tout le déblai est jeté d'un seul côté, à l'exception du produit du réglage du fond, que le contre-maître jette sur l'autre bord, pour n'avoir pas à l'élever à la hauteur augmentée par la présence du bourrelet. Les tuyaux ayant été mis en ligne le long du bord non encombré, l'homme du fond les pose d'en haut, à l'aide d'un outil spécial dans lequel il les enfile successivement[1]. On jette ensuite quelques pelletées de débris et de terre, après avoir placé un petit paquet d'argile à la partie supérieure de chaque joint si le sol est très sablonneux ; il est avantageux de ne pas combler de suite, parce que l'action de l'air et des intempéries amène des fendillements, ce qui facilite ensuite l'arrivée de l'eau aux drains.

Les jonctions des drains aux collecteurs se font vers le haut de ceux-ci, où l'on fait les ouvertures nécessaires avec le côté *pic* d'un marteau à main, dont l'autre côté, tranchant, sert à tailler les tuyaux à la demande.

1. Cet outil, à long manche ($2^m,50$), se termine par une tige de fer en retour d'équerre, à douille, de la longueur d'un tuyau et de 8^{mm} de diamètre.

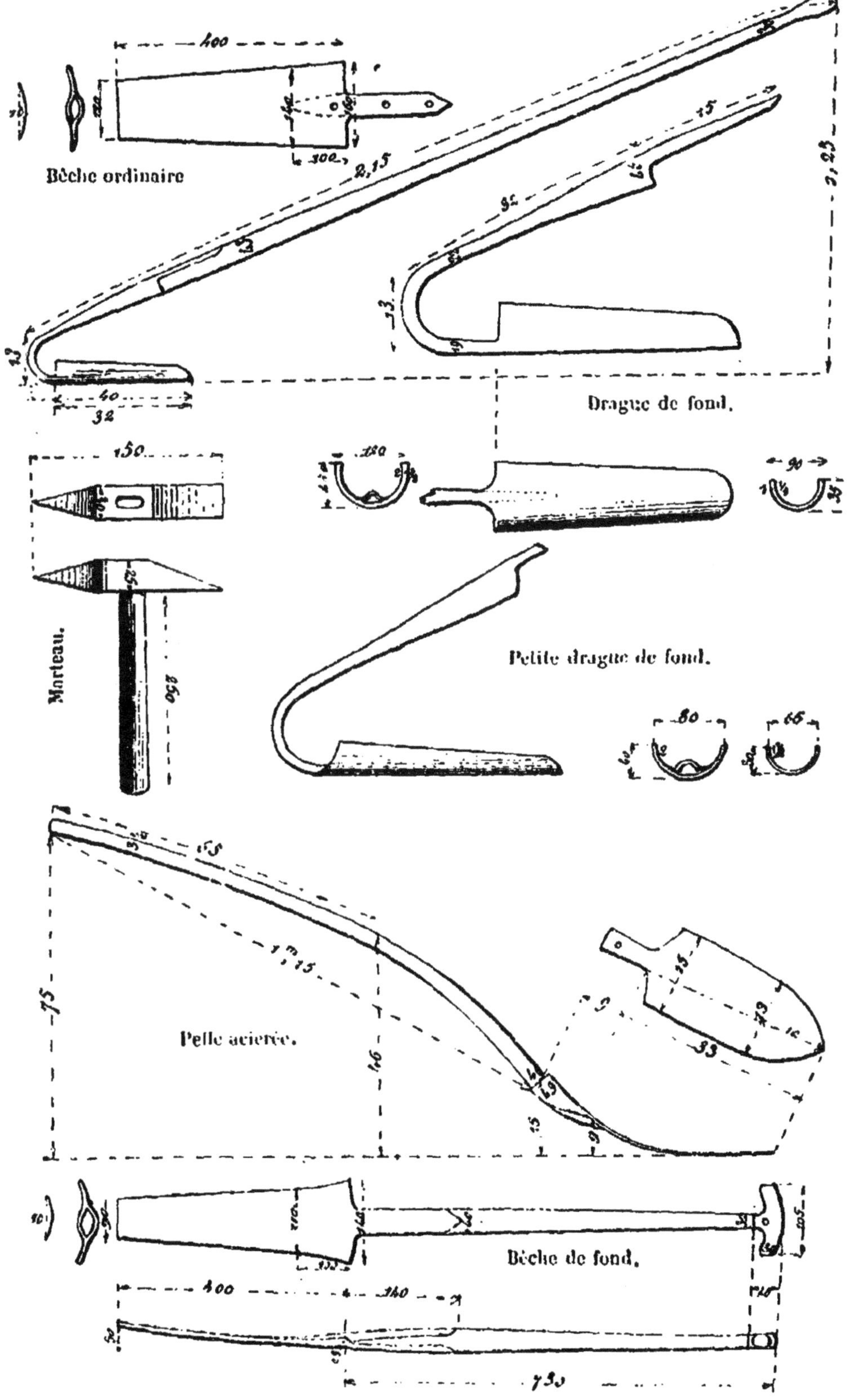

Fig. 143. — Outils de drainage, employés par une équipe belge qui a fait des travaux dans l'Aube. — Il y avait une autre pelle acierée, moins large, pour fond de gravier, et une

Il est bien entendu que chaque drain sera établi suivant une pente régulière, ou suivant une série de pentes régulières, sans qu'on se préoccupe des inégalités partielles du sol supérieur ; on tracera des lignes droites ayant l'inclinaison moyenne du terrain, à l'aide de petits piquets enfoncés dans l'une des faces du déblai, de telle manière par exemple que le contre-maître n'ait qu'à mesurer un mètre à partir de cette ligne pour savoir qu'il est à fond, la profondeur prescrite étant supposée de $1^m,20$.

Quand on descend au-dessous de $1^m,20$, le prix du mètre courant de déblai, règlement et pose augmente beaucoup. En Sologne, on paye 0 fr. 25 pour la profondeur de $1^m,20$, dans un sol de sable mêlé de cailloux. Dans un terrain argileux du département de l'Aube, mêlé de masses de gravier, nous avons vu payer 0 fr. 20 pour $1^m,20$ quand il y avait peu de gravier, et 0 fr. 35 quand celui-ci dépassait une proportion déterminée.

284. Travaux accessoires. — Lorsqu'on remblaye les tranchées, il faut avoir soin de placer des bornes indiquant l'origine de chaque tranchée[1]. Le parcours de celle-ci est en outre jalonné par des blocs qu'on enfonce à peu de distance des regards, petits puisards disposés pour surveiller le fonctionnement du drainage et qu'on recouvre d'une dalle, puis de terre. On fait déboucher le drain d'arrivée dans ces puisards un peu plus haut que l'orifice de départ de celui d'aval ; il en résulte une chute d'eau dont on peut percevoir le bruit. Enfin, un dernier travail accessoire consiste à fermer par une grille l'extrémité des drains collecteurs, dont nous allons parler, pour empêcher l'introduction des rats, souris et autres animaux.

285. Drains collecteurs. — L'ensemble d'un drainage est un réseau qu'on peut comparer à celui des ruisselets, ruisseaux petits et grands et enfin rivières d'un pays. Suivant les cas, on aura des drains d'ordre élémentaire de 0,04 ou 0,05 de diamètre, et des drains de 0,10 — ou bien des drains de 0,04, 0,10 et 0,20, les deux derniers genres correspondant à des collecteurs de premier et de second ordre. Il y aura généralement des débouchés multiples dans des fossés, sur le penchant de coteaux ou ravins, dans des ruisseaux (voir l'art. 24).

1. On peut se dispenser de pilonner la terre lors du remplissage. L'ados superficiel disparaîtra peu à peu.

286. Prix de revient. — Nous avons connaissance de drainages ne revenant qu'à 200 fr. l'hectare, mais en général il faut compter sur 300 fr. à 400 fr., le double quelquefois. Ce sont donc des opérations sérieuses, et il ne faut se mettre à l'œuvre qu'à bon escient. Dans quelques départements les agents des ponts et chaussées et les agents-voyers sont mis à la disposition des propriétaires pour faire les nivellements et tracés préliminaires; mais il faut compter surtout sur soi-même, car il s'agit de choses simples, pour lesquelles le discernement et l'attention soutenue des intéressés est le facteur principal. Cependant l'intervention administrative est parfois très utile, surtout lorsque le Conseil général ouvre au service hydraulique le crédit nécessaire pour payer un contre-maître spécialiste, qui se transporte partout où son concours est demandé. Il va de soi que la connaissance géologique du terrain peut rendre de grands services, et l'on trouvera partout des ingénieurs (de l'Etat ou libres) pour donner sous ce rapport de précieux conseils.

287. Racines. — Il importe de se prémunir contre l'encombrement des drains par le chevelu des arbres; pour cela il faut que ceux-ci soient à une quinzaine de mètres au moins des drains; quand c'est impossible, on intercale une pierrée aussi profonde que le drain entre celui-ci et la ligne d'arbres[1]. Cette question doit porter à écarter davantage les lignes de drains les unes des autres; on est alors obligé de les établir plus profondément, mais il n'en résulte pas une trop grande augmentation de dépense, la longueur totale des tranchées se trouvant réduite et les pierrées de défense devenant inutiles. — Dans un sol très sec, que l'on n'aurait drainé qu'en vue d'une plus prompte évacuation des eaux pluviales, les racines ne seraient pas à craindre; le contraire aurait lieu avec un sous-sol très humide.

288. Drainage vertical. — Lorsqu'une couche imperméable repose sur un terrain perméable, il peut suffire d'opérer un drainage vertical; mais c'est un travail délicat que nous ne conseillons pas aux propriétaires d'entreprendre sans l'aide d'ingénieurs spéciaux.

1. Disons cependant que les racines de certains arbres, les arbres fruitiers notamment, sont peu dangereuses; la plupart des peupliers, les ormes, et autres arbres à racines traçantes font sentir leur influence jusqu'à 30m.

289. Résultats. — Les résultats varient à l'infini. M. Mangon a constaté que le drainage appliqué à des terres labourables avait porté le rendement moyen de 14 à 20 hectolitres pour le blé et de 15 à 42 pour le seigle. Mais le seul moyen de s'éclairer sérieusement consiste à n'opérer d'abord que sur de petites surfaces. Il est cependant des cas où la disposition des lieux et la connaissance du terrain ne laisse pas d'incertitude sur la possibilité, par exemple, d'assainir complètement des pâturages humides et de les transformer en prés.

290. Aphorisme de Belgrand. — Belgrand a résumé dans l'aphorisme suivant ses observations et sa longue pratique dans le bassin de la Seine ; « *Le drainage n'est jamais utile dans les terrains perméables, excepté quand ils sont cultivés en prairies* ; *il est toujours utile dans les terrains imperméables, excepté quand ils sont cultivés en prairies.* »[1]. Dans le bassin de la Seine, une grande partie de la surface du sol est très perméable ; « les eaux pluviales disparaissent dans le sol au point même où elles tombent », dit Belgrand, dès lors il est clair qu'il n'y a pas lieu de drainer. Il n'y a d'exception qu'au fond des vallées les plus profondes, où coulent de rares cours d'eau habituellement bordés de marais tourbeux ou de prairies humides.

Les terres labourables des calcaires oolithiques, de la craie blanche, des terrains éocènes, des sables de Fontainebleau et des calcaires de la Beauce n'exigent jamais de drainage.

En ce qui concerne les terrain imperméables du bassin de la Seine, notre auteur fait les remarques suivantes :

Lias. Les eaux s'écoulent facilement sur les pentes douces du lias ; le drainage n'est pas absolument nécessaire sur les terres en cultures diverses de ce terrain ; il serait désastreux sur les prairies. On trouve çà et là des terres où les eaux pluviales séjournent ; il faut les drainer. Les terrains cultivés en vignes sont drainés depuis longtemps au moyen de pierrées ; on a fait ainsi disparaître les petites sources des calcaires à entroques et à gryphées cymbium, qui étaient très nuisibles à la vigne.

Argiles du Gâtinais et argiles meulières. Ce sont des terres à drainer. On opérait autrefois par des procédés grossiers, le progrès se continue aujourd'hui par le drainage perfectionné.

1. Il y a cependant sur ce dernier point des distinctions à faire, suivant la pente, l'état plus ou moins marécageux, etc. — Voir « *La Seine* », chapitres XXXII et XXXV.

Argiles à meulières (Brie). Le drainage y est pratiqué depuis longtemps, et, malgré l'imperfection des anciens procédés, avait donné de grands résultats « avant qu'on eût étiré un tuyau de drainage en Angleterre ou en France ». Autrefois on se contentait de conduire les eaux des terres labourables dans les mares et les rus, par un sillon plus profond qui coupait tous les autres. C'est encore la méthode la plus généralement employée ; cependant le drainage par tuyaux en poterie prend tous les jours de l'extension.

En somme, c'est surtout sur les plateaux imperméables et sans pente du Gâtinais et de la Brie que le drainage est le plus précieux dans le bassin de la Seine.

§ 5.

CURAGES

291. Ruisseaux et rivières non navigables ni flottables. — Les questions relatives aux ruisseaux aux rivières non navigables ni flottables ont une importance de premier ordre en matière d'hydraulique agricole. Les lits de ces cours d'eau font partie des choses qui n'appartiennent à personne, dont l'usage est commun à tous et dont la jouissance est réglée par des lois de police (voir les arrêts de la Cour de cassation, des 30 juin 1846 et 6 mai 1861 ; jurisprudence constante) ; les riverains ont des droits, celui de pêche entr'autres, mais il ne faut pas confondre ces droits avec une propriété absolue. Si les petites rivières étaient laissées à la libre disposition des riverains et des usiniers, de grands dommages en résulteraient pour l'intérêt général. Le riverain, disent notre camarade d'école Armand Martin et M. Ponton d'Amécourt dans leur excellent mémoire de 1873 (Annales des Ponts et chaussées), le riverain « augmenterait sa propriété au détriment de la largeur du cours d'eau ; l'usinier relèverait successivement le niveau de sa retenue pour en augmenter la chute, au risque d'inonder la vallée... Bientôt les eaux n'auraient plus un écoulement facile et régulier, et les fonds des vallées redeviendraient en peu d'années de véritables marécages. »

292. Impuissance relative de l'individu [1]. — La nécessité des travaux de curage et d'amélioration de petits cours d'eau ne saurait être abandonnée à l'exclusive appréciation de chacun des intéressés, et cela dans leur propre intérêt ; s'ils étaient réduits à agir isolément, ils demeureraient dans l'impuissance d'enrayer le mal. Un riverein perdrait en effet son temps à curer seul la moitié de la largeur du lit, si de l'autre côté l'on ne faisait rien ; fut-il propriétaire de deux rives, il ne pourrait se garantir des inondations causées par le défaut d'entretien du voisinage et par les manœuvres des usiniers.

293. Impuissance relative de la commune.—De même, il suffirait d'un désaccord entre deux communes (et nous pourrions en citer des exemples), pour que le curage demeurât impossible à faire dans de bonnes conditions. C'est très souvent dans une commune voisine de celle qui souffre qu'il faut aller chercher la cause du mal. Bien plus, les travaux d'amélioration réalisés en un point peuvent être une cause de dommage pour l'aval, à défaut de vues d'ensemble. Nous allons le montrer.

294. Bassin de la Braye. — Dans la vallée de la Braye, qui s'étend dans les deux départements de Loir-et-Cher et de la Sarthe. tandis que l'association des propriétaires d'amont améliorait la situation, au point que le syndicat constatait en 1867 « qu'au« cune partie n'était plus *marée*, tandis qu'auparavant les pluies « les plus ordinaires occasionnaient des débordements », les propriétaires d'aval se plaignaient de voir leur position aggravée. Dans une réclamation bien curieuse, ils écrivaient ce qui suit à l'administration : « Le syndicat de la Haute-Braye, en facilitant « l'écoulement de l'eau, a garanti les prairies des inondations « qui perdaient les récoltes presque tous les ans, mais il a rendu « beaucoup plus mauvaise la situation des propriétaires de la « vallée située au-dessous. Il résulte de cet état de choses que « des crues même sérieuses n'occasionnent pas de débordement « dans l'étendue du syndicat, tandis que la plus petite pluie sub« merge la vallée inférieure ».

Il n'était pas possible de mieux démontrer que les propriétaires

1. Dans les quatre articles qui suivent, nous continuerons à résumer le mémoire de MM. Martin et d'Amécourt.

d'aval n'avaient qu'une chose à faire : imiter leurs voisins et fonder un syndicat.

295. Nécessité des syndicats. — On vient de voir combien est importante l'organisation des syndicats dans les vallées. Ce sont des associations d'intéressés poursuivant, avec le concours des agents de l'administration, agissant comme guides techniques, un but commun, utile à tous. MM. Martin et d'Amécourt pensent qu'il en faudrait, non seulement pour les cours d'eau, mais aussi pour les chemins ruraux. Il est certain que les syndicats, dont on commence à mieux comprendre l'importance dans les campagnes, peuvent s'appliquer à tous les genres d'intérêts communs, et que leur extension aurait de l'importance pour le bien-être des populations, en même temps qu'elle formerait à la vie sociale tant d'hommes qui se tiennent trop à l'écart de leurs concitoyens. Tous les intérêts sont plus ou moins solidaires les uns des autres, dans une petite commune, de même que dans un grand pays. Mais il ne faut rien exagérer, et nous verrons au chapitre XI des cas assez imprévus d'impuissance des syndicats.

296. Action du préfet. — Il est nécessaire de dire ici que dans beaucoup de départements où, d'après l'usage local, chaque propriétaire doit curer, au droit de sa propriété, la demi-largeur du cours d'eau, il suffit que le préfet prenne un arrêté pour chaque commune, détermine un délai d'exécution et charge l'ingénieur en chef d'opérer d'office aux frais des retardataires. On paie les dépenses sur un crédit ouvert au budget départemental, et l'on recouvre sur qui de droit, comme en matière de contributions directes.—Mais cette marche ne peut s'appliquer qu'aux curages. la moindre rectification du cours d'eau exige une expropriation, et par suite de longues formalités, et l'on n'aboutit que rarement quand il n'y a pas d'associations syndicales. Celles-ci obtiennent des cessions amiables, tandis que l'administration aurait renoncé à des améliorations dont le caractère d'utilité publique n'est pas toujours assez marqué pour émouvoir l'administration supérieure.

297. Les plantes aquatiques. — Dans un paragraphe consacré aux curages, nous ne pouvons nous dispenser de signaler combien il importe de bien entretenir les fossés d'assèchement, dans les prairies plates et plus ou moins marécageuses, comme on en rencontre tant dans certaines vallées. A défaut, les plantes aquatiques se développent au point de remplir entièrement ces fossés, et une prairie passable peut à la longue se transformer en un véritable marais insalubre et de peu de produit. On distingue deux catégories de ces plantes :

Les *plantes de fond* sont des graminées, des massèles, des joncs, des mousses, des nymphéacées (entr'autres le nénuphar, cette grande et belle plante dont les feuilles et les fleurs s'étalent à la surface des eaux). Les nymphéacées forment la limite entre les plantes de fond et les *plantes de surface*. Celles-ci se propagent dans l'eau sans prendre racine au fond ; les plus répandues sont : les algues, les naïades, les crucifères.

Les plantes rampantes, et notamment les mousses, se propagent par les fortes chaleurs avec une rapidité extraordinaire ; elles arrivent à former dans les fossés de véritables barrages, au-dessus desquels l'eau passe en déversoir. Les plantes à tiges droites sont moins pernicieuses au commencement de l'abandon de l'entretien, mais elles finissent par former des barrières au travers du lit. Les plantes de surface ne se propagent que dans l'eau morte, ou à peu près sans vitesse ; lorsqu'elles abondent, le fond se tapisse de mousse, et l'on vient de voir où cela conduit avec le temps.

L'extirpation des plantes aquatiques est donc une opération de grande importance ; il convient d'y procéder chaque année, car l'abandon momentané des fossés d'asséchement, et des petits cours d'eau sur terrain dépourvu de pente, ne peut conduire qu'à l'augmentation de la dépense totale d'entretien, outre les pertes de récoltes et l'insalubrité.

CHAPITRE X

IRRIGATION ET DRAINAGE COMBINÉS

§ 1. *Introduction.* — § 2. *Drainage et irrigation combinés.* — § 3. *Dispositifs spéciaux.*

§ 1.

INTRODUCTION

298. Emploi des fossés à ciel ouvert dans les prairies. — Une des idées les plus anciennes qui se soient présentées à l'esprit, c'est celle de l'emploi de fossés ordinaires, pour couper entre deux terres les nappes d'eau qui donnent lieu à des infiltrations, et entraîner cette eau hors de la prairie. Bien que quelques fossés de ceinture soient suffisants quelquefois, et que l'emploi de ce moyen ne puisse être repoussé d'une manière absolue, il est certain que son efficacité est bien incomplète et souvent même tout à fait illusoire. Il est d'ailleurs facile de se rendre compte des insuccès qui ont été éprouvés en diverses circonstances :

1° Les fossés ouverts ne peuvent être établis avec avantage que dans les terrains qui ont une pente bien sensible, et même alors ils ne doivent pas être tracés transversalement à la pente. En effet, si une faible pente suffit au mouvement de l'eau dans un canal qui est à peu près plein de ce liquide, il en faut une très forte, au contraire, pour enlever rapidement les produits de légères infiltrations. Le fond d'un fossé ne peut rester complètement uni : des éboulements se produisent ; des taupes le bouleversent ; une foule de plantes ne tardent pas à pousser, et l'eau bourbeuse est retenue par ces divers obstacles. En définitive, l'expérience démontre que des fossés à faible pente, tracés en travers de la pente générale du terrain, ont plus souvent pour effet de rendre plus sensible dans la prairie l'humidité stagnante que de la faire disparaître. L'emploi des fossés se trouve ainsi limité aux terrains inclinés, où le tracé doit d'ailleurs être fait à peu près suivant la plus grande pente. Mais on remarquera que cette direction, favorable à l'égouttement du fossé lui-même, ne l'est pas à celui de l'ensemble du terrain, et qu'à moins de dispositions toutes particulières du sous-sol, il faudrait un grand nombre de fossés ainsi dirigés pour assécher convenablement une superficie de quelque étendue ;

2° Pour que les fossés fussent vraiment efficaces, il faudrait qu'ils fussent assez creux pour atteindre certaines couches de terrain qui retiennent l'eau d'une manière plus spéciale. Or, les profondeurs de fossés qu'il est difficile de dépasser dans la pratique sont généralement tout à fait insuffisantes ; on ne peut guère, en effet, établir les talus d'une manière durable si on ne leur donne une inclinaison de 45 degrés, soit une base égale à la profondeur. Cela donne, pour un fossé de 60 centimètres de profondeur, avec un plat-fond de 30 centimètres de largeur seulement, une ouverture de 1 mètre 50 au niveau du sol. Des fossés de 1 mètre et de 1 mètre 30 de profondeur auraient 2 mètres 50 et 3 mètres d'ouverture. On voit d'après cela à quoi mènerait l'emploi multiplié de fossés profonds ;

3° Lorsqu'on parvient à atteindre et à couper, avec un fossé, une couche de terrain très aquifère, ce qui paraîtrait devoir être la meilleure condition possible de succès, il arrive ordinairement que la terre de ce niveau, complètement détrempée, et entraînée d'ailleurs par le mouvement de l'eau qui se rend au fossé, ne peut se soutenir suivant l'inclinaison donnée au talus. La couche dont il s'agit ne tarde pas à s'ébouler, à s'écouler même parfois sous forme de boue, si bien qu'au bout de quelque temps le fossé se trouve en partie recomblé, la couche qui conduit l'eau se trouvant rétablie au-dessous de lui dans toute son intégrité, et le fossé devenant ainsi à peu près inutile.

299. Utilité du drainage souterrain. — De tout ce qui précède, il résulte que c'est au véritable drainage, exécuté quelquefois

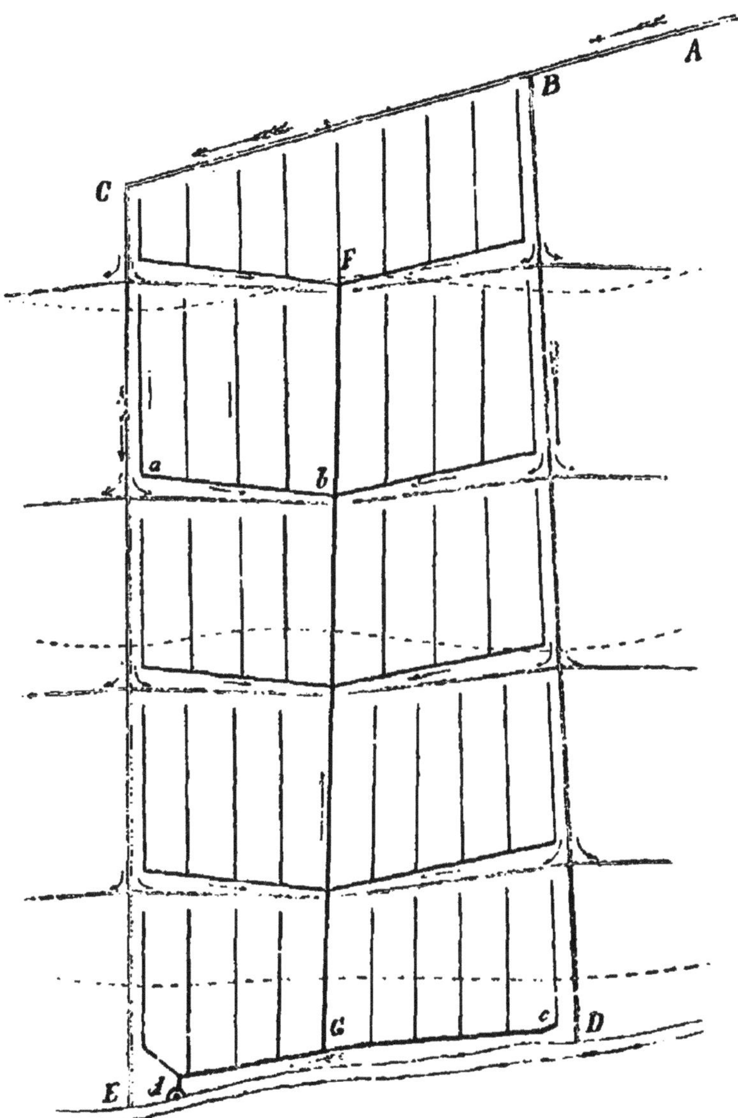

Fig. 134. — Plan d'un terrain drainé et irrigué.

Les lignes ponctuées sont les courbes de niveau imaginaires tracées sur le terrain.
Les traits doubles représentent les fossés et rigoles servant à l'irrigation,
Les traits pleins figurent les lignes de drains souterrains.
ABC canal amenant l'eau d'irrigation,
ED, ruisseau situé au bas du terrain où se rendent les eaux superflues.

des cailloux, mais de préférence avec des tuyaux en terre cuite, qu'il faut avoir recours quand on veut débarrasser le sous-sol d'un avec excès d'humidité. Seulement il y a bien peu de sécurité à attendre d'un drainage qui serait tracé indépendamment de l'irrigation, et dans lequel les drains d'une part et les rigoles d'autre part formeraient deux réseaux distincts, dont les lignes respectives s'entre-croiseraient fréquemment. Il ne suffit pas toujours de remplacer, à l'endroit du croisement, un ou deux mètres de tuyaux de drainage par des tuyaux étanches, ni de remplir la portion correspondante de la tranchée qui a servi à poser les tuyaux de drainage par de l'argile pilonnée ; l'eau finit souvent par tourner l'obstacle. Lorsqu'on voudra combiner l'irrigation avec le drainage, on devra s'efforcer, par dessus tout, d'éviter la rencontre des drains avec les canaux principaux et même, autant que possible, avec les rigoles de moindre importance.

Les conditions que je viens d'indiquer pourraient être remplies à l'aide des mêmes dispositions générales qui ont été représentées dans la figure 84. Il suffirait de remplacer le réseau des rigoles de colature par des drains collecteurs, en dirigeant d'ailleurs les drains secondaires suivant la pente principale du terrain. Ces dispositions sont rendues plus claires par la figure ci-jointe.

Soit A B C le canal qui amène les eaux à la partie supérieure des terrains à irriguer et à égoutter en même temps, ED un petit cours d'eau situé à la partie inférieure de ces mêmes terrains. J'ai tracé deux canaux distributeurs CE, BD ; de chacun d'eux se détache, à droite et à gauche, une double série de rigoles d'irrigation, tracées avec une pente moyenne de 2 à 3 millimètres par mètre. Un collecteur principal FG occupe le fond d'une légère dépression du sol, comprise entre les deux canaux distributeurs : ce collecteur aboutit, en G, dans un autre collecteur parallèle au ruisseau, qui débouche en *d* dans ce dernier. Des drains collecteurs secondaires, tels que *ab*, se trouvent, comme on le voit, en amont de chaque rigole d'arrosage : ils sont tracés avec un peu plus de pente que ces rigoles, en vue d'une facile évacuation de l'eau, et de manière qu'il y ait une distance minimum de 1m50 à 2 mètres entre chacun d'eux et la rigole la plus voisine. Une distance au moins égale existe entre les extrémités des rigoles permanentes d'arrosage (qui sont sans issue) et le drain collecteur principal. Enfin les petits drains sont dirigés suivant la plus grande pente. Les extrémités supérieures de ces drains s'arrêtent à environ 2 mètres de distance des rigoles d'arrosage. Des flèches rendent sensible, sur le plan, la circulation de l'eau dans ces deux réseaux, l'un de rigoles, l'autre de drains, qui, comme on le voit, sont complètement indépendants l'un de l'autre. Quant aux arrosages, ils ne sauraient être grandement entravés par la présence des drains, puisque l'eau, descendant la pente du sol, marchera dans l'intervalle des drains, parallèlement à leur direction, et pourra sans les franchir arroser toute la superficie. On devra généralement pour l'irrigation, même lorsqu'elle sera faite à la raie, diviser chaque champ en planches correspondant aux intervalles entre les drains ; il pourra être utile, en conséquence, que les alignements des drains soient indiqués extérieurement d'une manière permanente, par des bornes ou autres repères. Quant à la bande de terrain comprise entre le drain collecteur particulier de chaque champ et la rigole qui lui est immédiatement inférieure, elle sera garantie par le premier contre l'humidité surabondante du sous-sol et maintenue fraîche par la seconde ; il n'y a donc pas lieu de s'en préoccuper gravement.

Un des effets les plus frappants du drainage consiste dans l'oxydation du sol. Le fer, par exemple, qui se trouvait engagé dans les argiles et les marnes à l'état de protoxide, passe après le drainge à l'état de peroxyde, donnant au sol une couleur plus ou moins rouge ou brune. Les matières organiques éprouvent aussi une combustion lente qui dégage des substances utiles à la végétation. Aussi a-t-on remarqué avec raison que l'irrigation et le drainage, qui semblent opposés, ont en réalité un effet commun, pénétration de l'oxygène dans le sol et action oxydante.

300. Drainage partiel, isolé de l'irrigation. — Pour des terrains en pente et qui ne souffraient que par places d'une humidité excessive, qui par conséquent pouvaient être améliorés par un petit nombre de drains convenablement placés et n'exigeaient pas un drainage à plein, j'ai été conduit à isoler en quelque sorte de la superficie irriguée les parties du terrain où sont placés les drains.

La méthode employée consiste à diriger ceux-ci à peu près suivant la plus grande pente, en d'autres termes du haut en bas de la prairie. Ces drains sont indépendants les uns des autres ; au lieu de se réunir dans un collecteur, chacun débouche dans un même fossé d'écoulement à ciel ouvert qui longe le bas de la prairie. Chacune des longues bandes de pré comprises entre deux drains consécutifs est irriguée isolément, au moyen de rigoles de niveau

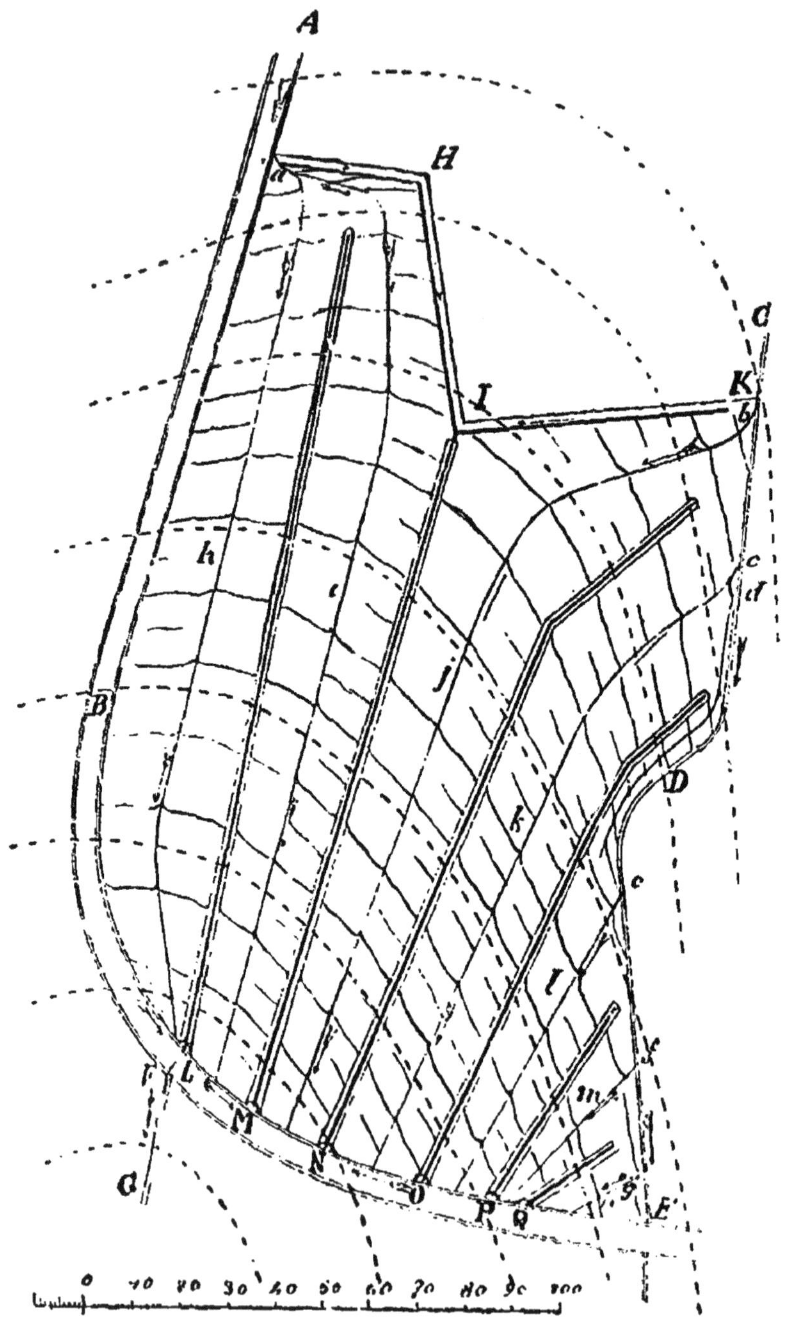

Fig. 115. — Plan d'une prairie drainée, irriguée par rigoles de niveau dans les intervalles des drains.

et d'une rigole distributrice qui court du haut en bas du pré, à égale distance des deux drains.

La figure 145 nous donne un exemple d'irrigation exécutée dans ces conditions. La prairie, de forme irrégulière, est limitée, savoir : en haut de la figure, en AHIK, par des terrains ayant d'autres destinations ; à droite par un petit canal CDE ; à gauche et en bas par un chemin ABFE. La pente générale règne du haut en bas de la figure. Les formes du terrain sont accusées par des courbes de niveau figurées en traits pointillés. On voit que cette petite prairie occupe une partie du fond d'un vallonnement. Le côté droit est plus particulièrement humide. L'eau peut être fournie à la partie gauche par un fossé ABF qui sépare la prairie du chemin, et à la partie droite par le canal CDE déjà mentionné.

Les drains sont figurés sur le plan par des traits noirs un peu forts. On voit qu'ils débouchent séparément en L,M,N,O,P,Q dans le fossé qui borde le chemin. Ce fossé amène toutes les eaux au point le plus bas F, d'où elles s'écoulent par un fosse général d'écoulement FG. Le drain IM se bifurque, à sa partie supérieure, en deux drains de ceinture IK, IH, qui reçoivent les infiltrations des terrains supérieurs très humide. Toutes les rigoles sont figurées sur le plan par des traits noirs légers. L'eau est dispersée par des rigoles de niveau et fournie par des rigoles distributrices *h*, *i*, *j*, *k*, *l*, *m*, *n*, qui elles-mêmes la prennent aux canaux principaux, dans celui de gauche en *a* et dans celui de droite en *b*, *c*, *d*, *e*, *f*, *g*. On voit qu'aucune rigole ne rencontre les drains. Les rigoles de distribution se trouvent à peu près à égale distance de deux drains consécutifs, et les rigoles de niveau sont interrompues, sur une longueur d'environ 2 mètres (1 mètre de chaque côté), à la rencontre de chaque ligne de drains.

Il ne suffit pas qu'il n'y ait point de croisements entre les drains et les rigoles ; il faut éviter aussi que l'eau ruisselant sur la prairie puisse être absorbée en partie par le drainage. Or, il est rarement possible de diriger exactement les drains suivant la plus grande pente, qui est rigoureusement perpendiculaire en chaque point aux rigoles de niveau. Soit donc AB (figure 146) la direction d'une ligne de drains ; *a*, *b* les extrémités de deux rigoles de niveau consécutives situées à droite de ce drain ; *c*, *d* les extrémités analogues des rigoles de gauche.

Il suffirait de faire, du côté gauche, un bout de rigole de niveau intermédiaire *m*, et de relever en *n*, parallèlement au drain, la rigole *d* : l'eau coulant comme on le voit sur la figure n'atteindrait pas le drain, et laisserait le long de celui-ci une étroite bande non irriguée. Toutefois, les petites rigoles sont sujettes à se combler en partie et demandent des réparations annuelles ; d'autre part, une fois la terre qui a servi à combler les tranchées de drainage parfaitement aplanie et gazonnée, l'emplacement des drains ne sera plus que très-difficilement reconnaissable. Il serait donc à craindre que les ouvriers chargés de l'entretien des rigoles ne vinssent à prolonger trop ou trop peu celles *a* et *b*, à les joindre même avec les rigoles *c*,*d*, en passant par dessus le

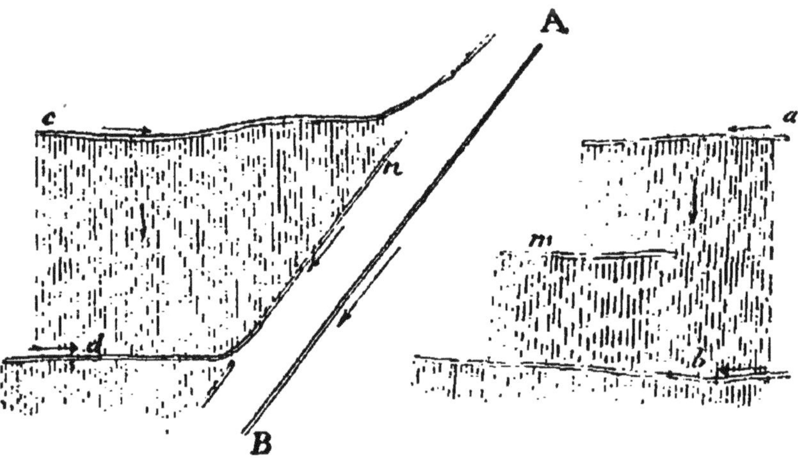

Fig. 146. — Plan d'une disposition de rigoles d'arrosage aux abords d'un drain.

drain. En conséquence, pour rendre impossible toute méprise et toute altération du plan primitivement adopté, il a paru plus simple et plus pratique de tracer, à droite et à gauche de chaque drain, à 1 mètre de distance environ de celui-ci, une rigole continue qui intercepte toute l'eau qui en approcherait ; c'est ce qu'on voit sur la figure 145. Il se trouve ainsi au-dessus de chaque drain une bande de gazon d'environ 2 mètres de largeur qui ne profite pas de l'irrigation. On compense le défaut de fertilité qui en résulte pour ces bandes en y répandant chaque année, soit du purin étendu d'eau, soit quelque engrais pulvérulent.

Les drains ont une profondeur moyenne de 1m20. S'il fallait les faire déboucher dans le fossé d'écoulement à cette profondeur, ce fossé devrait être considérable. Mais on évite facilement cette difficulté, et un fossé ordinaire suffit. La fig. 147 est un profil obtenu en supposant une coupe verticale suivant la longueur du drain.

Soit AB la surface inclinée de la prairie, CD la ligne de tuyaux qui est parallèle a cette surface. Il s'agit de faire déboucher le drain dans le fossé *f*, à 50 centimètres de profondeur. Pour cela, je mène par le point E où le drain doit déboucher une ligne hori-

Fig. 147. — Débouché d'un drain dans un fossé d'écoulement.

zontale qui rencontre la direction du drain au point D, et j'établis le drain suivant CDE. La profondeur normale du drain étant supposée de 1 mètre 20, le point E étant, par exemple, à 50 centimètres au-dessous du niveau de la prairie, c'est 70 centimètres qu'il faut gagner ; si, d'un autre côté, la pente de la prairie est de 5 centimètres par mètre, la portion horizontale DE du drain aura 14 mètres de longueur.

Ce système assez simple n'est pas encore sanctionné par une expérience assez longue pour qu'on puisse dire qu'il est passé définitivement dans la pratique. Toutefois, malgré les fautes et les tâtonnements inséparables des premiers essais, il donne depuis plusieurs années déjà des résultats assez satisfaisants [1]. Ce n'est pas, à proprement parler, une méthode d'irrigation, mais simplement l'adjonction à celle-ci d'un drainage partiel, drainage dans lequel l'écartement des drains est assez considérable pour qu'on puisse irriguer chaque intervalle comme si c'était un pré séparé, et tenir ainsi les drains en dehors des espaces arrosés.

1. On sait que toutes les fois qu'on fait usage du drainage, pour que les drains ne soient pas obstrués par des amas de racines chevelues, dites *queues de renard*, il faut éviter la présence de certains arbres, notamment des ormes et des saules. Mais, par dessus tout, il est indispensable de ne point introduire dans les drains des eaux souterraines assez persistantes pour former des sources qui ne tarissent pas dans les mois les plus chauds de l'année. En effet, lorsque pendant une sécheresse le sol devient sec à des profondeurs croissantes, les plantes, quelles qu'elles soient, pour se procurer l'eau dont elles ont besoin, émettent rapidement des racines de plus en plus profondes, surtout lorsqu'elles trouvent un sous-sol parfaitement ameubli, comme la terre qui a servi à recombler un drain. Les racines des plantes situées au-dessus d'un drain atteignent donc celui-ci en quelques jours seulement, lors d'une très forte sécheresse. Or, si le drain ne reçoit que le simple égouttage du terrain, il ne contient que de l'air à l'époque dont il s'agit,

§ 2.

DRAINAGE ET IRRIGATION COMBINÉS

301. Combinaisons dans lesquelles on fait servir les drains à l'irrigation. — On a proposé diverses combinaisons dans lesquelles les drains servent alternativement, d'abord à conduire, distribuer et même répandre dans le sol l'eau d'irrigation, puis ensuite à égoutter le même terrain[1]. Ces dispositions, très ingénieuses d'ailleurs, me paraissent reposer en principe sur une notion inexacte des conditions que doit remplir l'irrigation. En effet, les méthodes d'irrigation peuvent se ramener à deux modes d'emploi de l'eau : le premier, usité surtout pour les terres arables, consiste à amener l'eau à la surface du sol préalablement parfaitement égoutté. Alors l'eau, filtrant de haut en bas à travers le sol, dépose à la surface même les matières en suspension, et dans la couche végétale supérieure la majeure partie des substances dissoutes, qui se trouvent arrêtées au passage en vertu d'une propriété spéciale aux matières terreuses et plus particulièrement à l'argile. Quand on suspend l'arrivée de l'eau, celle dont le terrain vient d'être pénétré continue à descendre par l'effet de la pesanteur, entraînant à sa suite, dans les interstices du sol, une certaine quantité d'air atmosphérique qui doit remplir ultérieurement un rôle important. Le second mode d'emploi de l'eau, le plus généralement adopté pour les prairies, consiste à faire ruisseler l'eau à la surface du gazon ; c'est en vertu du contact intime des plantes avec l'eau d'irrigation, et à la faveur du mouvement, que les substances utiles contenues dans l'eau et l'oxygène dissous également dans celle-ci sont absorbés par le gazon. Il me paraît évi-

et les racines ne cherchent pas à y pénétrer. Mais si ce même drain conduit les eaux d'une source permanente, les racines qui suivent l'humidité pénètrent à sa suite par les interstices des tuyaux, se développent à leur intérieur en émettant un nombre infini de suçoirs, et les ont bientôt obstrués. A partir du moment où la terre qui surmonte un drain contenant un courant d'eau est à peu près sèche jusqu'au fond, il suffit ordinairement d'une dizaine de jours pour que le drain soit obstrué par les plantes, *de quelque nature qu'elles soient*, qui végètent au dessus de lui.

1. Un système de ce genre est décrit dans l'ouvrage de M. Barral : *Drainage, irrigations*, etc., t. IV, p. 401.

dent que l'introduction de l'eau dans les profondeurs du sous-sol n'est pas apte à produire les effets essentiels des deux méthodes, et que, par suite, l'introduction de l'eau dans les drains n'est pas un moyen rationnel d'arrosage.

302. Drainage et irrigation pouvant fonctionner alternativement. — Mais il y a plusieurs manières de combiner l'irrigation avec le drainage, et il s'est introduit depuis quelques années en Allemagne, sous le nom de méthode de Petersen, un procédé qui présente des dispositions heureuses et qui peut être appelé à un certain avenir [1]. C'est ce procédé que je vais décrire, non à la vérité comme il est appliqué en Allemagne, mais avec quelques modifications très légères sous le rapport matériel, et qui, à mon avis, modifient heureusement la méthode.

Suspension facultative du drainage. — Le procédé consiste à établir l'irrigation d'une part et le drainage d'autre part, à très peu de chose près comme si chacun d'eux devait être seul, à cette condition toutefois que les drains soient munis, de distance en distance, d'appareils de fermeture permettant d'y arrêter toute circulation pendant les arrosages. Soit AB, *figure* 148, le profil d'une prairie très sensiblement inclinée. Soit CF une conduite de drainage posée parallèlement à la surface. En *l* est un regard ou petit puisard ouvert par le haut, qui divise le drain en deux parties distinctes CD, EF, qui y débouchent l'une et l'autre. Supposons la portion de drain inférieure fermée en E, et la prairie couverte d'eau.

Les infiltrations ne tarderont pas à remplir le drain CD. Mais l'eau, ne pouvant s'écouler par EF à cause de la fermeture, tendra du moins à se mettre de niveau en montant dans le puisard. Si la partie du terrain située en amont s'élève à un niveau supérieur à celui de l'orifice *l*, l'eau ne tardera pas à déborder par celui-ci et reprendra ainsi son cours. Pour que cet écoulement n'eût pas lieu, il faudrait que le drain supérieur ne s'étendît pas au-delà du point *m* situé au même niveau que l'orifice *l*. Or, nous réaliserons cette condition si nous coupons le drain au point *m* par un puisard semblable au premier, et si d'ailleurs nous fermons en ce point la partie *m*D du drain, qui se trouvera ainsi complètement isolée des

1. On trouvera la méthode allemande très bien décrite dans Dünkelberg : *De la création des prairies irriguées*. Traduit par A. [illegible]. Paris, Victor Masson.

eaux supérieures. La partie du drain située en amont de chaque nouveau puisard donnerait lieu exactement au même raisonnement. Donc, en définitive, pour que toute circulation cesse dans ce drain ou dans tout autre analogue, il faut et il suffit : que les puisards munis de fermetures du côté d'aval soient situés à des distances telles que le fond de chacun d'eux soit au niveau de la bouche de celui qui est immédiatement inférieur.

Au triple point de vue de l'économie de première construction,

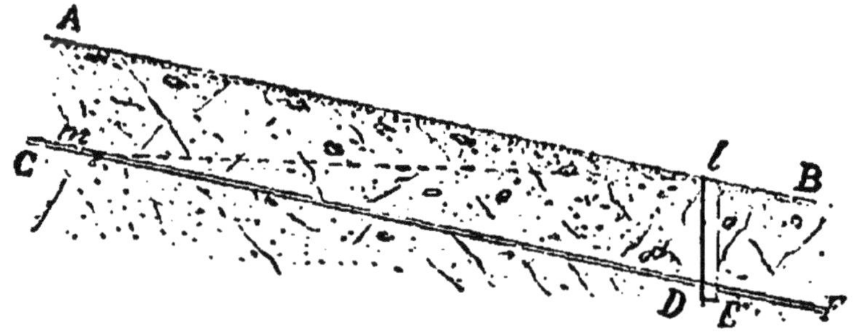

Fig. 148. — Détermination de la distance à adopter entre les points de fermeture, pour que le mouvement de l'eau soit complètement arrêté dans les drains.

du moindre encombrement de la prairie par les bouches de puisards et de la célérité des manœuvres nécessaires à l'irrigation, on doit chercher à diminuer le plus possible le nombre des fermetures. De là une conséquence importante relativement à la manière dont il convient de disposer le drainage. Si les drains étaient tracés, ainsi qu'on le fait le plus souvent, suivant des directions très voisines de la plus grande pente du terrain, il faudrait échelonner sur chacun de ces drains, quel qu'en fût le nombre, une série de puisards munis d'appareils de fermeture. Mais si, au lieu de cela, nous dirigeons les drains presque horizontalement, les collecteurs seuls étant tracés suivant la plus grande pente, on conçoit sans peine qu'il suffira de quelques regards ou puisards disposés le long des collecteurs, pour interrompre la circulation de l'eau dans le réseau du drainage tout entier.

Dispositions d'ensemble de la prairie. — La figure 149 donne un plan du pré qui a servi d'exemple pour une autre méthode de drainage combiné avec l'irrigation, et sur lequel j'ai tracé un nouveau projet conforme à la méthode qui nous occupe en ce moment. Comme dans le plan précédent, les drains sont figurés par des traits noirs assez forts, et les traits légers représentent les diver-

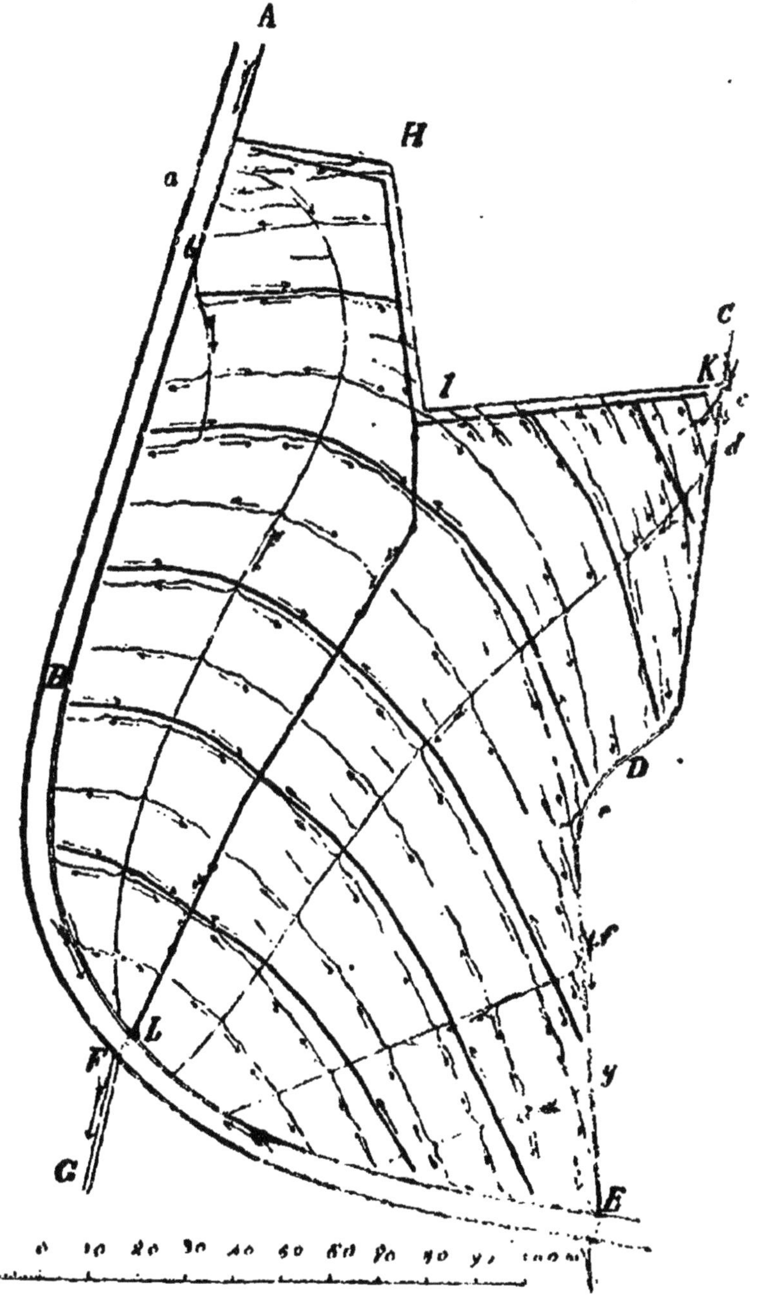

Fig. 149. — Plan d'une prairie irriguée par rigoles de niveau, avec drainage suspensible, destiné à fonctionner dans les intervalles des arrosages.

ses rigoles destinées à l'irrigation. Les gros points noirs sur les drains indiquent les emplacements des regards qui renferment les bondes de fermeture.

Un seul drain collecteur IL occupe à peu près le tahlweg du pré. Il se bifurque, à partir de I, en deux drains qui suivent les limites IK, IH pour couper l'eau des terrains supérieurs. Ce collecteur reçoit deux séries de drains, provenant les uns du revers gauche, les autres du revers droit du valllon, les uns et les autres tracés suivant des lignes brisées qui ne s'écartent pas beaucoup des courbes de niveau, de telle sorte que ces drains, tout en conservant une profondeur à peu près uniforme, aient une pente de 2 à 3 millimètres par mètre, juste assez grande pour assurer un bon écoulement. En supposant que la déclivité de la prairie ne dépasse nulle part 5 centimètres par mètre, et que la profondeur des drains soit de 1 mètre 10 au minimum, un écartement de 22 mètres entre les puisards suffirait à la rigueur pour suspendre tout écoulement dans les drains ; en les espaçant de 20 mètres seulement, le résultat sera obtenu avec certitude, et douze regards disposés tant sur le collecteur proprement dit que sur ses prolongements suffisent amplement pour qu'on puisse suspendre à volonté l'effet du drainage dans la totalité de l'étendue du pré. L'écartement des drains, d'après ce projet, est en moyenne de 30 mètres. Ce degré d'écartement, quoique considérable, est suffisant dans la plupart des cas ; d'abord parce qu'un pré n'exige pas un dessèchement aussi rigoureux que s'il s'agissait d'une terre arable, puis surtout parce que les drains dirigés transversalement à la pente recueillent bien plus sûrement la totalité de l'eau contenue dans le sol, ou répandue à sa surface, que ne le feraient des drains placés suivant la pente. [1]

On remarquera que j'ai placé les rigoles de niveau immédiatement en aval des drains. C'est que partout où a été construit un drain, et quelque soin que l'on ait mis à combler sa tranchée, il reste pendant bien longtemps, soit une légère proéminence, soit une dépression. Cette inégalité du sol tendra à troubler la régularité de répartition de la nappe d'eau répandue sur le pré. C'est donc

1. Si ces drains sont mieux disposés pour rassembler l'eau, ils l'évacuent par contre moins rapidement. Ils sont aussi plus exposés aux engorgements. Par cette double raison, on devra éviter l'emploi de tuyaux de très petit diamètre. On ne devra pas employer, même pour les drains de peu de longueur, des tuyaux d'un calibre au-dessous de 5 centimètres de diamètre *intérieur*. Les tuyaux de 6 ou 7 centimètres seront le plus généralement adoptés.

immédiatement après la traversée du drainage qu'il convient de placer une rigole parfaitement horizontale qui reprenne l'eau et rétablisse l'uniformité de la nappe. Nous disposons en conséquence, de chaque côté du drain collecteur, une série de rigoles longeant les drains secondaires, et distantes d'une trentaine de mètres les unes des autres. Je subdivise chaque intervalle par une rigole intermédiaire, ce qui donne définitivement pour les rigoles un écartement moyen d'une quinzaine de mètres, très-convenable si le pré est bien entretenu et les rigoles bien tracées.

La fermeture des soupapes situées dans les puisards fait cesser l'effet du drainage dans toute l'étendue de la prairie. Mais, d'autre part, il importe que le drainage devienne libre aussitôt que l'on cesse d'irriguer. Nous ne pouvons donc, avec la disposition qui précède, fractionner le pré pour l'arrosage. Il faut faire arriver l'eau simultanément par le fossé de gauche A et par celui de droite C, et faire déboucher à la fois cette eau par toutes les prises d'eau, *a*, *b*, *c*, *d*, *e*, *f*, *g*. Au bout d'un temps voulu, on fermera toutes ces prises, on ouvrira toutes les soupapes du drainage, et la prairie s'égouttera. Cette disposition conviendra bien au cas où l'on disposera d'un assez fort débit, et où l'on aura d'autres prés pour utiliser l'eau pendant que celui-ci sera en assec.

Cas d'une prairie irriguée par parties successives. — Il peut arriver aussi que l'on ne jouisse que d'un très faible courant, avec lequel on se propose d'irriguer alternativement tantôt une partie du pré, tantôt l'autre. Or, il ne sera guère plus difficile de disposer l'irrigation et le drainage en vue de ce cas particulier. C'est ce qui est rendu visible par le second projet, appliqué au même pré et tracé figure 150. Le terrain, de forme irrégulière, est divisé en deux parties de superficies à peu près égales, par une ligne imaginaire figurée sur le plan par la courbe pointillée allant de I en L. Tout ce qui est à gauche de cette ligne est arrosé en amenant l'eau par le fossé AB, ce qui est à droite en l'amenant par le fossé C. Chacune des parties du pré est traitée comme l'était la totalité dans le premier projet.

L'inconvénient de ce système, c'est que pour la même étendue de terrain il y a un collecteur de plus que dans le premier cas, et que chaque collecteur est muni d'un nombre égal de regards avec soupapes, ce qui fait un nombre double pour tout le pré.

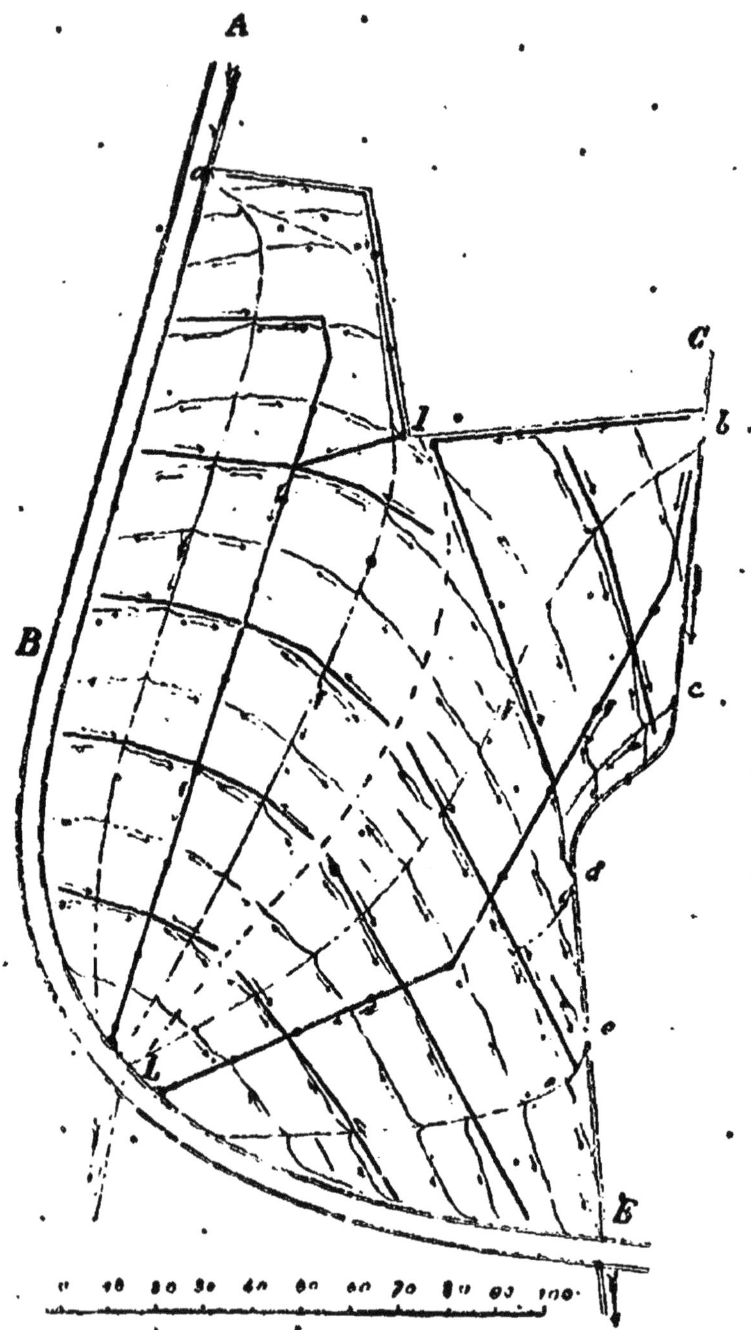

Fig. 150. — Plan d'une prairie irriguée par le même moyen que celle de la figure précédente, mais divisée en deux parties pouvant être arrosées séparément.

§ 3.

DISPOSITIFS SPÉCIAUX

303. Description des appareils pour la fermeture des drains. — *Appareil allemand.* — La fig. 151 donne, en coupe verticale, une disposition de puisard ou regard avec soupape, employée en Allemagne. L'appareil se compose d'une espèce de caisse carrée en bois, formée de quatre planches. Le vide intérieur est d'environ 16 centimètres. La partie supérieure C de cette caisse dépasse le sol d'une vingtaine de centimètres; elle est habituellement fermée, comme on le voit, par un couvercle également en bois. A sa partie inférieure, ce coffre reçoit d'un côté la partie d'amont A du drain collecteur; en face, la partie d'aval B du même drain. En outre, cette caisse peut recevoir sur ses deux autres côtés, et dans une direction perpendiculaire au collecteur, deux petits drains arrivant dans des directions opposées.[1]

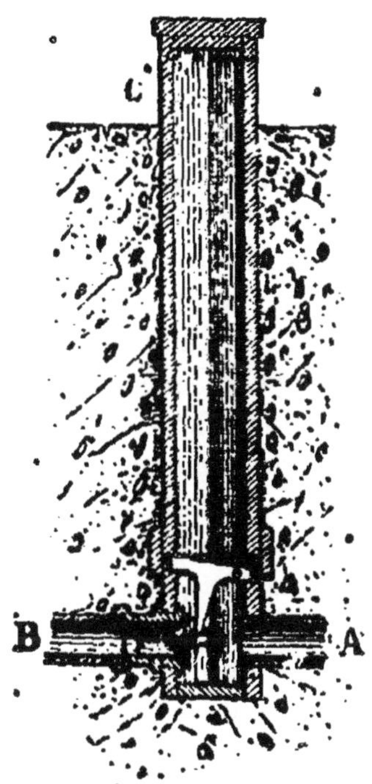

Fig. 151. — Regard en bois avec soupape pour la fermeture des drains collecteurs.

La fermeture du drain B est obtenue au moyen d'une soupape conique. Cette soupape se manœuvre du haut à l'aide d'une légère tringle en gros fil de fer terminée en anneau à sa partie supérieure, et par l'intermédiaire d'un levier en fer en forme de T, représentant à peu près un mouvement de sonnette.

La figure 152 représente, en coupe verticale et en plan, à l'échelle du dixième, les portions les plus essentielles de cet appa-

1. C'est ainsi que les choses sont disposées dans la méthode allemande ; mais on peut aussi bien, dans la méthode que je propose, embrancher les petits drains sur le collecteur en tout autre point, sans qu'il soit nécessaire de les faire aboutir dans le regard.

reil. Le coffre en bois est divisé, dans le sens de la hauteur, en deux parties qui se superposent. Le joint se trouve au niveau *mn*. Dans le plan, la partie supérieure est supposée enlevée, afin de laisser voir le dessus de la caisse inférieure. Cette caisse est percée, sur ses quatre faces, d'ouvertures circulaires qui reçoivent les extrémités des tuyaux de drainage, savoir : la bouche A du collecteur venant d'amont, le collecteur d'aval B, et les drains de gauche et de droite C et D. Le dernier tuyau du collecteur d'aval s'adapte dans la partie élargie de la pièce B, confectionnée en terre cuite, d'une meilleure qualité que celle des tuyaux ordinaires de drainage, et exécutée avec plus de soin. Cette pièce, qui sert de siège à la soupape, également en terre cuite, porte deux rebords saillants entre lesquels est comprise la planche de la caisse.

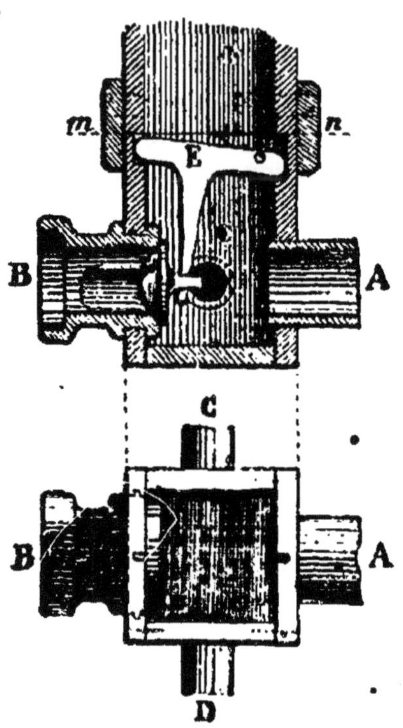

Fig. 152. — Détails du regard dont la figure 150 représente l'ensemble.

Afin qu'on puisse facilement mettre en place cette pièce B, la portion de planche qui surmonte l'ouverture que cette pièce doit remplir s'adapte à coulisse de haut en bas. Le levier E, en fer méplat, qui ouvre ou ferme la soupape, est simplement posé dans deux entailles pratiquées dans les planches et que la figure indique suffisamment. L'une de ces entailles, située du côté de la pièce B, est juste assez grande pour recevoir l'extrémité du levier qui, une fois la caisse inférieure recouverte par la hausse, ne peut plus qu'osciller autour de cette extrémité. L'autre entaille a une longueur suffisante pour laisser à l'extrémité correspondante du levier la course indispensable. En F est la tige qui sert à manœuvrer le levier. La figure 153 représente séparément la soupape, vue en dessus et par bout. La portion à trois nervures reste toujours engagée dans la pièce B de la figure 152, lors même que la soupape est

Fig. 153. — Soupape.

ouverte ; cette portion guide la soupape, la maintient en place et permet néanmoins à l'eau de passer par les parties évidées. On remarquera que la soupape, une fois fermée, est fortement maintenue contre son siège par la pression même de l'eau, qui pousse d'amont en aval. Mais quand, au contraire, on veut maintenir la soupape ouverte, il est nécessaire, pour qu'elle ne risque pas de se refermer, de suspendre la tige F de la figure 151 par l'anneau qui la termine supérieurement, à un petit crochet ou à un simple clou fixé à cet effet vers la partie supérieure de la caisse.

Fig. 154. — Fermeture des regards.

La figure 154 nous montre, plus en grand que la figure 151, la fermeture supérieure du puisard, destinée à prévenir l'introduction des corps étrangers et à empêcher qu'on ne touche indûment à l'appareil. Le couvercle est composé de deux épaisseurs de planche, de manière à former feuillure ; il porte en dessous deux pitons *a*, *b*, que traverse une broche mobile en fer *cd*. Cette broche, taraudée à son extrémité *d*, se visse dans un écrou fixé à la paroi de la caisse ; l'extrémité *c* est carrée et se tourne avec une clé ayant la forme de celle d'une horloge.

Autre appareil en terre cuite. — L'appareil que je viens de décrire est au fond assez simple et bien approprié à son objet ; on en pourrait néanmoins imaginer beaucoup d'autres à peu près équivalents. Le bois étant une matière peu durable, surtout lorsqu'il est exposé alternativement à l'eau et à l'air, voici, figure 155, un modèle que tout potier un peu adroit et intelligent pourrait exécuter en terre cuite. La pièce principale est un cylindre fermé par le bas et muni de deux tubulures A, B. Dans celle A s'adapte l'extrémité de la partie *amont* du drain collecteur, dans celle B les tuyaux de la partie *aval*. Quant aux drains latéraux, on les embranchera, en dehors de l'appareil, sur la partie amont du drain collecteur. Au-dessus de la pièce qui porte les tubulures, on superposera une ou deux longueurs de tuyaux en poterie de même diamètre, avec joints à emboîtement, de manière à obtenir la hauteur voulue suivant la profondeur des drains.

La fermeture de l'ouverture B est obtenue au moyen d'une petite vanne C, que représente isolément, en perspective, la figure 156. Cette vanne est en tôle, fer blanc ou zinc ; elle est munie d'un ferrement fixé par des rivets, qui se termine en un anneau dans lequel est prise l'extrémité d'une tringle légère F, figure 155, qui s'étend vers le haut jusqu'à la portée de la main. Deux nervures verticales *a*,*b*, faisant saillie à l'intérieur de la pièce en poterie, maintiennent et guident la petite vanne. Afin que cette dernière ne retombe pas lorsqu'elle a été élevée pour démasquer l'ouverture B, il faut qu'elle glisse à frottement un peu dur. Cet effet s'obtiendra de la manière la plus simple, car la tôle assez mince dont la vanne est formée est élastique ; il suffira de lui donner, avant de la mettre en place, une courbure un peu moindre que celle qu'elle doit avoir ; la légère compression qu'il faudra exercer pour la faire entrer à sa place dans le cylindre lui permettra de supporter son poids et celui de la tringle.

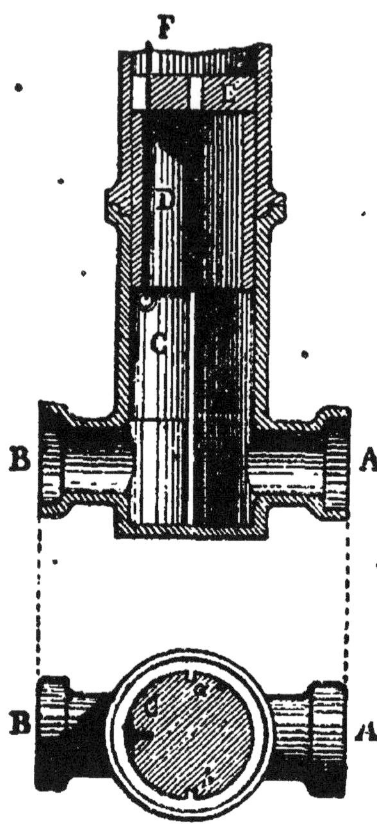

Fig. 155. — Coupe et plan de la partie inférieure d'un regard en poterie, avec tiroir en fer blanc pour la fermeture des drains collecteurs.

Un bout de tuyau en poterie D entre librement dans les gros tuyaux qui forment le puisard. Il se trouve soutenu, à une hauteur déterminée, par les extrémités supérieures des nervures saillantes *a*,*b*. Ce tuyau a pour objet de limiter supérieurement la course de la vanne dont l'anneau vient butter contre lui quand l'ouverture est complète. Si l'on veut retirer la vanne pour la visiter ou réparer, il faut retirer d'abord le tuyau D à l'aide d'un crochet. Pour qu'on ne puisse jeter des corps étrangers dans le puisard, le tuyau D est surmonté d'un disque en terre cuite E, muni d'une

Fig. 156. — Tiroir ou vanne de regard.

échancrure pour le passage de la tige de la vanne, à laquelle il sert de guide, et d'un trou central pour faciliter au besoin l'extraction[1]. A l'extérieur, on pourrait garantir contre les chocs l'extrémité des tuyaux de poterie qui dépasse la surface du sol, au moyen d'une petite défense en terrassement ou en maçonnerie[2].

204. Marche des arrosages. — Pour irriguer à l'aide des dispositions qui viennent d'être décrites, on procède de la manière suivante. L'eau ayant été retirée de la prairie pendant un certain temps, les drains étant restés ouverts, tout le terrain sera parfaitement et assez profondément ressuyé. Alors on fermera les soupapes des drains, et on donnera l'eau. La terre se trouvera assez absorbante ; il y aura donc d'abord une pénétration notable dans le sol et une incorporation à celui-ci des matières étrangères dissoutes dans l'eau. Il pourra donc se faire, lorsque la nappe d'eau arrivera au-dessus d'une ligne de drains, qu'elle soit pendant quelques instants absorbée tout entière. Mais le drain privé d'écoulement ne tardera pas à être rempli, ainsi que les fissures du remblai qui le recouvre, et dès lors l'eau reprendra son cours à la surface, en continuant à s'étaler en nappe sur le pré. Une fois la terre imbibée et les drains remplis, on pourra prolonger à volonté l'arrosage ; les choses se passeront comme si on avait affaire à un terrain peu perméable et non drainé. Enfin on suspendra complètement l'arrivée de l'eau sur la prairie, et on ouvrira ensuite les soupapes du drainage ; alors les drains se videront, et le terrain continuera à s'égoutter. A mesure que l'eau s'abaissera dans les interstices du sol pour gagner les drains, elle produira à la surface de la prairie un appel d'air, une sorte de succion, qui fera pénétrer dans le gazon les gaz atmosphériques. Au bout de plus ou moins de temps, selon la saison et la quantité d'eau disponible, on réitérera l'arrosage.

Il faut remarquer que la descente de l'eau dans les interstices

1. On pourrait supprimer la tige attachée à la vanne ; celle-ci serait manœuvrée par l'irrigateur à l'aide d'une tringle portative terminée en crochet, qui, introduite dans le puisard, servirait à pousser de haut en bas pour fermer, et à retirer pour ouvrir. L'échancrure du couvercle, fig. 155, devrait alors être évasée en dessus et en dessous, pour mieux amener la tringle vers l'ouverture, et le petit anneau de la vanne devrait être remplacé par une pièce ayant un peu plus de surface pour qu'on puisse la trouver à tâtons.

2. Il est évident qu'on peut encore ajouter telle fermeture de l'orifice supérieur qu'on jugera à propos ; mais cette fermeture paraît peu nécessaire, et dans presque tous les cas une pierre brute posée dessus serait amplement suffisante, à moins qu'on n'eût lieu de craindre la malveillance.

du sol, au-dessus de chaque drain, sera de très courte durée ; par conséquent, il n'y aura pas à craindre que l'eau, en courant dans ces interstices, puisse sensiblement les élargir. Il est assez probable, au contraire, qu'à la faveur de l'eau stagnante dont les remblais au-dessus des drains seront pénétrés, il se produira dans ces remblais un utile tassement. D'ailleurs, chaque fois qu'après la cessation de l'arrosage on ouvrira les orifices des drains, l'eau dont ils se trouveront remplis s'écoulera d'abord avec vitesse et balaiera le peu de terre ou de sable qui pourrait avoir pénétré accidentellement dans les tuyaux.

305. Principes et avantages de la méthode. — La méthode d'irrigation avec drainage que je viens de décrire met successivement à profit la pénétration de l'eau dans le sol, comme dans les arrosages des terres labourées, et l'action de l'eau en mouvement comme dans les autres méthodes d'arrosage des prairies. On sera d'ailleurs maître de faire prédominer le premier des deux modes d'action de l'eau, en multipliant les intermittences et suspendant l'arrivée de l'eau presque aussitôt que le sol en paraîtra saturé. Par cette manière d'opérer, on utiliserait aussi complètement que possible toutes les matières étrangères contenues dans l'eau, et l'on se mettrait à l'abri du reproche qu'on peut adresser à l'irrigation des prairies, telle qu'elle est ordinairement pratiquée, savoir : que, dans bien des circonstances, on abandonne l'eau sans qu'elle ait cédé une grande partie des substances utiles qu'elle contenait. C'est plus particulièrement dans les terrains les plus plats qu'on devra chercher à profiter de la faculté d'absorption procurée au sol par le drainage, car n'ayant pas de pentes pour imprimer à l'eau la vitesse qui convient le mieux aux arrosages par ruissèlement, on sera sous ce rapport dans de moins bonnes conditions qu'avec l'irrigation par planches.

Les terrains les plus humides et les plus marécageux pourront être fertilisés par cette irrigation avec drainage intermittent. Il suffira pour cela, sans augmenter le nombre des collecteurs, de multiplier les drains secondaires lorsque la nature du sol l'exigera. Cette méthode sera éminemment favorable à l'emploi de volumes d'eau très-modérés ; une aération énergique succédant à chaque arrosage, il n'y a pas à redouter les funestes effets d'une eau presque stagnante et insuffisamment pourvue d'oxygène. L'emploi de beaucoup plus grandes masses d'eau sera également possible, puisqu'on dispose d'un double moyen d'évacuation, écoulement superficiel comme dans les irrigations sans drainage, et écoulement intermittent par les drains. Il y a donc tout lieu de croire, en définitive, qu'on porterait les prairies au plus haut degré de fertilité qu'elles soient susceptibles d'atteindre. Il est presque superflu d'ajouter que la méthode se prête à toutes les configurations de terrain et à toutes les pentes modérées, mais plus particulièrement aux prairies presque plates, dans lesquelles la construction dispendieuse des ados se trouverait évitée ; enfin que tous les véhicules et instruments pourront circuler et fonctionner sans difficulté dans les prairies ainsi établies, les quelques regards alignés qui se trouveront de distance en distance au-dessus des drains collecteurs ne constituant pas un embarras sérieux.

308. Dispositions employées en Allemagne. — Dans la méthode Petersen proprement dite, les rigoles de niveau sont établies immédiatement au-dessus des drains; ce que je ne saurais approuver. Les rigoles doivent avoir une pente nulle ou à peine sensible, et elles affectent nécessairement des ondulations nombreuses et des formes courbes, afin de se conformer aux sinuosités du terrain. Les drains, au lieu de cela, doivent avoir une pente bien prononcée et ne sont d'une exécution facile qu'autant qu'ils se composent de parties droites d'une certaine longueur. Le même tracé ne peut donc convenir à ces deux genres de canalisation, et il vaut bien mieux gazonner le dessus des drains pour consolider et garantir le remblai, et creuser d'autre part les rigoles dans le terrain solide. Dans la méthode allemande, on ne multiplie pas convenablement les fermetures, de manière à suspendre complètement le mouvement de l'eau dans les drains ; dès lors une certaine quantité d'eau déborde par les regards du drainage, et les choses sont disposées de telle sorte qu'elle soit reçue dans les rigoles d'irrigation ; c'est là une complication sans but, qui ne peut qu'occasionner des avaries dans le drainage. J'ai dit déjà qu'en principe, si le dessèchement doit se faire de préférence souterrainement, l'irrigation doit au contraire être superficielle. Que nous reste-t-il donc d'utile dans la méthode Petersen ? Deux idées importantes : celle de la fermeture des drains, qui, il est vrai, n'est pas nouvelle, et celle de diriger le collecteur suivant la plus grande pente et les drains secondaires transversalement. En dépit de ces critiques, la méthode Petersen paraît avoir réussi, et en tout cas il convient de la signaler à l'attention des expérimentateurs, en insistant sur les perfectionnements que nous proposons.

CHAPITRE XI

RENSEIGNEMENTS COMPLÉMENTAIRES

TECHNIQUES ET ADMINISTRATIFS

§ 1. — Jaugeages. — § 2. Pentes et sections des canaux ; vitesses-limites. — § 3. Administration d'une concession. — § 4. Quelques chiffres de statistique des irrigations. — § 5. Cas d'impuissance des syndicats.

§ 1.

JAUGEAGES

307. Jeaugeage des eaux courantes. — *Mesurage direct de la vitesse de l'eau.* — Lorsqu'on veut établir une irrigation, il importe souvent de se rendre compte du volume d'eau fourni dans un temps donné, en une seconde par exemple, par une source, un ruisseau ou un canal.

Pour les petits cours d'eau, le moyen le plus simple consiste à établir un barrage, de manière à obliger toute l'eau à passer par un ajutage et à observer, à l'aide d'une montre à secondes, le temps nécessaire pour remplir un réservoir d'une capacité connue, d'où l'on déduit le volume d'eau écoulé en une seconde. S'il s'agit d'un débit minime, un vase peut suffire ; on détermine préalablement sa contenance jusqu'à un trait marqué sur les parois, soit en cubant le vase s'il est de forme régulière, soit en pesant le vase plein et défalquant du poids total celui du vaisseau vide, et comptant un litre d'eau par kilogramme, soit enfin en mesurant le contenu avec un litre.

Emploi d'un déversoir en mince paroi. — Lorsqu'on doit avoir à faire un certain nombre de jaugeages de petits cours d'eau, on peut avoir recours au procédé suivant, qui repose sur des formules connues d'hydraulique, mais qui, sous sa forme pratique, a été donné par M. Raudot. Dans une feuille de ferblanc d'environ 40 centimètres de longueur sur 25 à 30 de largeur, on pratique une échancrure rectangulaire de 20 centimètres de largeur, exactement, sur à peu près autant de hauteur; on divise en centimètres les deux côtés verticaux de l'échancrure, puis on fixe le ferblanc, au moyen de petits clous, sur une planche percée elle-même d'un trou rectangulaire plus grand que la partie qui a été enlevée dans le ferblanc. La figure 157 représente cette disposition. La feuille de métal se trouve, comme on le voit, de quelques centimètres en saillie sur le pourtour de la planche. Ces détails de

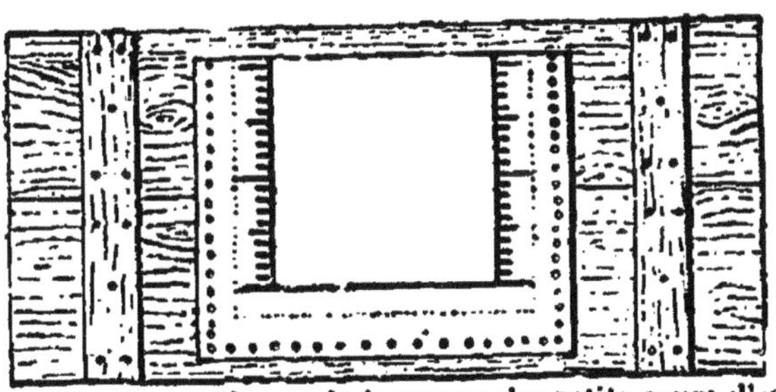

Fig. 157.—Appareil pour le jaugeage des petits cours d'eau.

construction ont leur importance, parce que l'écoulement d'un liquide n'a pas lieu de la même manière par une ouverture pratiquée dans une paroi épaisse ou dans une paroi mince, et la formule qui a servi à calculer le tableau ci-dessous ne s'applique qu'aux ouvertures en mince paroi.

On barre le cours d'eau de manière à élever le plus possible le niveau de l'eau en amont du barrage. La planche contenant l'ouverture graduée est fixée dans le barrage et consolidée par des piquets, sa partie supérieure affleurant à peu près le haut de la digue; on a soin de bien boucher tout le pourtour avec des mottes de gazon ou de la terre grasse. Les choses étant ainsi disposées, toute l'eau sera forcée de passer par le bas de l'ouverture graduée, comme par un déversoir, en formant une petite cascade du côté d'aval; alors la surface libre de l'eau, qui ne devra pas atteindre le sommet de l'ouverture, correspondra à un certain nombre de centimètres sur les échelles graduées. Si les indications n'étaient pas les mêmes des deux côtés, cela prouverait que la planche n'est pas de niveau, et on rectifierait sa position. Cela fait, on n'a qu'à noter l'épaisseur de la lame d'eau indiquée par les échelles, et le débit par vingt-quatre heures se trouve dans le tableau suivant.

Hauteur d'eau en centimètres	Débit en mètres cubes par 24 heures	Hauteur d'eau en centimètres	Débit en mètres cubes par 24 heures	Hauteur d'eau en centimètres	Débit en mètres cubes par 24 heures
1/2	14	5 1/2	408	11	1.134
1	31	6	464	12	1.315
1 1/2	58	6 1/2	524	13	1.482
2	88	7	585	14	1.649
2 1/2	125	7 1/2	650	15	1.827
3	164	8	715	16	2.014
3 1/2	207	8 1/2	783	17	2.210
4	253	9	854	18	2.415
4 1/2	301	9 1/2	926	19	2.619
5	353	10	1.000	20	2.829

Connaissant le débit du cours d'eau en mètres cubes pour 24 heures, et sachant qu'il y a 1.000 litres dans un mètre cube et 86.400 secondes par jour, l'opération à effectuer revient à ajouter un zéro à la droite du nombre donné par la table et à diviser le résultat par 864.

Les dimensions supposées à l'orifice de ferblanc qui sert de déversoir permettent de jauger des cours d'eau débitant depuis 1/4 de litre jusqu'à 35 litres par seconde. Toutefois, si l'on avait de faibles cours d'eau à jauger avec exactitude, il conviendrait d'employer un autre déversoir sembable à celui décrit précédemment, mais de 10 centimètres de largeur seulement au lieu de 20. Quand on fera usage de ce nouvel appareil, les débits étant proportionnels à la largeur de l'orifice, il ne faudra prendre que la moitié des nombres de la table. Si le cours d'eau était trop considérable, l'eau s'élèverait jusqu'au haut de la planche, et l'appareil serait insuffisant ; il faudrait alors en avoir un autre de 30 ou 40 centimètres de largeur d'ouverture. La table ci-dessus servirait toujours, à la condition d'augmenter les nombres trouvés de moitié en sus pour un déversoir de 30 centimètres, de les doubler pour celui de 40.

Jaugeage d'un canal, d'une rivière. — Soit ABCD, figure 158, le profil d'un canal que je suppose coupé par un plan perpendiculaire à sa longueur. Soit EF le niveau de l'eau dans le canal. La surface du trapèze EFCD, exprimée en mètres carrés ou fractions de mètre carré, est ce qu'on appelle la *section du cours d'eau*.

Dans la figure, on a supposé un canal à profil régulier, terminé à droite et à gauche par des talus de même inclinaison. Dans ce cas, le calcul de la section du cours d'eau est des plus simples. Nous remarquons en effet que le triangle HDF est *égal* à EIC et qu'on peut lui substituer ce dernier ; dès lors la surface cherchée est égale à celle du rectangle EIHD et a pour valeur la base ID de

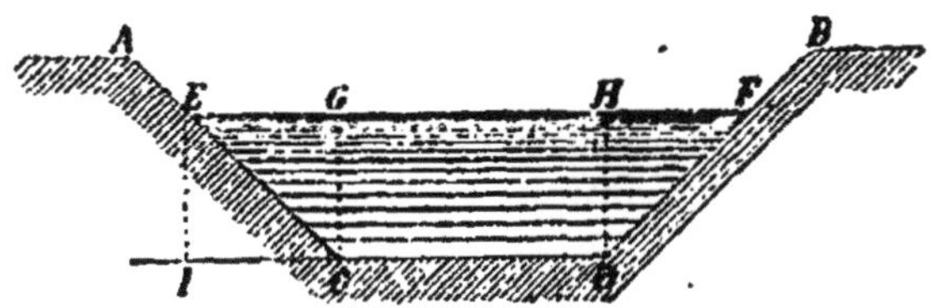

Fig. 158.

ce rectangle multipliée par sa hauteur, qui n'est elle-même autre chose que la profondeur de l'eau. D'ailleurs IC étant égal à EG et à HF, CD étant égal à GH, il est facile d'en conclure que la base ID de notre rectangle est égale à la moitié de la somme des deux largeurs EF et CD du cours d'eau, mesurées l'une à la surface et l'autre au plafond. Ce principe serait peu modifié quand même le profil serait moins régulier que celui de la figure. Ainsi, en général, pour avoir la section d'un cours d'eau, on mesurera la largeur du fond et la largeur au niveau de la surface de l'eau ; on prendra la moyenne de ces deux nombres qu'on multipliera par la profondeur. Si les deux dimensions sont exprimées en mètres, leur produit donnera des mètres carrés et fractions de mètre carré.

Les ruisseaux et petites rivières n'ont pas un lit partout uniforme. Lorsqu'on a affaire à un tel cours d'eau, on devra répéter le calcul ci-dessus pour un certain nombre de points, pris à peu près à égale distance les uns des autres sur une certaine longueur de parcours ; on fera la moyenne des nombres obtenus comme exprimant les diverses sections, et ce sera cette *section moyenne* qu'on introduira dans les calculs subséquents, tout en sachant qu'on n'est plus dans des conditions aussi favorables pour avoir des résultats exacts.

Le périmètre ECDF (figure 158) est ce qu'on appelle le *périmètre mouillé*. Il est facile de l'évaluer approximativement pour tout cours d'eau dont les dimensions sont connues. Le quotient de la section du cours d'eau divisée par le périmètre mouillé est ce que l'on appelle le *rayon moyen.*

La *vitesse de l'eau* est le chemin qu'elle parcourt en une seconde. Toutes les molécules d'eau n'ont pas la même vitesse ; la plus grande a lieu près de la surface et vers le milieu de la largeur de la rivière, ou plus exactement au-dessus de la partie la plus creuse du lit. La moindre vitesse existe dans les parties qui sont en contact avec le fond. Dans la plupart des calculs, ce qu'il importe de considérer, c'est la *vitesse moyenne* des filets liquides.

Le *débit* du cours d'eau en une seconde est égal au produit de la section moyenne multipliée par la vitesse moyenne.

La *pente par mètre* s'obtient en déterminant d'abord, par un nivellement, la différence de niveau de la surface de l'eau en deux points du parcours un peu éloignés l'un de l'autre, et en divisant cette différence par la distance des deux points, mesurée suivant l'axe du cours d'eau,

Méthode des flotteurs. — Les méthodes de jaugeage données ci-dessus sont inadmissibles quand les cours d'eau ont un certain volume. Le procédé suivant, qui serait inexact pour de petites rigoles ou de très faibles filets d'eau, convient au contraire à des canaux un peu plus importants ; il sera d'autant plus exact que le cours d'eau sera plus régulier et le lit mieux débarrassé des plantes adventices et autres obstacles. On jette dans le fil de l'eau un corps flottant, de préférence un morceau de bois de chêne qui, étant presque aussi dense que l'eau, s'immerge à peu près complètement. On compte, à l'aide d'une montre à secondes, le temps que met le flotteur à parcourir une certaine distance qu'on a soin de prendre la plus grande possible. En divisant cette distance par le temps employé à la parcourir, on a la vitesse de l'eau à la surface. Il est bon de jeter le flotteur à l'eau un peu en amont du point à partir duquel doivent être comptées la distance et le temps, afin que le flotteur ait bien la même vitesse que l'eau quand l'observation commence. Il convient en outre de répéter un certain nombre de fois l'expérience et de prendre la moyenne des résultats obtenus. Ayant la vitesse à la surface, on en déduit la vitesse moyenne en admettant que celle-ci égale les 80 centièmes de la vitesse à la surface pour un cours d'eau bien entretenu, et les 60 centièmes pour un cours d'eau tapissé de joncs. On détermine, d'autre part, la section moyenne comme il a été dit plus haut. Enfin, connaissant la section moyenne et la vitesse moyenne, le produit des deux nombres qui les expriment égale le débit en mètres cubes par seconde.

Jaugeage au moyen du nivellement. — On détermine, comme il a été dit précédemment, le profil moyen du cours d'eau. On calcule aussi le rayon moyen et la pente par mètre, ainsi qu'on l'a expliqué. Cela fait, on multiplie le rayon moyen par cette pente; on divise le produit par le nombre correspondant au rayon moyen dans le tableau qui suit; enfin on extrait la racine carrée du quotient. Le chiffre obtenu est la vitesse moyenne du cours d'eau. Multipliant cette vitesse moyenne par la section, on obtient le débit, comme à l'ordinaire.

Rayon moyen	Nombre correspondant	Rayon moyen	Nombre correspondant	Rayon moyen	Nombre correspondant
0,10	0,003780	0,41	0,001134	0,72	0,000766
0,11	0,003462	0,42	0,001113	0,73	0,000759
0,12	0,003107	0,43	0,001094	0,74	0,000753
0,13	0,002972	0,44	0,001075	0,75	0,000747
0,14	0,002780	0,45	0,001058	0,76	0,000741
0,15	0,002613	0,46	0,001041	0,77	0,000735
0,16	0,002468	0,47	0,001025	0,78	0,000729
0,17	0,002339	0,48	0,001009	0,79	0,000723
0,18	0,002224	0,49	0,000994	0,80	0,000718
0,19	0,002122	0,50	0,000980	0,81	0,000712
0,20	0,002030	0,51	0,000966	0,82	0,000707
0,21	0,001947	0,52	0,000953	0,83	0,000702
0,22	0,001871	0,53	0,000940	0,84	0,000697
0,23	0,001802	0,54	0,000928	0,85	0,000692
0,24	0,001738	0,55	0,000916	0,86	0,000687
0,25	0,001680	0,56	0,000905	0,87	0,000682
0,26	0,001626	0,57	0,000894	0,88	0,000678
0,27	0,001576	0,58	0,000883	0,89	0,000673
0,28	0,001530	0,59	0,000873	0,90	0,000669
0,29	0,001487	0,60	0,000863	0,91	0,000665
0,30	0,001447	0,61	0,000854	0,92	0,000660
0,31	0,001409	0,62	0,000845	0,93	0,000656
0,32	0,001374	0,63	0,000836	0,94	0,000652
0,33	0,001341	0,64	0,000827	0,95	0,000648
0,34	0,001309	0,65	0,000818	0,96	0,000645
0,35	0,001280	0,66	0,000810	0,97	0,000641
0,36	0,001252	0,67	0,000802	0,98	0,000637
0,37	0,001226	0,68	0,000795	0,99	0,000634
0,38	0,001201	0,69	0,000787	1,00	0,000630
0,39	0,001177	0,70	0,000780		
0,40	0,001155	0,71	0,000773		

Jaugeage des petites rigoles d'irrigation. — Les méthodes de jaugeage qui viennent d'être exposées permettent de jauger les sources ordinaires, les ruisseaux, les petites rivières, et enfin les canaux qui amènent l'eau à la portée des champs ou des prairies à irriguer. Mais ces méthodes seraient souvent inexécutables ou inexactes s'il s'agissait d'évaluer la quantité d'eau qui court dans un sillon, celle qui traverse en un point donné une petite rigole creusée dans le gazon, etc. Dans les très petites rigoles, l'influence retardatrice des herbes et des inégalités du terrain est très considérable ; par suite, les formules ordinaires ne leur sont pas applicables. Hervé Mangon, dans ses expériences sur les eaux employées aux irrigations, s'est servi d'un instrument dont l'idée première appartient à Pitot, mais qui a été perfectionné par feu Darcy et qui permet, sans rien changer à l'état du cours d'eau, de déterminer la vitesse en un point quelconque. « Ainsi, par exemple, dans la prairie de Saint-Dié, dit Mangon, j'ai pu jauger la rigole du sommet d'un billon en quatre points de sa longueur, puis les deux rigoles de colature, et retrouver ainsi, à quelques litres près, dans ces dernières rigoles, l'eau déversée sur les deux ailes de l'ados, en un mot suivre pas à pas, pour ainsi dire, le mouvement du liquide sur les moindres parcelles de la pièce arrosée. De même, on peut déterminer les pertes d'une rigole par infiltration de mètre en mètre, et ainsi de suite. »

L'instrument dont s'est servi M. Mangon pourrait rendre de grands services dans toutes les recherches ayant pour objet l'irrigation. Il a une grande ressemblance de forme avec un baromètre ; la vitesse de l'eau se déduit par le calcul de la différence de niveau qui s'établit entre deux tubes en partie remplis d'eau. Je renvoie, pour plus de détails, ceux des lecteurs que la question intéresse aux « *Expériences sur l'emploi des eaux dans les irrigations.* »

§ 2.

PENTES ET SECTIONS DES CANAUX, VITESSES-LIMITES

308. Établissement des canaux. — La question de l'établissement des canaux, comprenant la détermination de la pente, la plus convenable, de la profondeur, de la largeur, des rapports qui existent entre ces quantités, d'une part, la vitesse de l'eau et le débit par seconde, d'autre part, est des plus complexes et constitue pour ainsi dire à elle seule tout une branche de l'art de l'ingénieur. Il me serait impossible, sans sortir du cadre de cet ouvrage, de traiter ici cette question avec tous les développements qu'elle comporte ; cependant, comme elle se présente inévitablement presque toutes les fois qu'il s'agit d'établir une irrigation nouvelle, je vais donner sur ce sujet quelques indications.

La tracé et les dimensions d'un canal étant donnés, trouver quelle quantité d'eau il est susceptible de conduire. — Il arrive souvent qu'ayant à amener l'eau d'un point à un autre pour l'établissement d'une irrigation, on cherche à profiter dans ce but, de fossés déjà existants. Mais pour chaque portion régulière de fossé, qui paraît convenable comme direction, on doit se poser cette question : Le fossé est-il susceptible, eu égard à sa pente et à ses dimensions transversales, de donner passage dans un temps donné à la totalité de l'eau qu'on voudrait amener ? Quel sera le débit d'un tel fossé, sans débordement ? Pour répondre à ces questions, il n'y a qu'à supposer le fossé rempli, puis à calculer le débit de ce cours d'eau imaginaire par la méthode de jaugeage décrite sous le nom de jaugeage au moyen du nivellement.

Le tracé du canal étant donné, déterminer ses dimensions transversales et la vitesse de l'eau. — Il arrive souvent que l'on n'a pas le choix entre plusieurs directions. C'est ce qui a lieu notamment quand l'endroit où l'on peut prendre l'eau est invariablement fixé d'avance. Pour déterminer, dans ce cas, les dimensions transversales que doit avoir le canal pour débiter un volume d'eau déterminé, le plus simple sera de procéder par tâtonnement. On suppose au canal les largeurs et profondeurs qui paraissent au premier abord les plus convenables. Puis, ayant fait le nivellement suivant la longueur du tracé, on fait, par la méthode qu'on vient de rappeler, le calcul du volume qu'il peut débiter. Si l'on trouve un volume par seconde notablement plus fort ou plus faible que celui dont on a besoin, on diminue ou on augmente les dimensions du canal, et on fait de nouveau le calcul du débit. Comme le nivellement est fait une fois pour toutes, et que la pente par mètre est une quantité constante, les tâtonnements ne portent que sur des calculs peu compliqués et peu longs.

Lorsqu'on a trouvé des dimensions en largeur et profondeur

qui paraissent convenables au point de vue du volume d'eau à amener par seconde, il faut encore, avant d'arrêter définitivement le projet, se rendre compte de la vitesse que l'eau prendra dans le canal. Cette vitesse doit, en effet, être comprise entre certaines limites que j'indiquerai un peu plus loin. Il importe surtout que la vitesse au fond du canal ne soit pas telle qu'elle puisse dégrader son lit. Or, puisque le débit par seconde, qui est ici une des données de la question, est égal au produit de la section du cours d'eau par la vitesse moyenne, réciproquement on obtiendra la vitesse en divisant le débit par la section qui est aussi connue. Si l'on arrive par ce calcul à une vitesse qui surpasse le maximum admissible, eu égard à la nature du terrain, il faut apporter des modifications au projet primitif.

Fig. 159.

Si la vitesse trouvée pour la section *abcd* est trop forte, on adoptera une section plus large, par exemple celle-ci :

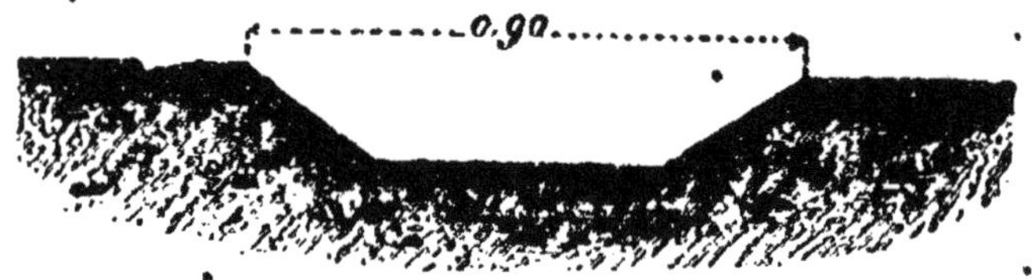

Fig. 160.

Le périmètre mouillé étant augmenté, la vitesse sera réduite, puisque le frottement de l'eau s'exercera sur une surface plus grande dans chaque mètre courant de canal ; le calcul, refait, conduira à une vitesse moindre, et après deux ou trois essais on arrivera à une solution satisfaisante, à moins que la pente ne soit par trop forte.

Dans ce cas, il faut partager le canal en plusieurs biefs à pentes modérées, en les séparant les uns des autres par des plans inclinés très rapides et de peu de longueur, que l'eau descendra en formant, à chaque passage d'un bief au suivant, une sorte de chute. Les plans inclinés seront d'ailleurs construits en maçonnerie, ou du moins revêtus, ainsi que le pourtour du canal en ces endroits, en matériaux résistants. De solides radiers, ou des enrochements formés de blocs de pierre, seront établis aux endroits que vient frapper l'eau au pied de chaque cascade, en sorte que les seuls points exposés aux dégradations se trouveront défendus[1].

Si, par suite de la disposition des lieux, ce moyen se trouvait impraticable ou trop dispendieux, il ne resterait plus d'autre ressource que de garnir le fond du canal d'une couche de matériaux plus résistants que le terrain naturel, par exemple une couche de gros gravier si le fond est argileux, ou un lit de moellons si la vitesse est telle qu'elle puisse entraîner le gravier lui-même. Les rives devront aussi, dans ce cas, être revêtues de fascinages, ou mieux de perrés en moellons.

Cas où le tracé du canal est en partie facultatif. — Quand le tracé du canal n'est pas absolument imposé d'avance, on tâche de faire en sorte qu'il ne présente que de faibles pentes ; on évite ainsi le danger des érosions, et on gagne en outre très souvent la possibilité de porter de l'eau sur des points que n'aurait pu atteindre un canal à grande déclivité. L'expérience a appris dans quelles limites les pentes des canaux doivent être comprises, et je donnerai ci-après des indications sommaires à cet égard. Une fois à peu près fixé sur un tracé remplissant cette condition, les calculs précédents se trouveront très abrégés.

309. Pentes des canaux. Vitesses-limites. — Il est impossible d'indiquer d'avance et d'une manière absolue la pente que doit avoir un canal. La nature du terrain, la forme du lit, le volume plus ou moins considérable à débiter par seconde, et enfin la pente, sont des quantités qui se trouvent liées les unes aux autres par des relations assez complexes ; il y a seulement des limites dont on ne peut s'écarter beaucoup, et qui fournissent les premières indications pour la rédaction d'un avant-projet, sauf à modifier celui-ci après le calcul fait du débit et de la vitesse.

« Les pentes des grands canaux d'arrosage, dit H. Mangon, peuvent varier de 10 à 30 centimètres par kilomètre. Celles des

1. C'est dans les cas analogues à celui-ci qu'on peut créer une force motrice, tout en satisfaisant à la condition principale d'amener, sur un point donné, de l'eau destinée aux irrigations.

rigoles secondaires peuvent atteindre 1 mètre ou 1m20; mais il est rare qu'il convienne de dépasser cette dernière limite, à moins de circonstances exceptionnelles, quoiqu'on en rencontre plusieurs exemples dans le tableau suivant, où se trouvent réunis quelques chiffres relatifs aux pentes de certains canaux existants. »

Désignation des canaux	Pentes par kilomètre
Rigoles d'arrosage en pays de montagnes, dans le Tyrol, les parties hautes des Alpes, etc	2m,00 à 6m,00
Canaux d'Alaric, de la Gespe et de Tarbes............	2 ,22 à 5 ,00
Canal du Bazer (Haute-Garonne)............	0 ,24 à 0 ,50
Canal de Craponne............	0 ,80 à 2 ,30
Canal des Alpines (partie moderne)............	0 ,30 à 0 ,50
Canaux de Saint-Julien, de Cavaillon, etc............	0 ,45 à 1 ,60
Canal de Marseille............	0 ,30 à 1 ,00
Canal de Pierrelate............	0 ,13 à 0 ,41
Canal d'Ivrée (Piémont)............	0 ,52 à 1 ,28
Canaux particuliers modernes dans le Piémont............	0 ,30 à 0 ,84
Naviglio-Grande (Milanais)............	0 ,20 à 1 ,55
Canal de Pavie............	0 ,18 à 0 ,41
Canaux particuliers modernes du Milanais............	0 ,27 à 0 ,62

Nous réunissons ci-après, dans un tableau unique, les renseignements que donnent les auteurs sur les pentes et sur les vitesses admissibles *suivant la nature des terrains*. Mais il ne faut point se faire illusion sur la valeur de ce tableau. En premier lieu, la pente n'a d'intérêt, dans la question actuelle, qu'en ce qui concerne son influence sur la vitesse [1]; en second lieu, les diverses natures de terrain ne sont pas définies avec précision, et il y aurait d'ailleurs à tenir compte de l'état superficiel, le sable, par exemple, résistant mieux à un courant si ses grains ont eu le temps de s'enchevêtrer sous l'action de vitesses insuffisantes pour l'entraîner.

Sous le bénéfice de ces observations, voici le tableau résumant les données qu'on trouve dans les ouvrages d'hydraulique; malgré les critiques qu'on peut en faire, il aura son utilité, à la condition de n'en pas admettre les indications avec une confiance absolue.

1. Une pente donnée ne correspondra pas à la même vitesse dans deux canaux de section différente.

Nature du fond	Pentes maxima par mètre courant	Limites de la vitesse de l'eau par seconde
Terres détrempées	0m,000016	0m,076
Argiles tendres	0 ,000045	0 ,152
Sable	0 ,000136	0 ,305
Graviers	0 ,000183	0 ,609
Cailloux	0 ,000570	0 ,014
Pierres en gros fragments	0 ,001509	0 ,220
Cailloux agglomérés, schistes tendres	0 ,002115	1 ,520
Roches tendres	0 ,002786	1 ,830
Roches dures	0 ,007312	3 ,050

Les chiffres des deux tableaux ci-dessus se rapportent plutôt à des canaux d'une certaine importance qu'aux dernières ramifications qui répartissent l'eau dans les prairies ; pour ces dernières, qui ne sont, à proprement parler, que des rigoles principales, l'action retardatrice du sol et des végétaux se fait davantage sentir, et on emploie souvent, sans inconvénient, des pentes notablement plus fortes que les précédentes, allant depuis 1 millimètre jusqu'à 3 millimètres, et même quelquefois jusqu'à 5 ou 6 millimètres par mètre. Les premiers de ces chiffres conviennent pour des rigoles qui n'ont à distribuer que des eaux claires, tandis qu'on se rapproche à dessein des derniers dans le cas où, l'eau étant souvent trouble, on ne veut pas que le dépôt ait lieu dans les rigoles, préférant voir les limons se répandre sur tout le terrain irrigué. Les vitesses maxima indiquées peuvent être dépassées pour les petits canaux de 1 mètre à 2 mètres de largeur et de peu de profondeur, qu'ont le plus souvent à exécuter les particuliers.

Il importe de remarquer que les vitesses consignées dans le dernier tableau sont celles des filets liquides immédiatement en contact avec le fond. On sait que la vitesse de l'eau est, en réalité, variable d'un point à un autre du cours d'eau ; ce que l'on fait figurer dans les calculs de jaugeage, c'est la vitesse moyenne, vitesse purement abstraite, qui est celle qui, multipliée par la section du cours d'eau, donne son débit. Or, on admet, et cela donne une approximation suffisante pour la pratique, que la vitesse contre le fond du canal est les 3/4 seulement de la vitesse moyenne qui vient d'être définie. Dans l'étude d'un canal, on calculera donc la vitesse moyenne d'après les règles exposées et l'on prendra les 3/4 de cette vitesse pour avoir la base d'une comparaison avec les indications du second tableau ; si cette base surpassait notablement le chiffre de la dernière colonne, il serait prudent de remanier le projet, si l'on ne préférait recourir à des moyens de consolidation du terrain, dans le cas où l'on ne pourrait arriver à contrôler des chiffres sur lesquels le doute est permis. Des expériences spéciales, sur le sol auquel le projet doit être appliqué, sont à recommander, et bien plus encore l'observation de ce qui se passe dans le pays, complétée par la mesure des vitesses dans les cours d'eau à l'étiage et en crue, plus ou moins chargés de troubles ou charriant plus ou moins de sable. Cette observation s'applique aux projets de colmatage comme à ceux concernant l'irrigation.

§ 3.

ADMINISTRATION D'UNE CONCESSION

310. Le progrès agricole. — Beaucoup de personnes éclairées, en France, sont passionnées pour le progrès agricole ; elles ne se font pas faute de médire des populations, quand elles n'usent que très partiellement des ressources mises à leur disposition pour l'irrigation, et nous-même ne manquons pas à l'occasion de déplorer à ce propos l'esprit de routine. Un ingénieur des ponts et chaussées, M. Bricka, qui a terminé les travaux du canal du Verdon et a organisé son exploitation, nous paraît expliquer d'une manière satisfaisante les faits que nous venons de mentionner[1] ; il fait la part de l'infirmité humaine et celle des difficultés réelles que l'on rencontre dans la pratique.

311. Canal d'irrigation du Verdon. — Aux termes du cahier des charges du canal du Verdon, concédé à une société, les propriétaires devaient « se réunir en association syndicale lorsque « l'administration le jugerait nécessaire, pour exécuter en com« mun et à leurs frais les travaux de distribution des eaux. » Mais,

1. Annales des ponts et chaussées, 1882.

comme M. Bricka le fait remarquer avec raison, la loi du 21 juin 1865 ne donne pas à l'administration le droit de constituer d'office des associations de cette nature, d'où la nécessité pour cet ingénieur de rechercher dans quelles conditions elles pouvaient être organisées sans contrainte.

Il y avait eu en 1862 et 1863, avant les premiers travaux, des souscriptions pour l'abonnement à l'eau ; mais des résistances se sont produites quand est venu le moment de les réaliser. « Après nous être heurté contre ces résistances, nous avons engagé les maires à essayer de recueillir les adhésions sans tenir compte de ces souscriptions..... Nous n'avons pas tardé à reconnaître que tous les efforts seraient inutiles... ; l'entente entre les propriétaires était absolument impossible, tous ajournaient indéfiniment les engagements qu'on voulait leur faire prendre. Nous avons alors essayé de former des syndicats restreints, dont chacun embrasserait seulement le périmètre desservi par une même rigole. Quoique les difficultés fussent moindres, le résultat a été le même, aucune association n'a été constituée... Les propriétaires ont pour tout effort collectif une répugnance marquée ; une dépense qui peut profiter à leurs voisins leur paraît par cela seul onéreuse pour eux-mêmes, dussent-ils en bénéficier les premiers...... *Ils sont effrayés par les procès qu'il faudra peut-être soutenir, pour obtenir le droit de passage sur les propriétés traversées, et par la désorganisation des associations voisines, dont aucune ne fonctionne d'une manière réellement régulière.* » M. Bricka constate que, parfois, les habitants d'une localité ne sont pas assez nombreux pour utiliser toute l'eau dont on pourrait, sur leurs terres, tirer un grand parti.

On voit que tout n'est pas chimérique dans les répugnances des propriétaires, et que pour arriver au but il faut que les concessionnaires construisent et entretiennent les rigoles jusqu'à l'entrée de chaque propriété. Une convention additionnelle a été passée dans ce sens avec la compagnie des canaux agricoles, qui d'ailleurs a fait de mauvaises affaires et ne peut continuer son œuvre, peut-être pour des motifs financiers, mais à coup sûr aussi par suite de difficultés intrinsèques.

Notre ingénieur constate que, dans les circonstances où il s'est trouvé, le détail de la distribution, même en supposant tous les canaux en état jusqu'aux propriétés à arroser, ne peut être utilement confié à des syndicats de propriétaires, et qu'à défaut de l'État il faut que les compagnies concessionnaires de canaux en soient chargées.

Nous verrons dans le paragraphe suivant que les résultats si incomplets de la grande entreprise du Verdon ne contrastent pas autant qu'on pourrait le croire avec ce qui s'est passé ailleurs. Il en faut conclure que des réformes sont nécessaires dans les lois spéciales à la matière et dans les procédés administratifs correspondants.

312. Syndicats. — Nous ne voudrions pas laisser le lecteur sur une impression trop pessimiste. Pour les œuvres collectives simples, les syndicats fonctionnent en grand nombre en France avec succès ; nous en avons vu un exemple remarquable lorsque nous avons cité MM. Martin et Ponton d'Amécourt (ch. IX, § 4). Il ne faut donc point se décourager ; mais il faut apprécier les difficultés tenant à la nature des choses (voir le § 5).

§ 4.

QUELQUES CHIFFRES DE STATISTIQUE DES IRRIGATIONS.

313. Statistique. — Nous allons emprunter quelques chiffres à M. Bricka, l'ingénieur qui nous a servi de guide dans le paragraphe précédent. Dans les deux premiers tableaux, nous prendrons, pour chaque département cité, l'exemple le plus favorable, le cas moyen et l'exemple le moins encourageant. Pour le dernier, très court, nous reproduirons le document en entier.

1. — *Surfaces desservies par des rigoles et surfaces arrosées*

		S. desservies	Surf. arrosées	Rapport
		hect.		
Bouches-du-Rhône	Association de la Royère	110	110	1.00
	Association du canal du Plan et de la Crau d'Argen	700	410	0.58
	Commune du Puy-Sainte-Reparade	750	160	0.21
Vaucluse	Commune de Cavaillon	3257	2530	0.77
	— de l'Isle	3757	1593	0.42
	— de Villelaure	753	197	0.26

II. — *Rapport de la surface arrosée à la population*

		Surface arrosée	Population	Hectares par 100 hab.
Bouches-du-Rhône	Chateaurenard	2600	5708	48,5
	Le Puy-Sainte-Reparade	343	1484	23,0
	Arles	3000	24695	12,0
Vaucluse	Les Taillades	224	469	45,6
	Robions	335	1708	19,7
	Les Paluds	652	5724	11,4

III. — *Prises autorisées et volumes utilisés*

Canaux	Dates des concessions	Débit normal	Volume utilisé	Rapport
Canal de Crapoune	»	11.000	7.500	0,680
C. de Cadenet	18 novembre 1851	1.000	389	0,389
C. de Carpentras	1er avril 1853	6.000	2.290	0,382
Banche septentrionale du canal des Alpines	11 août 1839	10.000	2.930	0,293
C. de Peyrolles	19 octobre 1843	2.000	450	0,225

§ 5.

CAS D'IMPUISSANCE DES SYNDICATS[1]

314. Conditions d'une distribution régulière des eaux d'irrigation. — Pour obtenir une répartition des eaux à la fois régulière et économique, il faut réunir les conditions suivantes : 1° régler avec précision le volume dérivé de la branche principale à l'origine de chaque rigole ; 2° établir pour les arrosages un ordre qui ne comporte aucune incertitude ; 3° assurer la répression des abus et des fraudes.

Premier point : Le volume dérivé de la branche principale ne

1. Ce paragraphe se compose, en grande partie, d'extraits et de résumés du mémoire déjà cité de M. Bricka.

peut être réglé que par des agents spéciaux, car cette manœuvre exige une grande précision (la vanne de prise doit être levée plus ou moins, suivant la situation de la branche principale), et une impartialité complète. *L'ouverture des vannes doit donc être confiée exclusivement aux gardes-canal appartenant exclusivement à la compagnie concessionnaire et elles doivent être fermées à clef.*

Deuxième point : Pour établir un ordre qui ne comporte aucune incertitude, il est nécessaire de fixer chaque année, pour toute la campagne, les heures du commencement et de la fin de chaque arrosage ; grâce à cette mesure, il ne peut y avoir de confusion, tout arrosage fait indûment est facile à constater et la distribution suit régulièrement son cours dès que l'abus a cessé.

Troisième point : Les propriétaires ouvrent eux-mêmes les vannes spéciales d'entrée sur leurs héritages, mais une surveillance est indispensable pour que chacun attende son heure ; elle est facile pour les gardes-canal de la compagnie. Il n'est pas nécessaire que le contrevenant soit pris pendant qu'il manœuvre sa vanne, les traces de l'eau ne disparaissant qu'au bout d'un certain temps. C'est à l'aide de la répression, ferme et impartiale, qu'on arrive en peu de temps à établir un ordre parfait.

315. Les syndicats. — L'expérience prouve que, le plus souvent, on ne peut obtenir ce résultat avec des syndicats, les membres de la commission étant parfois les premiers à commettre des fraudes. L'administration supérieure ne paraît pas avoir renoncé nettement à faire distribuer l'eau par des associations de propriétaires ; on trouve encore le principe de ces associations dans des cahiers de charges récents. Mais la distribution par le concessionnaire, admise dès le début pour la commune d'Aix, sur la demande de celle-ci, a été ensuite étendue à tous les arrosages à faire par le canal du Verdon.

316. Canal de Marseille. — Lorsque le canal de Marseille a été construit, on a pensé à réunir les propriétaires en associations syndicales pour exécuter les rigoles de distribution. « On n'a jamais pu, dit M. de Montricher, réunir qu'un petit nombre de propriétaires, et quand il s'est agi de prendre des engagements, leur nombre s'est encore notablement réduit : une ou deux associations, comprenant quatre ou cinq propriétaires, ont fini par exécuter quelques travaux, mais toutes les autres sont restées dans une inaction complète. » *La ville de Marseille a tranché la difficulté en prenant le parti d'exécuter les rigoles et de faire distribuer les eaux par ses gardes, moyennant un supplément de redevance fixe.*

317. Canal des Alpines. — Le canal des Alpines fournit un exemple plus frappant encore des difficultés que présente l'organisation des syndicats, quand il s'agit de distribuer l'eau entre un certain nombre de propriétaires. Les tentatives faites pour réaliser cette organisation ont duré 20 ans, et n'ont abouti à aucun résultat jusqu'au moment où l'on y a renoncé de fait, en conservant seulement le nom et le cadre des associations.

318. Trois exemples de fonctionnement régulier. — On ne pouvait citer en 1881 que trois syndicats fonctionnant sérieusement pour de grandes irrigations, en Provence : ceux de Mollèges, Cadenet et Carpentras, ces deux derniers remontant au commencement de l'empire. L'association du canal de Carpentras a failli être dissoute, à la demande de quelques souscripteurs. Sur Carpentras et Cadenet, les arrosages n'ont pu se développer que d'une manière lente et incomplète.

319. Conclusion sur les syndicats pour de grandes irrigations. — La conclusion, dans ce cas, paraît devoir être négative. Autant les syndicats sont utiles quand il s'agit d'une gestion simple, autant ils font preuve d'impuissance quand, par la nature des choses, il y a de grandes difficultés administratives et techniques à vaincre, et surtout quand une condition de succès réside dans une ferme répression des contraventions. Comme on ne peut tout demander à l'État, il faut donc avoir recours à des compagnies concessionnaires fortement organisées, dans les circonstances réellement difficiles. Le cas de Marseille montre qu'une grande ville peut arriver au même résultat ; mais dans une petite commune, il serait difficile d'obtenir une police rigoureuse. C'est cependant une condition essentielle, quand il s'agit de la répartition des eaux entre un grand nombre d'arrosants.

FIN

Laval. — Imprimerie et stéréotypie E. JAMIN, rue de la Paix, 41.

ENCYCLOPÉDIE DES TRAVAUX PUBLICS

Directeur : M.-C. LECHALAS,

12, rue Alph. de Neuville (ancien 28, rue Brémontier), Paris

Premières connaissances de l'ingénieur.

Analyse infinitésimale, par M. Flamant, ingénieur en chef des ponts et chaussées, professeur à l'École centrale et à l'École des ponts et chaussées.

Éléments de statique graphique, par M. Eug. Rouché, examinateur de sortie à l'École polytechnique et professeur au Conservatoire des arts et métiers.

Mécanique générale, par M. Flamant, 1 vol. avec 203 figures dans le texte. 20 fr.

Levé des plans et nivellement, par M. L. Durand-Claye, ing. en chef des ponts et chaussées, et MM. Pelletan et Lallemand, ing. des mines. 1 vol. de plus de 700 p., avec 280 fig. dans le texte. 25 fr.

Procédés généraux et mécanique appliquée.

Coupe des pierres, par M. Eug. Rouché.

Applications de la statique graphique, par M. M. Koechlin, ingénieur de la maison Eiffel. 1 volume de texte avec 273 figures dans le texte, et un atlas de même format (30 planches doubles). 30 fr.

Procédés généraux de construction, par M. Pontzen, ingénieur civil, membre du comité de l'exploitation technique des chemins de fer.

Stabilité des constructions. Résistance des matériaux, par M. Flamant. 1 vol. gr. in-8, avec 264 figures dans le texte. 25 fr.

Hydraulique et moteurs hydrauliques.

Machines à vapeur.

Chimie et géologie appliquées. Salubrité.

Chimie appliquée à l'art de l'ingénieur, par M. L. Durand-Claye, directeur du laboratoire de l'École des ponts et chaussées. 10 fr.

Hydraulique agricole, par M. Charpentier de Cossigny, 2e éd. (sous presse).

Géologie appliquée à l'art de l'ingénieur, par M. Nivoit, ingénieur en chef des mines, professeur à l'École des ponts et chaussées, 2 vol. 30 fr.

Distributions d'eau. Assainissement, par M. Bechmann, ingénieur en chef de la ville de Paris. 1 vol gr. in-8, avec 624 figures dans le texte. 30 fr.

Routes et ponts.

Routes et chemins vicinaux, par MM. L. Marx, inspecteur général des ponts et chaussées, membre du comité consultatif de la vicinalité, et L. Durand-Claye. 25 fr.

Ponts métalliques, par M. J. Résal, ingénieur des ponts et chaussées. 25 fr.

Ponts en maçonnerie, par MM. Degrand, inspecteur général honoraire des ponts et chaussées, et J. Résal, avec une introduction par M.-C. Lechalas, 2 vol. avec plus de 600 fig. dans le texte. 40 fr.

Chemins de fer.

Superstructure, 1 vol. avec figures et 1 atlas.

Matériel roulant, 1 vol. et 1 atlas.

Exploitation technique et exploitation commerciale, 1 vol.

Navigation intérieure. Inondations.

Rivières et canaux, par M. Guillemain, inspecteur général, professeur à l'École des ponts et chaussées, avec des Annexes par MM. Lechalas, Bourguignon, Flamant, Edwin Clark, Guérard et Caquot, 2 vol. 40 fr.

Hydraulique fluviale. Inondations, par M. M.-C. Lechalas. 17 fr. 50

La Seine de Paris à Rouen, par M. Caméré, ingénieur en chef des ponts et chaussées.

Travaux maritimes. Ports.

Travaux maritimes, par M. Laroche, ingénieur en chef, professeur à l'École des ponts et chaussées.

Les Ports de la Manche, par M. Renaud, ingénieur en chef des ponts et chaussées, adjoint à l'inspection des travaux hydrauliques de la marine.

Les Ports des îles britanniques, par M. Guillain, ingénieur en chef des ponts et chaussées.

Les Ports de la mer du Nord et du Pas-de-Calais, par le même.

La Seine maritime et son Estuaire, par M. Lavoinne, ingénieur en chef des ponts et chaussées, avec une introduction par M. M.-C. Lechalas. 10 fr.

Législation et jurisprudence. Ouvrages divers.

Production de l'électricité et applications industrielles, par M. Monnier, professeur à l'École centrale (sous presse).

Législation des mines, française et étrangère, par M. Aguillon, ingénieur en chef, professeur à l'École nationale supérieure des mines, 3 volumes grand in-8. 40 fr.

Manuel de droit administratif, par M. G. Lechalas, ingénieur des ponts et chaussées, tome I. 20 fr.

Législation des appareils à vapeur, des établissements insalubres et des eaux minérales, par M. Aguillon.

Notices biographiques, par M. Tarbé de Saint-Hardouin, inspect. général. 6 fr.

Laval. — Imp. E. JAMIN, rue de la Paix 41.

www.ingramcontent.com/pod-product-compliance
Ingram Content Group UK Ltd.
Pitfield, Milton Keynes, MK11 3LW, UK
UKHW020258230726
13925UKWH00001B/118